湖北省学术著作出版专项资金资助项目

▪ 全球水安全研究译丛 ▪

联

The United Nations World Water Development Report 3:
Water in a Changing World

合国世界水资源发展报告3

变化世界中的水资源

联合国教科文组织／编

汤显强　黎睿　陈亮／译

U0190328

长江出版社

图书在版编目(CIP)数据

联合国世界水资源发展报告.3，变化世界中的水资源 /
联合国教科文组织编；汤显强，黎睿，陈亮译.
—武汉：长江出版社，2017.5
书名原文：The United Nations World Water Development Report 3: Water in a Changing World
ISBN 978-7-5492-5149-0

Ⅰ.①联… Ⅱ.①联… ②汤… ③黎… ④陈… Ⅲ.①水资源－研究－世界 Ⅳ.①TV211.1

中国版本图书馆 CIP 数据核字(2017)第 134934 号

著作权合同登记号 图字:17-2019-258

Original title: *The United Nations World Water Development Report 3: Water in a Changing World.*
First published in 2009 by the United Nations Educational, Scientific and Cultural Organization and
Earthscan.

联合国世界水资源发展报告.3，变化世界中的水资源

责任编辑:张蔓
装帧设计:刘斯佳
出版发行:长江出版社

地　　址:武汉市解放大道 1863 号	邮　　编:430010
网　　址:http://www.cjpress.com.cn	
电　　话:(027)82926557(总编室)	
(027)82926806(市场营销部)	
经　　销:各地新华书店	
印　　刷:武汉精一佳印刷有限公司	
规　　格:787mm×1092mm　　　1/16　　　27 印张　　　540 千字	
版　　次:2017 年 5 月第 1 版　　　2019 年 12 月第 1 次印刷	
ISBN 978-7-5492-5149-0	
定　　价:148.00 元	

水安全是指一个国家或地区可以保质保量、及时持续、稳定可靠、经济合理地获取所需的水资源、水资源性产品及维护良好生态环境的状态或能力。水安全是水资源、水环境、水生态、水工程和供水安全五个方面的综合效应。

在全球气候变化的背景下，水安全问题已成为当今世界的主要问题之一。国际社会持续对水资源及高耗水产品的分配等问题展开研究和讨论，以免因水战争、水恐怖主义及其他诸如此类的问题而威胁到世界稳定。

据联合国统计，全球有 43 个国家的近 7 亿人口经常面临"用水压力"和水资源短缺，约 1/6 的人无清洁饮用水，1/3 的人生活用水困难，全球缺水地区每年有超过 2000 万的人口被迫远离家园。在不久的将来，水资源可能会成为国家生死存亡的战略资源，因争夺水资源爆发战争和冲突的可能性不断增大。

中国水资源总量 2.8 万亿 m^3，居世界第 6 位，但人均水资源占有量只有 2300m^3 左右，约为世界人均水量的 1/4，在世界排名 100 位以外，被联合国列为 13 个贫水国家之一；多年来，中国水资源品质不断下降，水环境持续恶化，大范围地表水、地下水被污染，直接影响了饮用水源水质；洪灾水患问题和工程性缺水仍然存在；人类活动影响自然水系的完整性和连通性、水库遭受过度养殖、河湖生态需水严重不足；涉水事件、水事纠纷增多；这些水安全问题严重威胁了人民的生命健康，也影响区域稳定。

党和政府高度重视水安全问题。2014 年 4 月，习近平总书记发表了关于保障水安全的重要讲话，讲话站在党和国家事业发展全局的战略高度，深刻分析了当前我国水安全新老问题交织的严峻形势，系统阐释了保障国家水安全的总体要求，明确提出了新时期治水思路，为我国强化水治理、保障水安全指明了方向。

他山之石，可以攻玉。欧美发达国家在水安全管理、保障饮用水安全上积累了丰富的经验，对突发性饮用水污染事件有相对成熟的应对机制，值得我国借鉴与学习。为学习和推广全球在水安全方面的研究成果和先进理念，长江水利委员会长江科学院与长江出版社组织翻译编辑出版《全球水安全研究译丛》，本套丛书选取全球关于水安全研究的最前沿学术著作和国际学术组织研究成果汇编等翻译而成，共10册，分别为：①《水与人类的未来：重新审视水安全》；②《水安全：水—食物—能源—气候的关系》；③《与水共生：动态世界中的水质目标》；④《联合国世界水资源发展报告3：变化世界中的水资源》；⑤《水资源：共享共责》；⑥《工程师、规划者与管理者饮用水安全读本》；⑦《全球地下水概况》；⑧《环境流：新千年拯救河流的新手段》；⑨《植物修复：水生植物在环境净化中的作用》；⑩《气候变化对淡水生态系统的影响》。丛书力求从多角度解析目前存在的水安全问题以及解决之道，从而为推动我国水安全的研究提供有益借鉴。

本套丛书的译者主要为相关专业领域的研究人员，分别来自长江科学院流域水环境研究所、长江科学院生态修复技术中心、长江科学院土工研究所、长江勘测规划设计研究院以及深圳市环境科学研究院国家环境保护饮用水水源地管理技术重点实验室。

本套丛书入选了"十三五"国家重点出版物出版规划，丛书的出版得到了湖北省学术著作出版专项资金资助，在此特致谢忱。

该套丛书可供水利、环境等行业管理部门、研究单位、设计单位以及高等院校参考。

由于译者水平有限，文中谬误之处在所难免，敬请读者不吝指正。

《全球水安全研究译丛》编委会

2017 年 10 月 22 日

联合国教科文组织(UNESCO)将水资源定义为可利用或潜在可利用的水源,这个水源应该具有足够的数量和合适的质量,并满足某一地方在一段时间内的实际利用需求。基于水的资源特性及其在生态环境中的重要地位,水资源已成为基础性的自然资源和战略性的经济资源。目前,在全球范围内,水资源问题导致了数亿人口的贫困与健康受损,并且这些人还置身于罹患水资源相关疾病、环境恶化甚至政治不稳定以及武力冲突的险境中。人口增长,气候变化,全球经济形势改变,变化的社会价值,技术创新,法律,习俗及金融市场等外部因素的动态变化,均不可避免地影响水资源的管理决策,以及水资源问题的应对和解决。

本书是联合国教科文组织发布的第三份《联合国世界水资源发展报告》,旨在通过对世界水资源供需变化的全面评估,展示人口增长,能源消耗增加、气候变化等外部因素变化对水资源管理决策的影响,进而为促进水资源问题的有效解决和水资源可持续利用提供坚实的基础。全书主要内容包括共 16 章,第 1 章为总纲,强调要突破现有框架,密切联系水资源和可持续发展决策,剩余 15 章分为 4 篇,其中,第 1 篇(第 2~5 章)分析了水资源变化的外部压力与驱动力,具体包括人口、经济和社会(第 2 章),技术创新(第 3 章),政策、法律和金融(第 4 章)和气候变化(第 5 章)等外部因素;第 2 篇(第 6~9 章)分析了水资源利用变化及其生态环境影响,第 6 章评价了水资源利用的效益,第 7 章介绍了全球水资源利用概况,第 8 章探讨了水资源利用的生态环境影响,第 9 章提出了基于生态系统保护的水资源管理策略;第 3 篇(第 10~13 章)分析了全球水资源利用的演变趋势,其中,第 10 章介绍了全球水文循环、生物地球化学循环和水质变化预测,第 11 章探讨了全球水文过程变化、陆地碳循环与水文循环及气候变化的未来影响等，第12章强调了气候变化、径流变化、极端事件、地下水等引发的各种水灾害，第13章介绍了全球水观测网络；第4篇(第14~16章)提出了应对变化世界的水资源管理对策和选择，其中第14章和第15章分别关注了水利行业领域的内部对策和外部选择，第16章对未来应采取的行动进行了展望和建议。

本书由汤显强、黎睿和陈亮共同翻译。汤显强现任长江科学院流域水环境研究所总工程师、教授级高级工程师、博士，主要研究方向是流域水环境保护与治理，翻译了本书的第2篇与第3篇，并负责全书统稿和校核；黎睿是长江科学院流域水环境研究所水环境治理室工程师，主要研究方向是水资源保护，负责翻译序、前言、致谢和第1篇；陈亮是长江科学院材料与结构研究所高级工程师、博士，主要研究方向是环保新材料，负责翻译第4篇。本书的出版还得到2017年度亚行技术援助项目"Supporting the Application of River Chief System for Ecological Protection in Yangtze River Economic Belt"(项目编号：TA-9374 PRC)资助，在此致谢。

本书内容丰富，数据详实，可供相关领域的教师、科研人员、工程师和管理人员参考，本书也适合相关专业的研究生和高年级本科学生阅读学习。

限于译者水平，难免疏漏和错误，敬请读者批评指正。

译者

2017年10月

众所周知,水是生命之源,这份报告还告诉我们——水是生存之本。对于个人和整个社会来说,水资源是摆脱贫困之路的重要财富。水资源管理是实现可持续发展的必要条件。

全球正面临气候变化,物质和能源需求日益增长以及金融危机,水资源挑战也尤为突出。这些威胁都会加剧全球人口贫困,导致资源分配不均和发展动力不足。

联合国水资源组织(UN-Water)召集24家联合国下属机构和其他利益相关方,通过加强自身工作与广泛合作来应对水资源问题。世界水资源评估计划倡议建立一个全系统范围的合作示范,其基本理念为"所有规划和投资都应充分考虑水资源"。

发展中国家以及处于转型期的国家正在积极努力地改善水资源管理。我在此呼吁增加水资源领域的官方援助比重,以此作为对该计划的支持,目前该比重为5.4%。

水资源不仅关乎发展,也关乎安全问题。水资源等基础服务不足会妨害政治稳定,武装冲突则会加剧基础服务的破坏。

水资源在粮食供应、能源供应、灾难救援、环境维持等方面发挥着至关重要的作用。虽然在这一方面已有广泛共识,但仍存在很多不足或失误,导致数亿人口遭受贫困和健康损害,并将人们置于水资源相关疾病的危险境地。

由于上述状况不容乐观,政府和国际组织有必要在水资源管理及相关基础设施方面立即增加投资,我们也必须携起手来宣传并践行水资源对于生命和生存的重要性。这份报告旨在鼓励大家立即行动起来,我在此向全球推荐。

联合国秘书长潘基文

序言

随着第三份《联合国世界水资源发展报告》的发布,我们应意识到,若想避免全球水资源危机发生,就必须立即采取行动。水资源在人类生活中占据着极其重要的地位,但水资源问题却长期缺乏政治支持、缺失政府管理和缺少资金支持。结果导致全球范围内,数亿人口贫困与健康受损,并且这些人口还暴露在罹患水资源相关疾病、环境恶化甚至政治不稳定以及武力冲突的险境中。人口增长、能源消耗增加、气候变化都是威胁解决水资源问题的因素,这些均对人类的安定和繁荣有严重的影响。

这份报告对现今全球淡水资源作了全面的评价分析。此外,报告还首次展示了水资源供应与需求的变化是如何产生的,以及水资源需求的变化是如何影响全球问题动态的。报告展示了由26个联合国机构组成的联合国水资源组织的成功协作,这包括致力于监测和评估水资源的世界水资源评估计划(WWAP)。联合国教科文组织很荣幸地能够在这个旗舰项目中扮演一个非常关键的角色,并且将继续为WWAP秘书处提供办公场所。我坚信,这份报告将成为决策者和其他利益相关者工作的重要依据,它将为寻求解决水资源问题的有效和可持续的办法提供坚实的基础。

这份报告来得恰逢其时。如今留给我们实现2015年千年发展目标的时间剩余不到一半,虽然实现千年发展目标有所进展,但我们仍面临着大量的挑战。千年发展目标之七要求将全球无法使用到清洁饮用水以及基础卫生设施的人口数量减半。正当全世界向着这个目标前进时,很多地区和国家却落在了后面,甚至出现危险的倒退。这些情况主要出现在非洲撒哈拉沙漠以南的地区和低收入的阿拉伯国家。从当前趋势来看,大部分发展中国家的卫生设施目标将被忽略。但是,水资源不仅仅和千年发展目标之七相关,它还会影响所有的八个千年发展目标,当然也包括第一个目标"消除极端贫困和饥饿"。

水资源问题是一个系统问题，它的解决需要协调合作。我们要成功避免全球水资源危机的发生，这直接取决于我们应对其他全球挑战的能力，从消除贫困和维持环境可持续发展到控制粮食和能源成本以及应对全球金融危机。这就是水资源的问题要结合其他的全球性问题，并放到一起进行综合规划考虑的原因。我们必须建立多学科的工具，将气候变化和金融市场等实现水资源可持续管理的其他因素包括在内。所有的利益相关方都需要参与其中，特别是政府的领导者，联合国系统内部也要实施这种全球联合的合作。

水资源是我们面对全球众多挑战和实现千年发展目标所必须考虑的因素。就此而论，水资源应成为联合国和全社会优先关注的方向。在这个过程中，请相信，我们联合国教科文组织已经做好准备，发挥我们应该起到的作用。

联合国教科文组织理事长松浦晃一郎

前 言

1999 年联合国决定定期发布《联合国世界水资源发展报告》。联合国经济和社会事务部召集的专家小组,为本报告的目标及其受众提出建议(见专栏 1)。

专栏 1　　　　　　　　　《联合国世界水资源发展报告》的目标及其受众

《联合国世界水资源发展报告》适用于国家决策者和水资源管理人员,设定两个互补性的目标:

◎ 在水资源发展综合规划以及流域和地下水的可续管理方面,加强政府能力建设和激励部门间协调。

◎ 在满足人类水资源基本需求方面(如饮用水供应,卫生和健康设施,粮食安全,减轻旱涝灾害损失,防止武力冲突等),优先采取激励措施,加大覆盖面和投资力度,给予发展中国家以优先照顾。

促进国际社会对于这类地区或国家提供更加有效和更具针对性的支持也将是这份提高意识和以行动为导向的报告的重要目标之一。

来源:为审查两年一度的《联合国世界水资源发展报告》的编写方法,由联合国经济和涉税事务部召开和组织的联合国专家组会议,纽约,2000 年 1 月 11—14 日。

第一份《联合国世界水资源发展报告》"水之于人,水之于生活"于 2003 年 3 月在日本京都世界水资源论坛期间发布。第二份报告"水资源,共同的责任"于 2006 年 3 月在墨西哥城举行世界水资源论坛期间发布。第一份报告对 1992 年里约热内卢联合国环境和发展大会之后的状况作了初步评估。这两份报告都是针对面临挑战的关键领域(如水资源和粮食、水资源和能源以及政府面临的挑战等),由联合国的机构进行独立评估。报告致力于寻找适合的评估方法, 并总结教训, 开展案例研究。本报告致力于专家组确立的第二项目标——对人类水资源基本需求(如饮用水供应、卫生和健康设施、粮食安全、减轻旱涝灾害的损失、防止武力冲突等)要加速予以满足和加大投资力度,并且要优先照顾发展中国家。

1　报告内容

本报告的中心主题——影响水资源管理的重要决策，是在水资源范围之外做出的，受到外部的、大多是不可预知力量的影响——人口数量、气候变化、全球经济形势、变化的社会价值、技术创新、法律、习俗及金融市场等。这些外部驱动因素大多是动态变化的，而且变化速度越来越快。

本报告的编制思路在第 1 章的图表 1.1 和报告的第 2 篇有所介绍。图表展示了水资源领域之外的因素如何影响水务管理的战略和政策。报告强调，其他领域以及与发展、增长和民生相关领域的决策，都应该把水资源作为一个不可分割的组成部分，包括应对气候变化、粮食和能源短缺的挑战以及灾害管理。

与此同时，报告将全世界水资源现状的分析置于更广泛的背景之下，揭示通过水资源管理能够实现什么目标。报告提出了一套应对措施及行动建议，这些措施和建议不同于以往侧重从水资源领域得出的分析，而是在新的分析中吸收了水资源对可持续发展策略的贡献。

本报告为水资源和气候变化，粮食，能源，健康和人类安全的耦合提供了历史性的新途径。人类安全，广义地说，包括基本的需求，如粮食、水源、健康、谋生和居所——这也是联合国千年发展目标设置的要求。2007 年 4 月发布的第四次政府间气候变化专门委员会(IPCC)评估报告显示，贫困人口更易受到气候变化的不利影响。[①]

2　新的编制程序

报告在政策选择上具有更加开阔的视野，为了保持一致，在编制报告的过程中采用了新的程序。在气候变化，商业和贸易，财政，私人产业，水资源输送，创新和新技术等方面进行了完整的考虑。

联合国专家组建议在首份报告中介绍案例时，需要简介涉及的 10 个国家(包括 10 个国际性的流域)，它们具有不同的自然、气候和社会经济条件。第二份《联合国世界水资源发展报告》和案例分析内容延续了这个做法，就是将案例研究单独成册，附于主报告之后。世界水资源评估计划也发布了一系列的出版物予以支持，包括科学报告、专题研究报告、

[①] "贫困社区尤其是高风险集中的区域会更加积极。他们通常拥有有限的适应能力，更加依赖气候敏感的资源，例如，水和食物供应。"(IPCC,2007,政策制定者总结.气候变化 2007：影响,适应和脆弱性,第四届政府间气候变化委员会评估报告第二工作组成果[电子文档报告];M. L. Parry, O. F. Canziani, J. P. Palutikof, P. J. van der Linden and C. E. Hanson, Cambridge, UK：Cambridge University Press, p. 9)

访谈报告等。

本报告的编制过程遵循这样一个途径，涉及范围要广，参与程度要大，吸收科学的、专业的意见和反馈信息，听取水资源领域内外政策制定团体的建议。

报告编制过程中的投入更为广泛，世界水资源评估计划的进程在总体上是通过以下四种机制获得成功的：

　●　由全球 11 位杰出专家组成技术咨询委员会，这些专家在水资源领域都具有广泛的国际国内决策经验。

　●　专家组涵盖专业方向包括监测、数据/元数据库、气候变化和水资源、政策、商业、贸易、财政、私人产业、法律诉讼以及水资源储存等方面。

　●　报告编写团队由联合国水资源组织的会员机构组成，他们的合作伙伴们是专业的无政府组织以及水资源领域及相关领域的广泛团体。

　●　利益相关方对世界水资源评估计划予以支持并关注其进程，包括公众以及对数百位个人和数百个组织反馈的诉求。

本报告与前两份报告在内容上做了改变，前两份报告的主要受众是水资源经理人，本报告主要的受众变成了各级政府、私人领域以及民间团体的领导人。这些领导人根据水资源的可获取量做出决策并且基于水资源管理提出要求。政策相关方面的专家组向数百位上述领域的领导人就水资源的政策问题进行咨询，了解他们的观点。与此同时，本报告继续为水资源经理人就水资源状况评估和水资源利用提供有价值的数据。以往的报告是基于历史数据预测未来的趋势。然而，变化在明显加快，根据这种变化是不容易预测未来的。为了帮助我们理解将来的可能性以及应付这些可能性对水资源造成的影响，世界水资源评估计划的程序对发展情况进行审视，以期能够对第四份《联合国世界水资源发展报告》有所帮助。这些预测的影响主要考虑以下主要影响因素：人口特征、气候变化、社会和经济发展和技术及其相互作用。

在编制这份报告的过程中，第二份报告中的 60 多项指标只能有 1/3 左右可以获得更新。甚至有些指标已经无从获得了。缺少数据的问题得到了报告合作者和撰写者的认同，他们发现进行分析和撰写报告所需要的重要指标和数据往往不能够获得。其结果是，开发了获取指标和进行监测的程序，目的是更好地理解未来的趋势和发展方向，包括水资源领域的变化，水资源的利用，以及水资源状况和水资源利用之间、水资源领域和其他领域之间的关系。这反映出了 21 世纪议程的一项建议——在里约热内卢峰会上一致同意的涉及人类所有领域环境方面的综合行动计划——为"可持续利用水资源"与"相关费用和财政"通过一项正在进行的基于流域范围的水资源发展综合规划收集详细数据。[①]

------

　　① 联合国，1992 年，Agenda 21，第 18 章，保护淡水资源供应及其水质：应用综合措施开发、管理、利用水资源，纽约，联合国经济和社会事务部。

为此，世界水资源评估计划(WWAP)建立了致力于指标化和监测以及数据/数据库的专家组，联合国水资源组织建立了负责指标、监测和报告的任务小组，并由联合国水资源评估计划从中协调。其结果将由联合国水资源评估计划和联合国水资源组织在准备第四份《联合国世界水资源发展报告》过程中进行报告。附件 1 中的一个表格展示了本报告监测指标的状态。更多信息请参阅：www.unesco.org/water/wwap。

大部分国家不清楚用水量、水资源用途以及可获取的水资源量和水质的现状，也不清楚水资源的质量不需要发生严重的变化就会退化，而且对水资源管理和基础建设方面的投资也不清楚。虽然新的遥感和地理信息系统技术可以大大简化监测和报告的工作，但对于此类信息的需求随着这个日益复杂和快速变化的世界正在快速增长，我们对每一个过去的年代却是知道得越来越少了。加强像信息系统这类资源建设对某个国家，以及对全世界都至关重要——由此可以了解水文循环模型建设和决策过程。报告的第 10 章和第 13 章将着重讨论这个问题。

3　水资源可持续发展管理仍面临挑战

在实现千年发展目标的过程中，保证获取洁净的水源和充足的卫生设施这两方面贡献巨大。虽然水资源问题常常被忽略，但事实上水资源是导致某些千年发展目标进展缓慢的核心原因。本报告以及其他报告详尽地描述了在实现千年发展目标过程中，水资源的直接和间接贡献。

仅依靠经济发展的涓滴效应对穷困人口进行脱贫是不够的。水资源对于经济增长和消除贫困的贡献必须在国家层面上明确并且详尽地体现出来。国际社会必须支持这样的行动，并且实现 2000 年达成的千年宣言的全球共识。

减缓人类活动造成的全球变暖非常重要，毋庸讳言的事实是，所有的国家尤其是发展中国家，会受到最严重的也是最早的全球变暖冲击，而且商业经营领域也要适应气候变化。即使将来温室气体的排放量达到稳定状态，气候变化带来的影响还是无法避免。这些影响包括在世界的某些地方水资源压力增加、极端事件多发，潜在发生大规模移民和国际市场瓦解等。这些挑战和处于复杂局面中全球范围内可持续发展所面临的种种挑战是分不开的。

水资源的基础设施建设和执行能力建设方面需要公众的投资，本报告在这个方面予以了佐证。本报告同样证明，私人领域、市民团体和社团的投资和参与，对维持水资源以及环境的可持续是极端重要的，报告还提供了一些可供参考的案例和范本。

双边援助在投资水资源领域是很重要的，在当前全球金融和经济危机的环境下，必须要避免减少援助预算。今后，多边援助可能成为资金的重要来源。但是，目前无论是双边援助还是多边援助都还没有认识到水资源领域贡献的增长。在一些时候，水资源领域的援助在官方发展援助中所占的比例仍低于6%。这就是说,官方发展援助的流动性在近些年有所增长,使得水资源部分援助增长遇到了问题。大部分的援助增长都流向了供水部分(还有卫生设施,尽管比例不是很大),而其他水资源领域则因资金问题而停滞。

像其他实体基础设施一样,水资源基础设施也会随着时间的推移而老化,需要修缮和重建。水资源领域实现运转和维持以及发展能力的过程需要投资,这可以保证基础建设能够达到建设标准并发挥应有的作用。

4　撒哈拉沙漠以南的研究案例

非洲撒哈拉沙漠以南还深陷在贫穷之中。非洲国家在实现千年发展目标的进程中落后于世界其他地区。目前生存在绝对贫困线以下的人口比例,与25年前的比例一样。大约有3.4亿非洲人口无法获得安全饮用水,将近5亿非洲人口缺乏足够的医疗卫生设施。撒哈拉沙漠以南的国家只储存了其每年径流量4%左右的水资源,在一些发达国家,这个比例是70%~90%,水资源的储备对于确保农业灌溉、供水和水力发电以及防洪都十分重要和必要。

5　现在就需要行动

决策制定者面临着数不胜数的挑战。他们要在尚不明朗的状况中做出决定。本报告并不试图对所有的问题提供出一套完整的答案。但是本报告确定了一些必须面对的关键问题。报告阐述了决策者们在应对这些挑战时的一些方法,为政府和各部门提供一些可供参考的选择。

虽然未知的问题还有很多,但是我们现在也需要行动起来了——决心投资于水资源基础建设、执行能力、实现经济发展时环境的可持续性,也决心建立保护贫困人口和为之提供基本服务的安全网。

我们希望第三份《联合国世界水资源发展报告》能够对政府的决策者们,私人领域和社会团体有所促进,促使他们能够行动起来。

Olcay Ünver

世界水资源评估计划协调人/联合国教科文组织

William Cosgrove

《联合国世界水资源发展报告》协调人

致　谢

如果没有这么多朋友的无私支持和大力帮助，那么就不会有这份报告的诞生。联合国教科文组织(UNESCO)理事长松浦晃一郎(Koïchiro Matsuura)出于个人的兴趣和支持，为报告的诞生提供了一个可能的环境。UNESCO 水资源局主任安德拉斯·索罗斯纳吉(Andras Szöllösi-Nagy)的领导和指导，在高效推动世界水资源评估计划(WWAP)方面提供了能量和动力。联合国水资源组织主席以及联合国粮农组织水土资源司司长帕斯奎尔·斯特杜托(Pasquale Steduto)在报告的准备和撰写过程中，给予了无私的支持。

在报告技术咨询委员会主席，以色列理工学院教授乌里·沙米尔(Uri Shamir)的领导下，以及委员会成员专业知识的帮助下，科学依据扎实、质量上乘的报告得以保证，其后报告又经 WWAP 专家组认证审定。我们还要感谢马里兰大学教授杰拉德加洛韦(Gerald Galloway)所作的努力，他帮助我们与全球数百位决策者们取得联系，使得报告中的政策相关问题对目标受众更具针对性。

我们还要感谢世界银行、联合国粮食与农业组织以及经济合作与发展组织，他们为我们提供了很多最新的数据和信息，有时候这些信息还是他们尚未公开的。我们还要特别感谢意大利环境、土地和海洋部，它为我们提供了资金支持，此外还要感谢意大利外交部，以及意大利翁布里亚(Umbria Region)地区政府为我们提供漂亮的办公场所，现在那里已经成为 WWAP 在佩鲁贾(Villa La Colombella，Perugia)的驻地。

同样感谢报告的编辑，布鲁斯·罗斯-拉尔森(Bruce Ross-Larson)和莫塔·德·考克罗蒙特 (Meta de Coquereaumont)，以及通信发展公司的员工——约瑟夫·卡波尼奥(Joseph Caponio)、阿穆叶·肯纳尔(Amye Kenall)、埃里森·科恩斯(Allison Kerns)、克里斯托弗·特罗特(Christopher Trott)及爱莱恩·威尔森(Elaine Wilson)——提供了非常出色的帮助。

此外，WWAP 对以下组织和个人也要表示感谢，他们来自全球各地，感谢他们为报告的编撰作出的杰出贡献。

联合国水资源组织

Pasquale Steduto，Aslam Chaudhry，Johan Kuylenstierna and Frederik Pischke

联合国教科文组织

Alice Aureli，Jonathan Baker，Jeanne Damlamian，Siegfried Demuth，Walter Erdelen，Rosanna Karam，Shahbaz Khan，Anil Mishra，Djaffar Moussa-Elkadhum，Anna Movsisyan，Mohan Perera，Amale Reinholt-Gauthier，Léna Salamé and Alberto Tejada-Guibert

第三份《联合国世界水资源发展报告》工作组

章节编辑

联合国环境规划署 Tim Kasten；联合国教科文组织 Andras Szöllösi-Nagy 和世界气象组织 Wolfgang Grabs；联合国粮农组织 Jean-Marc Faurès；联合国开发计划署水治理设施公司 Håkan Tropp；联合国教科文组织 Siegfried Demuth 和 Anil Mishra；世界水资源评估计划 Olcay Ünver

内容编辑

William Cosgrove

流程编辑

George de Gooijer

章节主编

Richard Connor，William Cosgrove，George de Gooijer，Denis Hughes and Domitille Vallée

图表编辑

Akif Altundaş

WWAP 出版编辑

Samantha Wauchope

联合国世界水资源评估项目

技术咨询委员会

Uri Shamir，Dipak Gyawali，Fatma Attia，Anders Berntell，Elias Fereres，M. Gopalakrishnan，Daniel Pete Loucks，Laszlo Somlyody，Lucio Ubertini，Henk van Schaik，Albert Wright

赞助商和捐助者

意大利环境、陆地和海洋部；意大利对翁布里亚大区政府；日本政府；联合国教科文组织，巴斯克水资源局和丹麦国际发展援助组织；以及美国陆军工程兵团水资源研究所。

秘书处

Olcay Ünver，Michela Miletto，Akif Altundaş，Floriana Barcaioli，Adriana Fusco，Lisa Gastaldin，Georgette Gobina，Simone Grego，Shaukat Hakim，Rosanna Karam，Engin Koncagül，Lucilla Minelli，Stéfanie Néno，Abigail Parish，Daniel Perna，Jean-Baptiste Poncelet，Astrid Schmitz，Marina Solecki，Toshihiro Sonoda，Jair Torres，Domitille Vallée，Casey Walther and Samantha Wauchope

专家组

指标，监测和数据库领域

Mike Muller and Roland Schulze，Joseph Alcamo，Amithirigala Jayawardena，Torkil Jønch-

Clausen, Peter C. Letitre, Aaron Salzberg, Charles Vörösmarty, Albert Wright and Daniel Zimmer

商业、贸易、财政及私人部门参与领域

Ger Bergkamp and Jack Moss, Margaret Catley-Carlson, Joppe Cramwinckel, Mai Flor, Richard Franceys, Jürg Gerber, Gustavo Heredia, Karin Krchnak, Neil McLeoud, Herbert Oberhansli, Jeremy Pelczer and Robin Simpson

气候变化与水资源领域

Pierre Baril and BertJan Heij, Bryson Bates, Filippo Giorgi, Fekri Hassan, Daniela Jacob, Pavel Kabat, Levent Kavvas, Zbigniew Kundzewicz, Zekai Şen and Roland Shulze

法律领域

Stefano Burchi and Patricia Wouters, Rutgerd Boelens, Carl Bruch, Salman M. A. Salman, Miguel Solanes, Raya Stephan and Jessica Troell

政策相关性领域

Gerry Galloway and Dipak Gyawali, Adnan Badran, Qiu Baoxing, Antonio Bernardini, Benito Braga, Max Campos, Peter Gleick, Rajiv Gupta, Mohammed Ait Kadi, Celalettin Kart, Juliette Biao Koudenoukpo, Juan Mayr, Jack Moss, Mike Muller, Hideaki Oda, Marc Overmars, Victor Pochat, Jerome Delli Priscoli, Cletus Springer, Carel de Villeneuve, Zhang Xiangwei and Jiao Yong

情境预测领域

Joseph Alcamo and Gilberto Gallopin, Vahid Alavian, Nadezhda Gaponenko, Allen Hammond, Kejun Jiang, Emilio Lebre la Rovere, Robert Martin, David Molden, Mike Muller, Mark Rosegrant, Igor Shiklomanov, Jill Slinger, Narasingarao Sreenath, Ken Strzepek, Isabel Valencia and Wang Rusong

储水设施领域

Luis Berga and Johan Rockström, Alison Bartle, Jean-Pierre Chabal, William Critchley, Nuhu Hatibu, Theib Oweis, Michel de Vivo, Arthur Walz and Carissa Wong

贡献者和合作伙伴组织

国际私人水务运营者联合会(AquaFed);国际私营供水商联合会(Conservation International);全球水伙伴组织(Global Water Partnership);国际水灾害与风险管理中心(International Centre for Water Hazard and Risk Management);国际先进系统分析研究所(International Institute for Advanced Systems Analysis);国际泥沙研究培训中心(International Research and Training Center on Erosion and Sedimentation);国际水协会(International Water Association);经济合作与发展组织 (Organisation for Economic Co-operation and Development);斯德哥尔摩环境研究所(Stockholm Environment Institute);联合国开发计划署水治理设施在斯德哥尔摩国际水资源研究所 (UNDP Water Governance Facility at Stockholm International Water Institute);联合国水资源能力建设十年计划 (UN-Water Decade Programme on Capacity Development);联合国环境规划署丹利水资源与环境中心(UNEP-DHI Centre for Water and Environment);邓迪大学水法、水政策与科学中心 (University of Dundee Centre for Water Law, Policy and Science);联合国教科文组织水教育学院 (UN-ESCO-IHE Institute for Water Education);世界可持续发展和世界水理事会(World Business Council on Sustainable Development and World Water Council)

案例研究

编辑

Engin Koncagül(WWAP)

编委会

Rebecca Brite and Alison McKelvey Clayson

制图

AFDEC

案例研究的贡献者

阿根廷,玻利维亚,巴西,巴拉圭,乌拉圭(拉普拉塔河流域)

Miguel Ángel López Arzamendia,Silvia González,Verónica Luquich,Victor Pochat 及政府间协调委员会在拉普拉塔流域的工作人员

孟加拉国

Saiful Alam,Mozaddad Faruque,Azizul Haque,Md. Anwarul Hoque,Jalaluddin Md. Abdul Hye,Md. Azharul Islam,Andrew Jenkins,A. H. M. Kausher,Hosne Rabbi,Md. Mustafizur Rahman,Md. Shahjahan 及孟加拉国水资源部

巴西和乌拉圭(Merín 湖流域)

Gerardo Amaral,José Luis Fay de Azambuja,Ambrosio Barreiro,Artigas Barrios,Jorge Luiz Cardozo,Daniel Corsino,Adolfo Hax Franz,Henrique Knorr,Fiona Mathy,Juan José Mazzeo,Joao Menegheti,Claudio Pereira,Jussara Beatriz Pereira,Martha Petrocelli,Carlos María Prigioni,Hamilton Rodrigues,Aldyr Garcia Schlee,Carlos María Serrentino,Manoel de Souza Maia and Silvio Steinmetz

喀麦隆

Kodwo Andah and Mathias Fru Fonteh

中国

Dong Wu,Hao Zhao,Jin Hai,Ramasamy Jayakumar,Liu Ke,Pang Hui,Shang Hongqi,

Song Ruipeng，Sun Feng，Sun Yangbo and Xu Jing

爱沙尼亚

Erki Endjärv，Harry Liiv，Peeter Marksoo and Karin Pachel

芬兰和俄罗斯（沃格息河流域）

Natalia Alexeeva，Sari Mitikka，Raimo Peltola，Bertel Vehviläinen，Noora Veijalainen and Riitta-Sisko Wirkkala

意大利

Beatrice Bertolo and Francesco Tornatore

韩国

韩国国土、运输和海洋事务部

荷兰

Marcel E. Boomgaard，Joost J. Buntsma，Michelle J. A. Hendriks，Olivier Hoes，Rens L. M. Huisman，Jan Koedood，Ed R. Kramer，Eric Kuindersma，Cathelijn Peters，Jan Strijker，Sonja Timmer，Frans A. N. van Baardwijk，Tim van Hattum and Hans Waals

太平洋岛屿

Marc Overmars，Hans Thulstrup and Ian White

巴基斯坦

Ch. Muhammad Akram，Mi Hua and Zamir Somroo

西班牙（巴斯克自治区自治区）

Fernando Díaz Alpuente，Ana Oregi Bastarrika，Iñaki Urrutia Garayo，Mikel Mancisidor，Sabin Intxaurraga Mendibil，Josu Sanz and Tomás Epalza Solano

斯里兰卡

M. M. M. Aheeyar，Sanath Fernando，K. A. U. S. Imbulana，V. K. Nanayakkara，B. V. R. Punyawardena，Uditha Ratnayake，Anoja Seneviratne，H. S. Somatilake，P. Thalagala and K. D. N. Weerasinghe

苏丹

Gamal Abdo，Abdalla Abdelsalam Ahmed，Kodwo Andah，Abdin Salih

斯威士兰

Kodwo Andah，E. J. Mwendera 及斯威士兰水务局

突尼斯

Mustapha Besbes，Jamel Chaded，Abdelkader Hamdane and Mekki Hamza

土耳其（伊斯坦布尔）

Gülçin Aşkın，Zeynep Eynur，Canan Gökçen，Canan Hastürk，S. Erkan Kaçmaz，Selami

Oğuz, Gürcan Özkan, Vildan Şahin, Turgut Berk Sezgin, Aynur Uluğtekin and Aynur Züran

乌兹别克斯坦

Abdi Kadir Ergashev, Eh. Dj. Makhmudov, Anna Paolini and Sh. I. Salikhov

赞比亚

Osward M. Chanda, Hastings Chibuye, Christopher Chileshe, Peter Chola, Ben Chundu, Adam Hussen, Joseph Kanyanga, Peter Lubambo, Andrew Mondoka, Peter Mumba, Mumbuwa Munumi, Priscilla Musonda, Christopher Mwasile, Kenneth Nkhowani, Imasiku A. Nyambe, Liswaniso Pelekelo, Zebediah Phiri, Friday Shisala, Lovemore Sievu and George W. Sikuleka

筹备会议和研讨会

首次会议——2007 年 11 月 7—11 日,法国巴黎

Virginie Aimard, Guy Alaerts, Joseph Alcamo, Reza Ardakanian, Pierre Baril, Francesca Bernardini, Gunilla Björklund, Janos Bogardi, Rudolph Cleveringa, James Dorsey, Elias Fereres, M. Gopalakrishnan, Wolfgang Grabs, Dipak Gyawali, BertJan Heij, Molly Hellmuth, Denis Hughes, Tim Kasten, Henrik Larsen, Peter C. Letitre, Daniel Pete Loucks, Jan Luijendijk, Robert Martin, Michel Meybeck, Jack Moss, Yuichi Ono, Léna Salamé, Monica Scatasta, Uri Shamir, Laszlo Somlyody, Manfred Spreafico, Alberto Tejada –Guibert, Lucio Ubertini, Henk van Schaik, Charles Vörösmarty, James Winpenny, Junichi Yoshitani and Daniel Zimmer

实施方案会议——2008 年 4 月 19—25 日,意大利佩鲁贾

Fatma Attia, Pierre Baril, Luis Berga, Anders Berntell, Gunilla Björklund, Robert Bos, Andrew Bullock, Stefano Burchi, Thomas Chiramba, Engin Çitak, Rudolph Cleveringa, Elias Fereres, Carlos Fernandez, Gilberto Gallopin, Gerry Galloway, M. Gopalakrishanan, Wolfgang Grabs, Dipak Gyawali, Joakim Harlin, BertJan Heij, Molly Hellmuth, Sarah Hendry, Denis Hughes, Niels Ipsen, Tim Kasten, Yanikoglu Kubra, Kshitij M. Kulkarni, Johan Kuylenstierna, Jon Lane, Henrik Larsen, Peter C. Letitre, Dennis Lettenmaier, DanielPete Loucks, Robert Martin, Anil Mishra, Jack Moss, Mike Muller, Yuichi Ono, Walter Rast, Ahmet Saatci, Léna Salamé, Darren Saywell, Roland Schulze, Uri Shamir, Laszlo Somlyody, Toshihiro Sonoda, Alberto Tejada–Guibert, Jon Martin Trondalen, Duygu Tuna, Lucio Ubertini, Stefan Uhlenbrook, Wim van der Hoek, Pieter van der Zaag, Henk van Schaik, Charles Vörösmarty, James Winpenny, Albert Wright, Adikari Yoganath and Daniel Zimmer

指标、监测、数据库研讨会——2008 年 6 月 18—20 日,意大利佩鲁贾

Karen Frenken, George de Gooijer, Jan Hassing, Engin Koncagül, Mike Muller, Stéfanie Néno, Gerard Payen, Roland Schulze, Charles Vörösmarty and Casey Walther

政策相关性研讨会——2008 年 7 月 28 日至 8 月 1 日，意大利佩鲁贾

Michael Abebe，Altay Altinors，Kodwo Andah，Ger Bergkamp，Thanade Dawasuwan，Gerry Galloway，Dipak Gyawali，Saadou Ebih Mohamed，Jack Moss，Stéfanie Néno，Joshua Newton，Jerome Delli Priscoli，Khomoatsana Tau and Håkan Tropp

征求协商

2007 年 10 月，关于情境预测的实时 Delphi 调查

Joseph Alcamo，Fatma Attia，Pierre Baril，Bryon Bates，Anders Berntell，Elias Fereres Castiel，Gilberto Gallopin，Nadezhda Gaponenko，Filipo Giorgi，Jerome Glenn，Stela Goldenstein，M. Gopalakrishnan，Wolfgang Grabs，Dipak Gyawali，BertJan Heij，Danielle Jacob，Pavel Kabat，Tim Kasten，Zbigniew Kundzewicz，Peter Loucks，David Molden，David Seckler，Uri Shamir，Zekai Sen，Igor Shiklomanov，Roland Shulze，Lazslo Somlyody，Ken Strzepek，Lucio Ubertini，Isabel Valencia，Henk van Schaik，Wang Rusong and Albert Wright

2008 年 2 月，关于储水设施的实时 Delphi 调查

Alison Bartle，Luis Berga，Jean-Pierre Chabal，Imo Efiong Ekpo，John Gowing，Robert T. Heath，Jia Jinsheng，Marna de Lange，Peter Stuart Lee，Jan Lundqvist，Maimbo Mabanga Malesu，Norihisa Matsumoto，Adama Nombre，Alberto Marulanda Posada，Johan Rockström，Herman E. Roo，Giovanni Ruggeri，Bernard Tardieu，Richard M.Taylor，Barbara van Koppen，Arthur Walz，Martin Wieland，Qiang Zhu and Przemyslaw Zielinski

2008 年 3 月，报告目录的网上征求意见

Diepeveen Aleid，Abdullatif Al-Mugrin，Elfadil Azrag，Nick Blazquez，Marcia M. Brewster，Olga Daguia，Binayak Das，Orock Tanyi Fidelis，Mikkel Funder，Cristy Gallano，Andreas Grohmann，Alfred Heuperman，Peter Kabongo，Tom McAuley，F.H.Mughal，Farhad Mukhtarov，Kefah Naom，N.Parasuraman Ngappan，Cyprien Ntahomvukiye，Gerd Odenwaelder，Gbenga Olatunji，Michaela Oldfield，Ramadhan，Friederike Schubert，Paulo de Tarso Castro，Mase Toru，Nicola Tynan，Etiosa Uyigue，Hideo Watanabe，Maya Wolfensberger，Nayyer Alam Zaigham and the Gender and Water Alliance

2008 年 3 月，政策相关性的实时 Delphi 调查

Emaduddin Ahmad，Natalia Alexeeva，Ali Al-Jabbari，Elena Isabel Benitez Alonso，Miguel Angel，Lina Sergie Atassi，Manuel Rodríguez Becerra，Charlie Bepapa，Benedito Braga，Martina Bussettini，Mokhtar Bzioui，Adrian Cashman，Sharif Uzzaman Choudhury，Betsy A. Cody，Christopher Cox，Basandorj Davaagiin，Dwarika Dhugnel，Francis Flynn，Bertha Cruz Forero，Gerald Galloway，Iñaki Urrutia Garayo，Zaheer Hussain Shah Gardezi，Peter Gleick，Biksham Gujja，Handagama，Islam-ul-Haque，Kocou Armand Houanye，Mukdad Hussein，Upali Senarath Imbulana, Abbasgholi Jahani, Ananda Jayasinghe, Mohamed Ait Kadi, Badra Kamaladasa, Ville Keskisarja, Julio Thadeu S. Kettelhut, Arzel Hossain Khan, Juliette Biao Koudenoukpo, Latu S. Kupa, Juan Mayr Maldonado, Olga Marecos, Jurado Marquez, Polioptro F. Martínez-Austria, Miguel A. Medina, Jr., G. Tracy Mehan, A. M. Muller, Jadambaa Namjilin, Gustavo Victor Necco, Visa Niittyniemi, Ali Noorzad, Michel Ouellet, Marc Overmars, Mauri Cesar Barbosa Pereira, Claudia Patricia Mora Pineda, Giorgio Pineschi, Victor Pochat, Syed Ayub Qutub, Walid Abed Rabboh, Hifza Rasheed, Josu Sanz, Henk van Schaik, Carlos María Serrentino, Cletus Springer, Steven L. Stockton, Sumitha Sumanaweera, Vincent D. Sweeney, Muhammad Aslam Tahir, Sonja Timmer, Francesco Tornatore, Robert Reece Twilley, Carel de Villeneuve, Erik K. Webb, Cevat Yaman and Farhad Yazdandoost

2008年7月,水资源领导者及水资源专家的通讯调查

Sameh Mohamed Abdel-Gawad, Florence Grace Adongo, Emaduddin Ahmad, Abdalla A. Ahmed, Fernando Alberto, Sibel Algan, Daouda Aliou, Mirtha Almada, Hugo Pablo Amicarelli, Paula Antunes, Bayoumi Bayoumi Attia, Van Baardwijk, Banadda, Jayanta Bandyopadhyay, Elena Benitez, Emilia Bocanegra, Lisa Bourget, John Carey, Adrian Cashman, Roberto Torres Castro, Lucas Chamorro, Xu Cheng, Mourad Choyekh, Murray Clamen, Michael J. Clark, Betsy A. Cody, Ken Conca, Filiz Demirayak, Carlos Diaz, Kayembe Ditanta, Ajaya Dixit, Ould Mohamed El Hacen Saadou Ebih, Omar Elbadawy, Evens Emmanuel, Loic Fauchon, Miriam Feilberg, Bertha Cruz Forero, Iñaki Urrutia Garayo, Roberto Galan Garcia, Elda Guadalupe Vasquez de Godoy, Elizabeth Granados, Norman Grannemann, Pilar Cornejo R. de Grunauer, Sylvain Guebanda, Guero, Adrian Ortega Guerrero, Biksham Gujja, G. J. C. Gunatilake, Carlos Gutiérrez-Ojeda, Dipak Gyawali, Charles Hakizimana, Azizul Haque, Islam -ul -Haque, Liu Heng, Oda Hideaki, Eduardo Zamudio Huertas, Magda Amin Idris, Upali S. Imbulana, Mulipola Pologa Ioane, Vijay Jagannathan, Jahani, Santiago Jara, H. M. Jayatillake, Gerald Jean-Batiste, Badra Kamaladasa, Vakup Karaaslan, Ville Keskisarja, Wael M. Khairy, Arzel Hossain Khan, Nguyen Hong Khanh, Abdelaziz H. Konsowa, Juan Jose Ledesma, Peter Letitre, Mark Limbaugh, Ana Deisy López Ramos, Lutfi Ali Madi, Yvon Maranda, Darysbeth Martinez, Andrés Pérez Mattiauda, Marcus Moench, Ekhlas Gamal Eldin Mohamed, David Molden, Sadí Laporte Molina, Isaìas Montoya B., Mike Muller, Hamza Ozguler, Gürcan Özkan, Eddy Gabriel Baldellón Pedraza, Amataga Penaia, Ralph Pentland, Mauri Cesar Barbosa Pereira, Andrés Pérez, Odalis Perez, Mathieu Pinkers, Syed Ayub Qutub, Walid Abed Rabboh, Santiago Maria Reyna, Decarli Rodríguez, Jorge Rucks, Jayampathy Samarakoon, Monica Elizabeth Urbieta Sanabria, João Bosco Senra, Carlos Maria Serrentino, José Joaquín Chacón Solano, Toshihiro Sonoda,

Guido Soto,Hugo Herrera Soto,Steven L. Stockton,Sumitha Sumanaweera,Veronica Tarbaeva,U. Tsedendamba,Aynur Uluğtekin,Kishor Uprety,Jeroen van der Sommen,Ximena Vargas,Celso Velazquez,Ingrid Verstraeten,Carel de Villeneuve,Carissa Wong,Jorge Montaño Xavier,Alaa Yassin and Farhad Yazdandoost

联合国水资源咨询,2008 年 8—9 月

联合国生物多样性组织、食物和农业组织公约秘书处、联合国环境计划署和世界银行

世界水资源发展计划方面的系列出版物协调员

Marwa Daoudy

世界水资源发展计划方面系列出版伙伴

Zafar Adeel,Yoganath Adikari,Joseph Alcamo,Maite Martinez Aldaya,Reza Ardakanian,Pierre Baril,Dominique Berteaux,Harriet Bigas,David Bird,Gunilla Björklund,Sylvie de Blois,Amadou Idrissa Bokoye,Sobhanlal Bonnerjee,Leon Braat,Marco Braun,Anne Cann,Diane Chaumont,Torkil-Jønch Clausen,David Coates,Jean–François Cyr,Claude Desjarlais,Paris Edwards,Marie–Joëlle Fluet,Louis–Guillaume Fortin,Gilberto Gallopín,Jerome Glenn,Matt Hare,Joakim Harlin,Jan Hassing,BertJan Heij,Andrew Hudson,Niels Ipsen,Harald Koethe,David Lammie,Henrik Larsen,Jan Leentvaar,Geerinck Lieven,Palle Lindgaard–Jørgensen,Manuel Ramon Llamas,Ralf Ludwig,Wolfram Mauser,Alastair Morrison,Jasna Musk atirovic,André Musy,Benjamin Ndala,Gernot Pauli,Alain Rousseau,René Roy,Brigitte Schuster,Lynette de Silva,Lucia de Stefano,Jon Martin Trondalen,Håkan Tropp,Richard Turcotte,Wim van der Hoek,Charlotte van der Schaaf,Luc Vescovi,Ruth Vollmer,Ian White,James Winpenny,Lars Wirkus,Aaron T. Wolf and Junichi Yoshitani

第三份《联合国世界水资源发展报告》要点序列

协调员

George de Gooijer

贡献者

Altay Altinörs,Ger Bergkamp,Claire Furlong,George de Gooijer,Dipak Gyawali,Jack Moss,Joshua Newton,Sharon Velasquez Orta,Darren Saywell,Alberto Tejada–Guibert and James Winpenny

特别致谢

土耳其外交部,第五届世界水论坛(伊斯坦布尔)秘书处,伊斯坦布尔市水和污水管理局以及土耳其州的国家水利工程总局局长

我们为报告中的任何错误或遗漏致歉。有些人名可能是不完整的,因为他们来自参与者自己的在线注册信息。

目录
Contents

1

第2篇 水资源利用

第3篇　水资源演变

第4篇　对策和选择

第1章

突破现有框架
——把水资源和可持续发展决策联系起来

● 水资源问题必须要解决。水务领域包括供水和卫生设施、水力发电、农业灌溉和防洪减灾等行业的领导者们——长期以来，在水资源对可持续发展的不可或缺性方面是有清楚认识的，但是他们做出的决策并不是以发展目标为前提，而且人力和财政资源的分配与决策也不能达成一致。政府部门的领导者们，私人部门和民间社团做出这些决策或者对其产生影响，他们有必要学习如何在实现其目标的过程中将水资源考虑在内。

● 水资源对实现可持续发展和千年发展目标十分关键。维持经济增长，促进社会和经济发展，消除贫困，追求平等和实现环境可持续发展是成功达到千年发展目标所必须的，而对水资源进行正确的管理就是实现上述目标的重要组成部分。

● 水资源和气候变化危机，能源和粮食供应及涨价是有关联的，并且也困扰着金融市场。除非它们和水资源之间的关联被解除，并且全球的水资源危机得以化解，否则其他形式的危机也许会加剧，地方的水资源危机也会加深，形成全球性的水资源危机并引发各个层面上的政治动荡和冲突。

现在媒体都在谈论各种各样的危机——气候变化，能源、粮食供应和涨价，金融市场的困扰等。这些全球性的危机彼此联系，并且因水资源而相互关联。如果得不到解决，地区和国家政治动荡及冲突暴发的可能性将会增加。

这些危机发生的背景是全球许多地区的贫困现象仍然在持续。社会和经济的发展要求必须对水资源进行有效的管理，以实现联合国千年发展中"消除贫困，实现平等"的目标。利用现有的基础设施，对新的水务设施和项目进行投资，无论是针对实体的还是制度上的，对其提供的服务进行成本管理是实现可持续发展不可缺少的内容。

长久以来，供水和卫生、水力发电、灌溉以及防洪减灾方面的专家和经理人对于水资源在实现可持续发展目标的过程中的作用，是有清楚认知的。但是他们的眼光往往显得过于狭隘和片面，致使对许多水资源方面的决策都造成了盲区。他们做出的决策并不是以发展目标为基础的，而且人力和财政资源的分配与决策在更广泛的目标上也不能够达成一致。政府部门的领导者们、私人部门和民间社团做出这些决策，他们有必要学习如何在实现其目标的过程中将水资源考虑在内并且付诸实施。

而且，他们必须在变化的世界中开展行动，一个由人口、全球经济、变化的社会价值和规范、技术创新、国际法、金融市场和气候变化等力量驱动的世界总归是要常常失控的。

1.1　突破水资源框架

直到20世纪90年代（在一些国家还在持续），水务行业的工作依然是各自独立的，供水和卫生、水力发电、灌溉、防洪等方面的专家各自开展工作，彼此间的交流极少（也有例外，如美国的田纳西河由田纳西流域管理局于20世纪30年代主导其发展）。由于人口增长及其他加诸水资源之上的压力，导致越来越多的河流趋近干涸（流域内所有水资源都被开发利用），因此，放弃对水资源分段式管理，代之以综合的、基于流域层面的管理变得十分必要了。水资源管理的范围在20世纪90年代扩大了，提高水资源的利用效率、合理分配水资源、环境可持续发展等方面的内容都归纳到管理的范围之内，构成了水资源的综合管理。2002年在南非的约翰内斯堡举行的世界可持续发展峰会为各国确定了"到2005年制定出发展水资源综合管理计划"的蓝图。

许多国家都在进行着流域层面上的水资源综合管理。但是管理大多还是局限于水务领域内，因为水资源对地球上的生命以及人类的生计（人类及其他生物物种）来说是必不可少的，这一点是毋庸置疑的。水务领域也开始认识到，那些领域之外做出决策的人们能够决定水资源的利用方式，但是其他领域却被视为水务管理上的障碍。水务领域已经引入社会经济其他领域的管理来共同实现对水资源的综合管理。实现水资源的综合管理，在社会和政治因素决定水资源现实分配和管理的局面下，还应将技术方面的因素考虑在内。

1.1.1　决策与水资源框架

水资源利用政策是在政府内部，通过社会经济各领域决策者的相互磋商而确定的，其中包括卫生、教育、农业、住房、工业、能源、经济发展和环境等领域。这种相互磋商在一些国家是通过总理或者总统领导的部长内阁发挥作用的。类似这样的机构在地区、州或省、当地（市）政府一级都可以存在。政府机构在水资源的管理上扮演了十分关键的角色。

许多国家的政府在经济方面直接掌握的投资是很少的，但是却能够出台鼓励或者限制投资的政策。为了获得最优的资源配置效率，在决策制定过程中，应采取多方参与的互动程序，商业领域（财政、工业、商业）和民间社团领域（社区组织和其他非政府组织）的领导都应参与其中。

理想状况下,政府、商业和民间社团的领导人为了社会的利益而共同努力。因为他们做出的关乎水资源利用的决策,对于水资源事务的理解和对于所需投资的支持、制度、刺激因素、信息和内在的能力,这些以往被认为是"水务"的领域,需要负责水务经济利益的相关方和负责水资源管理的相关方进行合作。因此,水务管理领域的领导人必须确定在水资源行业之外的领导者对水资源的制约及其选择是知情的,并且帮助他们有效地而且高效地执行决策。

在关乎水资源的众多决策之中,对水资源影响最深的当属与国家发展相关的决策,即一个国家如何实现能源和粮食安全、保障就业、灾害预防、环境可持续发展以及其他一些目标。这些决策是在更为宽泛的政治框架内做出的,而不是水务管理者们做出的,管理者们随后要处理政治领导者的决策,以及其他涉及水务的事宜。如图 1.1 所示,该图描述了这一过程。

在水务领域之外,是协同、平衡、协作与整合,涉及高层次与多领域的决策程序。在这个领域内,水务管理专业人士、利益相关方以及个人都可以了解并对决策产生影响。但是他们需要在决策时能够得到参与的机会,对高效实施水务管理负有责任,并且要适当地通报决策的过程。在实施了水资源管理法规、政策和策略的许多国家中,这些措施都使得管理变得便利了,这反映了水资源领域和社会经济其他领域是有关联的。

1.1.2　决策者与水资源管理

水资源是一个国家实现其发展目标的手段——总体来讲,包括创造就业机会、保障粮食安全、促进 GDP 增长、削减贫困等社会目标。在实现这些目标的过程中,决策者们面临着在不同的领域中对于可能的投资和可能的协调之间做出平衡的挑战。做出平衡和寻求协调要求那些不同领域的经济效益决策者进行合作。

在实现了可持续发展的国家,政府的主要角色是方便其他机构的行动,以及对其运行程序进行促进和调节(Commission on Growth and Development,2008)。而水务管理者们所要发挥的作用是告知决策者水资源管理和水务基础设施所受的制约以及面临的发展机会,然后配合国家的发展战略开展行动。

水务领域的合作已经得到了显著的促进,尤其是在服务方面。公私之间的合作方式占据着主流,一些合作是既定的,一些合作则是受到了不同的影响。用水户联合会参与灌溉管理,在许多国家已经十分普遍,这使得灌溉计划管理得到了成功的改善。但是,不管运营者是否为私人企业、公共机构,还是商业服务机构,公众决策者和管理当局所扮演的角色处在一方,而服务运营者处在另一方,所取得的成功已经充分说明双方进行互补的重要

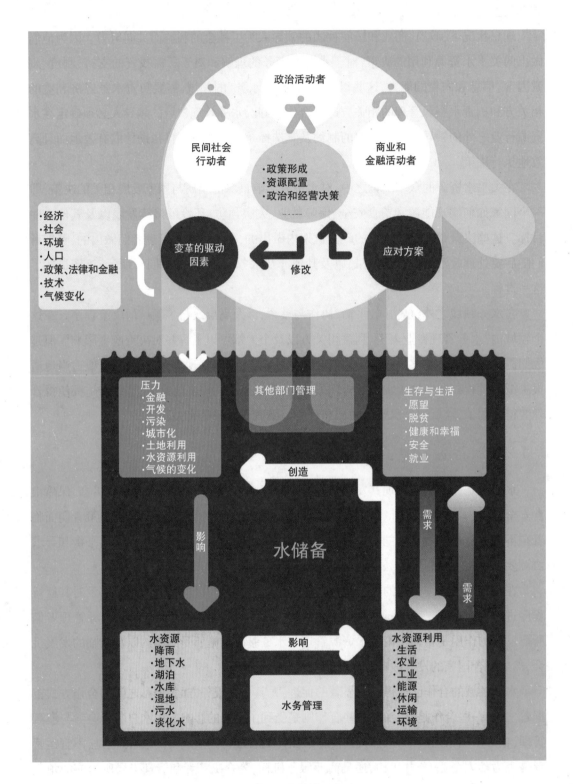

图 1.1　影响水资源的决策过程

性。长期来看,双方都必须进行合作互补才能取得成功。

在分配和管理过程中,也要将技术方面的因素考虑在内。其他类型的合作包括民间社团组织、政府和私人领域。近期一项对拉丁美洲的调查结果显示,适当的结构框架、激励因素以及互相信任是进行成功合作的关键因素(Phumpiu 和 Gustafsson,2007)。河流所在的流域组织扮演的角色日益变得重要。开发伙伴间的广泛联盟,包括各级政府、捐助人、多个国家、国际以及地区机构、地方非政府组织等,在莫桑比克等国都有所显现(www.pap.org. mz),他们共同就公共支出方面提出意见。英国首相戈登·布朗在 2008 年的达沃斯峰会上表示,"如果没有私人领域志愿者和政府的合作,那么千年发展目标就不会得以实现"(引述自 Maidmont,2008 年 1 月 25 日"重新对社会责任的思考"会议的发言)。他还表示,"政府必须明白,他们一定要使企业影响改变成为可能",与此同时,不仅要将企业作为资源的提供者,更要成为智慧的源泉。

当一个国家持续高速发展,而且经济保持增长的时候,对于私人领域和市场机制的关注应该得到加强。当发展速度缓慢,且经济增长前景不乐观的时候,应当更加关注基本服务的提供,包括向社会贫困群体提供安全的服务网络。如果政府和管理机构处于相对较弱的形势(疲软态势),应当更加关注重建和振兴事业。当发生人道危机、冲突或者是自然灾难的时候,应当更加关注应急响应事宜。在多个国家同时开展工作,区域性的工作主要关注整合资源、区域安全和公平。因此,尽管背景迥异,整体结构和过程不尽相同,参与者也不一样,但还是取得了发展成果,任何与发展有关的决策都和水资源开发决策相结合,无论对其认识是否透彻。

认识到公众和私人领域所面临的相似挑战,所受到的限制和困难,比试图将他们的相对市场份额量化要更加重要。对于决策者和政治领袖来讲,创造制度条件使各方面的运营者们——公众机构、私人机构、公私合营机构、社区捐助者及其他机构或个人能够进行长期及有效的服务和投资。

1.2 实现可持续发展是进行水资源管理的基本要求

增长和发展委员会在 2008 年的增长报告中这样说:增长的目的并不仅限于增长本身。增长能够为个人和社会带来实现其重要目标的可能性。它还能够将所有人从贫困和机械乏味的工作中解放出来。这些效应都是增长独有的。另外,增长还能够为健康医疗、教育事业以及千年发展目标中其他方面提供资源支持。简而言之,我们将增长视为必需的,即便不是如此,我们也将其视作实现更大发展、扩大个人生产力和创造力的必要条件(Commission on Growth and Development,2008)。

1.2.1　持续增长需要水资源

增长需要自然资源的支持。《增长报告》称,我们会进入这样一个时期,在这个时期内,增长将会受到自然资源的限制。但是报告对水资源在增长过程中的贡献并没有作过多的关注。第三份《联合国世界水资源发展报告》,比起前两份报告,在发展方面给予了更多的关注,报告中将获得水资源的能力和对其进行管理的能力作为国家发展的决定因素。

非洲国家提供了适当的案例,因为无论是增长还是水资源都是非洲面临的主要挑战。非洲国家的领导人认识到了水资源对于发展的重要作用,因此他们在 2008 年于埃及沙姆沙伊赫举行的会议上发表了一项声明, 清晰明确地表达了水资源是实现可持续发展必不可少的关键因素(见专栏 1.1)。

专栏 1.1　非洲国家领导人将供水的可持续发展作为关键所在(African Union,2008)

非洲联盟成员国的政府领导人于 2008 年 6 月 30 日至 7 月 1 日在埃及沙姆沙伊赫参加第十一次例行会议。

我们认识到供水和卫生服务对于各国和非洲大陆社会、经济以及环境保护的重要作用;

我们认识到供水现在是非洲实现可持续发展的关键因素, 而且将来也必须保持供水的这种地位,除此之外,供水和卫生服务也是实现非洲人力资本发展的先决条件。

我们考虑到目前的非洲,水资源的利用并不充分,而且水资源的分配也缺乏公平,这将对实现粮食和能源安全造成更大的挑战……

为此,我们在此做出如下承诺:

(a)我们要更加努力地兑现以往在供水和卫生服务方面做出的承诺。

(b)提高卫生服务水平以缩小非洲部长级水资源理事会通过的伊希奎尼 2008 年非洲卫生服务部长宣言中提及的差距。

(c)为实现粮食安全,需要解决与其相关的农业用水问题,正如首届非洲水资源周的部长声明中所提到的。

尤其是:

(d)制定国家水资源管理政策、管理机制、项目规划,在今后的七年当中,为实现千年发展目标中的供水和卫生方面的目标而进行国家的战略准备,并且要开始有所行动。

(e)创造有利的环境以强化地方政府和私人领域的管理工作。

(f)确保水资源公平和持续的利用,并且要促进非洲各国水资源及共享水资源综合的管理和发展。

(g)针对项目执行,增强信息和知识管理,强化监测和评估,在包括地方政府在内的所有层次上都要进行机制建设和人力资源的能力建设。

(h)实施适应措施,提高各个国家对日益严重的气候变化威胁的适应能力,提高水资源多样性和提升水资源量以满足水和卫生目标。

(i)针对全国和地方的供水和卫生事业开展行动,政府要大幅度提高资金的投入,并且要号召水资源部和财政部门联合起来制定投资计划。

(j)在供水和卫生服务领域,发展地方金融工具和市场用以增加投资。

(k)调动更多的捐助和投资额为供水和卫生服务。

社会团体并不是拥有财富后再投资于水资源管理领域的;他们先是寻找管理水资源和风险的方法,然后才变得富裕。如果他们明智的话,他们会避免污染,并且确保水资源的可持续利用。

投资于水资源基础设施并满足农村地区的基本需求,通过良好的水资源管理,能够提高农业生产力。随着发展进程的推进,城市地区商业化和工业化过程的转变,水资源管理的目的也增多了,包括保证能源和粮食生产,为运输业、防洪工程、饮用水供应和卫生设施以及工商业经营活动等提供支持。

2007 年亚洲水资源发展展望强调了全球所面临的各项重大挑战。在可持续发展方面,这份报告着重提出了一个"(水资源方面)多学科的和多领域的观点"(ADB,2007)。报告中强调了在亚太地区许多国家被忽视或者是没有得到足够重视的许多重要主题。其中亟待解决的问题就是水资源和其他重要发展领域的关系问题,例如能源、粮食和环境。然而,这份报告并没有给出一幅详细的水资源发展路线图。

1.2.2　投资水资源获得利益

水资源领域的投资往往以那些单一目的方案所获取的回报率来进行评估,而不是将那些多目标的工程所能带来的额外收益考虑在内(投资水资源的好处将在第 6 章中详细介绍)。越来越多的证据显示,水资源投资能够带来直接的经济回报(见第 6 章)。举例来说,在中国,地方上水资源的管理行动能够为 GDP 带来可观的改善(SIWI,2005)。在中国有 335 个县通过水电来实现初级的电气化,农民年均收入的增长率也达到 8.1%,比全国平均水平高将近三个百分点。在这些县中,有 3000 万人口脱离农业生产,成为农民工,去工业和服务业寻找工作来改善生计,而这对于农业生产并没有什么负面的影响。

　　研究还显示,水资源领域的投资对宏观经济的回报也在增加,水资源管理失败导致的支出与投资状况密切相关。洪灾和旱灾(由台风和暴雨造成,或者由于降雨量过大超过水渠的蓄水能力造成)对贫穷国家造成的损害要大于富裕国家,因为富裕国家在灾害应对方面所做的准备要更加的充分(见图1.2)。

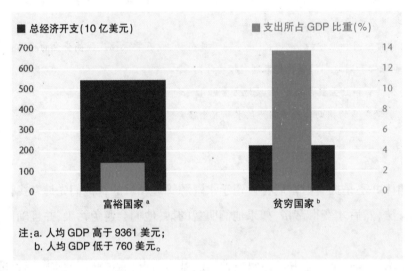

注:a. 人均 GDP 高于 9361 美元;
　　b. 人均 GDP 低于 760 美元。

图 1.2　相对于富裕国家,灾难所造成的损失占贫困国家 GDP 的比例较高(Delli Priscoli 和 Wolf,2009)

　　投资于环境保护和水资源管理不仅能够预防水相关疾病的发生,还能够带来很大的回报,因此各国无需等到自身达到中等收入或者高收入水平的条件再投资于这些领域。例如,1930—1999 年间,美国陆军工程师兵团投资于水资源领域,这一时期人口数量和财产价值持续增长,防洪减灾所投入的每 1 美元都能够减少 6 美元的损失(见图1.3)。世界卫

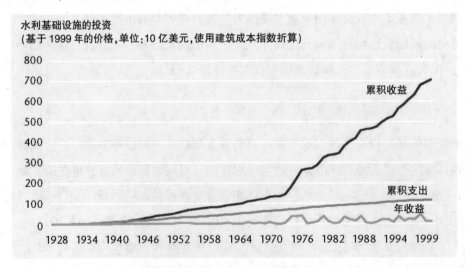

图 1.3　1930—1999 年间美国政府在水利基础设施每投资 1 美元减少 6 美元损失
(Delli Priscoli 和 Wolf,2009)

生组织(WHO)估计,依据地区和技术水平的差异,对安全饮用水和基础卫生设施所投入的每1美元都能够带来3~34美元的回报(Hutton 和 Haller,2004)。因此,这是个很典型的案例,改善饮用水供应和卫生设施条件能够有助于经济发展。决策者们可以利用这些数据来评价自身的政策,确定没有达到标准的地区并且采取重点行动 (Schuster-Wallace 等,2008)。

决策者们还需要更好地理解可持续的水资源管理和供水为国家发展带来的收益。扩大安全饮用水的供应和卫生服务的覆盖范围,能够显著地降低与水有关的疾病造成的人员伤亡,而且能够释放发展中国家稀缺的医疗资源。每天有5000名儿童死于腹泻,即每17秒就有1名儿童因此丧生(UN-Water,2008)。提高供水和卫生服务的水平有助于提高教育水平,能够使得更多的女童去学校上学,而不是将大部分时间花费在取水上。改善供水还可以节约数百万人工。非洲每年因缺乏供水条件和落后的卫生设施而造成的经济损失就高达约284亿美元,约占全非洲总GDP的5%(WHO,2006)。专栏1.2列出了东南亚地区由于缺乏足够的卫生设施而造成的经济损失情况。

专栏 1.2 　　　东南亚国家由于缺乏足够的卫生设施所造成的经济损失
(Hutton,Haller 和 Bartram,2007)

世界银行在东南亚地区首次针对落后的卫生设施所产生的经济影响进行研究,根据研究结果,柬埔寨、印度尼西亚、菲律宾以及越南每年因其落后的卫生设施造成的经济损失约90亿美元,合计达到这几个国家GDP总额的2%(基于2005年的价格)。卫生以及与水相关的疾病灾害造成的经济损失最大(四国总计达到48亿美元)。卫生设施的匮乏也导致水资源污染更加严重,因而又增加了为家庭住户供水的成本,也使得河流和湖泊的渔业产量降低(损失合计23亿美元)。还有环境方面遭受的损失(土地生产力降低,损失合计2.2亿美元)以及旅游业损失(损失合计3.5亿美元)。这四个国家每年能够在卫生设施方面取得63亿美元的收入。实施保护生态的卫生举措(分离大小便用作肥料),其具有的价值能够达到每年2.7亿美元。

水污染和超量取水造成的环境退化,对经济发展也有负面影响。举例来说,中东和北非地区每年由于环境破坏而造成的经济损失约为90亿美元,占GDP总额的2.1%~7.4%。工业国家花费巨额资金恢复生态环境,这也是认识到环境破坏带来巨大损失的结果。美国因环境破坏造成的损失高达600亿美元,并且这个数字还在持续增加(见专栏1.3)。

专栏 1.3　　　　　　　　　美国恢复生态环境预计需要投入的资金

以下是针对美国主要的而且是有必要进行生态环境恢复工作所需要的经费估算。花费超过 600 亿美元，由于获得的信息尚不全面，投入总额可能还会有所提高。

湿地恢复工程：109 亿美元。为湿地恢复而进行基础处理工作，但是整个工程尚在拖延之中（www8.nationalacademies.org/onpinews/newsitem.aspx？RecordID=11754）。

密西西比河上游流域的恢复工程：53 亿美元用于为期 50 年的生态环境恢复计划（www.nationalaglawcenter.org/assets/crs/RL32470.pdf）。

路易斯安那州沿海地区的恢复工程：到 2050 年，花费 140 亿美元以期建立可持续发展的路易斯安那海滨（www.coast2050.gov/2050reports.htm）。

切萨皮克湾恢复工程：切萨皮克湾生态恢复项目花费 190 亿美元（www.chesapeakebay.net/fundingandfinancing.aspx？menuitem=14907）。

五大湖生态恢复工程：花费 80 亿美元用于五大湖生态恢复和保护（www.cglg.org/projects/priorities/PolicySolutionsReport12-10-04.pdf）。

加利福尼亚州三角洲生态恢复工程：花费 85 亿美元用于启动大规模的生态恢复项目（首期为七年）（www.nemw.org/calfed.htm）。

密苏里河恢复工程：有待决定。

1.3　投资于水务

对投资而言，资金往往流向那些经济回报率较高的领域。目前，水务领域的资金回报率很低，并且收回投资的期限还很长，因为投资于水务会涉及很多政府管理的问题（见第 4 章）。水务领域的很多投资因政治因素经常导致结构性破产。因此，投资者对于水务领域热情不高，这也不令人感到奇怪。然而公众投资于基础设施的资金也在减少，导致水务领域的投资需求得不到满足。

近年来水务服务所面临的财政挑战已经十分明显。世界水利基建融资委员会（World Panel on Financing Water Infrastructure；Winpenny，2003）和全民水资源融资任务小组（the Task Force on Financing Water forall；van Hofwegen，2006）的报告提出了解决办法和新的应对方法。最后，也只是有三种筹措资金渠道：用户缴存、公众开支和外来援助（来自官方的和慈善机构）。要获取这些方面的投资，需要精心选择以及详细规划，采取高效率的方式进行成本控制,确保对稀缺投资的最佳回报。

多项研究都试图估算建设足够的供水基础设施和卫生设施所需要的总投资额。这些报告都宣称展现的是全球和各地区的估算值,但是他们往往都忽略了投资的先决条件,包括制度建设、革新、执行和管理能力,以及拆除老化的基础设施等。因为水务管理必须在当地进行,因此投资也必须在当地进行管理。水务投资必须采取一种整体的方式(见图 1.4)。正如图 1.4 中所描述的那样,完善的财政管理能够帮助水务管理机构及政府吸引贷款和外来援助,充实自身资金资源。

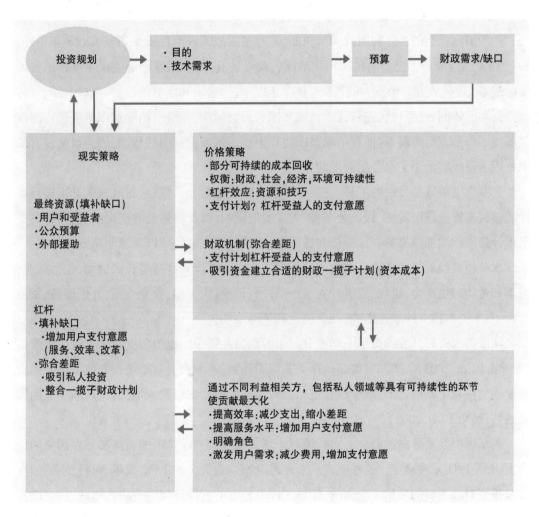

图 1.4 水务投资必须采取一种整体的方式将价格、财政和利益相关方整合在一起

尽管许多发展中国家实施了这个程序中所有的方法,但仍旧缺少资金来满足其基本的水资源开发和供水服务。在这些案例中,涉及一个问题:究竟需要多少外来援助保证措施的实行,以及援助资金是否能够或者应该有所增加。

1.3.1　分配增长带来的收益

2007 年英国国际增长部的政策报告《增长和基础设施》中称,"增长是将人类摆脱贫穷的唯一的重要途径"(DFID,2007)。报告中引用实证文献说明,近年来全球贫困状况的减少有 80%以上要归功于增长,不到 20%归功于再分配(社会保障)。报告中引证中国的例子,从 1979 年起,有 4.5 亿人口脱离贫困,这要归功于中国的高速增长。报告还引证越南作为案例,越南创造了消除贫困最快的纪录,贫困率从 20 世纪 80 年代的 75%降低到了 2002 年的不足 1/3,这也要归功于高增长率。

作为国际社会的合作和财政调节机制,消除贫困战略成为首要关切点。2008 年中期,59 个国家已经准备了完整的贫困消除战略,此外还有 11 个国家已经完成了基本的贫困消除战略。这代表着一个重大的转变。许多年以来,为贫困和落后的政府寻求利益而进行水务活动的体制,已经将优先权让予消除贫困和资金运作。现在,消除贫困的战略仍然仅仅展现了一个方面的前景,即在消除贫困过程中矫正水务管理中的行动,因为目前仅有几项贫困消除战略给予了水务层面上的关注。

公共支出审计是另一种工具,它能够帮助决策者分配公共资金。对政府的开支进行审计能够提高资金使用效率,保证公平,扩大发展的影响,以及增强公共支出的责任。公共支出审计还能够增加结果的会计责任和透明度,支持政府实施改革以及抵制腐败的计划。

水务领域投资的经济论证得自于他们将各个方面解读到经济增长的层面,包括就业、资本和劳动力生产力、税收、政府开支、收入管理、债务、购买力、收支差额、外汇储备、贸易差额,对于资本投资的增速影响,商业信息和证券市场。

印度的水资源开发均衡了不同季节对于劳动力的需求,也为印度带来了较大的收益(World Bank,2003)。非洲发展新伙伴关系组织预测,非洲农业对于增长和贫困消除的贡献要建立在以下基础之上:减少粮食进口,出口预期增长,出口收入增加,以及减少贫困家庭的数量(NEPAD,2002)。

为了吸引发展导向的资金,水资源对于增长加速和消除贫困的贡献必须在国家的层面上,并予以明示和确定。这些确定的贡献将会影响到资金的来源,成本,可行性,持续性以及投资财政工具的使用。全国的、流域的以及地方的行动计划需要将水资源,经济增长和贫困消除整合到一起。建立这样一个共同体以及其他形式的联系能够在制度上取得更大的成功,比如建立完善的贫困消除战略,公共开支审计机制以及全国发展规划等。

1.3.2　减少贫困对获取水资源造成的阻碍

人类必须认识到持续的欠发达和贫困所造成的严重后果。自从第二次世界大战以来,已经有30亿人受益于经济发展，但是仍有20亿人在等待获得经济发展带来的好处。据2005年的数据，约14亿人生活在"绝对贫困"（最初定义为每天1美元，在2005年修改为1.25美元，以反映不断变化的购买力评价）的状况之中。这一数字还未包括最近一波由能源和粮食危机造成的新增贫困人口（Chen和Ravallion，2008）。这些妇女，男人和小孩每天都会面对贫困的后果——疾病、营养不良和饥饿。他们没有能力应对自然灾害，诸如地震和洪水灾害之类，如果发生的话，他们无力应付。国际社会已经设定了千年发展目标，到2015年将贫困人口的比例降低一半。但是我们还远远没有步入正轨，尤其是在那些最为需要消除贫困的地区。

为强化"人类长久发展经验"，《人类发展报告（2006）》将供水和卫生作为考虑因素，供水覆盖率的升高和平均收入的增长是成正比的（见图1.5）（UNDP，2006）。《全球监测报告

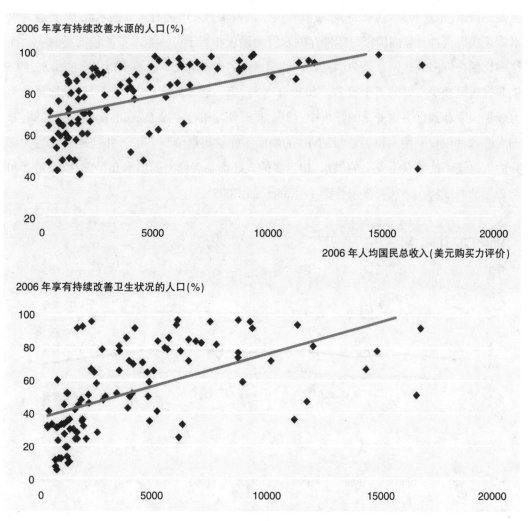

图1.5 随着收入的增长，供水和卫生服务覆盖率也得到改善
[世界卫生组织信息统计系统(www.who.int/whosis/en/)]

(2005)》注意到,南亚一些国家在气候方面投资的改善和政策的强化,以及基础服务供应的进步,自 20 世纪 90 年代以来保证了经济的持续快速增长,对于大幅度消除贫困以及实现千年发展目标都有巨大贡献(World Bank,2005)。

1.3.3 非洲投资案例

在那些水务投资薄弱的地区,GDP 的增长就受到了限制——欠发达经济体在旱灾、洪水和自然水文变化的合力作用下,其 GDP 所受到的影响会达到 10%。当经济增长乏力,伴以匮乏的社会保障投入,许多国家在实现千年发展目标方面就差距明显,带来的社会影响也十分严重。

尤其是非洲,尽管近年来一些国家的经济出现了增长的趋势,但仍旧贫困(见图 1.6)。在发达国家,水资源储备确保农业灌溉和供水以及水力发电拥有可靠的水源,并且也为洪水管理提供缓冲。非洲国家每年储存的水资源量仅相当于可再生水资源径流量的 4%,而这一比例在许多发达国家是 70%~90%。约有 3.4 亿非洲居民不能够获得安全的供水,约 5 亿非洲居民缺少良好的卫生服务。2008 年 3 月,第一届非洲水资源周在号召采取更大努力确保国家和地区供水安全的呼声中召开。非洲开发银行主席 Donald Kaberuka 强调,非洲大陆这种仅仅利用水资源总量的 4% 的局面不能够再继续下去了,并且还有相当大部分的人口还不能够获得安全的供水,相当多的人还面临着频发的洪水和旱灾,以及粮食和能源短缺的威胁。必须要采取行动了(Kaberuka,2008)。

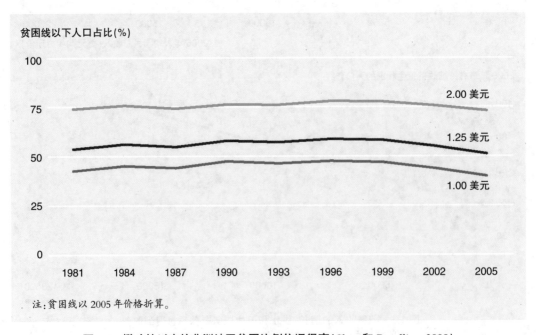

注:贫困线以 2005 年价格折算。

图 1.6 撒哈拉以南的非洲地区贫困比例依旧很高(Chen 和 Ravallion,2008)

2008 年 6 月,千年发展目标非洲指导组公布了一系列详细的指导建议,用以增加消除非洲贫困的机会(MDG Africa Steering Group,2008)。建议中涉及在非洲实现千年发展目标的部分总结列在表 1.1 中。

表 1.1　　　　　　　　　　　　　非洲实现千年发展目标的部分指导建议

增加机会	关键成果总结	政策领导	关键的多边财政机制(若干资金来源)	到 2010 年,预计所需的公共资金的所有资金来源
在非洲实现千年发展目标	以清晰的量化目标为基础,实施综合的、跨领域的公共支出项目	秘书长和千年发展目标非洲指导组,G-8 领导人,非洲联盟,私人领域,基金会	所有多边的、双边的和私有机制提供高质量的、可预见的资金	每年约 720 亿美元,其中 62 亿美元由发展协助委员会提供 (遵照格伦伊格尔斯 G-8 会议、蒙特利尔共识和欧盟官方发展协助目标),其余资金由非发展协助委员会捐助者、发展中国家联盟以及私有基金和公司共同提供

1.3.4　投资水务实现千年发展目标

第三份《联合国世界水资源发展报告》发布的时间正值刚刚跨过由 2000 年千年峰会到 2015 年实现千年发展目标的中间点。在今后的 6 年中,为实现目标而进行努力将在政府的政治议程中提到更高的位置。

千年宣言把供应安全饮用水和基本的卫生服务确定为发展目标之一, 列为千年发展目标的第 7 项。但是在实现安全供水方面取得足够的进步时,在卫生服务方面,还相去甚远(见专栏 1.4)。

专栏 1.4　　　　　实现千年发展目标中供水和卫生服务方面所取得的进步

(WHO and UNICEF Joint Monitoring Programme,2008)

世界已经步入实现千年发展目标供水安全指标的道路。从目前的形势看,到 2015 年,全球将有超过 90%的人口能够获得改善后的供水。

世界还没有步入实现千年发展目标卫生服务指标的道路。从 1990 年到 2006 年,不能获得良好的卫生服务的人口数量仅仅降低了 8 个百分点。如果在前进的道路上没有明显的加速,那么到 2015 年全世界就连卫生服务指标的一半都无法完成。依照当前的趋势,到 2015 年,全球不能获得良好的卫生服务的总人口只会有轻微的下降,从 25 亿人降至 24 亿人。

尽管取得了进步，但是挑战依旧是巨大的。当供水指标在全世界平均水平上将要实现的时候，全世界仍然有大片地区和许多国家还远远没有实现这个指标，有些还面临倒退的局面。这一现象在撒哈拉沙漠以南的非洲地区和低收入的阿拉伯地区表现得尤为明显。在一些地方，卫生服务指标在很大程度上会被忽略。

保证饮用水供应和提供卫生服务都是极重要的。目前，改善了的饮用水供应和卫生服务对实现所有的千年发展目标来讲都是确有贡献的。本份报告全面阐述了这种关系，其他报告也详尽说明了水务管理对千年发展目标直接或间接的贡献。图1.7对此作了说明。

图表中阐述的这些联系是2008年国际环境卫生年的一项重要的宣传内容。近年来国际社会已经对基本的卫生服务投以高度的关注，包括几项重要的宣言：巴西利亚（2003）、别府（2007）、德班（2008）、突尼斯（2008）和沙姆沙伊赫（2008）。饮用水和卫生服务领域的差距，在政治上已经引起了最高级别的关注。

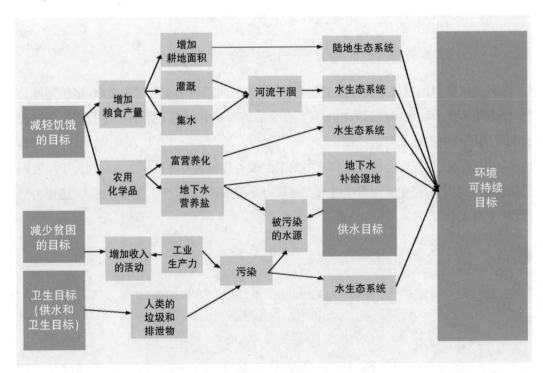

图 1.7　水务管理和千年发展目标之间的关系和因果效应（Cosgrove，2006）

发展协作关系可以帮助那些脱离了实现千年发展目标的国家重回正轨。政府间的努力也致力于维系国际社会自千年宣言做出承诺以来出现的良好势头以及八国峰会非洲行动计划以来取得的进步（G-8，2003）（见专栏 1.5）。新的行动，比如联合国系统于2007年倡导的千年发展目标非洲行动，已经在努力使得脱离前进进程的国家重新回到实现千年发展目标的轨道上来。

　　这件事(供水和提供卫生服务)强调国际社会要解决供水和卫生事务并增强人类的安全,就需要有强有力的政治和外交支持。它能够促进良好的水资源管理并且执行综合的水资源管理措施。它重新明确了国家协助政策的建立以及执行的重要性,这些协助政策应考虑到特殊的需求以及受援国的资源情况,并基于巴黎援助成效宣言来制定。

　　这件事强调动员足够的国际和国家的财政资源来执行国家政策以及努力利用部门层级方式的必要性;发展与社会团体组织、地方政府和私人领域的合作关系来执行国家政策和行动计划以改善供水的覆盖范围和水质以及卫生服务状况,并且还要初步建立一个专注于脱轨国家的"行动框架",包括有可能考虑一项"快速轨道启动"计划,利用启动资金,配备一个高水平的"任务小组"去实现(千年发展目标中的第七项目标),而且每年要在全球范围内制作一份进展报告,并举办一届高级别的审核会议。

　　日本政府许诺为非洲建立一支水资源安全行动队伍,给650万非洲居民提供饮用水并且执行供水能力建设项目,在五年后为非洲培训5000名这方面的人员。塔吉克斯坦承诺将举办2010年国际淡水论坛,对2005—2015年期间"生命之水:国际十年"行动所取得的成功、所面临的挑战和取得的经验进行初步的讨论。

　　荷兰政府承诺到2015年,将有总额为13亿欧元的多项协议得以签署,约3000万人口受益,其可以为至少5000万人口提供安全饮用水和卫生服务。德国将继续为中亚国家培训水资源专家。荷兰还与英国共同承诺在今后五年提供1.06亿欧元用以在发展中国家启动供水和卫生服务项目。

1.3.5　维持环境可持续发展

　　环境的可持续性,广泛地说,意味着环境可以为社会和经济的进步提供持续的支持,同时提供多种生态系统服务(见表1.2)。世界大坝协会这样多利益攸关方参与的组织,已经认识到,环境的可持续性在作出水资源发展决策时的重要性。一些国际公约如联合国防治荒漠化公约和联合国生物多样性公约已经将水资源列为一项全球事务。

　　现在,水资源管理危机在全世界的大多数地区都在发生。联合国水资源机构称,据国际媒体报道,2006年11月中旬的仅仅一个星期之内,就有若干国家和地区发生极度缺水现象,包括澳大利亚部分地区、博茨瓦纳、加拿大、中国、斐济、科威特、利比里亚、马拉维、巴基斯坦、菲律宾、南非、乌干达、阿联酋以及美国(UN-Water,2007)。

表 1.2　　　　　　　　　　生态系统服务的类型（MEA，2005）

	森林	海洋	耕地/农田
提供产品	食物 淡水 燃料 纤维	食物 燃料	食物 燃料 纤维
调节功能	气候调节 洪水调节 疾病调节 水质净化	气候调节 疾病调节	气候调节 水质净化
生命支持功能	营养循环 土壤形成	营养循环 初级生产力	营养循环 土壤形成
文化服务功能	审美 精神 教育 创新	审美 精神 教育 创新	审美 教育

　　尽管是一般性的地区现象，但是水资源危机可以演化成水资源短缺及干旱，洪水或者两者皆有，现在这一局面又因气候变化而加重了。水资源短缺的发生也许是自然原因引起，也许是需求超过了供给引起，还有可能是由于基础设施建设落后以及不良的水资源管理所引起。也有可能是固体垃圾带来的后果，或者是污染处理不当的后果。数十亿人的生命和生活处于威胁之中，地球的生态系统也面临着不可逆转的危险。

　　在发展中国家，每年都有约 300 万人过早地死于与水相关的疾病。受到此类疾病威胁最大的是来自贫困和农村家庭的婴儿和儿童，其次是妇女，他们缺少安全的供水和良好的卫生医疗服务（World Bank，2008）（见专栏 1.6）。每年有 100 多万人死于疟疾，其中大部分死亡病例出现在遭受贫穷困扰的非洲。另有 100 万人死于城市地区的空气污染。然而无论是哪里，穷人总是受到伤害最大的。

专栏 1.6　　　　　　　　　　营养不良可归咎于环境威胁

(Prüss–üstün and Corvalán，2006；World Bank，2008；Alam 等，2010)

　　专家估计，一半以上的婴儿及儿童体重过轻，可归咎于落后的供水和医疗服务以及落后的水资源管理，这一点也得到了世界银行一项基于近期 38 项群组研究技术审查的证实（置信区间 39%~61%）。数项此类研究结果显示，儿童暴露于不健康的环境中，会对此后的发育生长造成永久损害，免疫力降低，死亡率高。近期孟加拉国的大量研究显示，与无传染病情况对比，痢疾和腹泻导致儿童体重增加的速度下降 20%~25%。

水资源的价值要远远超过其生产价值(见专栏 1.7)。意识到这一点的居民们均呼吁要对水资源进行保护,参与其中的还有商界人士,水资源是他们赖以生存的资源,而他们也认识到了保护水资源的重要性。许多人还愿意为保护水资源而付出资金(World Watch Institute,2008)。

专栏 1.7　　　　　水资源作为资本(Bergkamp 和 Sadoff,2008)

古典经济学家们认为土地(所有的自然资源)、人力和资本是财富的三种基本资源。新古典经济学家则认为只有人力和资本是基本资源,把"土地"当作是一种可交换的资本形式。对于需求来讲,自然资源被认为是充分的,因此不是经济学中的重点,经济学的任务是对稀缺资源进行分配——那些利用有限的经济机会的资源。目前对于环境双重角色认识还很不充分,环境既可以作为价值投入的资源,也可以作为废物和污染的载体。人类对于资源的发掘到达一定程度时,环境的这种双重角色会成为经济发展的瓶颈,目前对于这一认知还很缺乏。

对于生产的关注要超过对自然资本的关注,这种观念误导了对水资源的认识。水价显然是根据运输水资源所花费的成本(即:为输水而修建的基础设施,以及各种维护和经营的花费)做出的,这和水资源本身的价值关联甚少。水资源的价值被大大地低估了,不仅如此,为水资源投资是否具有意义,在其提供的为数不多的信息中,水资源的价格也被扭曲了。过度关注经济成本,不能够使我们洞察到经济活动是否会产生价值,或者资源是否在我们采取保护措施满足自身需求之前就趋于匮乏。

水资源运输的经济成本是相当高昂的,因此在水资源投资领域,在进行财政和经济分析时,生产成本仍然是关键因素。但是水资源的价值却是实实在在的,而且水资源的获取,水质和时机是不能够简单地进行假设的。

需要考虑的还有气候变化对环境可持续所造成的影响。2008 年 9 月联合国千年发展目标高级别会议认为有必要采取新的适应政策,并且需要制定应对气候变化的新的发展规划,尤其是对最不发达国家来说:讨论了进行发展所需的财政和国际气候变化所需的财政之间的关系。包括捐助国在内,所有国家都一致认定,联合国系统和布雷顿森林体系机构,需要明确预算的执行和调整情况,确保有足够的财政可供体制运行,此外还要确保满足适应气候所需的额外资金需求(United Nations,2008)。

1.4　全球危机和水资源

气候变化将会对水资源造成重大的压力，但目前并不是水资源领域之外主要压力驱动因素。目前重要的因素是来自于人类的活动——人口的增长以及伴随着人均收入上涨而增大的耗水量(见第 2 章)。

在发展的早期阶段，人口增长是最为重要的因素。但是大部分水资源需求增长并不是来自于那些人口数量众多的国家，而是来自于那些经济快速增长并且人口众多的国家。在收入水平允许的情况下，人们消耗的水资源量就会增加。首先，从每天只吃一顿饭发展到每天吃两顿饭，就需要生产大量的粮食满足数千万人口的需求，这就需要更多的水资源。然后，随着人口饮食中需要搭配更多的肉类，因此粮食生产就需要更多的水资源。生活方式的改变需要大量的水资源来生产并且处理非粮食商品以及提供各种服务（实实在在地消耗水资源)，进而又增加了水量和水质方面的压力。其他人口方面的因素包括受到政治冲突和环境危机影响而发生的城乡间人口迁移。

其他能够对水资源造成正面或负面压力的外部因素还包括：价格政策、水资源及水资源相关产品的补贴、贸易方式、科学和技术的进步、消费方式、政策和法律的发展、社会运动以及国际和各国国内的政治状况。

除了气候变化因素，上述这些因素都不会对水资源管理造成直接的压力。水资源管理部门的领导会最先感受到这些压力，然后他们将其转化到影响水资源领域管理的政策当中。这些领导们不得不在存在风险和不确定的条件下做出决策。他们掌握的真实信息越多，做出正确决策的可能性也就越大。对于水务管理者来说，这就意味着他们要能够提供可靠的信息：哪里和何时能够获取水资源，水质如何，水资源是在哪里被使用以及使用的方式，废水处理的情况如何，在生产的出口商品中，有多少水资源留了下来(实实在在的水资源)，以及有多少水资源存在于进口的商品之中。这对于大多数国家的水务管理者来说是一项挑战，因为他们缺乏必要的测量方法以及收集必要数据的系统。但是当信息的获取成为可能的时候，对各个国家的各类水资源用户的水量平衡和水资源足迹(用水量)的计算也就可以实施了。利用这些信息，水务管理者可以就计划的灵活性和实施情况向其他领域的决策者提出建议。

本份报告为所有这些事实提供了充分的证明。水资源领域的专业人士希望引起世界的关注，这已经不是第一次了。不过这一次的努力或许会取得较大的成功，因为现在全世界正面临着共同的危机——能源危机、粮食危机、气候变化以及全球变暖，解决这些危机必须要将水资源考虑在内。

1.4.1　能源对水资源的需求

能源方面的需求——热能、光能、电能和运输等增长迅速(见第 7 章)。能源商品的价格也出现了增长。石油这种基准商品的名义价格也是不稳定的,从 8 年前的每桶不到 25 美元上涨到 2008 年初期的每桶 100 美元,到了 2008 年 6 月,更是每桶高达 140 美元。两个月之内,到 2008 年 11 月 9 日,石油的价格才降低到每桶 35 美元,而这也是美国能源部能源信息管理中心所做出的长期预计价格(见图 1.8)。能源的价格,尤其受到石油价格的影响,可以提早反映出世界能源需求的增长和紧缺局面的加剧。近期以来的金融危机,在全世界范围内放缓了经济的增长速度,降低了预期的能源需求,这从 2008 年底石油的低价格就可以看出端倪了。

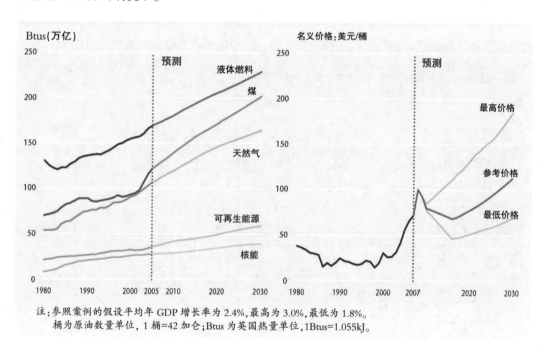

注:参照案例的假设平均年 GDP 增长率为 2.4%,最高为 3.0%,最低为 1.8%。
　桶为原油数量单位,1 桶=42 加仑;Btus 为英国热量单位,1Btus=1.055kJ。

图 1.8　历史和预期的能源需求和石油价格表明石油需求和价格均持续上涨(EIA,2005,2008a)

能源价格升高以及寻求替代燃料的渴望促使近期对于生物能源的生产有所增加,这对于水资源的质量和可获取的数量都会造成影响。在一些国家,水力发电可以作为一种可更新的而且无污染的能源。所有的热电厂,包括核电站在内都需要水来进行冷却。美国每年在冷却方面耗费的水资源量(39%)相当于农业产业的耗水量。此外,抽取地下水,通过管道运输水资源,对地下水和废水进行处理都要利用电力。据估计,能源总量的 7% 都用于这些目的(Hoffman,2004)。一些国家通过对海水进行淡化处理满足增长的水资源需求也会使得对电力的需求增长,尽管这些增长目前在全球范围内还不是主要的。

1.4.2　粮食对水资源的需求

农业产业消耗的淡水资源量是最为巨大的,淡水资源消耗总量的约 70%都要用于农业灌溉（见第 7 章）。近期粮食价格的陡涨对许多粮食作物进口国造成了严重的影响（见图 1.9）。人口持续增长与饮食结构的改变导致粮食需求的上升,一些国家粮食产量不足,提高了粮食生产必需要素的成本,比如化肥(化肥价格因能源价格升高而上涨),一些国家生物能源相关产业的兴起以及可能的金融投机行为都使得这个问题变得更加严重了。世界粮食安全高级别会议:气候变化和生物能源兴起造成的挑战,一场粮食和农业组织的峰会于 2008年 6 月 3 号在罗马召开,此番会议通过的一项宣言称"要对那些发展中国家以及处于转型期的国家提供帮助,以促使他们扩大农业产业和粮食生产,并且要增加对于农业产业、农业商业和乡村振兴方面的投资,无论投资是来自于公众还是私人领域"(FAO,2008)。宣言呼吁捐助人向低收入粮食进口国提供收支和预算支助。以帮助那些低收入的粮食进口国。

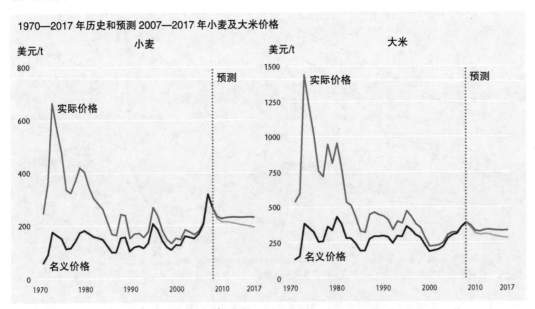

图 1.9　近年来小麦价格增长迅速(OECD 和 FAO,2008)

在峰会上,世界银行总裁 Robert B. Zoellick 说,世界银行已经认识到,能源和粮食之间的联系意味着粮食的价格将维持在高位,应对现在的问题,保障粮食安全已经成了一项日常工作,使得高粮价成为了发展世界农业产业的一个机会,也使得发展中国家的农场主获得了发展良机(Zoellnick,2008)。此次峰会突出强调了粮食安全和经济发展、气候变化、市场、发展援助以及能源之间的密切关联,此外还强调了所采取的行动对其他领域所产生的影响。峰会上也讨论了水资源在农业产业的地位问题,但会议最终的宣言没有提及水资源及水资源与其他事务之间具有强烈联系的问题。

水资源的匮乏会限制粮食的生产和供应,对粮食价格造成压力,还会加深粮食进口国对进口粮食的依赖程度。因缺少水资源而造成粮食生产受到限制的国家和地区的数量会随人口的增加而增加。这种状况在许多发展中国家可以避免,所能够采取的对应措施包括:增加水资源领域的基础建设、水务市场、信贷、农业技术和扩展服务等方面的投资。

1.4.3　水资源领域投资不足

金融危机蔓延全球的时候,能源和粮食危机也出现了。自从 2007 年起,美国和欧洲相继在金融危机暴发后出现了信用恐慌,然后这一状况笼罩全球。信用恐慌使得全球的经济增长速度放缓。2009 年 1 月国际货币基金组织预测,所有的工业国家都会面临一段时期的衰退,而且一些发展中国家将要面临更为严峻的危机(IMF,2009)(见专栏 1.8)。据增长与发展委员会称, 信贷供应的突然中断和国际消费与供应的突然变化对发展中国家造成的影响极大(Commission on Growth and Development,2008)。

专栏 1.8　　　国际货币基金组织更新 2009 年经济发展预测(IMF,2009)

2009 年全球经济增长速度会下降至 0.5%,这是自二战以来最低的数据。尽管大规模推行政策措施,资金紧张的局面依然严峻,从而拉低了实体经济的发展。直到金融领域的功能得到恢复以及信贷市场变得活跃,持续的经济回暖才有可能。

2009 年间的金融市场仍是较为紧张的。在经济发达国家,强制性的政策行动得到贯彻执行以重新构建金融领域,分析损耗的不确定性,在打破伴随实体经济发展缓慢的恶性循环之前,市场状况将会继续处于较困难的局面。新型经济正在形成,在一定时期内,金融状况仍会比较严重——尤其是对于那些对买卖债券业务要求很高的公司来说。

直接出口产品到遭受金融危机的国家, 出口产品正经历世界价格水平下跌的国家以及出口产品价格拥有高度灵活性的国家(奢侈品,包括旅游产业),受到金融危机的影响,这些处于发展中的出口国家面临极大风险。旅游业收入和从业人员数量的下降直接影响到了穷人的生计问题。那些依赖国外直接投资、汇款和开发基金来弥补赤字账户的国际社会同样会面临威胁。石油进口国已经遭受到了油价升高带来的严重后果。

金融危机之前的 30 年当中,全球储蓄率居高,生产力增长——期间股票和金融资产比 GDP 的增长速度快 3 倍——但与此同时,实物资产方面的投资却没有增长,他们的投资水平在过去的 10 年中一直较低。

其他的一些因素也会造成实物方面的投资水平较为低下, 经济发展形势不稳定就是其中一项主要因素。市场经济正处于发展和形成的过程之中，其中政策环境的不确定性就一直是引人关注的一个方面，在目前的高竞争性以及全球化市场的背景下，其影响已经有所增强(Rajan，2006)。

　　发展中国家受到的影响程度各不相同。在财政紧张的情况下，基础设施领域的投资往往会被削减，尽管政府是可以负担得起这些投资的，基础设施方面的投资能够起到阻遏经济增长放缓的作用。私人领域的投资同样会受到影响，不过由于在水务领域私人投资所占的比例一直较小，因此水务领域的投资状况并没有完全暴露在财政紧张的局面之下。依赖援助的国家正经历着不确定的时期。双边援助国是自主水务领域投资的重要来源，也许会试图减少在这一领域的援助预算。在今后数年，多边援助也许会成为重要的财政来源，尤其是在国际开发协会(IDA)、非洲发展基金以及欧洲发展基金近年来连续获得补充的情况之下。尽管如此，双边援助国和多边援助组织仍然没有意识到投资于水务领域能够对经济增长作出的贡献，造成这种局面是因为近年来水务领域在政府开发援助总额中所占的比例一直较低(低于 4%，参见第 4 章表 4.4)。

1.4.4　水资源以及水资源危机方面的信息匮乏

　　在制定决策和远期规划的时候，由于缺少对水资源的了解和相关信息的掌握，给水资源管理造成了额外的困难。只有少数国家知道自身使用了多少数量的水资源以及水资源的用途，可获取的水资源数量及质量，抽取利用这些水而不会产生严重的环境后果，以及投资于水资源管理和基础设施的资金是多少(见第 13 章)。

　　观测、监测和信息系统方面的投资不足导致基础设施，研究和开发以及培训方面比较薄弱，因而降低了水资源管理的效率。尽管我们已经能够方便地使用监测和反映水资源状况的新遥感和地理信息系统技术，而且在日益变得复杂和愈加快速变化的世界里，我们更加需要这样的信息，但对于过往的数十年，我们所知不多。这样的信息不仅仅是对于一个国家极为重要，在全球范围内，也同样重要，要了解全球水文循环模式以及各国决策的相互影响，包括外部援助在内，这些信息都是非常重要的。联合国经济委员会保护和利用跨界水资源和国际湖泊欧洲公约可以看作是在这个方向上的一项成果，公约要求缔约国交换跨界水资源水质和水量、污染源、环境状况等方面的数据。

1.4.5　气候变化和水资源

　　在世界上一些地方是不存在水资源短缺的。而在其他一些地方，比如非洲的北部和南部地区，东南亚地区和美洲南部地区，由于年均降雨量较低，缺水状况十分严重。还有一些地区面临季节性的缺水，有的地区因极端降雨而发生洪水灾害。有的地区还因不同时期的降雨量相差极大而受到困扰。在一些幅员辽阔的国家,比如莫桑比克和美国,国内有的地区正遭受密集降雨的影响,而其他一些地区也许正处于长期的干旱之中。这些差异因其影响到大量人群而显得具有重要性。缺水——人均水资源占有量低——人口增长率高的地区预计问题更加严重,就像在撒哈拉以南的非洲地区,南亚地区以及南美洲和中东地区的一些国家那样。

对所有的国家来说,适应气候变化为应对当前的局面又增加了一项重要的挑战,尤其是对于发展中国家和一些沿岸城市来说,他们的适应能力还很低(见第5章)。即使在未来,温室气体的排放量能够稳定在一定的水平上,一些由气候变化所造成的影响仍不可避免。这些影响包括水资源面临的压力会增大,更多的极端天气事件,频繁的人口迁移以及国际市场的瓦解。气候模型显示,极端降雨会更加的严重,将会在已经受到影响的地区造成更多的洪涝和旱灾——这些地区往往具有人均收入低,贫困人口多,人口增长率高以及城市化速度快的特点。如果因气候变化,水资源的可获取量发生重大改变,那么,人类的迁移模式也将会受到影响。

这些挑战与可持续发展面临的挑战是分不开的。许多国家在应对气候变化方面的开支在增加,金额将要与援助资金达到相等的水平。G-8集团的领导人于2008年7月在日本北海道举行会议,会议承诺在技术开发,转移,财政和能力建设等方面将加速采取措施以支持适应气候变化的行动(见专栏1.9)。这些行动必须包括水资源——这种受到气候变化影响最大的资源。近期的一份联合国气候变化框架公约的文件显示,在适应方面,农业和粮食安全领域、水资源领域、沿岸地区和卫生健康领域的适应性规划和措施已经开始讨论。这些领域的选择是将他们在报告中提及自身对于各方面及各组织的重要性为根据的(UNFCCC,2007)。

专栏1.9　　　主要经济国家能源安全和气候变化宣言摘录(G-8,2008)

气候变化是我们这个时代全球所面临的一项重大挑战。在这个挑战面前,我们处于领导者的地位,我们是世界主要经济国家的领导人,包括发达国家和发展中国家在内,我们承诺联合起来对抗气候变化,这是我们共同的目标,尽管义务和能力不尽相同,我们还要应对那些可持续发展方面,涉及能源和粮食安全以及人类健康问题交织在一起的挑战。

我们将按照公约中许诺的那样协同工作,增强尤其是最易受到气候变化的发展中国家的能力,以增强其适应性。这需要开发以及宣传有益于改善脆弱性和适应性评估的工具和方法,将气候变化的适应措施整合进整体的发展策略,增强策略的执行力度,提高对适应性技术的重视程度,强化适应力以及降低脆弱性,采取措施鼓励投资,增加可利用的财政援助和技术援助的来源等。

现在正是全世界应该关注气候变化的时候，因为气候变化已经给人类和生态系统造成了巨大的危害。联合国气候变化大会于 2007 年在印度尼西亚的巴厘岛召开，大会认为，即使气候在 21 世纪发生哪怕是预计中最轻微的变化，也会使气温上升 1.2℃，而自从 1900 年以来，这一数字为 0.6℃，这会发生重大的影响并会造成极大的破坏。政府间对此的回应是集中精力减轻气候变化所造成的影响，包含广泛的措施，其中有减少温室气体排放、使用清洁生产技术、保护森林资源等。这些措施可以起到减缓气候变化的作用，却不能中止或者反转气候变化的大趋势。

在两代人之后这些缓解措施才将发生作用。即便这些措施获得成功，将来的气候也会发生相当大的变化(这些措施不是要扭转当下正在发生的气候变化)。与此同时，人类还要采取适应措施来保护自身免于受到气候变化带来的影响。适应措施，正如联合国气候变化框架公约内罗毕工作计划中所包含的那样，应该基于更好地理解气候变化带来的影响以及在实用措施方面制定明智的决策(UNFCCC,2005)。

水资源的现状以及贫困社区面对气候变化的脆弱性为我们采取行动提供了一个强有力的理由。水资源可获取量和水质方面的变化将会带来严重后果。气候变化对经济、社会和环境发生影响的首要媒介即是水资源。水资源可获取量方面的变化将会对经济发生广泛的影响。

从目前来看，尽管全世界已经有动力要对将来的气候变化有所回应，但是仍然没有采取任何行动来回应现在的水资源危机。即使气候不发生变化，我们的发展也会受到威胁，在许多地区，我们一再没有解决的问题都会危及发展。2008 年 4 月政府间气候变化专门委员会报告中的水资源部分已经清晰地指明了这一点(见专栏 1.10)。

专栏 1.10   政府间气候变化委员会气候变化和水资源技术报告(IPCC,2008)

当前水资源管理措施的活力不足，不能够足以应对气候变化对于稳定供水、洪水防御、健康卫生、农业、能源以及水生态系统所造成的影响。在许多地区，水资源的管理状况甚至于无法应对当下的气候变异，因此洪水和干旱灾害造成巨大损失。首先要做的是，将当下气候变异的信息更好地整合进水资源相关管理中去，这有助于应对气候变化带来的长期影响。气候和非气候因素，例如人口增长和潜在损失等，将来可能会加重问题的严重程度。

1.4.6　安全和水资源

在这个日益互相依存的世界，气候变化对稀少的水资源的影响已经成为一个共同的安全问题。在2007年，联合国安理会就气候变化对和平和安全问题的辩论中，联合国秘书长潘基文注意到，气候变化对和平和安全是有影响的，其中有重大的环境问题，社会和经济方面的影响，尤其是那些已经"面临多种压力的脆弱地区"——业已存在的冲突、贫困、资源利用的不平等、制度建设薄弱、粮食供应不稳定，以及HIV/AIDS的蔓延等（United Nations Security Council,2007）。潘基文概括说"提出警告，但并不是以杞人忧天的方式"，包括能源利用受到限制或威胁增加了冲突的风险，粮食和水资源的缺乏会使得平静的局面演变成暴力，洪水和干旱灾害的发生促使人们大规模地迁移，社会分化降低各国采取和平方式解决冲突的能力。

由于气候变化，仅非洲地区，到2020年，将有7500万到2.5亿人口会受到日益增大的水资源压力（在一个可持续的安全简报上，牛津研究小组认为气候变化、人口迁移、粮食短缺、社会动荡对长期安全的影响远大于恐怖主义，美国国防部的评估办公室也提出了同样的观点）。如果考虑到水资源需求的上升，这会使得人们的生计受到影响，并且加重与水资源相关的其他问题。牛津研究组织这样的研究中心机构正向联合国，欧盟和各国政府强调气候变化对于水资源的影响所带来的安全问题。这项工作需要全世界的努力，其累积的影响来自于所有国家的作为。应对这些问题需要开展国际间的合作与协调。与此同时，各国的领导人仍然需要在各自的国家范围内做出决策并采取行动。

在政治局势紧张的地区，由于气候变化和水资源的不利影响加剧，这些地区的冲突很有可能进一步升级，需要有新的和迅速的适应性安全政策。尤其是在不安定地区，气候变化会增加各国国内和国际间的主要安全风险，从而引发水文突发事件（见专栏1.11）。发生在各国国内、跨界司法和跨界水体中的不良变化，都会造成粮食、社会、卫生、经济、政治和军事方面的安全风险。

一些弱势的国家（见地图1.1）已经经历了许多冲突，致使经济基础被破坏。这些国家中受到影响的居民，自身本已处于弱势，因其政府没有能力维护法律的效力以及维持正常的秩序，使他们的境况更加恶化，而受此影响的根本原因，则是这些政府的合法性不能成立。举例来说，恢复受损的灌溉基础设施，扩大供水和卫生覆盖范围构成了2006年索马里重建计划的主要部分（UNDP和World Bank,2007）。与此类似，巨大灾害过后基础设施的重建为解决基础设施建设的长期欠债问题提供了一个机会。

专栏 1.11 联合国秘书长潘基文警告称,水资源短缺正在日益增大冲突暴发的可能性

(Ban Ki-moon,2008)

确保所有的人都能够获得安全和足够的水资源,是当前这个世界所面临的众多挑战中最为艰难的一个。

即便是最近,我们仍然相信水资源不会给我们的事业带来太多的危险。许多国家都对污水进行处理,也采取了一些保护水资源的措施,然而,在很大程度上,我们并没有对水资源的可持续性有过认真的审视。

经验告诉我们,缺水会造成环境压力,进而引发冲突,在贫穷的国家,冲突会愈发地严重。

10年前——甚至是5年前——很少有人关注苏丹西部的干旱地区。在降雨变得稀少和水资源变得匮乏之前,也很少有人注意农民和牧民之间的冲突。

今天,所有的人都知道了达尔富尔这个地方。已经有20多万人死亡,数百万人逃离家园。

当然,引发冲突的因素有多种。但是最后点燃冲突的因素——干旱,却往往被忘记。维持生命的关键资源变得稀少。

我们可以为这个悲伤的故事换个地方,索马里、乍得、以色列、巴勒斯坦地区、尼日利亚、斯里兰卡、海地、哥伦比亚以及哈萨克斯坦,这些国家和地区都因缺水而导致贫困。贫困致使社会难于生存,发展停滞不前。贫困还会在冲突潜在地区制造紧张局势。这样的情况太多了,为了获得水,我们不得不使用武力。

1.5 应该采取行动了——就现在

长期以来,水资源在获得政治优先权方面,一直排在后面的位置,这种情况不应该再继续下去了。现在就要采取行动。人类的生存和生计要获得发展,都要依赖于水资源。人类行为和活动的变化正在加快,这影响到了水资源的需求及其供给。由于投资被忽略,发展滞后,人类正受着苦难,环境也在退化。与那些已经得到保证要用于应对碳排放以及当下金融危机的财政资源相比,解决水资源管理问题所需要的资源是微乎其微的。在数十年的无所作为之后,这些问题已经很严重。如果继续对其忽视的话,问题还会愈加严重。

尽管问题很多,但是挑战也并非不可逾越。在报告的第4篇中,会介绍一些国家和地区以及地方政府是如何应对相似挑战的。关于发展目标和人力以及财政资源分配的决策

注:弱势国家是评分较低的低收入国家,该评分是国际发展协会的国家政策和制度评估发布的,用来评估国家政策质量的工具,名单每年更新。

地图 1.1　国际发展组织确定的弱势国家(IDA,2007)

要满足应对挑战的需要, 这些决策由政府领导人和私人领域以及社会团体做出或者会受到他们的影响。他们正是那些需要认识到水资源在实现这些目标中所发挥的作用的人——并且他们要显示出行动的意愿。

1.6　报告的结构

报告分成 4 篇。第 1 篇对水资源变化的驱动因素进行分析——或者说是什么因素的作用,对水资源形成了压力。从外部来说,是人为因素的作用促成了水资源压力的形成。人类的活动以及所有类型的进程——人口,经济和社会——都会对水资源施加压力,这些方面的因素也是应该进行管理的。这些方面的压力受到一系列因素的影响,比如技术创新、气候变化、政策、法律以及财政状况等。

第 2 篇关于水资源利用。历史经验显示,经济发展和水资源开发有着紧密和双向的联系。人口数量日益增加,人类需求多种多样(粮食需求,纤维需求,现在还有燃料需求),为了满足这些需求,对于农业生产持续稳定的需求是农业用水的主要驱动因素。在粮食供需平衡十分紧张的情况下, 气候事件——尤其是干旱灾害——已经成为影响粮价波动的主要因素。保护生态系统及其产出的产品和服务变得愈加迫切,而这些都是人类生存和生计所要依靠的。由于对水资源的竞争越来越激烈,人类社会要采取改善水资源管理,转变政策,增加政策透明度以及提高水资源分配机制的效率等措施来做出更加高效的回应。

第 3 篇探索的是水资源的现状。水资源在时间以及空间上分布的不均匀,以及分布状况的改变,是造成水资源危机的重要原因。据预测,全球水文循环状况受全球变暖的影响,会变得更为活跃、快速和强烈。有些观测数据已经证明这种变化正在发生。在一些地方,极端气候事件已经变得更加频发,更为密集,旱灾和洪灾影响的人口数量也在增加。从全球范围来看,水资源观测网络不足以满足当前的需要,而且还有进一步退化的危险。认知和预测水质以及水量的数据也是缺少的。

第 4 篇涉及回应和选择问题。本篇介绍我们可以采取何种行动来对水资源进行更加适当的管理,避免发生水资源危机,并且促进社会经济的可持续发展。其他方面已经显示出了可供选择的方法。是没有万全之策的。应对不同的水资源挑战时,对于某国发展目标和政策优先的最佳回应都依赖于如下条件:符合水质要求的,具有预期用途的水资源可获取量,本国的技术水平,财政状况,制度建设,人力资源能力,本国文化,政治和管理框架,以及市场状况等。

水资源领域内的管理者对其领域外的各种进程有所影响,通过对水资源的管理达成共同的社会经济目标。但是发展的方向需要由政府的领导人,私人领域和民间团体来决定。有鉴于此,他们必须现在就行动起来!

第1篇 什么因素给水资源造成了压力

地球上的淡水资源是有限的，但是其分布状况差异巨大，造成这些差异的主要因素有:冰川和融雪的自然循环,降雨量,水资源的径流模式,以及蒸发水平。

然而,状况已经发生改变。伴随着自然因素发生作用的,是新增的以及持续的人类活动的影响,这已经成为改变地球水资源系统的主要因素。这些压力主要与人类发展和经济增长相关联。我们需要水资源满足我们的基本生存需求，也需要满足我们更高的生活标准,还有维持地球脆弱的生态系统实现可持续发展的需要,这使得水资源成为这个星球上最为独特的资源。

第2~5章描述这些影响水资源的因素及其相互作用，它们是与水资源以及水资源系统的可持续发展相关联的。它们还关乎未来对水资源做出合理的预测。这种预测与指导水资源管理和发展活动的决策,以及与投资规划(一般意义上水资源领域之外的活动——或者说水资源行业外的活动)都是有关系的。

第1篇审视的是供水压力愈发增加的背景,确定在将来数十年中,将要给世界水资源造成最大压力的因素来自何方,并且就将要实行的水资源管理有所说明。这些章节阐述的是我们对于当前状况和近期趋势的了解以及对将来的可能性做出的一些预测,这关乎于我们可能认定的促成变化的那些因素:

水资源领域之外的一系列重要进程,它们直接地或间接地对水资源系统产生影响,使得水资源的水质与空间分布发生变化。

在世纪之交，全球首要和最大的水资源组织——世界水资源理事会的指示是致力于开发全球的水资源,确定一系列"动因",这些"动因"代表了主要的因素,趋势或者进程,它们能够影响局势,重要事务或者决策,在实际中推进系统前进,决定最终的结果。利用这个定义,世界水资源前景组织选择了主要的因素并且将它们分成六个组:人口统计,经济,技术,社会,管理和环境。报告的这一篇涉及除环境之外的其他部分,环境部分将在第2篇中有所涉及。此外,我们还加上了气候变化这一因素,在第5章中进行讨论,并且贯穿报告始终。报告的这一部分还会涉及各个因素之间复杂的联系,这些联系能够造成正面或负面的影响。

在描述"水行业外部"的驱动因素时,我们试图找出水行业用户、管理者和决策者几乎没有直接影响的关键力量或变革过程。因此,用水部门(农业、能源、家庭和工业)即使它们对资源有重大影响也不是驱动因素,因为它们不属于水部门的外部。农业及其对水的需求的驱动因素包括人口增长、随着生活水平的提高饮食偏好的变化以及生物能源等非食品农产品需求的增加等基本过程。变化的驱动力是人口、经济和社会力量,它们共同对农业部门施加压力。这导致了农业生产的演变,也可能受到技术创新和农业贸易政策的影响,所有这些最终都会影响水质和水量。

不应将这些驱动因素与相关的社会经济或政治因素以及其他驱动因素分开考虑。许多自然联系直接和间接地影响着驱动因素对变化的影响。水质受生物、化学和物理规律的制约,这些规律定义了水量和水质,并以各种方式相互联系。一个物理因素温度,可以影响一个生物过程——水生生物的新陈代谢。与温度升高有关的过度生物生产(如藻类过度生长)会导致水质恶化,这是一种化学特性。

人类活动叠加在这些自然过程之上,加剧了这些过程,破坏了水系统的自然平衡。例如,湖泊中藻类或水生植物的生长受到人类活动导致的过度营养和矿物质的刺激,加速了自然生长过程,达到可导致水质退化和干扰有益用水的水平。

因此,驱动力是人类活动产生的力量和过程。考虑政府通过提高经济增长来改善公民生活水平和生活水平的努力。经济增长受一系列政策决定的影响,从国际贸易到教育和公共卫生,而潜在的经济增长率可能受到人口分布(当地劳动力可用性)和社会特征(劳动力能力)等人口统计学变量的影响,以及新政策、技术的可用性。经济活动还需要足够数量的包括淡水在内的自然资源。水的可利用性直接受气候变化的影响,这可能对其他驱动因素施加额外的压力。

生活水平的提高通常伴随着商品消费和生产的增加,以及对与水有关的家庭服务和水资源的需求的增加,以促进经济增长和相关活动。例如,在城镇化和新兴市场经济体中,对肉类和鱼类的需求不断增加,从而增加了渔业活动和牲畜生产,这通常是一种水资源密集型活动。畜禽饲养场径流水质退化的反馈回路可以减少鱼类产量或改变其水质。还有社会学证据表明,城镇化将渔业压力从自然水系转移到了人工水系。因此,随着饮食和生活方式的变化,城市化和全球化是水资源利用的强大驱动力,尽管水资源部门以外的决策正在推动它们的发展。

其结果是对有限水资源的需求不断增加,而有限水资源没有替代品。当不能以可持续的数量提供可接受质量的水资源以满足这些需求时,可以过度开发水生生态系统,因为每个部门或用户组都试图以牺牲其他部门或用户组为代价来满足其自身的水需求。最终遭受损害的将是被过度开发的水生生态系统的可持续性,以及依赖它们生存和福祉的有机体(包括人类自身)。

第2章

人口、经济和社会因素

- 人类活动以及其他进程——人口,经济以及社会——都能够给水资源造成外在压力,同样需要进行管理。
- 这些压力也受到一系列因素的影响,比如技术创新、制度模式以及财政状况和气候变化等。
- 全球快速提高的生活水准加上人口数量的增长给水资源的可持续利用和生态环境的可持续发展带来了威胁。

2.1 人口变动因素

- 人口动态因素(包括人口增长、年龄分布、城市化和迁移)通过增加水资源需求和水体污染而对淡水资源造成压力。
- 自然环境的变化耦合人口动态因素(包括移民和城镇化)能够给当地的淡水资源造成额外的压力,同时也需要更多的与水资源相关联的服务。

人口变化过程例如人口增长、年龄分布、城市化和移民等,对水量和水质方面造成了极大的压力。这些人口变化过程通过对水资源需求和消耗的增加以及由于用水而形成的污染对水资源的可获取量和质量造成直接的影响。通过改变土地和水资源的利用模式,它们在局部、区域和全球间接地对水资源造成影响。而且,水资源的可获取量和质量及用水的发展趋势亦能够影响人口变动。

全球每年新增人口约 8000 万,也就意味着每年需要相应增加 640 亿 m³ 的淡水资源需求(Hinrichsen,Robey 和 Upadhyay,1997)。预计到 2050 年,全球还将新增人口 30 亿,而其中 90%的新增人口将出现在发展中国家,这些国家所处的地区目前还不能够为居民提供可持续的安全用水和充分的卫生服务(United Nations,2007)。许多国家政府的财政资源不足,制度能力建设低下,无力满足这些需求,而那些自从 20 世纪 90 年代就实现了使更多人口能够得到安全的饮用水供应和卫生服务的国家,由于人口的增加,这些努力也将付诸东流。

全球人口一直处于变化中,这对水资源有着重要的影响。到 2050 年,66 岁及以上的人口占 22%,这一比例在 2005 年还是 10%。与此同时,全球年轻人的数量将会比以往更多,25 岁以下的年轻人口数量将占到全球总人口的将近一半。

20 世纪全球城市人口数量增长迅速(从 2200 万增加到 28 亿),未来几十年中,发展中国家的城市化进程将会经历前所未有的发展。从 2000 年到 2030 年,非洲和亚洲的城市人口预计将会翻一番。到 2030 年, 发展中国家的城市和城镇将容纳城市总人口的 81%(UNFPA,2007)。

如今,全球约有 1.92 亿移民,这一数字在 2000 年为 1.76 亿(United Nations,2006a)。全球人口数量超过 1000 万的 27 个大城市中, 有 18 个面临着巨大的移民压力(Morton, Boncour 和 Laczko,2008)。这些移民中,75%居住在亚洲地势低洼地带,沦为贫困人口的可能性很大。人口变动、经济差距拉大、贸易自由化、环境变化和新的通信技术等因素导致国际移民数量上升。气候变化带来的影响也会大大地加速移民的速度(见第 5 章)。人口变动以两种方式对国际移民产生影响。人口数量迅速上升,加上经济低迷,促进人口向城市流动,而同时人口结构趋于老龄化,也使得政府对移民采取接纳的态度,这些移民也愿意接受相对本国国民较低的报酬去从事同样的工作。水资源短缺以及自然灾害,尤其是对于那些直接依靠自然环境来维持生计的人们,也具有移民的意愿。

人口变动造成的影响是显而易见的:在今后 20 年中,全世界将会有更多的人居住在沿海城市,而这些地方更容易受到威胁。贫民窟的增长速度大致和城市的扩张速度相仿。在那些已经面临水资源短缺的地区,水资源管理者必须在水资源领域之外寻找解决办法。他们将和其他领域的决策者密切合作,例如教育领域,卫生医疗领域,社会服务领域以及农业产业,从而对人口统计变化带来的挑战做出有效的回应。

2.1.1　人口增长

我们生存在一个人口分布极不均衡的世界中,有的地方人口增长迅速(非洲和中东),有的地方人口迅速老龄化(欧洲和东亚地区),还有一些地方的人口已经趋于负增长(欧洲)(见地图 2.1)。

除东欧和原苏联外,人口的年均增长已经呈负值,澳大利亚、中国、日本、新西兰和西欧地区也将面临人口逐渐减少的局面。到 2060 年左右,南亚和太平洋地区也会经历人口负增长的局面。除此之外,其他地区面临人口负增长的压力较小。撒哈拉沙漠以南和中东地区还将继续维持人口高速增长的势头。这一时期的特征是,水资源短缺引发众多问题。

全球人口数量的增加大多发生在发展中国家，而这些发展中国家所在地区已经面临着水资源短缺的压力，安全的饮用水供应以及卫生医疗服务的提供也是有限的。从 2008 年到 2100 年，全球 60% 以上新增人口将来自撒哈拉沙漠以南的非洲地区(32%)和南亚地区(30%)。此外，到 2100 年，这两个地区的人口数量将占到全球人口的一半。考虑到受影响各国的经济发展水平，这种人口增长速度将给社会和环境带来严重的影响。

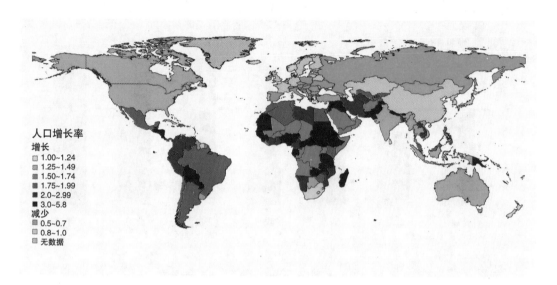

地图 2.1　2000—2080 年全球人口增长或减少预估(Lutz,Sanderson 和 Scherbov,2008)

2.1.2　年龄分布

人口的年龄结构影响消费和生产模式，对包括淡水资源在内的自然资源，发生相当程度的影响。由于人口寿命的延长，资源需求和服务需求主要表现在医药的供应、医疗服务以及卫生保健等方面。对于年轻人来说，贸易和广告的全球化吸引发展中国家的青年人想要得到一切，而对于发达国家的青年人来说，他们已经有很好的物质条件了，但他们想得到的更多。这样的需求和愿望转化成更高的消费和生产模式，需要额外的资源供应，也包括淡水资源。

2.1.3　城市化以及非正规居住地增长

据估计，截至 2008 年，全球城市人口和农村人口的数量应大致相等，这就标志着全世界由农村人口占据主导的局面转向由城市人口占据主导。到 2030 年，全球城市居民的数量预计将比 2005 年多 18 亿，届时城市人口将约占全球总人口的 60%(见图 2.1)，农村人口数量将有轻微的减少，从 33 亿减少到 32 亿。几乎所有的(95%)城市新增人口都来自发展中国家,尤其是对于非洲和亚洲而言,从 2000 年到 2030 年,这两个地区的城市人口预计将会翻一番(UNFPA,2007)。发达国家的城市化率会相对较低,有些国家甚至出现了逆城市化现象。

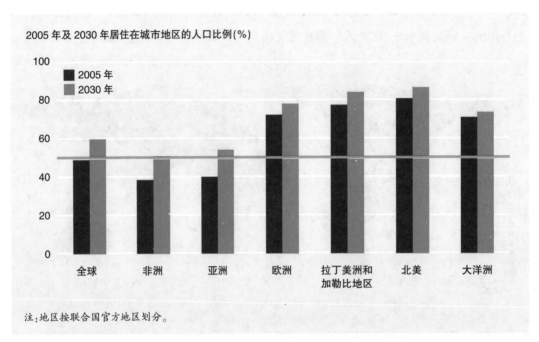

2005 年及 2030 年居住在城市地区的人口比例(%)

注:地区按联合国官方地区划分。

图 2.1　到 2030 年,全球约有 60%的人口将生活在城市中(United Nations,2006b)

　　尽管大城市的人口数量还在持续增长——新增人口需要消耗自然资源,产生大量垃圾,在人类史上这都是空前的——但全球大部分城市人口还是生活在数量 50 万以下的城市。中小型城市人口数量的增加将会对水资源造成重大的影响。大部分正式城市居民定居地的供水和卫生服务情况都要好于农村地区。但是在非正式定居点,居民几乎不能获得安全的饮用水供应或者充分的医疗卫生服务,这就增加了水和卫生相关疾病暴发的危险。而正是通过非正式城市定居点的增加,大部分城市得以扩张。

　　城市移民人口密度的增加除了给社会和居民健康带来影响之外,城市化也对环境造成特殊的影响。城市化的进程伴随着自然状态的土地变成不可渗透雨水的水泥地,比如街道、停车场、屋顶以及其他各式的建筑物,雨水和雪融水径流受到阻碍,不能够渗透到土壤中去。这样的建筑增加了水在土地表面的流速,裹挟污染物质到水体之中,水质因此下降,引发当地发生污染问题。因此,城市排水不畅可能会提高洪水发生的频率,致使人口伤亡和基础设施的损毁。

2.1.4 人口迁移

迁移人口中包含多种传统的迁移类型,有勉强能够糊口的牧民和农户,同样也有为寻求更好的机会而迁移的家庭或者个人,也有为躲避战争、冲突或自然灾害而迁移的难民。难民们常常会经历居住收容所或非正式定居点的阶段,这些地方往往由救助机构或政府部门提供。由于居民需要寻找维持生存所需的水源和柴火,从而导致土壤退化,森林被砍伐,耕地荒芜以及饮用水变得匮乏,最终结果是周围的环境成为荒芜之地。牧民和农户也会对当地的环境景观产生极大的影响,比如过度放牧以及刀耕火种的农业生产方式。相较于通常的农村居民来说,城市中更佳的经济发展机会和更优的供水以及卫生服务,更好的居住和健康医疗服务以及食品供应等,是大多数迁移者所追求的目标,这导致城市周边非正式的居民区大量增加。

水资源和迁移的关系是双向的:水资源紧张导致发生人口迁移,迁移人口造成新的水资源紧张。水资源紧张,比如缺水或者发生洪灾,能够激起居民迁移的意愿。社会、经济以及政治环境在发生水资源紧张局面的情况下,会对居民迁移发生影响。并且,如果自然环境变得不再宜居,人们就会迁移到别的地方,而他们在本地所能够应用的知识则不能够在居住地派上用场。一旦人们进行了迁移,那么他们的目的地就必须为他们提供水资源,这就为在将来产生新的环境压力埋下了隐患。

在这种状况下,新增移民又会加重本已存在的水资源危机,并且使得城市基础设施变得更加紧张。人口迁移或难民的涌入会加重水资源冲突,人口和水资源之间的脆弱平衡也会被打破。环境问题之间的联系,包括水资源,卫生安全和人口迁移等,已经越来越多地成为科学研究以及政策争论的话题。据预测,气候变化会引发更加密集而且更加严重的极端天气事件,进而导致人类在将来发生迁移的可能性总体上会上升。

据预测,受到环境影响而具有迁移潜力的人口数量为 2400 万~7 亿,这些人可能会因为水资源相关的因素进行迁移,这包括受到用以减缓将来水资源利用压力而兴建的工程影响而发生的迁移[联合国环境计划的前负责人 Klaus Töpfer 提到有 22 万~24 万环境移民(Biermann,2001),然而 Norman Myers(2005)指出在 1995 年至少有 2500 万环境移民(最新的综合评估),特别是在非洲撒哈拉南部、中美洲、中国和南亚。Myers 预计到 2010 年,这个数字将达到 5000 万。联合国难民署(UNHCR,2002)估计,世界各地约有 2400 万人,因为洪水、饥荒和其他环境因素而逃离家园。基督教援助会 2007 发布的一份报告显示,估计多达 6.85 亿人,因为环境因素,包括开发项目(如大坝淹没了大量的居住区)而被迫搬迁。所有这些预测都来自 OSCE(2007)]。阐明人口迁移和环境因素之间的关系颇为复杂,比如说水资源方面,人类生计对于环境的依赖有两种,直接地和间接地。此外,发展策略以及政治和经济的稳定性——或者是缺乏稳定性——都会影响到人口迁移和水资源。鉴于这些复杂性的存在,就很难判断源自环境因素而引发人口迁移的潜在影响有多大了。人口迁移的一个有利影响是,人口迁移之后,荒芜土地受到的压力减轻了,这就有利于生态系统的恢复。在欧洲和北美地区,农村居民迁移之后,一些地方的景观得以恢复。

2.1.5　面临的挑战

有些地方人口迅速老龄化,有些地方在人口迅速老龄化的同时,人口数量也在减少,因此在解决相关社区的水资源需求问题时,考虑到教育和健康医疗服务的质量以及人口规模和年龄结构等问题是非常重要的。为了应对城市人口迅速增加带来的挑战,决策者们可以集中精力应对人口出生率下降能够产生正面影响的因素——社会发展,投资医疗和教育,提高妇女的权力并且使妇女享受到更好的生殖健康服务——这些都是和促成人口迁移相反的措施。

2.2　经济因素

● 全球经济的增长与变化对水资源及其利用有深远的影响。

● 国际商品和服务贸易的增长会加剧一些国家的水资源紧张局势,而一些国家的水资源紧张局势会得到缓解,比如在农产品的贸易中,通过“虚拟水”的形式,水资源从一国流向了另一国。

全球经济规模扩张会造成消费群体扩大,消费方式发生变化,商品和服务的供应方式发生改变,人类的活动区域发生转移等,所有这些都会对国际贸易发生影响。根据当前的预测,2009 年全球生产总值的增长率会下降到 2.2%,尽管这可能是由于全球金融危机带来的经济波动(IMF,2008a)。产值的增长情况在全球来看也不是均匀分布的。几个新兴市场经济体持续保持较高的增长率,使其成为了全球主要的经济力量。巴西、中国、印度和俄罗斯,根据高盛最新的预测,到 2032 年,这四个国家的经济总量会超过目前的八国集团(Poddar 和 Yi,2007)。即便是撒哈拉以南的非洲地区,长期以来经济增长处于落后的地位,目前也正处于较快的经济增长时期,增长率在 6% 以上,这主要是得益于石油贸易。

水资源会受到经济因素的影响,但是水资源的状况也会对经济运行产生强大的反作用。在缺水的时期,公共管理机构很可能会关闭工厂,停止生产,再把农业用水转而输送到各个家庭中,以缓解供水紧张。工业产业排放的污水会造成水污染,将会导致工厂停产并且搬迁,而地下水被污染或用尽时,工业产业也不得不进行搬迁。若缺少蓄水的基础设施,当洪水和干旱灾害发生的时候,会遭受沉重的经济损失。对于人类健康而言,水污染的代价是巨大的。简而言之,充分投资于水资源管理、基础设施建设、水务服务等方面,可以规避这些损失,从而获得较高的经济回报(SIWI,2005)。

全球化——这个词在这里主要指国际上日益增加的商品、服务、人员、投资以及金融的流动——也许会使目前的局面更糟,但是它仍具有提供解决办法的能力。水资源足迹(生产商品和提供服务过程中所耗费的水资源)会伴随商品和服务的生产和出口进行移动。通过进口含水量更高的商品(进口虚拟水),这样的经济体制仍旧可以实现增长。企业可以将生产地点搬到其他国家以躲避当地的缺水问题。然而,各企业的水足迹意识正在加强,这就会促使企业的生产链关注对其水环境所造成的影响,变得更加透明。通过利用他国提供的全球通信服务,全球化使得国际企业提供的水资源专业知识在全球范围内能够得以传播。解决水资源短缺问题的方法包括海水淡化、水资源重复利用、污水处理等,因此这些拥有上述技术的公司对于解决水资源问题十分关键。

本文以下部分主要集中精力探讨经济过程给水资源造成的外在压力,以及如何应对这些压力。除全球化之外,这些经济过程包括全球粮食和燃料危机以及国际贸易(虚拟水和商品生产以及服务提供过程中水资源足迹意识的增长)。

2.2.1 全球化

如今经济一体化已经成为全球化的主要趋势,而与此同时,社会、文化、政治和制度方面的发展也很重要。物质和服务需求增加而且变得更加易于获得,促使消费模式发生变化,运输和能源需求的上升以及全球对新发明和知识的渴求都在全球化的过程中充当了重要的角色——这些因素都会对水资源和环境产生影响。

对于那些生活在一个面向全球市场开放国家的人民来说,全球化提高了他们的生产力水平和生活水平。然而,全球化形成的收益并非平均分配。至今仍有许多人处于边缘地带,一些人已经被远远地抛在了后面。排外主义,极度贫困和环境破坏造成了威胁。据估算,全球约有 14 亿人口——常常是指"最底层的 10 亿人"——生活在极度贫困之中,他们每天的生活费只有 1.25 美元(World Bank,2008)。遭受贫困影响最为严重的人往往是那些最为缺乏生活资料的人——当地居民、发展中国家的妇女、农村贫困人口以及他们的子女。

在许多个研究案例中,快速发展的经济并没有给这些最为贫困的人口提供机会。社会服务仍旧非常匮乏,环境和能源问题,包括水质问题以及水务服务方面的缺失,都十分严重。在发达的经济体中,经济不稳定状况的加剧被认为是与社会供应失衡和受到挤压有关系的。中等收入国家经济局势动荡、贸易自由化加速、去工业化提前等因素都限制了多样化经济的发展和正式就业机会的形成。在别的地方,难以解决的贫困问题引发了经济不稳定和政治不安定的恶性循环,而且有时还会引发社会暴力事件(United Nations,2008)。这样的形势增加了水资源退化的风险,降低了环境服务的作用。

除了上述间接的压力之外,还有直接的压力,比如说入侵物种的繁殖。通过国际间的运输,各地的货物交换日益增加,入侵物种随之而来,给水环境和陆地环境带来了巨大的破坏。

2.2.2　全球粮食危机以及能源和燃料价格的上涨

与近几十年粮食的低价格相反,在过去的 2006 年到 2008 年的这两年,粮食价格陡增,极大地出乎人们的预料。贫困人口将其收入的一半甚至 3/4 用于购买粮食,因此稻米、谷物以及食用油价格的暴涨相当于减少了他们的收入。然而,从长远来看,粮食价格的提高对于那些生活并且工作在农村地区的人们来说,却是一个机遇(特别是如果他们拥有技术以及有能力投入——包括水资源——用以将生产力最大限度地提高),短期来看,高粮价会对城市人口以及贫困人口带来不利影响。尽管非洲和其他低收入国家尤其容易受到影响,但是中等收入国家如果没有完善的粮食安全网络,同样会受到高粮价的威胁。

根据增长和发展委员会的说法,有多种潜在原因可以诱发粮食价格的陡涨。这些原因包括,粮食需求增加,饮食结构改变,干旱灾害,粮食生产成本增加(比如化肥的使用),以及政策的因素,比如鼓励利用农耕地种植生物能源作物。尽管对于这些因素的重要性尚无统一的认识,但是许多人认为,倾向于生物燃料的政策应该被重新检视(Commission on Growth and Development,2008)。2008 年世界粮食安全高级别会议宣言——气候变化和生物能源挑战警告说:我们相信,有必要开展深入的研究,用以确定生物燃料的生产和利用是符合可持续发展三项基本原则的,同时也还应顾及实现和维持全球的粮食安全(High Level Conference on World Food Security,2008)。

其他一些较为长远的因素还会继续发挥作用。长期以来的低粮价,或许导致政府不够重视农村基础建设方面的投资和研发,以及粮食储备和粮食安全计划等问题,而这些曾经都是政府优先考虑的事情。同时,许多国家的农业政策是鼓励非粮食作物生产的,比如生物能源,植物化纤和毒品作物的种植,而不是鼓励生产粮食。许多产粮大国对于粮食危机的反应是压缩粮食出口以控制国内粮食价格的波动,这就又引发国际市场粮价的提高。全球粮食市场暂时走向分裂。最近的粮食危机促使许多国家重新考虑粮食自给自足的问题,在单纯的从经济方面考虑粮食问题之外,将其置于更加重要的地位。此次粮食危机将会对各国政府的粮食和农业政策发生持续数年的影响, 同时受到影响的还包括水资源管理问题。

实现粮食自给自足的努力也许会对一个国家的水资源安全产生不良的影响, 尤其是对那些地处半干旱地区的国家来讲,更是如此。实现粮食的自给自足,尽管会对农村的发展有益,但是会导致这个国家全国水资源足迹的增加,丧失非水源密集产业提高收入的机会。

近年来原油的价格增长也较为迅速,从 2002 年的不到 25 美元一桶提高到 2008 年 7 月的 150 多美元一桶,直到 2009 年 1 月初,每桶原油的价格才回落到 40 美元以下。造成价格上涨的众多潜在因素之中,市场经济融合、经济持续增长,是造成原油需求增加的重要因素。原油需求量的增加也给寻找新的油料来源造成了压力。这些新的来源有加拿大西部的含油砂,其中含有大量的水足迹和环境成本。石油价格的提高也和能源成本的总体上升有关联,从 20 世纪 70 年代早期以来,能源成本持续稳定上升(见图 2.2)。

1970—2005 年估算的能源成本(以美元/百万 Btus 折算)

注:Btus 为英国热量单位。

图 2.2　20 世纪 70 年代以来能源成本消耗持续上升(EIA,2008)

同粮食安全一样,能源安全问题对于 GDP 的增长也至关重要。据国际能源机构消息,2030 年的能源需求将比 2002 年增加 60%,发展中国家经济的发展将是造成这能源需求大幅增长的主要原因(IEA,2006)。发展水力发电是减轻对化石燃料依赖的一项策略,并且能够减少温室气体的排放,而且发展中国家拥有开发水电的巨大潜力。水资源是所有类型能源生产所必需的(见第 7 章),因此能源供应的扩张会影响到水资源及相关的环境服务问题。城市中心地带发展所需的能源供给将主要依赖于水资源管理对于集中化能源生产的响应。小城镇的增长将有可能越来越依赖可再生能源。

能源价格的上涨促使燃料利用效率提高和农业产量增加,也能够增加农村地区居民的收入。高昂的燃料价格会刺激替代能源的发展,比如风能和太阳能,它们几乎不需要水资源,而且已经有不少国家从能源价格上涨中获取了税收上的更多收益,这些税收可以在将来用以投资于水资源的高效利用和开发。

2.2.3 水资源和贸易：虚拟水资源和增长的水资源足迹意识

水资源足迹和虚拟水资源的概念是用来描述水资源管理、国际贸易、政治和政策以及水资源利用这些方面之间的关系,因为水资源属于人类消费的范畴。水资源足迹用来衡量在商品和服务的生产和提供过程中,有多少水资源被消耗掉了(同样也衡量造成了多少污染),同时虚拟水资源也可以作为判定水资源在国际贸易中的流动情况。

相较于其本身的价值,水资源不适合进行大量和长距离的运输,但有限提供饮用水的项目除外。因此,水资源基本上是一个地方性的问题,尽管有时候会因为跨界河流或跨界湖泊的存在而成为地区性问题。水资源之所以转变成为全球性的问题, 是由于商品和服务贸易中包含着大量的水资源,无论是在生产过程中还是在其成品之中(也就是虚拟水资源)。为家庭住户、工业产业和农场提供水资源和废水处理服务同样会对国际贸易产生影响。

那些水资源短缺的国家可以进口富含水资源的商品和服务,同时,水资源充沛的国家可以利用其水资源开展出口以获取收益。在地区层面上,这种有益处的贸易可以广泛开展(见专栏 2.1),许多国家的贸易模式没有利用这样的优势,或者是受益于此。受消费和进口模式的影响,许多国家会加剧其水资源短缺的局面或对供水造成污染。贸易的扭曲和水资源定价的失败可能会使得贸易模式中水资源相关的问题更加的恶化 (见第 7 章地图 7.3 及第 8 章地图 8.1)。

| 专栏 2.1 | 虚拟水资源(Hoekstra 和 Chapagain,2008) |

许多国家虚拟水资源的进出口以农产品和工业产品表现出来, 因此水资源密集产品交易量巨大,而且交易距离远。每年全球范围内商品中虚拟水资源的流动量为 16250 亿 m^3,约占全球水资源总消耗量的 40%。这些虚拟水资源中,约 80%都和农产品交易相关,其余部分由工业产品构成。

如果水资源生产效率高的国家出口产品到那些水资源生产效率低的国家,那么,全球的虚拟水资源贸易可以起到节约水资源的作用。例如,墨西哥从美国进口小麦、玉米和高粱,每年这些作物的生产需要美国投入 71 亿 m^3 的水资源。如果墨西哥选择在国内生产这些农作物,每年需要投入 156 亿 m^3 的水资源。从全球的角度来看,这样的谷物交易每年可以节省 85 亿 m^3 的水资源。尽管也有水资源生产效率较低的国家向水资源生产效率较高的国家出口产品,但是每年全球范围内,通过国际间农产品的交易而节省的水资源量预计约为 3500 亿 m³,相当于全球农业生产总耗水量的 6%。

有许多国家,包括日本,墨西哥和欧洲的大部分国家,中东和北非地区,已经成为虚拟水资源净进口的地区(见下图)。因此,许多国家要严重依赖外部的水资源来确保其国内的水资源安全(见第 7 章)。

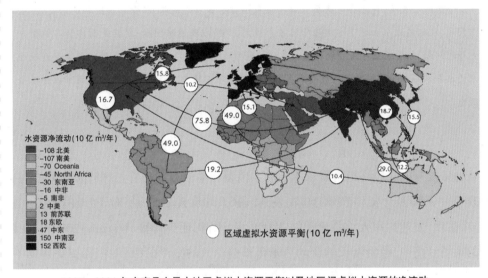

1997—2001 年农产品交易中地区虚拟水资源平衡以及地区间虚拟水资源的净流动

许多公司已经开始认识到监测其自身及供应链水资源足迹的必要性,同时也开始采取措施减轻所在地水资源方面的压力。促进各公司评估其水资源足迹的动力是他们需要了解消费者和潜在消费者的意愿,以及控制成本和进行风险管理,此外还要保持他们维持自身运营能够获得足够的水资源供应。近年来,支持可持续水资源管理的商业行动有:"CEO 水之使命"于 2007 年联合国全球领导论坛启动,世界经济论坛号召商业街联合起来,投入于水资源合作管理,世界可持续发展工商委员会创新了水资源诊断工具,以及水资源规划纲要(WBCSD,2006)。

水资源越来越被视为制约经济发展的威胁和限制因素。例如,中国所取得的经济发展成就一直是伴随着严重的环境问题,北方大部分城市严重缺水,全国范围内都受到污水威胁(见专栏 2.2)。大规模的调水工程开始将南方的水资源调往北方,而北方的污染状况更加的严重,这无疑会引发严重的环境和社会问题。

专栏 2.2　　　水资源：阻碍经济发展和商业繁荣(Pacific Institute,2007)

　　正当非洲和西亚地区深切感受到淡水资源稀缺的时候，水资源已经成为制约主要市场成长的经济因素，比如说中国、印度和印度尼西亚，对于澳大利亚的商业中心和美国西岸来说，亦是如此。如果现在的消费模式得以持续的话，那么到 2025 年，全球将有 2/3 的人口生活在水资源紧缺的状况之中。复杂化和政治化——这些挑战正是全世界 1/3 的人口所面临的困境，他们缺少足够的饮用水来满足基本的需求。

　　今后的 2~5 年，许多公司将要采取措施来应对水资源的获取，水资源紧张和洪涝灾害；水质问题，包括地表水和地下水供应中日益严重的污染；以及用水问题，尤其是面临和其他用户竞争的问题。为管理业务风险和机遇准备谨慎的水资源战略的企业领导人，不仅要做好迎接未来的准备——在一些关键的、最受水资源约束的全球市场中获得优势——而且还可以帮助塑造它。

　　贸易和投资模式最终是由需求所驱动，消费和生活方式随着各国收入水平的提高而发生改变。"人喝多少水？"(平均来说，发达国家人均每天 2~5L)相对于"人消耗多少水？"(据一项估计，发达国家人均每天消耗 3000L 水)来讲，还少得很(Wiggins,2008)。在渐趋融合的市场经济中，经济增长的驱动力来自日益壮大的中产阶级，他们需要更多的牛奶、面包、鸡蛋、鸡肉和牛肉，比起简单一些的可替代饮食，这些食品的生产需要投入更加密集的水资源。同样地，在服务领域，旅游和娱乐产业正在制造更大的水资源足迹。

　　虚拟水资源和水资源足迹的观念在描述经济活动对水资源的影响方面是很有用处的。在水资源紧张的环境中，现在应将日益明确的意识转化为实际行动以提高水资源的生产效率(每滴水的产出效率)，并且在生产过程中降低污染带来的副作用。

2.2.4　挑战

　　全球化给许多人带来了越来越多的经济机遇，但是却没有眷顾那些最需要这些机会的人们，主要是那些生活在最不发达国家的最为贫困的人们。因此我们面临的第一个挑战就是改变这个状况，使那些不幸的人们可以获取基本的产品和服务，其中包括可以持续地获取洁净的饮用水和足够的医疗卫生服务。

　　第二个重大的挑战是确保经济活动以及其他的水资源驱动因素的累积作用不会超过大自然能够为人类生存提供保障的能力。人类的消费伴随着全球经济的扩张和发展而增长，致使人类需要利用更多的自然资源，其中也包括淡水资源。然而，生态系统所能够提供的产品和服务(比如水资源、生物多样性、纤维、木材、食物和气候)是有限的,而且承受力也有限。维持经济发展和环境可持续之间的平衡——所有的驱动因素都会对这两者的联系产生影响——依旧是保证可持续发展的核心。

2.3 社会因素

- 社会因素能够对人类的观念和对待环境(包括水资源在内)的态度发生影响。
- 生活方式是众多驱动因素之一。生活方式反应了人类的种种需求、欲望和态度(这都可以从消费和生产模式中体现出来),这些变化都会受到社会因素如文化因素和教育因素的影响,此外经济因素和技术创新也会有所作用,全球生活水平的快速提高以及人口数量增长给水资源和环境的可持续利用造成了重大的威胁。

社会因素主要涉及的是个人行为,而非集体行为,它关乎每个人在日常生活中的思维和行动。本文所讲的四种社会因素是:贫困,教育,文化和价值体系,生活方式以及消费模式。

2.3.1 贫困

贫困使人们无所选择。贫困人口只能做一些维持生计的事,无论会产生何种环境后果。刀耕火种的农业方式、内陆河渔业的过度捕捞以及发展中国家城市周边地区非正式定居点的扩大即可作为证明。即便是许多发展中国家已经解决了饥饿和营养不良等问题,但是水资源质量还是出现了下降,而且人均可获取的水资源量也减少了。那些最为贫困的社区往往也是最易受到气候变化影响的地方,包括山体不稳固的地区,低洼的海滨地区等,他们缺少应对自然灾害的能力。

水资源和医疗卫生设施不足加之贫困,导致了不良环境后果,如水资源被污染,水生态系统退化,这样的环境往往是贫困人口的谋生之地。与水相关的疾病(如血吸虫病,疟疾,沙眼,霍乱和伤寒)也普遍存在。贫困人口从事的往往是工匠之类的工作,如金属加工,这样的工作会造成大量的水污染。

相对来讲,贫困人口承受的水价是最高的。例如,非正式定居点的居民,无法通过正常的渠道从集中供水机构那里获得水源,但是需要为获得饮用水支付额外的费用给当地的供水者(有时水质还得不到保证)。在发展中国家的农村地区,为了获取水,人们往往花费数小时的时间。

过往的历史证明,在经济发展之初,环境保护不会受到关注。然而,仍然有充分的证据能够证明,经济发展的同时兼顾环境保护,并不冲突。首先,有些事情是不可逆转的(比如地下蓄水层水资源枯竭以及污染)并且现在就要防止这种趋势的进一步发展。其次,水资源的现状——还有环境的总体状况——对贫困人口的影响偏大，所以必须要特别认识到保护环境可持续的必要性。其三，环境保护，供水以及医疗卫生服务等方面的投资，能够在经济上带来高回报。

但是，无论采取何种措施来消除贫困，提高了极端贫困人口的经济状况之后，将最终导致人们对自然资源需求的增加，其中包括水资源。这就需要在自然资源短缺或自然资源已经被过度开采的地方采取折中措施。

2.3.2　教育

受到过良好教育的人通常对水生态系统的可持续利用和环境所能提供的产品和服务的重要性有很好的理解。教育还能够大幅度提高水资源的利用效率。例如，水资源、新材料和新兴科技（比如一体化处理设施）方面的知识能够有助于将水务服务扩展到非正式的定居点。节水方面的知识同样有助于提高这些地区的用水效率。

较高受教育程度的群体能够更多地改善自身的经济处境，争取更多的水资源分配参与权，更好的医疗卫生服务，延长预期寿命。在社会层面上，教育的普及能够使出生率下降，新生儿死亡率降低，并且加速人口变化（见图 2.3）。人口受教育程度良好的社会，在民主制度和政治稳定性方面往往也较为良好，有助于减少不公和推动文化的多元化。因此，教育不仅能够促进经济发展，还能够增加个人、家庭和社会对高品质生活的预期。

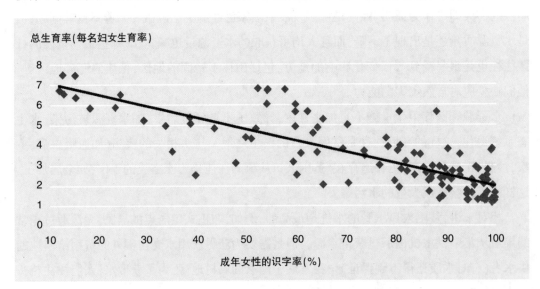

图 2.3　1990 年数据：妇女受教育程度提高，出生率下降
(Institute for Statistics, 2006；全球人口数据库)

教育是改善经济和社会福利的基础，在非洲，南亚和其他一些经济发展迅速的地区，人口增长超过预期，给学校增添了入学压力。因为财政预算和教育水平所限，学校可能无

法解决适龄儿童增加带来的入学难问题。

在许多地区，入学常常和获取安全的饮用水和适当的医疗卫生服务有关。学校中男女学生分开的卫生服务设施已经促使更多的女孩子入学，同时也能够保证女教师获得一个最低限度的舒适环境。通过增加家庭收入，使得每户家庭能够支付学费和教育用具的费用，就可以改善学校获取饮用水和卫生设施的状况。与水和卫生相关疾病的发生率的降低，有利于提高学生出勤率，改善学习状况。

2.3.3　文化和价值观

文化构建了人类活动和群体结构的框架，对人类的种种行为（比如艺术、体制、科学、信仰、道德体系等）有重大而深刻的影响。因为这些结构是代代相传的，因此文化可以被认为是能够影响全社会的因素。

在一些地区，妇女权利的扩大已经演变成一种重要的因素，尤其是在家庭和社区的层面上。正如专栏 2.3 中描述的那样，妇女权利扩大这一进程，为社会、环境和人类健康带来了利益，在水资源服务和管理方面，居民社区也能够受到正面的影响。

对于自然资源的价值感知能够反映出文化观念和经济观念。例如，湖泊和水库能够提供很多有价值的服务，包括提供饮用水和清洁用水，为农业提供灌溉用水，供应工业用水以及供牲畜饮用等，对水库而言，它还可以用来进行水力发电。在发生水资源紧缺或超量使用的时候，湖泊和水库可以用作缓冲的供水来源，此外可以用作纳污场所。通过渔业捕捞，水产养殖和环保旅游等方式，能够提供食物和就业机会保证人类生存。湖泊和水库是重要的水生态系统，为稀有生物和濒危物种提供栖息之所。此外它们还拥有很重要的文化和宗教价值，凸显了人类和自然世界的渊源。湖泊和水库的这些用途的实际利用和追求在很大程度上要受到社会文化和经济观念的影响。

文化价值观最为强有力的表现方式之一就是宗教信仰。许多宗教都把人类描述成自然环境的塑造着和管理者。实际上，世界上所有主要宗教都在生态危机中经历着精神上的洗礼（Bassett，Brinkman 和 Pedersen，2000）。宗教信仰认为，强调人类是环境的管理者而不是主人，能够在发展和维持社会及社区的意识方面发挥强大的作用，能够促使人类认清在利用和保护自然资源时所扮演的角色，当然这也包括水资源在内。

有些时候，宗教信仰也能够造成这些资源的退化。一个具体的例子就是，印度人将亲人的遗体在葬礼上火化之后，骨灰就撒入恒河之中，而恒河被印度人认为是神圣的河流。然而，火葬燃烧的不完全，导致死者的遗体没有完全焚化，投入恒河中就导致水质出现恶化，进而可能引发疾病。这样的习俗深深植根于宗教信仰之中，用严格的科学依据很难解决这个问题。在世界上的其他地区，宗教信仰之于水资源系统的重要性也有体现。

专栏 2.3　　妇女在水资源领域的角色以及性别回归主流的重要性(Mutagamba,2008)

在许多发展中国家,性别上的不平等仍然在持续,男性往往控制着丰富的人力资源和社会资产。这导致贫困的核心因素(能力、机会、安全和权利等)往往以性别来区分。

在水资源领域,妇女付出劳动获得水资源来满足家庭用水需要,而男性则在地区和国家的层面上制定水资源的管理和发展规划。妇女去取水,运送回家,储存起来供家庭做饭、洗衣和清洁使用。在水资源不足的地区,妇女们不得不从排水沟渠或小溪流中取水,这些地方的水源往往受到病原体或细菌的污染,能够引发严重的疾病甚至造成死亡。此外,妇女还要牺牲掉赚取的机会来花费相当多的时间取水。这可能就会导致性侵犯的发生,还会导致其他形式的暴力行为以及女童不能按时到学校上课等状况。

源于非洲和世界其他地方的经验,提高妇女在决策过程中的参与度可以改善水资源设施的运行和维护状况,提高社区医疗卫生水平,保护妇女的个人权利,提高妇女的地位,也能够使得女童能够回归校园,并且增加妇女的收入。

水资源领域,参与者的行动将确保妇女等群体的回归,包括所有地区所有层面上的立法、政策制定和项目开发等。这样就能够保证处于边缘和弱势地位的群体能够参与到政策和计划的设计、执行、监测以及评估过程中,从而能有助于为所有人实现水资源可持续发展的目标。

2.3.4　生活方式和消费模式

生活方式以及其相关的众多消费选择已经日益成为除人口增长之外影响水资源的重要因素。这些方面的因素造成的压力可以通过贸易和投资活动转向世界的其他地区。发展中国家居民的生活水平正在提高, 一些国家的经济正在经历着转型, 居民需要更大的房子,需要一些所谓"奢侈品"如厨房电器、小汽车或者其他类型的汽车,以及开车所要使用的能源,运行或者保养这些东西对于能源的需求日益增加,需要生产更多的能源来满足这些新的需求。因此,人类的环境足迹显著地扩大了。除了努力发展更为清洁的技术来减少环境足迹之外(见第 3 章),人口增长和人类生活方式的改变以及众多的消费选项加上生活水平的提高,仍将对水资源和环境的可持续发展构成持续的威胁。

由于生活水平的提高,人类饮食习惯和饮食结构逐渐改变,在许多国家,这都是对农业用水造成重大影响的因素之一。每个人在粮食生产方面的耗水量由这个社会的饮食习惯所决定,尤其是对于饮食结构中相对重要的食品,如肉类和奶制品而言。发展中国家社会和经济的巨大转变使得数百万人口脱离贫困, 并且成为了新的中产阶级, 他们需要牛奶、面包、鸡蛋、鸡肉和牛肉来替代传统饮食,而传统的饮食结构在水资源消耗方面并不大(Wiggins,2008)。

一个简单的计算就可以描述饮食习惯的改变对水资源造成的影响。据估计,中国的消费者在 1985 年的时候,每人年均吃掉 20kg 肉,但是在 2009 年的时候每人年均吃掉超过 50kg 的肉(Wiggins,2008),而且饲养牲畜需要消耗更多的谷物。假设每生产 1kg 谷物需要 1000L 的水资源,那么,饮食上的改变对于约 13 亿中国人来说,其水资源足迹可以转化为 390km³ 的水资源需求。在其他一些经济正在发展的国家,也发生了相似的变化。对于那些极度贫困的人口来说,他们甚至每天只吃两餐,因此他们不会对人均水资源需求的上涨有何促进(见第 7 章表 7.4)。

如上所述,生活方式和消费模式在本质上是所有驱动因素的总和。这些因素包括经济发展,技术创新,文化和价值观的演变,人口动态(人口增长以及达到某种生活标准的人口数量)以及政府管理(财富是如何分配的)。

2.3.5　挑战

一旦人类的生存需要得到了满足,那么就会产生其他更加高级的种种需求。这些需求通常集中于提高人类生活的舒适和便捷程度, 基本上伴随着物质产品消耗的增加以及非必需服务的供应为主要特征,如旅行和休闲等。追求更高品质的生活是人类前进的主要推动力之一,全球生活水平的迅速提高,加上人口数量的增长,给水资源和环境的可持续发展带来了很大的威胁。此外, 生活方式的改变也伴随着废弃物和其他无用途副产品的产生。对于追求良好生活方式的无限制满足将带来环境上的压力,其中有很多都是前所未有的。

现在面临的主要挑战就是协调人类需求与大自然之间的关系, 使得大自然能够提供或者补充提供资源来满足人类所需。国际社会必须要解决好两个方面的问题,一方面是提高人类的福利和生活水平,同时还要保证生态系统和环境的可持续性,以便其能够满足人类的物质和服务需求。除非人类认识到并且更好地理解自身的活动和条件以及自然环境可持续性之间的关系,否则是不可能完成上述目标的。另一方面是唤醒意识,采取措施改变行为方式,这是一种途径,但是达成目标仍然十分艰难。

第3章

技术革新

● 人类的期望和需求是促进技术创新的主要因素。

● 技术创新能够带来正反两方面的压力,有时候这种压力是同步的,会造成对水资源需求的增加或者减少,供水的增长或者降低,水质的改善或者恶化。

● 技术创新是最不可预测的因素之一。技术创新可以带来快速的、显著的以及不可预知的变化,也许是压力,也许是新的解决办法。

● 如果要使发展中国家能够从发达国家的技术创新中获取利益,必须克服技术转移的种种障碍。

技术变化以不同的形式体现出来,每种形式都会对环境造成不同的潜在影响。一些创新可以减轻环境承受的压力(比如,通过污染物减排、提高水资源利用效率等),一些创新也会造成对水资源需求量的增加(比如,为提高产量因而需要消耗更多的水资源等)。大部分的科技创新给环境带来了正反两方面的压力,但是技术创新的主要目的是使得各种工序(比如生产、运输和沟通等方面)更加富有效率,基本上可以理解为更加具有成本效益,一些利于环境保护的技术创新同样取得了广泛的经济收益。举例来讲,近几十年,更加完善的环境保护制度,企业的社会责任,还有来自社会的压力,已经促使更加清洁和更加环保的环境友好型技术出现,并且提升了其总体价值。

技术转移和技术创新同等重要。对于技术转移的控制,尤其是发达国家(发达国家通常拥有很多技术创新)向发展中国家(技术创新能力往往不足)的技术转移,阻碍了发展中国家拥有在经济和环境保护方面获取足够竞争力的能力。

在水资源领域,科学知识和技术应用的扩展正在改变水资源的利用方式,洁净的、重复利用的水资源能够满足人类、经济和环境保护方面的需要。

工业产业正在对新技术和新工艺进行投资,以期能够减少水资源的消耗,并且降低污水排放量。家庭用水消费者可以选择使用节水型技术,如低冲水量的马桶,小流量的淋浴器以及节水器等。农业产量也受到了滴灌技术和土壤肥力以及环保技术的影响。在许多国家,通过废水处理循环利用技术,供水得到了加强。并且海水淡化方面也取得了突破性的进步:对于沿海城市来讲,技术上的进步和过去几十年中能源利用效率的提高已经使得海水淡化成为一种比较经济的供水来源选择 (Bergkamp 和 Sadoff,2008)(见第 9 章中图 9.3 及专栏 9.5)。

本章要进行六个方面的探讨——这六个方面都与水资源技术创新有关——都很有可能对供水,水资源利用和管理形成强大的压力:环境保护研究和发展,可再生能源,信息和通讯技术,生物技术,生物能源和纳米技术。本章还会对技术转移所面临的挑战和困难作出说明,这对发展中国家相当重要。

3.1 近期科技发展趋势和进展

● 人类的期望和需求是促成技术进步的主要因素。

在全球范围内,人类的需求(生存的需求)和他们的期望(渴望物质产品和服务来增加安全感、舒适度和福利)是变化发生的根本因素。尽管在不同的地区,其程度或有不同,然而技术进步是解决这些需求和期望的主要措施,人们可以享受高标准的生活,其中包括可以获取安全的饮用水和充分的健康医疗服务。

有时候也很难确定,是技术发展带动了水资源需求,还是水资源需求的增加和人类的活动带动了技术创新。一些新技术能够带来正面的利益——降低水资源需求,增加可获取水资源量(比如雨水收集技术),而其他的一些新技术却会造成水资源需求的增长(比如利用农作物生产生物能源)。在分析技术进步和技术引进的时候,分清它们的物理机制(就像一座工厂或一座水坝的建筑结构、灌溉系统等)和非物理机制(包括公众觉醒运动,教育计划和信息分享等)是很有用处的。本章的这一部分勾画出了一些关键技术领域,并且提供了一些见解,是关于新技术如何影响水资源方面的。

3.1.1 环境研究和发展

许多发达国家都提高了他们在环境保护领域研究和开发的投资, 目的是鼓励新技术的创新,用以改善环境质量(见图 3.1)。也许更为重要的是,发达国家同样鼓励私人领域开展某些特定类型的研究,而政府提供补贴或者税收上的优惠政策。这样的情况在大多数发展中国家是不常见的,然而,也是由于众多竞争者对于有限的财政资金争夺所致。因此,发达国家向发展中国家进行技术转移成为了技术援助的主要途径。

由于各国可持续发展领域的侧重点和兴趣方面的差异,以及可供使用资金的不同,其研究和开发活动的重点也是有差别的。举例来讲,德国已经将研发重点放在了清洁生产工艺和生产技术方面,挪威将研发重点则放在了能源和环境方面,美国则将研发重点放在了气候,利用水和氢气生产能源方面。

在环境保护制度和环境保护技术之间,同样显现出互相关联的关系,环境保护制度促进工业产业和各个用水领域采取措施解决水资源获取数量和水质的问题。在某些情况下,环境保护制度有可能成为采用环境保护技术的障碍,发挥适得其反的作用,然而,一旦达到了所制定的标准,那么进行深入的技术开发的热情将会消失。

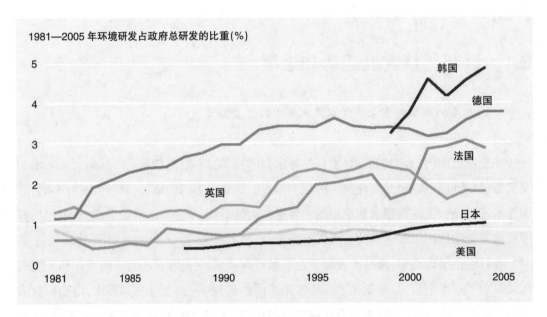

图 3.1　许多发达国家提高了环境保护方面的研发资金(OECD,2008)

3.1.2　可再生能源

过去的 20 年,可再生能源领域已经取得了非常显著的进步。技术创新加速呼应了近期来自公众和政治方面要求降低温室气体排放量的压力, 而温室气体被认为是造成全球气候变化的因素之一。第一代(水力发电和生物燃料)和第二代(太阳能供热和风力能源)技术以及当今的第三代技术,如集中式太阳能、海洋能源、增强地热系统的利用、整合生物能源系统等。由于这些技术已经降低了相关的应用成本,在全世界范围内,可再生能源的利用范围正在扩大(见图 3.2)。

如果现行的政策得以维系,据国际能源署预测,那么从现在到 2030 年,全球的能源需求将上涨 55%(IEA,2007)。中国和印度将占据这一预期增幅的 45%之多(根据保守的经济增长数字预测),发展中国家占据这一预期增幅的 74%。2004 年到 2030 年间,对于水力发电的需求和其他可再生能源的需求将以每年 1.7%的速度增长, 预计总体上会增长

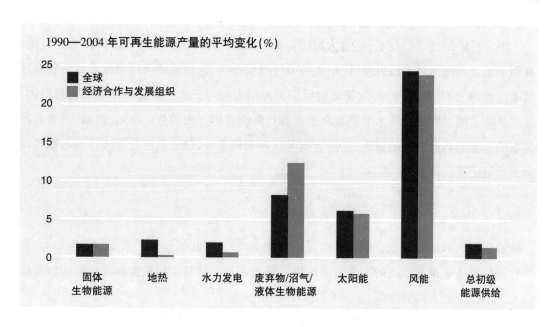

图 3.2　1990—2004 年全世界可再生能源的利用情况(OECD,2008)

60%。尽管可再生能源的使用量仍然占据能源使用总量的一小部分,但是可再生能源的生产将对水资源产生巨大的影响,尤其是对水力发电而言。

　　将来,水力发电主要受到两方面因素的制约。一方面是新的水电站建设要受到空间和地理条件的限制。在许多发达国家,包括澳大利亚、美国以及西欧的很多国家在内,大多数适于修建水电站的厂址已经被开发完了(见第 7 章 7.6)。第二个制约因素是投资能力,这是发展中国家受到的首要制约,包括大多数非洲国家在内。环保组织反对修建水坝,尤其是修建大型水坝,反对意见所带来的压力也将成为将来限制水力发电发展的因素。

　　预计从现在起到 2030 年,对于能源的需求还会有大幅度的增长,那么单纯依靠可再生能源,是无法应对的,因此,化石燃料的开采以及核燃料的开发将会继续增长,它们对水资源和环境所造成的影响也将继续。如果利用煤炭进行火力发电,每兆瓦时电力的生产将消耗 $2m^3$ 的水资源,利用核燃料发电则每兆瓦时消耗 $2.5m^3$ 水资源,利用石油发电则是每兆瓦时消耗 $4m^3$ 水资源。从加拿大的沥青砂中提取石油饱受批评,它被认为是一种"不洁净"的,因为每兆瓦时要消耗 $20\sim45m^3$ 的水资源,约为传统开采方法的 10 倍。化石燃料将变得越来越难获取,因此,沥青砂中提取石油的水资源足迹可能会大幅度地上升。

3.1.3　信息和通讯技术

　　信息和通讯技术的进步可以对生态系统的健康和质量监控造成成本和效率方面的影响。传感器成本的降低,结合基于卫星的无线数据传输,极大地方便了水资源的监测(水质、水位、流量等)以及水资源相关服务的实时供应。

潜在污染源的追踪技术,还有大型固定源、小型非点源和移动源的监控技术的应用,有赖于信息和通讯技术的进步,使得监控条件得到改善,这能够增强环境政策措施的执行效率。1978 年到 2002 年间,大量环境保护方面的专利对于水污染防治是非常有帮助的,这就证明了信息和通讯技术的创新在水资源可持续管理方面的重要作用。然而,仍然有所欠缺的是原始数据方面的匮乏,这些数据可以用来做各种试验,监控数据和预报数据可以为决策制定提供依据(见第 14 章)。

3.1.4　生物技术和转基因组织

农作物的种植和畜牧业的发展增强了农业生产力,因此也影响了水资源的生产力。农作物种植和牲畜饲养方面的生产效率取得了重要进步, 其对于病虫害和流行疾病以及极端天气的抵抗能力得到增强。

20 世纪 70 年代和 80 年代的绿色革命可以作为一项范例,体现了技术上的进步是如何极大地改善贫困人口的生计和收入的。绿色革命中取得进步最大的就是灌溉,化肥和防治虫害,此外还有高产玉米、小麦和稻米品种的出现。1970 年到 1995 年间,绿色革命使得亚洲的谷物产量翻了一番,但是土地和谷物方面的投入仅增加了 4%。到 90 年代后期,收入普遍提高, 粮价下降, 包括最为贫困的人口群体在内的许多人都从中获得了不少的好处,而且绿色革命还带来了劳动力需求的增加。

绿色革命还表明,新的技术也会带来意想不到的结果。农业化肥的过量使用对河道造成了污染,漫灌造成了一些地区水资源的短缺,在其他一些地方则造成了积水和土壤盐碱化。牲畜数量的增加,使得疾病传播扩散更加便利。由于要满足农作物的出口和供应牲畜作为饲料,传统的混养技术被单一种植所取代,一些小规模农场的农场主经济收入降低,因为大规模的作物种植造成了农作物价格的下降, 但也使得农作物易于受到病虫害的侵害。农作物产量的增加使水资源需求增长,使得一些干旱和半干旱地区的缺水局面更加严重(见第 8 章)。

转基因技术是农业产业近期的一项进步。转基因技术就是利用基因工程,改变作物的基因组。粮食作物中占据大部分的作物,如玉米、棉花和大豆,都采用了转基因技术以提高产量,增强对虫害和除草剂的抵抗力。尽管转基因技术具备提高作物抗旱的潜力,这对于缺水地区无疑是十分有利的,但这方面还没有取得些许进步,因此近期还看不到有什么突破性的成就。

微生物技术是大有前途的, 因为在基因试验方面, 已经积攒了大量的相关知识和经验。鉴于作物基因图谱的破译,微生物具有分解或缓冲环境中多种污染物的能力。目前,微生物技术也得以应用,比如,在城市污水处理厂,微生物用来分解污水中的有机物。微生物能够高效地分解水体中的油类污染,以及渗透到土壤中的油污或其他工业污染。消除水体污染的其他形式的途径将变得越来越值得研究。

3.1.5 生物质能源

生物质能源,源于植物原料,是一种可再生的能源,生物质能源增加碳排放量的可能性极低,对全球变暖的影响不大(与之相对应的是化石能源,向大气层排放大量的碳)。纤维素,包括农业废物,排泄物和木本植物等,都可以用作生物质能源的原料。

这样的新技术也不是没有问题的。就拿玉米和甘蔗来说,将其转化为生物质能源的主要问题就是需要大量的水资源来种植这些作物(见第7章专栏7.2),除此之外,在耕种、施肥、除虫、灌溉、收获以及运输过程中,还需要大量的化石燃料来开动机器和运行各种工序(Pimentel 和 Patzek,2005)。最近的研究集中于第二代生物质能源开发,将木材、植物残体以及其他生物质来源转化为液态生物能。非粮食作物如麻风树,种植过程中不需要密集的管理,也不像粮食作物那样对土壤的要求很高,因此这种作物不大可能和粮食作物的种植发生争夺资源的直接冲突(水资源,优质耕地)。第二代生物质能源技术具备大幅度提高能源产量的潜力,但是在5~10年内,还不具备投入商业利用的可能性。

利用传统的粮食作物生产生物质能源要求额外的农业产出,来补足减少的口粮数量,而且也需要投入更多的水资源。生物质能源产量的增加导致一些口粮价格的大幅上升,因为这些口粮作物被改用作生产生物质能源的原料(Mitchell,2008)。2008年全美国超过1/3的玉米被用作生产乙醇(US Department of Agriculture,2008),欧洲生产出的植物油约有一半用作生物燃料(Mitchell,2008)。尽管其影响极难进行评估,但据估计,生物质能源的生产会导致全球粮价上涨70%~75%,其中玉米价格上扬了70%左右(Mitchell,2008)。全球能源价格的提高以及美元的弱势被认为是除此之外的其他原因(FAO,2008)。

生物质能源的生产同样也引发了与气候无关的环境问题,在农业生产中,这些问题尤其严重(见第7章)。耕地的水土流失,化肥随地表径流流失导致的富营养化,杀虫剂过多施用对水体生物的影响,土地利用类型变化引发的生物多样性的减少等。除此之外,利用生物质能源还会引发其他问题,减少的温室气体排放量(从使用化石燃料转向使用生物燃料)会被新开发土地上种植的更多植物所抵消。森林面积的缩小会增加二氧化碳排放,生物多样性也会受到不利影响。在水资源紧缺的局面下,为汽车制造燃料而不是为日益增加的人口生产粮食,这是难以被社会认同的,尤其是对发展中国家而言。

3.1.6　纳米技术

纳米技术，以分子水平的物质为基础，设计和制造极小的电子电路和机械装置，在水资源领域展现了一个特有前景。重要的领域有咸水淡化（见第 9 章专栏 9.5）、水质净化、污水处理和水资源监测等。前三个领域都涉及利用纳米技术，纳米材料和纳米粒子可以去除或者减少水体中的污染物质。水资源监测可以利用纳米传感器。

与传统方法相比，利用改善现存设备和装置的途径解决问题，许多中纳米技术的解决之道并没有太多的不同（Hillie 等，2005；Berger，2008）。海水淡化工厂已经在世界的许多地方得以运转，许多纳米技术能够有效地去除水中的微生物和其他污染物质。尽管运行效率各有不同，但是在许多发达国家和发展中国家，依旧有许多废水处理厂在运行之中。

通过水体治理和水资源保护，纳米技术具有极大的改善水质和水资源量的潜力。纳米滤膜以及其他先进的过滤材料能够便于咸水脱盐淡化，并且增加水资源的重复利用和循环利用率，提高脱盐效率，降低相关生产成本（尤其可以节约能源）。另一个前景看好的领域是纳米材料的开发，纳米材料可以当作一种"海绵"使用，能够增强吸收水体重金属的能力。有研究正在探索将纳米粒子用作其他材料发生化学反应时的催化剂，消耗发生反应的材料，达到去除水中盐分和重金属的目的。这种技术可以针对那些现存技术效率过低或成本过高的化学处理工艺来开展应用，最终达到应用于民用领域，处理被严重污染的水或者咸水以满足人类的饮用水需求、卫生需求和农业灌溉需求。

在水资源监测领域，纳米技术可提供新的和更加强大的传感器，用以探测水中含量极低的生物和化学污染。新传感技术，加上微纳米加工技术，将最终促成高精度的便携传感器开发。

在广泛利用纳米技术解决水资源领域的问题时，也存在着一些其他问题。许多纳米技术已经投入使用，还有许多技术正处于研究和开发过程中。因此，尽管这样的技术能够帮助发展中国家提高水资源开发和保护的效率，降低利用传统技术的成本，但是纳米技术究竟何时才能广泛投入利用，还不甚清晰。从长远看，即使纳米技术能够极大地改善效率，并且降低成本，但是在某些情况下，初期启动和使用成本仍然非常高。利用纳米技术也需要具备一定的技术能力来进行维护和运行工作。

基于纳米技术的解决之道也伴随着一些风险，尤其是在纳米粒子工程中，当作催化剂使用的纳米颗粒也许会残留于水中。这种物质和生物组织能够进行怎样的相互作用，目前知之甚少，因此其对于人类和生态系统可能造成的有毒危害，应予以考虑。

3.2 技术转移面临的挑战

● 技术是不断发展的,但是由于技术转移面临的阻碍和受限于本地的研究和适用条件,技术的可获取性对发达国家和发展中国家而言,会有非常大的不同。

技术进步不仅是决定性因素,还是收入提高的结果。在国家层面上看,技术进步通过发明和创新得以体现,也可以通过对现有技术的直接利用以及进行改善以满足新市场的需求来实现,此外还可以通过个人之间、企业之间、公共领域之间的传播得以体现。

技术创新大多发生于发达国家,向发展中国家转移先进的技术,是发展面临的主要挑战。技术转移要求发达国家有转移技术的愿望,还要求发展中国家能够有能力支付得起购买技术的费用,能够对技术进行消化和吸收以便采取和利用新的技术,这样才能使技术的引进发挥长远效益。

3.2.1 向发展中国家出口技术

专利数量、科技期刊的文章数量与人均国民生产总值密切相关(World Bank,2008)。大多数发展中国家没有能力进行前沿科技的创新。除此之外,发展中国家技术领域相对落后,加之发达国家诱惑性的经济待遇和更好的科研机会,吸引了发展中国家受教育程度高的国民去高收入国家从事前沿研究工作。

发展中国家缺乏先进的技术条件意味着他们的技术进步主要依靠现有技术。传统技术的传入,如固网电话、电网、交通运输、卫生保健和水务服务等领域——主要由政府提供——已经呈现出技术落后的趋势了(见图3.3)。这些传统技术要求建设和维护基础设施,使用的工人大多缺乏技术。此外,投入大量的资金如今传统技术的转移要依靠政府过

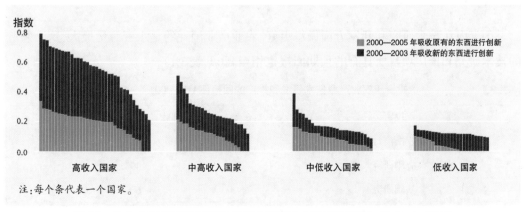

注:每个条代表一个国家。

图3.3　收入水平和吸收传统技术以及最新技术的关系图(World Bank,2008)

去所提供的那种服务的密集程度和效率，但是在这方面往往是不够的。

新技术的接收比率和使用比率一直高于传统技术，因为技术的接收和使用比率与收入的关系十分密切。如今，新技术所需要的基础设施，在修建和维护方面来讲，经济投入和人力资源(尽管对技术的要求更高)投入都普遍降低了，比如移动电话和互联网技术。除此之外，随着一些国家进行了制度改革，私人领域在提供这些服务的时候，相较于过去国有的、垄断的环境来讲，拥有了更加富于竞争性的环境。因此，技术的转移比以往更加以市场需求为导向，政府预算和国有企业带来的限制减少。此外，对技术产品的需求一直由低端用户的成本推动，因实施具有竞争力的价格策略，一些技术自身的优势也使得他们自己更加倾向于采用新技术而不是去利用传统技术。

3.2.2　技术吸收能力

在发展中国家，大多数的技术进步是依靠吸收和采用国外的先进技术来实现。一个国家对于外来技术的吸收、消化和利用的能力决定于其对外来技术的开放状况(技术的跨国转移空间)以及其吸收、消化和利用(国内技术扩散)。技术的成功运用取决于经济领域的技术吸收能力——宏观经济和政府的管理，这会影响到企业家是否愿意承担采用新技术和将传统技术推向新市场的风险——以及大众识别新技术的水平和采用新技术的技巧。

政府的政策同样发挥着很重要的作用。政府通常会成为技术转移的首要渠道，比如电力，固定电话，交通基础设施以及医疗教育服务等。而且政府还可以创造出一种商业环境，方便企业的进入和退出，有利于企业探索新的技术。有太多这样的事情，政府的管理制度或国内市场的特点都不利于企业通过探索新技术去获取更多赢利，这就阻碍了技术在其国内的推广。在为现有市场(国内和国外)创造和引进产品的时候，政府政策应该确保技术研发和推广等方面的努力得到优先考虑，此外还要协助企业寻求技术创新的机会。

3.2.3　研发投资

国家应在技术研究和开发方面做得更好。农业产业消耗的是水资源量最大，这个领域的技术研究和推广项目所具有的预期回报也相当高(见表 3.1)。

表 3.1　　　　投资于农业产业技术研发和推广的回报(FAO，2000)

投资	内部收益率中位数(%)[a]
农业推广计划	41
应用研究	49
基础研究	60

注：a. 内部收益率是指利润现值等于成本现值的折现率。

许多方面的资源约束都可以通过技术资本和制度支持来克服。生产力的进步,包括基因技术的进步,可以提高土地的单位产量,同样可以提高单位水资源的生产效率。对于大多数发展中国家来说,农业生产效率的提高都得自于政府对发达国家新技术的采用和投资支持。

3.2.4 挑战

技术创新所面临的一项主要挑战是,如何平衡新技术产生的利益和风险。这是人类发展历史上的第一次,技术赋予人类以各种方法去重新塑造自然环境的结构和功能,进而改变人类自身的未来发展。自然界有其自身的内在系统,用以制约和维持自身的平衡,从而为动物和植物提供栖息之所。人类掌握了技术手段,能够从根本上对自然界的制约和平衡状态施加影响。

许多正面的影响是伴随着技术上的进步发生的,比如医疗技术的进步使得死亡人口数量下降,使得疾病带来的痛苦减轻,绿色革命和其他农业领域取得的技术进步使得营养不良的状况得以缓解,工业化和城市化以及服务行业的技术进步增加了人类的经济发展机会等。为了在人类和自然环境之间维持可持续的关系,那么我们为满足自身需要而开发出的技术与自然的接受能力之间就要保持平衡的状态。有大量的证据表明,这种平衡的状态在世界上的许多地区不能达到,具体表现为过度的水资源开采、水质恶化以及水生态系统和生态环境的退化等。之所以会发生这样的状况,是由于人类发展活动没有顾及环境保护。其他一些后果的产生也是由于忽视了自然环境和人类活动之间的相互依存关系,而这些相互依存往往又是很微妙的,但能对自然环境产生重大影响。

生物质能源的生产以农作物为基础。提高生物质能源的产量和用量以降低燃烧化石燃料所产生的温室气体排放量,势必以增加水资源需求为代价,此外污染状况也会随之加剧,大量的农业用地将被用作种植生产生物燃料的作物。一个意料之外的影响是一些粮食产品价格的上涨,因为谷物类农作物更多的用于生产生物质能源而不是用作口粮。我们对技术创新的选择需要考量技术能够带来的利益和产生的成本,包括技术对于环境的不良影响。

第4章

政策、法律和金融

● 高效的政策和法律制度是制定、贯彻和执行水资源保护与利用的规定和制度必不可少的前提条件。

● 水资源政策将在地方、国家、地区和全球的政策和法律框架下执行，这些框架都支持完善水资源管理目标。

● 合法的、透明的和允许参与的程序能够有效促进水资源政策的制定和执行，另外还可以对腐败形成巨大的遏制作用。

● 尽管水资源往往被描述成"大自然的礼物"，为满足人类和生态系统的诸多需求，仍需对水资源利用和管理投入大量资金。

● 在筹措水资源发展的资金方面，尽管会有多种选择，政府依然仅仅拥有三种基本方式来开展融资：关税、税费以及运用外部援助和慈善所得的款项。

● 决策者在制定决策的时候，需要以社会和环境所能接受的程度为基础，需要平衡不同目标之间的分歧，以及决定由谁来承担折中政策的成本。

4.1　政策和法律

有效率的政策和法律是制定、贯彻和执行水资源保护与利用的规定和制度必不可少的前提条件。尽管政策和法律之间相互联系，但从根本上来讲，它们之间还存在一些差异。政策所发挥的作用是为决策者提供向导作用，而法律则是一套强制实施的规定。

基于国际和国家层面上制定出的水资源政策，会引导国际、国家和地方法律的制定。有效地贯彻和执行这些政策，需要有充分的制度和管理框架——包括法律、透明和参与，这能够为抵制腐败提供适合的保障。运行于法律系统内的水资源法律可以促成强力的转变——或者将改变逆境。

水资源法律为利益攸关方对水资源的使用建立框架，而且应对了人口上的、经济上的以及社会因素所带来的压力。在特定的社区、国家和地区，决策者可以利用水资源法律为水资源的用户确立游戏规则。

4.1.1 国际和地区性水资源政策

联合国大会上,各种会议和峰会谈判中涉及的,以及世界水资源论坛部长级会议论及的国际水资源目标和目的,都可以看作是政治上的基准。因为全球范围和地区性会议的政治谈判或水资源分享相关的协议都意味着要避免不同的水资源利用方式和用户之间的冲突,它们充当着进行水资源管理的因素。水资源的全球政策框架始于 1972 年的斯德哥尔摩宣言,其后若干年,其他国际性的具有里程碑意义的决定纷纷出现。

相关方面批准协议意味着各方同意采取行动。执行行动需要有适合的机构作为保证,国家的法律与协议中的要求不能互相冲突, 政治上和财政上的措施到位以保证各方面广泛的参与。这同样需要一个政策框架,有确定的运行目标,以及后续的行动。作为案例,欧盟水框架指令是经过欧盟成员国讨论的,需要国际的各不同层面制度结构的支持,包括法律系统在内,以确保跨界河流和地下水以及各国内部河流指导原则的贯彻实施(见专栏 4.1)。

4.1.2 国际和地区法律框架

国际水资源法是国际法的组成部分。国际法的法律规章适用于各个主权国家。但是由于没有更高一级的权威来保证国际法的实施,因此一般来讲,每个国家都要确保以自身利益为重。贯彻国际法的第一个步骤就是要制定适当的规章。

这些规章要以各种各样的条约、国际惯例、法律的一般原则以及"有学识的政论家们"的著述为制定基础（United Nations,1945）。条约往往为大多数易于实行的法律提供了来源，但是其他渠道的来源也不能够被忽视。在利用非航道用国际水道的时候，惯例法中的法规就会经常被那些没有成文法的国家所引用。条约所涉及的知识参与制定条约的各方，而且只有当签订条约之后，才具有法律效力。最终来看，条约规章中的标准内容（要求），必须经由所有参与到判定一国的行为是否遵循了其在条约中所承担义务的各方共同建立和一致同意。

地区层面上也会制定相关的法律。这样的法律通常是要取代国内法的。条约会得到某个地区两三个或更多国家的执行。地区性的实体包括欧洲联盟等，能够为其成员国制定法律。欧盟的法律，和国际法不同，能够对其成员国发生直接的效力，而且拥有强大的执行机制来确保法律的执行。

在大多数案例当中，能够直接得以执行的法律是国内法，能够保证国家所签订的各项国际条约得以贯彻执行。在司法管辖权的范围之内，国内法中特定的立法权以及法律的等级都是被宪法所决定的。国内法也包括惯例法，就像水资源法和水资源直接相关一样（举例来讲，污染防控和取水许可等）。除了国内法所编纂和承认的正式法律框架和惯例法之外，还有水资源用户和其他利益攸关方所共同遵守的水资源规章和权利。

水资源规章的交叉性，在世界上的大多数地方都是很常见的，这对日常的水资源事务和冲突的解决是非常关键的。

还有一些其他方面的法律，虽不能够直接解决水资源问题，但是会对水资源的管理带来了影响。这些包括土地利用规划，环境评估，自然环境保护和环境法。公众健康法会对供水和卫生发生影响，也会对土地所有制改革发生影响。个人对于投资于卫生服务领域是徘徊不前的，因为他们不能对投资期限抱有信心，同样地，水务公司也不会在涉及土地改革的地方铺设管道。法律规定关于信息公开和对司法权力以及人权的保障，其他的制度措施对于管理结构来说，都很重要。

冲突和地区的不稳定（或者稳定）会影响到水资源的需求和利用，尤其是对于那些水资源匮乏的地区来讲，更是如此。一个国家内部不同的水资源利用方式或者国家之间的水资源纷争都会导致竞争的产生，就像孟加拉国和印度两国的恒河之争以及多瑙河流域沿岸多国之间的争执（这些将在第 9 章深入讨论）。关于分享水域的条约有 400 项之多（跨境淡水资源争端数据库（www.transboundarywaters.orst.edu），其中大多数是两国间签署的。尽管 1997 年的联合国大会采用了非航道用国际水道法作为的联合国法规，但是这项法规仍然没有获得足够多数的成员国批准执行。水资源方面最为成功的是地区性法律：联合国欧洲经济事务委员会关于保护和利用跨界水域和国际湖泊协定,于 1992 年 3 月份在赫尔辛基获得通过(www.unece.org/env/water/)。这项协定于 1996 年开始执行,目前已经在 35 个国家获得批准,在缔约国之间发挥着水资源管理的引导作用。

4.1.3　国内立法框架:对水资源和服务供应进行管理

法律和政策之间是具有互联系的, 有一些特定的立法就是根据水资源的政策而制定的(Boelens,2008)。确保法律能够得以施行是一件充满困难的工作,因为需要制定执行法律的各项规章制度,还需要编制对法律条文进行解释的指南。法律执行过程中充满了试验和总结,需要各方面的反馈信息,以及建立实践和分析机制,以便寻找出解释水资源法律各个方面的正确方法。

对于广大发展中国家来讲, 通过制定水资源方面的相关法律来对水资源领域进行良好的和可持续的管理,从长远说,其目的是消除贫困。而其他相关的目标还有提高服务的供应效率,保护消费者的权益,保证财政的可持续性运行,以及确保生活在城市和乡村的贫困人口也能够获得服务。

水资源领域的管理工作是复杂的,而且还要涉及水资源领域之外的很多方面。这些方面可以是国内立法机关以及政府、其他领域的机构、各地地方政府、河流流域管理机构、当地居民代表、消费者团体、私人企业或者其他方面等。水资源管理所关注的事务也是多方面的,比如,地表水、地下水、沿海水域或者湿地滩涂。要在这些复杂的利益组成上采取有效的行动,就需要适当的立法和制度框架以确保能够进行公开的交流以及有力的协调。在 2007 年施行联邦水资源法及其后续规定时, 澳大利亚政府就对这种需求给予了关注(Government of Australia,2008)(见专栏 4.2)。

专栏 4.2　　　澳大利亚水资源法律改革(www.nwc.gov.au/nwi/index.cfm;
Roper,Sayers 和 Smith,2006;昆士兰政府,2000;Hendry,2006)

在联邦政府的一项叫作"全国水资源行动"的框架内,澳大利亚各州一直在对他们的水资源法律进行修改。该行动意图为水资源的所有权提供保护,包括生态系统的用水在内。该行动拥有自身的一套程式用以共同担当风险, 如果气候变化或其他因素在将来能够引起可用水资源的变化,那么,政府和水资源用户之间需要共担风险。

全国水资源行动以及相关的政策允许开展水资源的交易, 这样可以使得水资源恰当地实现其自身的价值，并且将水资源分配到具有更高价值的用途中去。但是执行这样的政策就意味着水权和地权不得不分离开来，然而这将导致小型的农场难以维系。调整资金结构和保证公平这时就显得很有必要了。在法律制度方面来说，这同样具有相当重大的影响。比如，需要立法来对水权进行保护，同理，对于地权的保护也是相似的。

基础设施方面也会受到很大的影响。比如，昆士兰州将水资源输送设施(灌溉网络)的拥有权和管理权从水资源的存储设施(水库)中分离出来，为了避免灌溉网络出现无主的情况，灌溉网络的使用者在没有获得合约所有人准许的情况下，是不能够对经营成本做出选择的。如果水资源都被交易出了需要进行灌溉的区域，那么先前的所有者将不会再为灌溉系统支付费用，新的所有者承接了义务，但是却不能够再获取收入了。

然而，澳大利亚各州也不依靠进行水资源交易来进行水资源管理。每个州都有其管理河流流域的机构设置，而且各利益攸关方都会执行各州所制定的水资源规划。这些规划将对水资源进行分配，而且只有当一项规划就位时，水资源交易才能够进行，比如，2000 年的昆士兰州水资源法案即是如此(Hendry，2008)。

因此，首要的需求就是要有一个完善的系统来对水资源进行管理以及对水资源的用途进行分配，这将是水资源法律改革的中心，尤其是在那些人力资源和财政资源都有限的地区。只有计划好的系统才能够实现水资源对公众的良好用途，因此单单依靠市场是不够的。

资料来源：www.nwc.gov.au/nwi/index.cfm；Roper，Sayers 和 Smith，2006；昆士兰政府，2000；Hendry，2006。

4.1.4　关键政策和法规

尽管很难建立完善的水资源分配系统，如果要对竞争性的水资源利用进行管理，那么就需要透明的、广泛被接受的分配法规，尤其是在那些水资源紧缺的地区更是如此。水资源分配系统需要兼顾公平和效率。环境保护方面的考虑同样需要平等的对待，尽管在程序上经常忽视环保问题。例如智利，环境用水得不到任何的保证，而南非的决策者们却在争论如何将环境保护方面的水资源法付诸实施。立法者必须解决公共政策的执行问题，包括干旱时期和其他紧急情况下的用水公平问题和水资源再分配问题在内。而且许可制度应该具有充分的灵活性以适应全球发生的变化和气候变异。

水资源方面的很多管理行为发生在正式的法律制度之外，尤其是在发展中国家(见图4.1)。这些"传统的"权利体制构成了一个有活力的混合体，包括不同源头的法规，原则和组织形式。这些体制结合了当地的、国内的以及全球的法规，并且经常混合有本土的、殖民地时期的和当前的一些规范和权利。这些复杂的当地的权利体制的重要来源包括各州或省的法律,宗教法律(无论是有正式规定的还是本土形成的),祖训,市场法律,以及在各种水资源工程中因进行调停所产生的权利机构,因为这些工程往往设定其自身的管理规定。

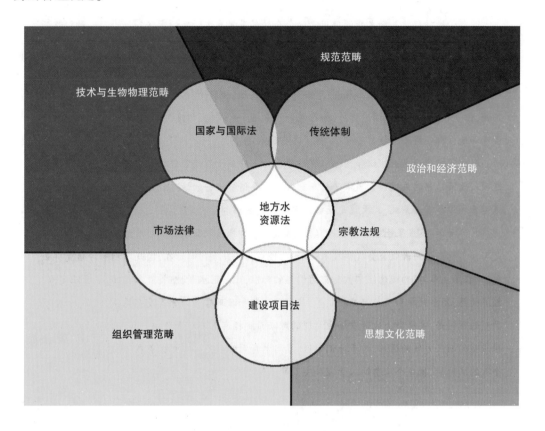

图 4.1 正式的和非正式的用水权法律框架(Boelens,2008)

因此,当地的用水权就处于这样一种多元法律的结构之下,不同源头和制定机构的法规和原则同时存在并且相互作用。在世界上许多地方的用水户看来,法定的水务管理机构和用水权并没有严格地受制于官方的法律。用水户仍旧将用水权——就像被律师们所定义的那样(官方的成文法或被明确认可的)和他们自身拥有的生存权清晰地区分开来。

因此,理解了各个系统和水资源管辖区的属性后,就需要将一系列的多重的问题考虑在内:用水的权利,取水的权利,运行,监督和管理以及控制水的权利。仅仅将目光集中于当地的水平上是明显不够的。多方面的利益攸关方平台或其他领域为实现共同目标及确立管理模式——包括逐步认识非正规的用水权,增强边缘社会和少数族群的权利,代表所有有利益关系的各方在分配和决策制定中——拥有潜在的力量来确保更加公平、更加平稳的水资源再分配的实现(见专栏4.3)。

专栏 4.3　　　　　　　　　　　　灌溉管理转移的经验

(Garces–Restrepo，Vermillion 和 Muñoz，2007；Boelens，2008)

灌溉管理转移就是向水资源使用者联合会转移灌溉系统管理的责任和权力。这种转移始发于 20 世纪 60 年代中国的台湾省、孟加拉国和美国；在 20 世纪 70 年代，有马里、新西兰和哥伦比亚也进行了这种转移；在 20 世纪 80 年代有菲律宾、墨西哥、突尼斯和多米尼加共和国。这种转移于 20 世纪 90 年代在土耳其、摩洛哥、澳大利亚、秘鲁、阿尔巴尼亚以及津巴布韦达到了顶峰，但是在一些国家继续进行着，如巴基斯坦和苏丹(2000)、印度(2001)和中国(2002)，每个国家和地区都获得了独特的经验，取得了各自的成果。

联合国粮食和农业组织和国际水资源管理协会的关于灌溉管理转移经验的数据库为推动这项新政策采用的关键因素提供了信息。经常需要借鉴经验的情况就是政府缺乏足够的资金来运营和维护灌溉系统，其次就是面临无水采收的困难。

总体上说，其成果已经综合在一起了。财政的可持续性以及缺乏透明度的财政状况和政府是否为水资源使用者联合会提供技术协助，已经成为了一个问题所在，因此监测和评估变得必要。"农场主参与"的概念经常被转化为固定的标准，比如用水量控制，成本收回，水资源定价，经济效益，用水效率和下游河流控制等，其实这些都和灌溉转移的背景没有关系。例如，一个很典型的案例是：安第斯山地带农场主管理的灌溉系统拥有上游水资源控制和管理权利，可以提供透明的而且方便的运作。对于他们来说，参与水资源的分配通常意味着在水将资源分配到每个人的农地时，把每个人都纳入管理和决策的系统之中。

4.1.5　参与式的水资源管理

参与《世界水资源前景》(the World Water Vision)这一报告的参与者实践说明，要实现理想中的目标，在作出水资源管理决策的过程中，就一定要强化个人和社会在各个层面上的参与程度。他们的考虑更加务实，更多的是从管理系统的角度出发，而不是出于对维护平等权利的考虑。因此，世界水资源前景报告中就包括：通过强化问责制度、提高透明度、执行法律和法规等手段，无论是水资源的公共管理还是私人管理都会得到改善。必须采取措施，鼓励利益相关方参与到水资源管理中。更加广泛的社会参与能够增强当地利益相关方的主人翁意识和责任感，而在这一过程中，教育所发挥的作用无论如何估计，都不会过分。公众对于信息的知晓，将起到鼓励民选官员和私人运营商的作用，他们将对事情的结果负责，其中包括将社会福利最大化等工作。此外，权力精英把持管理系统，进而发生腐败的机会将大大减少(Cosgrove 和 Rijsberman,2000)。

无政府组织的角色。在一个国家或者某个当地社区范围内,有的无政府组织(NGOs)能够扮演重要的角色。无政府组织通常在政府组织外部运行,其形式也许是基于社区的组织,致力于贫困问题的大型外部组织,如牛津饥荒救济委员会和比尔·盖茨夫妇基金会,以及由宗教组织赞助的慈善组织等。相关事务组织如加拿大人委员会和 IUCN-国际自然资源保护联合会等,也可以作为一个国家或是某地区范围的重要支持者。有这些无政府组织存在的地方,他们就应该参与到水资源管理的程序当中去。在一份报告中,对无政府组织在实现联合国千年发展目标和水资源管理方面所作的贡献进行了全面和彻底的分析,展示了各种不同类型的无政府组织各自的特点,它们的贡献,它们的局限性以及无政府组织的发展前景,这分报告将对相关的文献编制很有用处。

农业灌溉领域的参与。除了市场手段(比如实行私有化以及取消补贴)之外,实行更加富有参与性的开发途径的要求对水资源管理政策的形成影响巨大,这些要求包括减少政府的干预,参与当地的治理,管理和财政运行。与此同时,为了遵守国际金融组织所要求的机构调整,在过去的几十年中,政府已经降低了大多数领域的公共开支,甚至从中退出。这样的策略已经给水资源管理带来了重大的挑战,尤其是在农业灌溉领域,政府已经着手进行改革(Garces-Restrepo,Vermillion 和 Muñoz,2007)。

最为重要和意义深远的一项改革是灌溉管理权的转移,这项革新已经在全球的五大洲的 57 个国家开始进行了(见专栏 4.3)。总体来看,从公共领域向社会领域转移灌溉系统的管理权限和管理责任带来了一种新的情况,即灌溉服务将以何种方式提供给用户以及灌溉领域的运行方式如何从供应因素驱动转变为需求因素驱动。此外,水资源用户协会更加密切地参与水资源管理工作,使得工作中的问责制度透明度和责任感都提高了,比如在中国和墨西哥,这种进步就很明显(Garces-Restrepo,Vermillion 和 Muñoz,2007)。

4.1.6 参与制度可以减少腐败的发生

《全球腐败报告(2008)》:水务领域的腐败篇章估计,在实现联合国千年发展目标中涉及水资源和卫生领域目标的过程中,腐败现象的发生能够将投资成本提高将近 500 亿美元之多(Transparency International,2008)。水务领域的腐败行为包括篡改水表的读数,篡改灌溉用水井和取水点的选址,在公共采购过程中进行串通和包庇腐败行为,在公共职位分配方面搞裙带关系等。

水务领域的腐败仍是政府管理中一个需要大力解决的问题。水务领域是腐败高发领域,因为水务服务的供应几乎天生就是垄断的行业。许多国家的水资源变得越来越稀缺,水务领域会获得大型而且常常是复杂的工程合同。此外,水资源具有多重的功能和特点,而且有许多私人的和公共的利益攸关方利用并且管理着水资源(Stålgren，2006)。

　　腐败——无论是从大的范围还是小的范围来讲——会发生在水务领域之中和水务领域的所有参与者身上。根据《全球腐败报告 2008》，有些国家的腐败行为能够侵吞预算金额的 30%之多(Transparency International，2008)。通过将资金从投资和运营以及维护费用中转移出来，腐败行为使得水务领域能够运用的资金减少了。而且对于很多贫困人口来说，为了确保水资源的供应，进行行贿是他们唯一的手段。

表 4.1　　　　　　　　　　　　　水权与水管理法律(Hendry，2008)

立法要求	选项设置		
	水资源综合管理与流域规划	水权与取水许可	水质和水污染
总体原则、宗旨及职责	·基本法 ·资源的所有或托管权 ·公平、用水效率或二者兼顾 ·法律或政策的优先适用(如流域规划)	·水资源管理法律范围外的资源所有或托管权 ·用水户的高层次的义务(如可持续地，有益使用水资源) ·法律或政策的优先适用(如流域规划)	·用水户的高层次的义务(如可持续地，有益地使用水资源，无污染，高效利用)
流域规划	·以流域为基础 ·与行政边界一致 ·与其他战略性规划一致(例如，土地利用，生物多样性)	许可与现行的流域规划一致	许可与现行的流域规划一致
水环境定义	·地表水、地下水 ·海岸水域 ·湿地水	管理所有水资源： ·地表水、地下水 ·海岸水域 ·湿地水	管理所有水资源： ·地表水、地下水 ·海岸水域 ·湿地水
监管结构	水务管理机构： ·政府部门 ·机构 ·利益相关者主导	水务管理机构： ·政府部门 ·机构 ·利益相关者主导	水务管理机构及环境管理机构： ·协调机制
参与	利益相关方参与基本法规划	水资源管理框架下的利益相关方参与	水资源管理框架下的利益相关方参与
许可	规划状态： 管理(直接许可) 间接(设置目标) 管理层(设定目标，激励)	取水和排污综合用水许可	取水和排污综合用水许可(依靠监管结构)
分层系统(比例)		分层系统(例如，通用规则和完整的许可) 豁免(例如，家庭用水、生活用水、数量限制)	分层系统(例如，通用规则和完整的许可) 采用渐进的方法制定排污、水质及生态标准
许可的条件		用于拨款，审查和再分配的持续时间，审查期和考核	用于拨款，审查和再分配的持续时间，审查期和考核
水资源交易		禁止、许可和鼓励水资源交易	

腐败会使得削减贫困的努力受到损害,阻碍经济社会的进步和可持续发展。受到腐败行为影响最大的往往是贫困人口,由于缺乏可持续的安全饮用水的供应,他们要超额担负供水服务的费用, 并且忍受因此带来的卫生医疗负担。腐败行为引起的直接成本同样很高。新生儿的死亡率和充足的供水和卫生服务是密切相关的(见第 6 章)。

腐败行为会引发无法控制的水资源污染,过度抽取以致耗尽地下水资源,规划缺位,生态系统的退化失控,洪水灾害防控力度减弱等问题,城市的扩张会引发水资源问题变得更加紧张,以及造成其他一些不利的影响。在西班牙南部水资源匮乏的地区,非法开发的房地产数以万计,尤其是在海滨的度假地区,更是如此。在隆达地区的安达卢西亚,非法开

表 4.2　　　　　　　　　　　与供水服务相关的法律(Hendry,2008)

立法要求	条款设置
监管机构 经济、供应职责和质量标准 环境	部门,行业机构(例如,水工业委员会,水服务办公室)或综合办公室(例如,竞争监管机构) 环保部门 独立的消费主体
供应商	地方政府 水资源董事会或机构 私人企业
纵向解体与纵向整合 横向解体与横向整合	取水、水处理、输配水、供水 区域性(比较竞争)
私人领域的参与	是否限制市场准入　建设—经营—转让(BOT) 是否有公众偏好　租赁和特许经营 短期合同　业务剥离
宪法和人权	高度的体现　其他执法机制
高水平的税收(与监管者、供应商和用户相关的)	普遍服务义务　高度的消费者保护 节约、高效利用水资源(水资源效率)　竞争 持续安全供水　经济效益与资本效益
供应税	普遍的(是否持续改进) 在服务区域内 合理的成本 用水户服务标准
水费、计征和断水	可计量　推定计量 两部分　对未缴费用户终止供水或限制用水 免费的基础服务 参与收费听证
紧急状态法令	极端气候和干旱　基础设施遭受破坏 污染事件　供应商和监管机构
雨水	雨水管理纳入供水服务(并有可能进入取水许可和定价)
养护和需求管理	保护和高效利用的高度义务 建筑环境的最高标准,中水回用

发的房地产已经造成了严重的管理危机,现如今供水已经遭到了污染的不良影响(Transparency International,2008)。发生腐败的地区,在实现联合国千年发展目标的时候,所用的时间就要更长一些,不仅仅是因为需要在直接投资于服务和管理上有更多的花费,而且还要有间接的投资,比如水相关疾病及其引发的人口死亡,生态环境以及生产能力等方面。腐败行为还会威胁到已经取得的成果,因为它会对制度和基础设施的维护发生破坏作用。

合法的、透明的以及允许参与的程序能够为水资源政策和遏制腐败行为提供制度设计和执行上的有效支持。但是实行允许参与的程序,需要有充足的制度、政策法律和经济手段作为保证。政治领袖需要保证这种程序的实行以及展示政治上的支持。如果政治意愿缺失,那么国际协助和介入在减少腐败行为的发生方面,也不会产生大的影响。

4.1.7　执行规章制度

水资源的管理是需要由法律系统的运行作为支撑的,其中包括:

- 水资源立法——立法机关和行政部门的职责。
- 立法的执行和管理——行政部门的职责。
- 国内水务官司的判决——法官的职责。
- 行政部门和法官对于犯罪行为的起诉。

接下来就要实行由立法机关所制定的法律了,而在此之前,行政部门需要解决一些相关的细节问题,其中包括对执行规章制度的准备工作,而这些工作是不属于立法的范畴之内的。然而,除非受到水资源部门的有效管理,那么无论是立法还是执行规章制度,是没有很大的差异的。如果法官不能够有效地、迅速地以及公开地对争端进行判决,那么水资源立法和规章制度也不会获取水务领域相应的权利。最终,水资源立法需要强有力的贯彻实施,系统性的监测,通过运用一整套的指数来对效率进行判断,以及对系统的表现进行提升。

4.1.8　挑战

为了国家的发展目标而对水资源进行开发和管理,需要有效的政策和法律框架作为保证,而这些政策和法律同样也要对根植于民众中的风俗习惯有充分的尊重。参与程序中包括某国或某社区的社会、经济和文化等方面的特点,这将非常有助于应对将要面临的种种挑战。但是一个更加重大的挑战是要保证这诸如种种的法律和规章制度能够支持他们自身运用有效的管理和强有力的贯彻,促成水务领域发生变化。而且水务领域的权利安全必须由一个有效率的、公正的、迅速的和透明的司法系统来作为保证。

4.2 财政——缺失的一环

显然,所有与水资源相关的活动,无论是结构上的(基础设施)或者是非结构上的(规划、数据收集、管理、公共教育等),都需要钱来进行开发、实施和贯彻。即使所有必要的政策和法律都已经就位,如果缺少资金的支持,将导致其他必要的行动陷于停顿。充足的资金和对于水资源管理和基础设施的投资意愿因此成为了能够获取充足的具有良好品质的水资源的主要因素。

尽管水资源往往被描绘成"大自然的礼物",但是利用水资源以及对水资源进行管理以满足人类和生态的需求,仍然需要投入财政资金。这些财政投入经常受到普遍的忽视、低估或者不够充足,因此导致有些重要的工作和资产被忽略而得不到保证,因而现有的资产和服务就会相应退化。

在水资源管理中,涉及三种功能,每种都产生相关联的成本:

● 水资源的管理和开发,包括河流的开发、水资源的储存、洪水灾害管理、环境保护以及污染治理。

● 行政机构、市民家庭、商业机构和工业产业、农业产业和其他经济部门接受的水务服务,包括污水处理,修复,运营和维护水务基础设施所产生的成本。

● 综合性的功能,比如水务领域政策制定、研究、监测、管理、立法(包括贯彻和实施)以及公众信息等。

与这些功能有关联的成本或者是资本(投资)成本,或者是每年的经常性成本,要么是变化的,要么是固定的。为了使功能正常发挥,水务领域必须能够覆盖所有的成本——不仅仅是那些主要的物理性基础设施——从可持续的观点来看。这就要确保从政府收入中提供可靠的、可预期的财政支持(税收),保证水务服务的销售正常或者是拥有长期的援助承诺。

在对水务领域进行高效管理的过程中,财政经常成为一个限制管理的因素。其解决之道是,不仅仅要集中精力于增加流入水务领域的资金,此外在确保财政可持续方面,也要实现财政需求和供应之间的实际平衡。对于资金的需求就必须要以切实的开发计划作为基础,确保在提供服务时将经常性成本降到最低,并且要确保水资源的可持续性以及保证所提供服务的安全和可靠性,以便维持用户的支付意愿。

水务领域财政的三种来源的逻辑是各不相同的。当地用户集资的逻辑是,用户对于资源的消耗以及当地行政管理机构在大多数事务中对水务服务和收取税费等主要决策承担的责任。全国政府提供财政支持的逻辑经常是,全国政府或地方政府能够在管理水资源方面获取利益。资本投资成本主要由政府承担，除非是那些属于私有的财产(例如，那些拥有自己的基础设施的农场主)。国际社会提供的投资主要是"接触式"的资金，所涉及的大多是配置用户工程，其中包括对于财政方面的保障。国际上和全国政府层面上所做出的决定往往超出了水资源的范围，而当地用户更加关心的往往是能够直接解决特定的供水和卫生问题的相关事务。

4.2.1　在管理能力方面投资

水资源领域向来受缺乏政治上的支持、管理落后、可供利用的资源不足以及缺少投资等问题的困扰。由于这些问题，使得水资源领域的管理工作透明度较低，问责不足，经济状况持续性较差，水资源事务含混不清，而且经营收入低。因此水资源基础设施逐渐出现老化和功能退化，各项服务难以为继，最终导致客户的不满。图 4.2 显示了资金匮乏、政治支持乏力和服务水平落后等各种因素综合造成的恶性循环。要想打破这个恶性循环，需要在硬件方面增加投资。

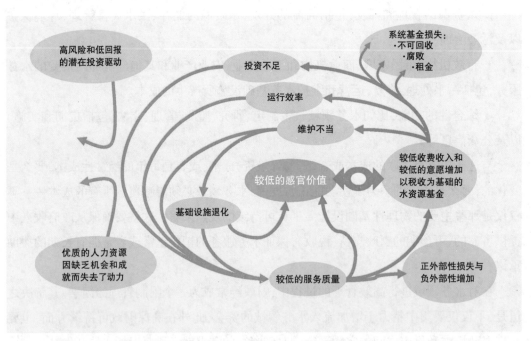

图 4.2　如果恶性循环的圈子能够倒转，那么社会将获得巨大的利益(Moss 等,2003)

在运行和维护实体性基础设施的时候，同样是需要进行投资的，以维护设施符合运行标准，能够有效地发挥其具备的功能。在投资于新建基础设施时，运行和维护费用几乎在所有的地方都是受到忽视的，就算是在国家水平上的发展方面，亦是如此。未来 20 年，提高美国的供水和污水处理基础设施水平达到当前的标准，将花费超过 1 万亿美元，其中将有超过数千亿美元将用于水坝、沟渠和水道的维护(ASCE,2008)。世界可持续发展工商委员会估计,在发达工业国家中更换老化的供水和卫生基础设施每年将花费 2000 亿美元(WBCSD,2005)。在投资于实体性基础设施建设的时候,必须配合以"软件"方面的基础设施,如政策和法律系统(之前有过描述)以及人力资源等(United Nations,2008)。但是到目前为止,很多涉及卫生设施和饮用水供应的双边援助都不能够做到维持硬件和软件基础设施之间的平衡(见图 4.3)。

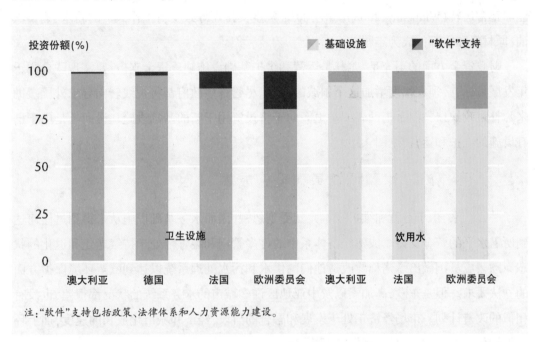

注:"软件"支持包括政策、法律体系和人力资源能力建设。

图 4.3 新建基础设施似乎占据着饮用水供应和卫生服务捐助投资的主要部分(UN-Water,2008)

在大部分的城市水务系统中,所收取的费用几乎不能够支付用于运行和维护的经常性成本的支出,因此余下的用于设施现代化和扩张的资本费用的支出难以收回。一项在高、中、低收入的国家,共计 132 座城市的调查显示,其中有 39%的城市甚至不能收回他们的运营和维护成本(东南亚国家和马格里布地区国家的所有城市,这一比例为 100%)(Global Water Intelligence,2004)。

此外,水资源基础设施随着时间的推移而出现老化的现象。为了保持基础设施的功能运转正常,需要对其进行常规性的修理、维护和更换老旧的部件等。这些行为很容易被耽搁下来,大多都被忽视了。其结果就是水资源基础设施逐渐老化,以至于不能够再提供可靠的安全饮用水等服务。在城市的供水系统中,漏水现象的发生概率能够达到 50%,这在城市地区较为常见。而进行污水处理的大多数设备也是不能够运转的。根据一项针对东欧地区,高加索地区和中亚地区的环境行动计划执行情况的专项报告显示,城市水务设施已经成为许多东欧、高加索和中亚地区国家的地表水主要污染来源。专项报告中称,黑海和里海中90%的氮和磷都来自于沿河地带的排放,而这些河流正是转移城市污水的主要渠道(EAP Task Force,2007)。

在农村地区,运营和维护预算以及成本收回都受到忽视,这就造成了水资源设施在很大程度上运转不良。近期的一项调查显示,埃塞俄比亚将近有 7000 项农村水资源项目不能够正常运转(Winpenny,2008)。由于缺乏资金支持而导致支付工作人员的薪水,购买汽油、原材料和零部件成为难题。

财政资金方面的不充足,尤其是运营和维护基础设施缺乏资金支持,要实现联合国千年发展目标,必须大幅度增加这个领域的投资。尽管许多政府都将视线转向寻求外国援助来弥补财政缺口, 但是捐助者似乎更倾向于将投资用于新的基础设施建设而不是用于已有设施的维护和运营(见图 4.3)。

4.2.2 高昂的新建和翻修基础设施成本

一直以来,由于运营和维护成本尤其受到忽视,因而水务基础设施从未得到过任何达到所需水平的资金支持。成熟经济体系中的许多管网和装置都处于持续老化和退化的状态。欧盟成员国做出承诺称要改造他们的供水和污水处理系统以达到欧盟环境保护方面的立法要求。但是东欧,高加索以及中亚地区许多城市的水务系统的状况都很差,也没有相似的改造计划。市场经济正处于发展和融合的阶段,经济和城市化成长的速度,加上环境保护的预期,需要进行大规模的新投资。

表 4.3 展示了在将来 20 年中各地区供水和污水处理服务巨大的投资需求,以及预计收入和财政需求之间的缺口。这些计算结果并未包括其他巨大的资金需求,比如水资源开发和管理以及水资源管制(Rees,Winpenny 和 Hall,2008)。提高并且支出这些巨额的资金需要加快水务服务行业改革的速度(包括水价改革在内),并且还要管理者和消费者两个方面的共同配合。

修复和拆毁现存的基础设施带来的成本将是巨大的。举例来讲,维修、加固或者整修年久的水坝,将需要相当大的资金投入。在极端的案例中,拆毁一座水坝也许是一个理性的决定(包括超期使用的水坝、年久的和不安全的水坝、淤积物过多或者需要保持河流流动满足渔业需要以及生态需要的水坝)。对水坝进行修复或者拆毁同样要取决于维护水坝运行的成本是否将超出预期的经济和财政收入。无论是修复还是拆毁,都要因地制宜(World Commission of Dams,2000)。

表 4.3 2006—2025 年分地区计算供水和污水处理服务年均所需资金投入以及水务资金缺口
(Owen,2006) (单位:10 亿美元)

区域	资本需求	低缺口	中等缺口	高缺口
东欧,高加索和中亚	28.1~40.5	13.4	20.0	26.1
北美	23.9~46.8	3.3	4.9	21.4
拉丁美洲	4.3~6.5	2.9	4.0	5.1
发展中的亚洲和中国	38.2~51.4	29.5	32.9	36.5
其他地区	14.3~22.6	18.5	22.4	26.1
合计	92.4~148.0	67.5	84.2	115.2

注:资金缺口是指三种不同估算方式下投资预算与税收、官方发展援助,政府预算和贷款之间的差值。

新建供水设施成本正在上涨。在发达国家和许多别的地方,寻找水资源的最简单投资已经被付诸实施了。由于可利用的水坝数量持续减少,地下水位降低,取水点和用水点之间的距离增加,使得抽取水资源和供水的成本提高了。用水之前需要对水资源进行处理的要求也同样提高了供水成本。

卫生设施一直以来被严重忽视。据估计,到 2015 年实现千年发展目标中的卫生设施目标,需要花费的成本各不相同,这是因为各自采取的途径不一,以及所依赖的信息基础较为薄弱所致。根据世界卫生组织的估计,要实现目标,每年要投入的资金总数超过 95 亿美元(Hutton 和 Haller,2004)。如果对于目前的成本花费估计正确的话,那么要在 2015 年实现目标的话,投入卫生设施领域的资源几乎还要翻一番(尽管对于当前花费的估计可能是低估了众多家庭对自身卫生设施的投入)。如果算上城市地区用于污水排放的第三级废水处理的所有成本,那么总的成本将达到 1000 亿美元,相当于当前官方每年所提供的开发援助金额。如果要实现卫生设施方面的目标,那么,更具有成本效益的其他途径还需要进行探索。

联合国水资源组织全球卫生和饮用水年度评估:2008 试验报告——试验一种新的报告方式(GLAAS 报告)中,将限制实现卫生设施目标进步的问题看作是由人力资源、制度能力、财政系统能力等方面等因素造成的(见图 4.4)。

运行、维护以及修复工作仍然是重要的挑战所在。对于 GLAAS 调查的结果显示,洪水灾害和地震灾害是造成基础设施损毁的主要原因(UN-Water,2008)。与气候变化相关联的气候变异现象以及武装冲突也造成了额外的风险。

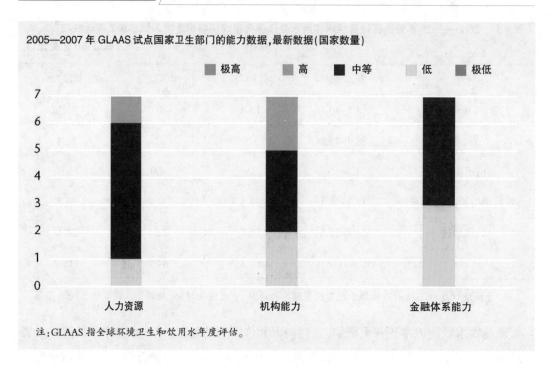

图 4.4　对一些国家的调查显示,财政系统对于实现千年发展目标中的卫生实施目标的阻碍作用很大
(UN-Water,2008)

鉴于对卫生设施问题的认识,非洲国家于 2008 年 2 月在南非的德班签署了特克维尼宣言,他们允诺将准备或者升级国内的卫生和保健政策,为卫生设施分配预算资金,改善卫生信息和检测手段以及提高能力。宣言中还呼吁非洲以外的支援机构能够提供财政和技术援助以推动非洲的卫生和保健事业的发展及改善援助的协调工作。

4.2.3　融资渠道

水资源供应和卫生服务的资金来源有三种:

● 用户资费,包括环境服务支付,其中包括交叉补贴在部门或其他部门(例如,电力或其他市政服务)。

● 由征税而来的公共支出。

● 在外部援助的形式传输,从官方或慈善机构。

对外借款(债券,股票和债券,促进了风险管理工具,如担保)可以帮助传播支付过大量的前期投资和管理整体融资成本。

2008 GLAAS 的试点报告引发人们对国家有限的资源投资于饮用水和卫生系统的运营、维护和资本恢复的担忧(UN-Water,2008)。这些支出难以评估,因为许多是隐藏在部门预算或不占部门预算的,如在许多私营部门和家庭投资的情况下(见图 4.5)。GLAAS 报告中的数据,7 个试点国家中有 3 个可以获得,这些数据表明外部资金——许多国家的饮用水和卫生系统投资——主要是针对基础设施项目资金的主要来源。

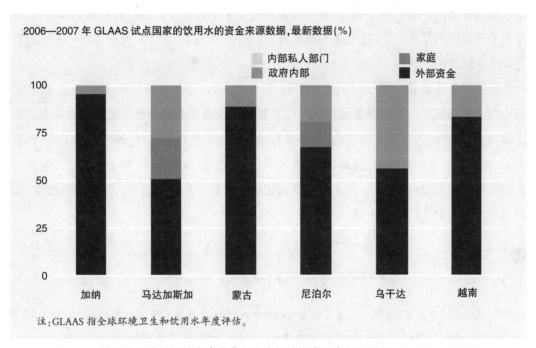

2006—2007 年 GLAAS 试点国家的饮用水的资金来源数据,最新数据(%)

内部私人部门　　家庭
政府内部　　外部资金

注:GLAAS 指全球环境卫生和饮用水年度评估。

图 4.5　饮用水供应方面的家庭花费和私人领域投资至今仍不明朗(UN-Water,2008)

审查和修订投资需求(资金需求方)通过降低成本在填补融资缺口为寻找新的资金来源是重要的。这些是从支出的全周期来考虑的,即包括运行维护设备和其最终更换或升级的技术选择。例如,提高集水效率,减少配水系统的不明损失可以使更多的水资源供给新的顾客,帮助基金业务。需求方面的考虑,也包括相关因素作为覆盖水平,服务水平和环境法规。

基金支出也可以加速,以免支付延迟造成新的资金被推迟。低效的预算和预算分配过程可以导致这样的支付延迟。确保资金拨付效率更高的预算期间,资金可以分配给一个国家、地区或地方当局按其实施的项目相对容量。完成预算过程中预算年度开始之前就可能在当年第一季度开始支出。

根据需求分析和供给等影响融资缺口方面来制定战略性的财务计划, 将有助于确保项目财务可持续性。它将直接投资选择到最经济和功能适当的工艺和技术,从而最大限度地提高效益。它将通过减少感知风险使得进行外部融资的项目更具吸引力。

大量资金进入水资源系统,但使用效率低下。这样的案例包括支付公共机构之外的非正式的水资源供给者的高昂费用, 支付给腐败的运营商从网络获取水资源和大规模的公共补贴,最终在错误的人手中。家庭花费大量的应对策略,如时间和金钱花在替代水源和家用水过滤器上。

关税——水价支付意愿。对水资源服务的经常性开支明显的财政来源是用户收费，辅之以政府补贴。对用户持续的抑价会导致鼓励浪费和各行业低价值的利用水资源，并且剥夺水资源领域的基本资金。这是水利基础设施投资不足的主要原因，管理和服务不足给社会带来了沉重的代价。

保持服务质量和可靠性是至关重要的（见专栏 4.4），即使有增加用水的需求，因为这些方面会影响用户的支付意愿。透明度、问责制和提供服务的经营效率也是用户满意度的重要方面。承受能力也需要确定。它基于宏观承受能力——包括选择投资（由覆盖率、服务水平、技术及其他因素决定）、提供服务的成本效率及家庭负担能力，承受能力由当前在水和卫生服务的支出（包括获取当人们缺乏正式的服务和安全获取服务的后果隐性成本）和提高服务水平的支付意愿决定。

专栏 4.4　　　　中国大连供水工程——服务扩展的成功案例（ADB，2004）

　　大连，一个位于中国东北辽东半岛南端的港口城市，1984 年宣布开放的沿海城市，被给予相当大的经济规划自主权。大连经济技术开发区成立于 1988 年，已成为中国最成功的经济特区之一。然而到 20 世纪 90 年代初，水资源短缺已成为经济发展的严重制约因素。有许多地方每天只供水几个小时。频繁的服务中断，对公共卫生有重要的影响。大连供水工程在 20 世纪 90 年代中期开始实施，该项目旨在建设新的基础设施，解决水资源短缺问题和满足日益增长的用水需求。

　　该项目已实现了自己的目标。所有的设施都运行良好，73000 户住宅连接供水管网，超过工程预期。该项目还增加了商业和工业水资源供应，消除了潜在的限制经济发展和改善了投资环境。项目评估确认了两个重要的发现。地方政府的承诺是项目成功的最重要因素。用水户一旦确信供水服务充足可靠，他们就能接受高关税的需要。水资源税 1995—2001 年大幅增加，年均增长 12.8%。

征收水资源费。虽然价格可以是一个良好的经济系统积极变化的强劲驱动力，在实践中，价格在管理水的需求上起到的作用相对较小。许多人强烈反对使用价格来管理水资源，或以提供给消费者所需的费用来定价水资源，特别是在政治敏感的农业和城市家庭。因此，水资源价格往往是严重低估。

在低收入国家的市政供水设施的一项调查发现，89% 的供水设施没有适当的成本恢复措施，9% 的仅有部分成本恢复运行和维护费用，3% 的供水设施做出所有努力来弥补资本支出的成本(Olivier,2007)。

评估家庭水费负担的一个常用标准是,其占家庭净收入不应超过 3%(在某些情况下是 5%)。在实践中,调查显示,在发达国家与城市公共系统连接的家庭支付的水费平均占其净收入的 1%,包括污水治理的成本,这可能是水资源费的 2 倍。然而,这样的平均值并不是一个非常可靠的指标,特别是考虑到一个国家收入水平的广泛变化。一般来说,较贫穷的群体为水资源支付的费用所占家庭收入的比例更高。在发展中国家,由于非正式和小规模的私人水资源经销商广泛使用全市场价格,这一局面变得复杂起来;在这种情况下,最贫穷的家庭可以支付水资源的费用占其收入高达 3%~11%(UNDP,2006)。

由于对穷人这种不公平的经济负担的认识已经扩散,政府和服务供应商的压力增加,以确保以合理的价格将最低限度的饮用水供应给所有家庭。

要实现这一目标,需要根据家庭的支付能力和补贴来支付税率,对支付不起的人进行补贴。

定价是用来弥补供水成本的(例如,城市致力于水的需求管理,私人灌溉计划,灌溉用水市场和水污染的处罚),它将是改革的一个重要驱动力。在价格无法适应金融现状的情况下,可能导致水资源短缺、水资源浪费、水资源利用效率低下、水利基础设施投资不足、水资源相关服务匮乏。水质可能不一,配电系统的维护和修复可能会被忽略。资本投资也可能不足,导致未能开发足够的供水和卫生服务。然而,即使在定价是积极用于供水成本的情况下,水的历史悠久,作为一种公共产品意味着水的价格有很大的税收资助的个人和公司,不得由直接受益者提供服务补贴的分布。

在农业领域,一些农民依靠公共灌溉系统,而另一些农民有私人安排(例如,地下水和集水系统)。在私营系统中,能源补贴(抽水)是影响效率的一个关键因素。农民使用公共灌溉系统往往支付很少或根本没有经常性的成本,通常没有什么对灌溉基础设施的资金成本。这影响了农民如何使用水,因为在印度的一项调查发现:

因为收费较低,农民没有动力去有效的使用水资源,而采用漫灌。低效的用水导致了严重的环境问题——地下水位上升,内涝和土壤盐碱化。管理无效。评估和收费往往是由不同的部门,或一个与灌溉不相关的部门执行。农民需要参与制定税率,因为目前他们只是反对任何涨价的建议(Bosworth 等,2002)。

“谁污染谁买单”的原则尽管被广泛接受,但除了发达国家和少数发展中国家外,这一原则并没有给污染者的行为造成重要的影响,分配给环境保护的资金亦没有增长(Kraemer 等,2003)(见第 8 章)。

利用水电收入对农业灌溉和家庭用水进行交叉补贴的多用途水资源工程,是另外一种以收费为基础的财政形式。水电工程由水坝建设和蓄水方案构成,其在财政方面的表现要强于相关的灌溉工程，因为在运营成本和资本成本回收方面，灌溉工程常常不能够成功。因此，水电收入对农业灌溉，洪水控制和其他形式的公共财产进行交叉补贴。在美国国内，这种交叉补贴是哥伦比亚河流域大古力水坝(GrandCouleeDam)管理和田纳西河务管理局(Tennessee Valley Authority)主要流域开发工作的既定部分(World Commission on Dams，2000)。

　　私营成分的角色。有数份报告指出，在发展中国家，私营成分所提供的供水和卫生服务是非常之少的。比如，2006 年联合国发展计划之人类发展报告中作出的估计，尽管得到私人部门供水服务的人口数量从 1990 年的大约 5000 万增加到 2002 年的 3 亿，但是在发展中国家，只有不到 3% 的人口是由私人公司或混有私人成分的公司提供服务的(UNDP，2006)。以上这些数字几乎是低估了目前私人部门所提供服务的真实广度，因为这些数字所反映出的仅仅是那些大规模的私人业务和投资。私人运营商也包括那些拥有固定或者流动分配系统的小型的和中型的公司，还包括那些分布覆盖范围更加广泛的非正规运营商们，他们的服务涵盖了大量的城市低收入人群。

　　对于中小规模私营公司的企业主及运营商所发挥作用的研究才刚刚开始(见图 4.6)。在涉及 49 个国家的有限样本中，世界银行所作的报告中称，共有 10000 个小型服务供应商(Kariuki 和 Schwartz，2005)，而一家国际环境和发展机构的研究估计，小型服务供应商的总数量将超过 100 万(McGranahan 和 Owen，2006)。此外，由房地产开发商修建的基础设施一直没有得到验收，但是这些基础设施的作用是不应被忽视的。

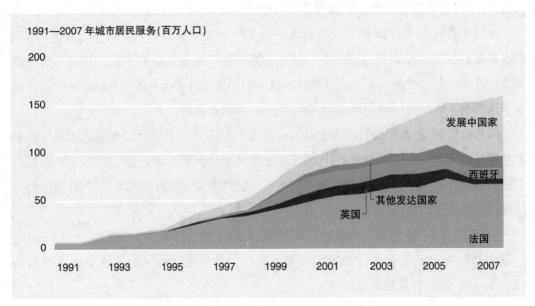

图 4.6　私营水务运营商在发展中国家和发达国家发挥着不容小视的作用(Marin，2009)

现如今私营水务运营商所面临的状况和十年前已经非常不一样了。几家跨国大公司已经从国际大工程中撤出了,尤其是在中东地区,中国和东南亚以及东亚地区,仅留下两三家从事系统特许经营,建设—运营—移交(BOT 模式),和管理合同等工作。在中国,东南亚和俄罗斯以及拉丁美洲,大公司撤退留下的缺口由新的私营水务公司来填补,为当地和地区性的正在形成的市场提供服务。在发展中国家,小型的和非正规的水务服务供应商一直在持续扩大他们在城市中所占的市场份额。

新的市场参与者赢得了大部分合同,其中涉及脱盐项目和污水处理,这些工程可以解决干旱地区日益严重的水资源短缺问题以及未经处理的城市污水排放引发的水资源严重污染问题。这些市场中的新面孔来源多种多样,他们利用当地财政资源的能力,以及他们和当地政治的特定联系,预示着他们能够取得成功。

水务领域的外部私人投资是相当重要的,官方的发展援助处于同等重要的地位(见图4.7 和图 4.8)。在一些中等收入国家,在当地强大的跨国大集团向水务服务领域转移的时候,国内私人部门利用自身的财力和当地的商业资源,已经成为水务财政的一项来源。小型的非正规运营商控制了大部分的城市和半城市社区的水务市场。尽管其中的一些运营商投资于网络系统,大部分利用移动设施,以自身的财产作为资金支持或者是依靠短期的信贷。大街上售卖瓶装水的销售商的数量都增加了。在许多发展中国家,公共供水系统往往遭到污水或暴雨水的污染,因此,瓶装水成为了必需品,而在发达国家,选择饮用瓶装水则是一种生活方式。

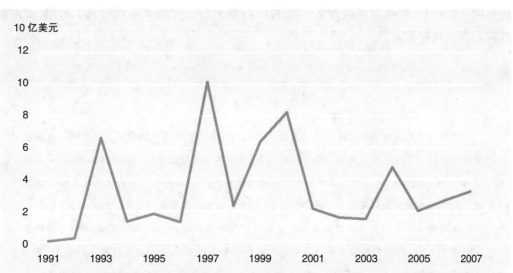

注:外部投资是指剥离用于饮用水生产、供应以及污水收集处理之外的管理和租赁合同,特许经营权(或有主要私人资本承诺的管理和运营合同)、新建投资项目的投资。

图 4.7　水务领域的外部投资,尽管其状况不稳定,但是自从 20 世纪 90 年代以来,外部投资发挥着重要的作用[世界银行私人参与基础设施数据库(http://ppi.worldbank.org)]

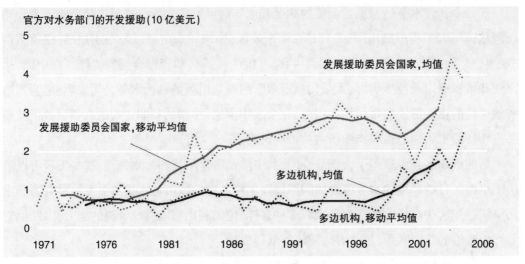

图 4.8　20 世纪 90 年代官方发展援助减少,其后,供水和卫生服务领域获得的发展援助再次增加
(OECD-DAC,2008)

利用公共收入进行政府筹资。政府投资占到水务领域总投资的 70% 以上(UNDP,2006)。水务领域在获取政府筹资和政府补贴的方式和数量方面的差异是十分明显的。在许多贫困国家中, 他们面临的资金限制是非常严厉的, 而且在许多需要优先处理的事务中,供水是本国政府唯一受到国内压力和国际承诺所限而进行资助的。

基础设施方面的资助,受到经济发展水平和城市化水平的影响而变化。在早期阶段,中央政府对基础设施建设的支持是通过资金补贴和行政援助来实施的(见专栏 4.5)。随着国家的发展,由中央政府提供的支持减少了,环境服务产生的成本转移到了用户,污染排放者和当地政府身上。

| 专栏 4.5 | 韩国的供水和卫生服务补贴(OECD 即将公布) |

韩国的中央政府直接向地方政府或者供水和卫生服务基础设施供应商提供津贴。津贴金额的大小取决于城市规模的大小和设施的类型.津贴类型有建设津贴和运营津贴两种。一般的情况是,50%~80% 的津贴用于农村地区的水资源开发,50% 的津贴用于当地供水网络的升级改造。废水处理方面能够获得 50% 的津贴资金,污水处理方面能够获得 30%~70% 的贷款。

在城市供水方面, 水费日益成为支付供水成本的来源之一, 从 1997 年的 69% 上涨到了 2005 年的 83%.那些由全国水务公司——韩国水资源公司(K-water)负责的地方供水,于 2004 年收回了全部的成本。但是对于污水处理来讲, 收取的费用还不能够冲抵成本的需要。在 1997—2004 年期间,中央政府提供的资金占污水处理总成本的 53%,这些资金源自全国烈性酒的税收收入。

一些国家从债务减免或者石油和商品经济发展中获得了收益,转化为公共财政收入,但是这并没有用于改善水务服务。一些正在形成中的市场经济体,无法享受到水务服务的贫困人口众多,他们当前的财政预算状况比 10 年前要优越了,尽管当前的形势受到了近期石油价格、能源价格和粮食价格波动以及全球经济危机的影响,津贴金额依然有所增加。预算状况的好转为增加投资以改善水务领域的发展情况提供了良好的机遇。

通过外来援助进行融资。20 世纪 70—80 年代,来自于许多捐助国家以及多边捐助,面向供水和卫生服务的官方发展援助,呈上升趋势,但是在 20 世纪 90 年代,随着对于大型基础项目资助金额的减少,援助资金总额有所下降,但是从 2000 年开始,又有所回升(见图 4.8)。

自从 20 世纪 70 年代以来,来自多边机构的支持依然没有获得发展——当时多边机构的支持和双边援助几乎是一样的,直到 2000 年左右,两种财政援助才都开始增加,但是双边财政援助还是远远低于官方发展援助。

与会的各国领导人在 2002 年于法国埃维昂召开的 G-8 集团峰会上做出许诺,称水资源领域将获得优先发展。自从这次 G-8 峰会之后,官方发展援助获得了显著的增长。供水和卫生服务领域的资金增加了,但是相对来说,水资源的其他领域所获得的援助依然没有变化(见表 4.4)。然而,官方发展援助中提供给水资源领域的贷款仍然不足 6%,而且所占比率还呈现下降趋势。

表 4.4　　2004—2006 年双边和多边机构承诺的官方发展援助(OECD,DCD/DAC,2007)

领域	2004 年	2005 年	2006 年
水上运输	416	503	304
水力发电厂	755	480	652
农业灌溉水资源	608	830	790
供水和卫生用水	3127	4405	3879
总水资源	4951	6218	5625
所有领域	79431	107078	104369
水资源领域份额(%)	6.2	5.8	5.4

来自于慈善事业的外来援助,比如来自基金会和宗教组织的援助,起到了唤醒水资源和卫生服务意识的重要性。这些基金通常要大大低于多边和双边的援助,仅仅有为数不多的最大的几个基金会(比如,比尔和梅琳达·盖茨基金会)可以与一些双边援助相匹敌。

4.2.4　近期的融资行动——新的融资日程

在过去的 5 年中,几项关键的融资行动对于国际水资源领域融资局面的形成起到了重要作用,其中较为显著的有,世界事务委员会资助水资源基础设施（主席为 Michel Camdessus）,行动小组资助共享水资源(主席为 Angel Gurria)以及联合国秘书长水与卫生顾问委员会资助供水和卫生服务(UNSGAB)。世界事务委员会资助水资源基础设施的报告——资助共享水资源(Financing Water for All),讨论了全球水资源领域的财政结构,其中还提出了许多改善管理的建议(Winpenny,2003)。Gurria 行动小组的报告将重点集中于影响财政需求的因素和在地方发展财政能力的范围(van Hofwegan and Task Force on Financing Water for All,2006)。UNSGAB 强调能力建设的重要性,尤其是当地行政机构的能力建设,并且倡议成立了全球水资源运营者合作联盟(UNSGAB,2006)。

这些行动发生的时候,正值各国市场经济的形成过程中,且国内储蓄正在快速增加,而且本地资本市场正在发展的过程中。石油和其他主要商品价格的快速上涨,使得生产这些产品的国家变得富裕起来,公共财政状况得以改善,但是那些主要商品的进口国却因此遭遇了预算问题。用于水资源的国际商业资金量逐渐变得非常极端化（购买固定利率证券,如债券,或给予公司少于 10%的股权）。出借人和投资人急切地追求完善的水务公司所蕴藏的机遇,以及具有还贷能力的市政工程和有利可图的工程(比如海水脱盐工程),但是相当多的国家和市政当局的财政已经陷入了困境之中。

4.2.5　近期政策进展

近期有一系列的政策和融资工具得到开发以回应这项新的日程（对于这些及其他政策和工具的完整描述参考 Winpenny,2003;van Hofwegen and Task Force on Financing Water for All,2006）:

● 承诺提高政府发展援助对水务领域进行支持——并且采用更加友好的形式。国际援助已经降到了最低点,在少数捐助机构的带动下,承诺做出的援助有所回升。

● 利用政府发展援助促进其他融资形式的发展。肯尼亚利用这种方式已经取得了一个良好的开端,而且其他地方也将要采用输出型援助来推动小额贷款。

● 建立全国水资源融资策略。在经济合作和发展组织,欧盟水资源研究院,世界银行水资源和卫生计划以及其他机构的项目支持下,非洲,东欧和高加索以及中亚和其他地区的国家正在制定连贯的融资策略。

● 推动次级权力实体的融资。在大多数国家,水资源方面的服务权往往下放给次一级的行政单位。捐助方一直在调整他们的产品和程序以便于为下级行政机构提供财政支援。

● 在非中心层面上建立融资机构。家庭用水和卫生服务所取得的发展,大部分都发端于社区和组织机构以及融资方面的创新。在非中心层面运行的,近期新出现的融资机构包括非洲水资源机构,欧盟水资源机构和非洲开发银行农村供水和卫生行动。

　　● 发展担保和风险分担工具。担保和其他形式的信用增级形式可以使借款人和债券发行人摆脱具有决定意义的商誉门槛,并且能够降低特定的风险。在风险分担方面,国际金融机构和其他机构已经提高了他们的能力,而且有数个机构得以建立,特别用来应对这方面的风险(例如 GuarantCo 公司)(Winpenny,2005)。

　　● 发展本地资本市场和本地货币财政。许多国家(比如印度和南非,拉丁美洲,东南亚和东亚的一些国家)的地方政府和公用事业部门的财政状况都运行良好,具备吸引金融贷款和发放债券的条件。大部分不能获得服务的人群 (将近一半人口不能获得供水,1/3以上不能获得卫生医疗服务)居住在那些被划分为中等收入的国家,而这些国家拥有提高次级主权财政的潜力。

　　● 小规模当地供水商日益重要的作用。据估计,在拉丁美洲和东亚地区,小规模的供水商为 25% 的城市人口提供供水服务, 这一比例在非洲和东南亚地区为 50%(Dardenne,2006;McIntosh,2003)。

　　● 着手税费改革,建立可持续成本收回的原则。在许多研究案例中,收取税费都是收回水务服务成本的主要方式,尽管对于贫困国家来讲,利用收取税费来收回全部成本还不能成为一种可行的手段。可持续的成本收回将注意力集中于保证水务和卫生服务所有三种收入的基本来源(收费,征税和外部援助),这三种收入来源可作为可预期的水务运营收入,可用来调节其他资金来源。

　　● 为环境服务支付报酬。环境产品和服务有多种形式,包括饮用水供应,灌溉用水供给,洪水控制带来的利益,水路航运用水和景观用水等。这种环境服务的支付系统更加易于执行和管理,更加透明和便于直接利用(比如开办休闲娱乐经营所收取的准入费用)。

4.2.6　挑战

　　开发和管理水资源以满足人类的需求和维持生态系统的必要功能, 使得财政投入成为不可或缺的事务。其挑战就在于,要有更多的资金流入水资源领域,而且还要确保财政状况的可持续性。健全的、战略性的财政计划是必需的,集中精力于供求关系,利用成本效益管理来平衡资金需求。多年来,收回全部成本已经被当作解决水务财政危机的办法。然而在现实世界,水资源管理和水务服务供应一直在接受某些程度的补贴。决策者所面临的挑战就是要在不同的目标和由谁来承担成本的问题上做出可接受的协调决策, 而且要时刻顾及,水务服务是所有人所必需的,这是提供水务服务的义务所在。

第5章

气候变化和可能的未来

● 高效的政策和法律制度是制定、贯彻和执行水资源保护与利用的规定和制度必不可少的前提条件。

● 水资源政策将在地方、国家、地区和全球的政策和法律框架下执行,这些框架都支持完善水资源管理目标。

● 合法的、透明的和允许参与的程序能够有效促进水资源政策的制定和执行,另外还可以对腐败形成巨大的遏制作用。

● 尽管水资源往往被描述成"大自然的礼物",为满足人类和生态系统的诸多需求,仍需对水资源利用和管理投入大量资金。

● 在筹措水资源发展的资金方面,尽管会有多种选择,政府依然仅仅拥有三种基本方式来开展融资:关税,税费以及运用外部援助和慈善所得的款项。

第2~4章阐述了外部因素是如何对水资源施加影响的。这些变化因素彼此之间是强烈地联系在一起的,为水资源管理者和决策者带来了复杂的挑战,也创造了很多机遇。除去极端事件之外(比如旱灾和洪水灾害),气候变化极少成为对可持续发展造成影响的刺激性因素,尽管日益显著的气候变异造成的直接或间接的影响能够对发展成果造成障碍或者逆转(见图5.1对气候变化进程、特点和主要威胁所作的描述)。气候变化也许不会从根本上颠覆世界上大多数的水资源挑战,但是作为一项额外的因素,它会使解决水资源挑战变得更加困难。

气候相关的所有潜在灾害,包括经济损失、卫生问题和环境破坏,都将会影响到水资源,并且反过来还会被水资源所影响。

气候变化不同于其他因素。它是唯一的一种供给侧因素,能够最终决定我们拥有多少水资源;其他因素属于需求侧,能够对我们的水资源需求造成影响。气候变化能够直接影响到水文循环,并且,通过对于水文循环的影响,进而影响到水资源量和水资源质量(见第11章)。气候变化能够降低河流的最低径流量,影响当地动植物种群的水资源可利用量和水质,饮用水的获取,能源生产(发电),热电厂的冷却水获取以及水运需要。人类活动引发

86

的气候变化同样会直接影响水资源需求,比如在特定的季节对于灌溉用水的需求(见第 7 章气候变化对农业不确定性的影响)。相对来讲,其他因素对水资源利用的多个领域造成压力,也对水资源产生了影响。

一直以来,水资源管理的内容是对自然界发生的变化进行管理。气候变化带来的威胁使得这样的变异更加明显了,极端现象正在改变和增强,长期的水资源供给,无论是质量还是数量上,其不确定性变大了(见第 3 篇)。更为不易察觉的是,气候变化还会改变降雨的时机,降雨量和持续时间,这就会对供水的持续性和水资源处理带来不利影响。

为缓和(比如降低温室气体排放量、采用清洁技术、保护森林等)以及适应(比如扩大储蓄雨水的规模、实行节水措施等)气候变化而执行的决策和政策,将会对当下和长期的水资源的供给和需求产生深远的影响(IPCC,2008)。尽管如此,气候变化还是使得所有其他因素变得更加具有不确定性。因而,对于气候变化的审视迫使我们对其他所有因素的关联性加以考虑。本章的内容将主要集中于气候变化对于其他因素所造成的压力,并且大致描述出一个进程,将这些互有关联的压力结合到一起,以确定一幅图景,或者说是"可能的未来"。

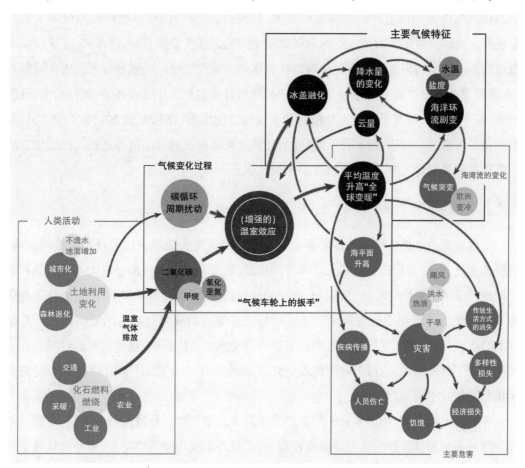

图 5.1　气候变化:进程,特征和威胁(UNFCCC,2007a)

5.1 气候变化对其他因素的影响

气候变化和其他因素之间的关系是复杂而又互相交织的。本份报告的这一部分将总结阐述气候变化之于其他五个主要因素的影响：人口变动，经济增长，社会变化，技术创新，以及政策、法律和财政。

5.1.1 人口变动

人为因素引发气候变化造成的影响，包括水资源日益短缺、洪水灾害频发、冰川融化以及海平面上升，这些都将成为加速人类迁移的潜在因素。据估计，干旱灾害，荒漠化以及其他形式的水资源短缺已经对全球 1/3 的人口造成了影响，而且这一形势预计还会变得更加严峻。

政府间气候变化专门委员会(IPCC)的一份报告称，21 世纪以来，人口密集的地势较低的沿海地区，有数百万人面临暴风雨引发洪水灾害的威胁日益严重(Nicholls 等，2007)。据 IPCC 估计，海平面上升会加剧洪水灾害，暴风雨，水土侵蚀和其他沿海地带的灾害严重程度。全球变暖还将加重一些与水资源相关的地方性传染病，比如登革热，疟疾以及血吸虫病等，这些病害迫使人类更加难以在被感染的地方生存。洪水和暴风雨灾害频繁发生，如果应对不善的话，会迫使大量的人口长期的背井离乡。IPCC 当前的预计指出，气温升高，海平面上升以及干旱灾害和暴风雨灾害程度的加重，在未来的 30~50 年中，将导致有大量的人口进行迁移，尤其在沿海地区，迁移现象将更加显著。所有这些气候变化造成的难民都需要避难之所，水资源以及卫生医疗服务。

5.1.2 经济增长

气候变化及其伴生的其他威胁都会对发展和经济增长造成直接的或者间接的影响。海平面上升，气候变异以及极端天气事件如热浪，洪水和干旱灾害都会对人类的生命和财产造成严重的和直接的威胁(见第 12 章)。要应对这些困难就需要调动资源，也许这些资源要从其他的投资渠道分配获得。上述这些灾害造成的损失会对一国的国内生产总值(GDP)造成严重损害。发展中国家的经济表现会受到很大的影响，这些国家的经济高度且直接依赖于自然资源，依赖于降雨的农业尤其如此(见第 7 章)，此外还由于他们无法充分运用经济和技术资源。

不利的气候条件，如洪水和干旱灾害发生频率的增加也会导致投资的不足。气候的不确定性和不可预知性能够强烈地阻碍投资，进而最终影响到经济的增长，即便是气候条件好转的年份，亦会如此。气候的持续变化也会对基础设施的设计和长期的投资规划造成不利影响。而且,受到自然资源短缺的影响,国内和跨境的人口迁移会加剧人口种群和国家之间的紧张关系(van Aalst,Hellmuth 和 Ponzi,2007)。

有明确的证据显示,像埃塞俄比亚和坦桑尼亚这样的国家,农业占其GDP的大部分,气候变异和经济表现是由关联的(见图5.2)。证据还显示,经济发展和对抗灾害的能力之间也存在着强烈的关联。发展中国家因灾害遭受的损失十分巨大,以至于对其发展和减少贫困目标的实现都发生了影响。但是到目前为止,应对气候的威胁很少被考虑到基础设施设计、农业投资和水资源管理规划等工作中。

图 5.2　埃塞俄比亚(1983—2000 年)和坦桑尼亚(1989—1999 年)GDP 增长与降雨量变化
(van Aalst,Hellmuth 和 Ponzi,2007)

与天气相关的灾害包括洪水和干旱,对世界上许多最不发达的国家造成了经济发展上的破坏(见第 12 章 12.1),导致人类不得不中断经济活动(见表 5.1)。大量的财政和其他发展资源每年都被用来灾害过后的恢复,应急救援,重建以及善后。气候风险方面的管理落后,缺乏鼓励私人投资也是间接原因之一。气候变化,气候风险管理不足,投资者缺乏可供依靠的基础设施,可预期的人力资源和稳定的市场需要鼓励投资。

表 5.1 　　　　　　1997—2000 年肯尼亚水旱灾害的经济影响（World Bank，2004）

影响区域	支出（百万美元）	占总量的比例（%）
1997—1998 年厄尔尼诺洪水影响		
交通基础设施	777	89
医疗卫生部门	56	6
供水基础设施	45	5
洪水总的影响	878	
占 1997—1998 年 GDP 的比重（%）	11	
1998—2000 年拉尼娜干旱影响		
工业产值	1400	58
水力发电	640	26
农业产值	240	10
畜牧业	137	6
累积影响	2417	
占 1998—2000 年 GDP 的比重（%）	16	

据经济合作与发展组织（OECD）的分析，目前估计有 40% 的发展投资处于风险之中（OECD，2005）。这些分析表明，尽管有诸多发展成果已经提高了应对气候变异和变化的抵抗能力，但是气候风险因素却极少融入到发展目标和计划中。相似的问题也同样影响到其他领域和国家发展战略。

气候变化对于全球经济的潜在影响得到了国际社会的注意，2006 年《斯特恩报告》（Stern，2006）推断，到 2050 年，极端天气造成的损害将使得全球国内生产总值降低 1%，而且，气候变化每年将花费全球国内生产总值至少 5%。如果更加严重的情况发生的话，这一比例将提高到 20%。全球 GDP 的降低将导致官方发展援助的总额降低，贫困人口和国家适应气候变化和开发自身水资源斗争将更加困难。适应气候变化花费的其他估计见专栏 5.1。

专栏 5.1 　　　　　　　　　适应气候变化的成本

（World Bank，2006；UNDP，2007；UNFCCC，2007b；Oxfam，2007）

气候变化影响造成的成本各不相同，因为这要基于未来温室气体的排放，减缓措施以及对于人类自身活动造成气候变化的情况估计和各国适应气候变化的效率高低。以下内容就是对一些发展中国家适应气候变化所需成本的估计。

据世界银行估计，适应气候变化或者采取措施防止气候变化产生的影响每年需要额外投资 90 亿~410 亿美元。联合国开发计划署近期更新的一项数据将适应气候变化的花费(到 2015年)定在了 370 亿美元左右。

据联合国气候变化公约估计，为适应气候变化所需要的额外投资为 280 亿~670 亿美元，并且从现在开始的数十年之后，每年将达到 1000 亿美元。2030 年需要额外投资到供水基础设施的花费估计为 110 亿美元,其中的 85%出现在发展中国家。

乐施会(Oxfam)估计,目前所有发展中国家为适应气候变化而支出的总金额为每年500 亿美元。

然而对于上述估计数字,存在着相当大的争议,他们为评估适应气候变化所需利用的各种资源提供了有用的阶梯性数字。全球环境基金(约 1.6 亿美元)在数量级上还十分小,不足以对以上的需求进行支持。

5.1.3 社会变迁

与气候变化对全球经济和人口变迁造成的明显影响不同，气候变化对社会变迁形成的压力常常更加微妙。对气候变化相关风险的管理是一项关键的因素,确定以及降低与气候变化相关灾害发生的风险——包括干旱、洪涝、飓风、海平面上升以及极端气温——能够有助于保护居民的生命,保护其财产,维护生计,因此有益于推动实现经济发展的目标。

气候变化和更为明显的气候变异将愈发影响那些最为贫困的和最为边缘化的群体,使得他们在面对气候变化造成的影响时,更加易于受到伤害。气候的不确定性——无法预知极端气候——对投资和创新行动造成了损害，而且也对其他发展活动的成功实施形成了限制。在那些灾害频发的地区,那里的居民遭受灾害和损失是不可避免的,除非这些问题得到正视并且获得解决。

气候变化对社会所造成的影响最有可能表现在对人类的生活方式和消费方式改变。生活方式和消费方式的变化是造成变化的最为重要驱动因素，因为它们能够反映出人类的需求和欲望(见第 2 章)。在市场经济形成过程中,生活水平的提高正在推动着对高水平商品和服务的需求,这些商品和服务中往往蕴含着大量的生态和水资源足迹。然而在世界上最为富裕的国家,气候变化的意识正在逐渐觉醒,这种意识正引导着人们改变自己的生活方式,并且以一种更加可持续的方式生活。大型的轿车被更加小巧的轿车取代,一些地方使用了能源效率更高的车辆,政府为购买节能家电提供补贴。市场经济形成使得生活水平提高,而单靠这些改变似乎还不足以对抗因此形成的压力。

5.1.4 技术创新

气候变化可以成为进行技术创新和转移的主要驱动因素(IPCC,2008)。在今后的 30 年中,为满足发展中国家日益增长的能源需求,需要进行大量的新的投资。对于保护易受影响群体和基础设施来讲,适应气候变化方面的投资是必不可少的。气候变化的缓和措施和水资源之间的关系应该是互利的。缓和措施能够对水资源量和状态及其管理造成不利的影响,而一些水资源管理政策和措施会增加温室气体的排放以及其他的气候变化缓和措施。因此,从缓和气候变化的方面对水资源系统开展的措施进行评价,所得的结论往往适得其反。

例如,许多发达国家的能源生产,正在将燃烧化石燃料并排放大量温室气体的热电厂转变为利用"清洁能源"。因此,水力发电设备的开发得到了显著的增长,水电是一种清洁能源,能够成为国际社会用来对抗气候变化的工具,尽管在许多发达国家,大多数最利于发展水电装置的地方都已经得到了开发(见第 7 章地图 7.6)。专栏 5.2 中还描述了水力发电的一些与气候相关的好处所在。

| 专栏 5.2 | 尼泊尔的小水电预计将为 142000 户家庭提供电力能源,并且减少温室气体的排放量(http://go.worldbank.org/9G19LTLEH0) |

尼泊尔拥有丰富的水力资源。然而仅有 27% 的农村家庭连入了电力网(城市的这一比率为 90%),由小水电站生产的非联网电力为农村家庭提供照明、磨面机用电以及其他用途的电力。这些小水电站的发电能力从 5~500kW 不等。

在世界银行、联合国开发计划署以及丹麦和挪威政府的帮助下,一家私人公司通过中标获得了为当地社区安装小水电设备的项目,这家公司也获得了资金和技术援助。小水电设备的安装到 2011 年结束。小水电设备是符合清洁发展机制中关于污染排放要求的,通过替代柴油燃料为照明和磨面机供电,温室气体的排放量将减少。

资料来源:http://go.worldbank.org/9G19LTLEH0.

然而,有证据显示水力发电同样将产生相当可观的温室气体,这些气体产生自沉积物以及水库底部有机物质的降解(Giles,2006)。足够深的人工水库可以形成无氧的环境,当有机物质腐烂,并且底层的水受到搅动,就会排放出大量的甲烷和其他温室气体。温暖的气候条件下,最易出现这个问题,因为水库易于分层,且水库中的藻类常年生长。

在运输行业,利用生物燃料是另一种减少温室气体排放的方法。近年来,石油价格的上涨使得生物燃料更具竞争力。《世界能源展望(2006)》预计,生物燃料的产量将以每年

7%的速度增长(IEA,2006)。预计到 2030 年,生物燃料将占到全球公路运输燃料总需求的 4%,而目前这一比例为 1%。但是也要小心注意将生物能源生产带来的不利影响降到最低,比如粮食价格上涨带来的压力,食品安全带来的不利影响等(FAO,2008)。

在缓和以及适应气候变化的过程中,发展中国家需要依赖技术的发展以及转让。这就需要清除技术转让的障碍,在开展技术研究和开发的同时,采取激励措施来加速和扩大技术的转让(见第 3 章)。根据联合国气候变化纲要公约(UNFCCC)所说,大部分气候变化适应技术已经对发展中国家开放,而且已有成功实施和合作的案例,包括疫苗接种项目和修筑堤防工程等(UNFCCC,2006)。

5.1.5　政策,法律和金融

为减缓气候变化或应对气候变化带来的影响,包括公共保健(见专栏 5.3),降低灾害风险以及公共安全方面的公共服务需要越来越多的管理和预算,因此气候变化能够对政治管理结构形成压力。随着压力的累计,已经不稳固的社会和政治结构,其适应力就会降低,尤其是在那些缺少资源的国家,情况更加严重。国际层面对政治系统对抗气候方面的压力,主要来自于联合国气候变化纲要公约和公众意识的增强。

专栏 5.3　健康和气候变化(Haines 等,2006;Campbell–Lendrum,Corvelan 和 Neira,2007)

　　气候变化会通过多种途径对人类的健康造成影响,比如热浪现象变得愈加严重和更加频发,与寒冷相关的疾病减少,洪水灾害和干旱灾害增加,病媒传染疾病分布情况变化以及灾害风险和营养不良受到的影响。总体上看,气候变化对人类健康的影响是负面的,而且生活在低收入国家的居民则更易于受到负面影响的侵害。然而,气候变化能够对人类健康所造成的许多种影响是可以避免的。根据预计,气候变化会使得已有的健康问题变得更加的严重,而不是引发新的疾病种类的出现。强化公众健康预防策略,包括改善供水和卫生服务以及提高疾病监测水平等,这将成为有效应对气候变化的一个必要组成部分。

气候变化缓和策略方面的大多努力,对能源(水资源利用的主要领域)、国际贸易和运输都是相当重要的。在许多国家,气候变化方面的事务是属于环境或者自然资源管理部门的管辖范围之内的。但是随着地区性碳交易市场的形成以及经济发展越发地受限于碳排放,财政和规划部门将越来越多地直接参与到应对气候变化的事务中来。

现如今的大多数管理机构在解决水资源问题方面非常无力,更不用说提前进行准备以应对有可能出现的问题了,其中就包括气候变化问题在内。而且也鲜有证据显示,在何种背景下,管理系统应采取何种应对措施,以及这些应对措施将对水资源的公平分配、水资源使用效率和可持续性造成什么影响。大多数国家的水资源改革并未将气候变化因素或者影响水资源利用的其他主要因素考虑在内,同样地,长期规划的必要性也未加以考虑。

发展中国家缺乏有效的资助机制以支持其实施气候变化适应措施, 这对其发展造成了不同程度的影响。据估计,气候变化在非洲所造成的影响会是诸多方面的,其中包括能源短缺加剧,农业减产,粮食安全形势恶化,营养不良引发疾病的蔓延,人道主义危机频发,移民压力加大,因土地和水资源稀缺引发的冲突风险加剧等。采取措施以适应气候变化的影响,需要花费大量的资金,非洲在这方面的承担能力最弱,而且当前碳财政机制给予非洲的资助是最少的。非洲的管理结构和管理能力还不足以实施跨领域的行动满足气候变化适应的需要(van Aalst,Hellmuth 和 Ponzi,2007)。

支持发展中国家制定适应策略同样需要更好的分析。本地信息的收集是有必要的,还要将各个国家的特点和社会文化以及经济条件整合到一起。在宏观层面,需要知晓富裕国家和贫困国家的信息以支持国际谈判,并且有助于确定适应气候变化需要支出的总花费。

5.1.6　气候变化条件下水资源及其管理所面临的挑战

气候变化引发的最为紧迫的挑战之一就是要确定人口群体中,特别是贫困人口,在面临极端水文事件,如洪水、风暴潮和干旱灾害时的薄弱之处。从更长期的角度来看,气候变化作用的累加,很有可能将对粮食安全、能源安全和土地利用的决策发生影响,这些都会对水资源及其管理以及环境的可持续发展发生关键的影响(见第 7 章)。在这样的背景下,气候变化会加大本已存在的压力,因此风险性、脆弱性和不确定性都会随之增加。

对于水资源管理者来说,人类活动造成的气候变化造成了新的挑战——因为他们无法在历史统计数据的基础上对水文系统进行规划、设计和操作。气候变化意味着要在不确定性增加的情况下学习新的管理。在制定政策和规划以及进行实际操作时,气候变化是需要纳入考虑范畴的新的风险,无论是全球、流域、国家、地方和各个公司的层面上,都应如此。气候变化的形式要求更多地利用“气候知识”,在不同的时间范畴内,来更好地理解气候变异,利用以往的观察对社会经济影响进行评估,对相关环境因素(气候,植被,水资源,疾病)现状进行监测,以及为特定的决策和行动,提供尽可能有用的未来气候方面的信息。在更为宽泛的发展日程中, 寻找气候变化引发的威胁和带来的机遇及其对水资源和水资源供应造成的影响,即使是对于最为遥远的农村地区居民来讲,也是十分重要的。

在能源驱动的产业中,水资源的作用是十分重要的,即便如此,水资源在缓和气候变化影响中所扮演的角色也是次要的。在适应计划中,水资源和气候变化的联系是极为强烈的,其在水文、社会、经济和人口因素的背景下所发挥的作用是极其活跃的。然而,为了促使水资源适应措施发挥出应有的作用,在水资源领域之外,必须要求互补性的气候变化缓和措施进行配合。

由于气候变化能够影响到所有主要的水资源驱动因素，所有适应措施在各个领域都是必要的。从长期来看，适应措施意味着采用长期的、以气候为中心的方法来适应当前的政策和计划。在面对气候变化时，贫困人口是最易受到侵害而且最无力进行改变的群体，因此就更有必要强化气候变化适应和经济发展之间的关系，这无疑是一项艰巨的挑战。从稍短的时期看，管理气候变异的最佳方法也许是给予风险降低策略以优先地位，提高气象服务的服务水平，为发展需求提供气象信息。

每个国家都会面临各自的挑战，都必须要做出决策，如何从短期、中期和长期上应对这些挑战。挑战是多方面的，但是财政资源和自然资源以及自身能力是有限的，在水资源利用和分配方面，各国都需要做出艰难的选择。

以气候的变化规律为基础来确定适应需求，以及以发展活动为基础确定应对措施，这两者看似会产生相反的作用。气候适应和发展之间的分隔是人为造成的。政府需要设计对气候状况反映灵活的发展计划和项目，这也可以作为增强各领域能力的一部分。

5.2 确定可能的将来:推测的需要

水资源的每个驱动因素都是活跃的和持续进化的，它们对水资源形成直接的或者间接的压力。因此，如若只是孤立地检视每个因素，那么要对将来的图景做出一个全面的描述，是非常困难的。各种因素之间会互相影响，它们结合起来发生作用，将对未来的水资源造成不止一种影响。考虑到这些因素之间的相互作用，为我们提供了一种更加全面的推测。

对于未来的各种推测，也就是将来的各种可能性，它们不同于预言，推测是以目前最佳的可获取的信息为基础，通过推算，对将来最有可能的局面进行独立的说明。情境不是预测。因为现实世界是复杂的，预测往往是错误的，尤其是那些时间跨度达到 20 年或更长时间以上的预测更加的不准确。情境分析为我们提供了一种方法，让我们的眼光越过水资源领域，面对不同的水资源事务，寻求充分的理解。

在实现水资源可持续发展的过程中，推测可以为若干目标作出贡献。

● 长远眼光的需要。水资源可持续发展方面的长远眼光要求将水文、环境和社会进程的缓慢演变考虑在内，而且还要给予水资源工程投资以及水资源缓和项目取得收益足够的时间。

● 高度不确定下做出决策的需要。水资源领域的决策者们必须经常地解决水资源管理面临的各种问题，而且这些问题又是发生在环境条件快速变化而且不确定性快速增加的背景之下。对人类和生态进程了解的局限性，以及人类固有的，对于复杂的动态系统的不可确定论，都造成了不确定性的形成。此外，水资源的未来要依赖于人类将来的选择，而这些选择目前还都是未知的。

● 涵盖非可测量因素的需要。全球的水资源系统涵盖许多非可测量的因素，同时也受到这些因素的影响（比如文化和政治的变化及发展），同时，水资源系统也受到可测量并且可以建立数学模型的因素的影响（比如水文和气象等活跃因素和经济因素等）。在性质上分析推测可以为我们提供对于这些因素的深入观察，而模型就不能为我们提供这些方便。

● 水资源整合的需要。必须从历史的角度看待水资源，考虑到水资源的自然状况以及平衡各种水资源竞争需求的可持续平衡——包括家庭用水需求，农业灌溉用水需求，工业用水和环境用水需求。土地利用方面的决策能够对水资源的可利用量和水资源的状况造成影响，同时，水资源方面的决策同样会影响到环境和土地利用。关于未来经济和社会的决策能够对水文和生态系统造成影响。国际、国内和本地层面的决策都是互相联系的。水资源的可持续管理要求系统的、综合的决策机制，要认识到各方面决策的相互依赖性，而对于未来的情境分析，尤其会发挥有益的作用。

● 远景的需要。定性的情境分析为计算机模型和专题研究提供指导、远景和背景，同时，计算机模型和专题研究为以下水资源方面的基础性推测提供持续的具有可行性的检验，同样也会提供一些由计算机模型得出的数值估计。此外，全球范围的推测为开展地理上小范围的推测提供了实施背景（本地区范围的，河流流域范围的，国家范围的，以及地区范围的）。某个河流流域内的许多重要的变化，就是由研究范围之外的一些因素造成的。

● 达成相互理解以做出决策的需要。在确定不同的研究中哪些因素才是与决策最为相关的时候，决策者们往往感到很为难。这时候，就需要情境分析在决策机制发挥作用。情境分析过程通常是这样运行的，它们集中精力于因果程序和决策点之上，备选方案的选择和一些次要的决策点，因为人类的行动往往通过这些要素对未来的形势发生重要的影响。

● 水资源利益攸关方交流场所的需要。情境分析为确定和强调多种多样的利益攸关方的利益提供了基本框架，并且确定备选方案——为讨论，争论和谈判提供了舞台。

在过去的 10 年里，有几项对于水资源领域的全球性推测得以成型。其中最为广泛的一项推测成果就是 2000 年发布的《世界水资源展望》报告（Cosgrove 和 Rijsberman，2000）。展望报告归纳出了三种情境：一是技术、经济和私人领域的情境分析，在这样的情境下，私人领域带头引领研究工作和开发工作，全球化的力量带动经济增长，但是最为贫困的国家被留在了后面；二是价值观和生活方式方面的情境分析，可持续发展成为全球优先考虑的事务，同时也着重强调了最贫困国家的研究和开发工作；三是一如往常的情境分析。

2006 年，世界持续发展商业理事会（WBCSD）制定出三种情境分析，集中精力于商业和水资源发挥的作用(WBCSD,2006)。其三条主线集中在效率(提高每一滴水的利用效率)、安全(满足所有方面的基本需求)和相互连接性(一种"整个系统"的方式;见表5.2)。在另一个利用各种因素类别案例中,与这份报告提及的因素相似——2007年发布的《全球环境展望》(GEO4),其归纳了四种不同的情境:市场第一、政策第一、安全第一和可持续性第一(UNEP,2007)。

表 5.2　到 2025 年,世界持续发展商业理事会为可持续发展提出的三种水资源推测图景
(WBCSD,2006)

推测	水文	河流	海岸
水资源变化	效率(每滴更多和更少的价值)	安全(数量和质量)	互联互通(考虑整个系统)
商业挑战	创新	社会经营许可	水治理中的商业角色
五大关键主题	·大城镇的艰难时期 ·巨大机遇 ·高风险创新 ·水利经济 ·超越旧系统	·安全缺陷 ·河的两岸 ·信任赤字 ·获取和公平 ·政治再分配局部解决方案	·意想不到的后果 ·全球公平水运动 ·引爆点 ·问责工具 ·网络全球水治理

尽管近期付出了巨大的努力,但是所取得的经验显示,我们需要新的全球水资源推测图景。现存的全球水资源推测图景不能完全涵盖本章提及的每一种因素。这些情境要么是过时了(如世界水资源展望等),要么就是片面的,不完整的,或者只是针对某一领域的。此外,各种因素的演变以及报告中主线背后的逻辑需要进行检视,而且如果可能的话,应该自2000年开始,依据发展的形势,在内部和外部重新对水资源领域进行定义。最后,从最近一份世界水资源情境分析公布以来,重要政策的创新已经取得了成果,比如针对千年发展目标的适应。

5.3　总结外部因素对水资源造成的压力与挑战

多种外部因素对水资源造成压力,它们通过改变水资源的需求和利用对水资源发生影响。有些压力已经被归纳总结,记录在本报告的第2篇的开头。其挑战就是,促使水资源领域内外的决策者们采取适当的措施,减轻水资源受到的负面压力,提高正面的压力。

使得这挑战变得更加艰难的是许多因素之间的联系(如之前描述的,生活水平提高带来的压力等),其中涉及人口因素,只受技术和政府影响的社会和经济因素。绘制出这样一幅复杂的图景,对于制定未来的一系列推测蓝图,将有极大的帮助作用。

第2篇　水资源利用

已有经验证明,经济发展与水资源开发利用紧密相关。大量生动的案例也说明了水对经济发展的重要性,以及强化水资源管理的紧迫性。水资源利用带来的收益是有代价的,在有些地方,水资源开发利用和环境保护间的竞争和冲突日益加剧。

国民经济各部门的需水量在增长,其中农业用水占到用水总量的绝大部分。为了满足快速增长的人口对食物、纤维和能源的多样化需求,农产品生产的持续增长成为了农业用水快速增加的主要驱动力,且这种需求在未来还会持续增加。与此同时,生活方式和消费模式的变化、快速城市化和工业化均导致用水量激增,对当地水资源造成巨大压力。水资源消耗和污染对人类和生态系统健康的影响报道较少,也难以测量,因此急需有效保护生态系统,以便为人类提供赖以生存的各种商品和服务。用水需求间存在竞争,社会也需要改善水资源管理,制定有效的政策,以及透明高效的水资源分配机制。第1篇提到的驱动力能够对社会用水产生一定压力,并推动水资源管理模式的改变(见表6.1)。

表 6.1　　　　　　　　　　　水资源利用的驱动力

用水部门	人口增长	经济增长	社会变化	技术创新	政策、法律、金融	气候变化
农业	增加了食物需求，以及土地和水等自然资源的压力	增加肉、鱼和高价值农产品的需求	环境状况的变化促使更多素食	农业用水生产力提高	农业和商贸政策（补贴、进出口等）决定了作物产量和需水量	改变作物种植模式，更加依赖当地灌溉条件，造成更多的作物蒸散发
能源	获得多种能源的需求和压力增加	获得多种能源的需求和压力增加,有时还需利用劣质能源资源如焦油砂	降低能源标准,改变消费模式	生产和供给效率更高,开发新能源和利用劣质能源	能源政策（价格机制）决定了供给来源（水电和可再生能源,化石能源和核能）	需水（水量和水质）差异改变了生产模式
健康	城市化和潜在疾病的传播增加	获得医疗服务、安全卫生饮用水的能力提高	通过教育增加了良好健康意识	提高了医疗护理的质量,减缓了不可预知的负面影响如农药	健康护理和教育政策（如免费教育覆盖和补助等）	穷人在面对洪水、干旱和突发疾病时更加脆弱

用水部门	人口增长	经济增长	社会变化	技术创新	政策、法律、金融	气候变化
工业	基本商品和服务需求增加	资源需求增加、环境退化	提高生活标准,增加了工业品消费需求	能够增加或减少环境影响(有时是同时的)	能提高工业标准或实施新的工业标准	增加风险和不确定性,提高能源和水资源的利用效率
环境	土地和其他资源利用竞争加剧	增加自然资源利用和污染	降低环境影响,改变消费模式	能增加或降低影响(有时是同时的)	实施保护措施	威胁生态平衡,造成栖息地环境改变
减贫	非正式居住地增加	如果抓住机遇和服务,有助于减少贫困;用于经济增长的自然资源需求量增加	贫穷社区的期望值增加	廉价技术更易获得	能够在分配和定价政策中体现公平原则;抑制所需服务的有效供给	对穷人影响最大,对资源有限的发展中国家的影响大于发达国家

　　《联合国世界水资源发展报告》2003 版和 2006 版关注了水资源利用的多个方面如地下水利用,故本书也进行了较大篇幅的阐述。此外,供水与卫生医疗方面的一些新进展在部分章节也有所反映。

第6章

水资源利用效益

- 水在经济社会发展中扮演了极为重要的角色,经济发展总是伴随着水资源开发利用。

- 水资源管理方面的投入可通过保障生产生活、降低健康风险和脆弱性,以及最终脱贫等予以偿还。

- 水通过多种途径促进减贫,具体包括卫生服务、供水、提供可负担的食物,以及增强贫困地区应对疾病、气候变化和环境退化的缓冲能力。

- 通过较好的卫生措施提供优质水能够改善人群健康;在适宜时机供水,能够提高土地、劳动力和其他生产要素的生产力。健康的淡水生态系统能够提供人类生存和生活必须的多种商品和服务。

人类历来喜欢逐水而居。充足可靠的水资源是维持人类生存、支撑人口增长和发展的基础。水资源管理的投入可通过保障生产生活、降低健康风险和脆弱性,以及最终脱贫等予以偿还(Poverty Environment Partnership,2006)。减少贫困与改善供水密切相关(World Bank,2007)。

在经济增长强劲的发达地区,通过水资源的公平分配,贫困个人和家庭都能实现联合国千年发展目标。相反,在政府不能也不愿提供基础设施服务的地区,水已成为最为紧迫的问题(见专栏 6.1)。

经验表明,获取水资源是经济增长和保障民生的基础。对农村和农业经济体而言,水是农业生产和日常生计的关键要素 (Comprehensive Assessment of Water Management in Agriculture,2007)。对城市和劳动力密集型的制造业经济体来说,几乎所有生产活动都离不开水(UNIDO,2007)。在欧美等发达经济体,可靠供水水源和充足灌溉促进了经济增长;通过绿色革命, 亚洲地区也从农业经济逐渐过渡到工业经济和新兴市场经济(World Bank,2007)。

过去经济发展和水资源开发利用总是忽视地球生命的需水量,并将这些生命赖以生存的自然环境置于危险境地(见第 8 章)。水资源、环境和经济之间的联系非常复杂,人类至今仍然难以完全认识自然过程影响人类的各种途径，这也阻碍了经济和社会可持续发展。本章基于现有认识探讨水资源与经济增长、脱贫、健康和环境间的关系。

专栏 6.1 　　　水资源服务对贫弱国家的重要性(DfID，2005；OECD，2008)

　　在正常社会生活和政治体系瓦解的地区，水资源服务对社会尤为重要。英国的国家发展部将贫弱国家定义成"政府不能或不愿为大多数人(包括穷人)提供主要民生服务的地区"。国家在减少贫困方面最重要的服务是"保护和支撑最贫穷人口维持他们的生计"。每个贫弱国家有着各自不同的贫弱原因，如战争、冲突、重大自然灾害、长期管理不善和政治迫害等。援助机构在支援贫弱国家时，一个显著共性就是突出水和卫生的救援与重建。快速恢复饮用水供给通常是贫弱国家进行国民经济建设的关键组成部分。

6.1　水与经济增长

　　水资源开发利用对经济增长至关重要。过去几个世纪，全球城市供水、灌溉、大坝蓄水、排水、水上交通设施及其他用水活动在不同地区以不同速率得到前所未有的发展。

6.1.1　水资源开发与经济增长

　　水利基础设施支撑了经济增长和减少贫困，因此在水资源利用规划时应尽可能考虑其潜在影响(见专栏 6.2)。水利基础设施增长和改变的主要驱动力来自水资源管理以外的部门。水资源开发很大程度上受市场改革、全球贸易体系、供应链和区域性生产网络等政治经济因素的影响。蓄水、灌溉、城市供水和废水处理都是水利基础设施的一部分，这些基础设施的发展受公共政策和微观经济发展(生产力改变、资本积累和技术)等引导。有些情况下，国民经济某些部门能够推动水利基础设施发展并从中获益，但主要成本由全社会来承担。

　　农业生产，特别是粮食生产，历来是国家发展的重要初始阶段(见图 6.1)。20 世纪 60 年代韩国工业腾飞以前，通过小农场替代佃农的全面土地改革，提高了农业生产力，促使农业维持了数十年的快速发展。在泰国，农业生产发展后，贫困人口比例从 1962 年的 57%降至 2002 年的 10%。在越南，通过发展自由市场、稳定宏观经济、保障土地使用权安全、允许土地使用权转移等方式为战后经济快速发展铺平了道路。1990—2003 年，越南经济和农业的年均增长速率分别为 7.5%和 4.2%，贫困指数(1 美元/天)从 50.7 降至 13.1。越南随后成为全球第二大稻米、咖啡和胡椒出口国,农业生产力的提高成为改革初期的主要获益来源。在经济持续增长期间,亚洲的灌溉蓄水、城市供水和污水处理等水利基础设施完成了快速扩张。

专栏 6.2　　　为经济社会发展储蓄水资源(WWAP,2008;WCD,2000)

几千年以来,人们试图通过兴建水库拦蓄和控制不规则径流,进而调控季节性水流,防御洪水和抗击干旱。如今,许多国家部分地区的水资源需求量已超过可利用的径流量。这些国家依赖大坝和集水系统控制无规律的暴雨径流。在干旱和半干旱地区,降雨历时短,瞬时洪水极具破坏性,这种情况下拦蓄洪水尤为重要。需水是季节性的,不仅与农业生产相关,还与旅游和水利发电有关。因此,人类不得不通过各种方式储蓄水资源,包括地表设施(水库或集水系统)和地下设施(井和含水层)。全球气候变化,进一步凸显了蓄水的重要性。

粮食生产一直是水资源储蓄的重要驱动力。在农业经济主导的国家,灌溉对确保作物在生长季节获取可靠供水极为关键。水力发电也将促进大坝建设。化石能源价格高位波动,通过水力发电获得清洁能源变得更加紧迫。快速工业化和城市化的新兴市场经济需要更多能源。为保障未来用水安全,中国、印度、泰国和拉丁美洲很多国家正寻求在周边国家投资水利基础设施(如南非在莱索托投资)。

蓄水对洪水管理也很重要。这种重要性随着全球气候变化逐渐上升,特别是在降雨强度加剧、降雨量逐渐上升的地区。暴雨和极端降雨事件的增加意味着大坝和其他大型基础设施需要提高工程建设标准,以便应对未来风险。

小型和大型需水设施相辅成。家庭和社区规模的小型分散和参与式的集水系统,能够增加可利用水资源量和促进农业生产。多样化的蓄水方式、蓄水容量的增加能够降低水灾害事件的不利影响。

大型蓄水工程能同时实现多个工程目标,包括发电、灌溉、防洪、抗旱和城市供水等。大型蓄水工程的管理极其复杂,这是因为蓄水时还需考虑其他用途,例如,降低水库水位满足防洪需求,保持较高水位进行发电,以及人造洪峰和模拟天然水流保护物种。在流域范围内利用气象雷达的实时水文信息和计算机模型进行水资源综合管理,有助于优化水库调度,满足生活、农业、工业和环境等需水。

堤坝,特别是大坝具有争议,它们在自然环境中留下了深刻的人类活动足迹,造成大量水利移民,有时还会破坏传统社会结构。然而,很多国家仍在继续规划建设这种大型基础设施项目,增加蓄水量,满足经济发展和水资源危机管理的需要。这些项目应该努力平衡各种目标,包括经济增长、环境退化和社会损失等。世界大坝协会为相关评价提供了基础框架。

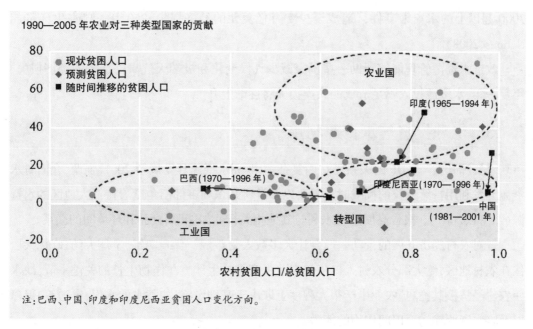

1990—2005 年农业对三种类型国家的贡献

注:巴西、中国、印度和印度尼西亚贫困人口变化方向。

图 6.1 1965—2001 年农业国家向工业国的转变(World Bank,2007)

一个国家或地区的发展假如受到水资源获取能力的约束,那么水资源将会成为稀缺资源,这就必须在经济、社会和环境间进行权衡(见第 16 章)。气候变化下降雨和径流的改变给水资源开发利用明显带来了挑战(见第 11 章)。在径流变化较大的地区,储蓄洪水能够带来双重收益,一方面能够开发洪水资源供后续利用,保护人居环境;另一方面还能促进水利基础设施发展。

6.1.2 水资源投资是否继续增长

投资水资源能够获得显著的宏观经济回报。二战后,日本重大台风和后续洪水造成的损失占到 GNP 的 5%~10%。20 世纪 60 年代早期,日本通过立法在水土保持和防洪领域持续投资后,洪灾造成的损失不到 GNP 的 1%(Japan Water Forum 和 World Bank,2005)。生活用水方面的投资增长,有助于疾病、水传染性疾病死亡率和婴儿死亡率急剧下降(Prüss–üstün 等,2008)。

水资源投入乏力导致经济损失的案例比比皆是。在肯尼亚,1997—1998 年的冬季洪水和 1998—2000 年的干旱,共同造成了高达占 GDP16%(约合 48 亿美元)的经济损失(见第 5 章表5.1)(Gichere,Davis 和 Hirji,2006)。肯尼亚洪水和干旱后,两年半以内 GDP 的年均损失达到 22%。莫桑比克 2000 年的洪水造成 GDP 增速下降 23%,通货膨胀率上升了 44%。因无法应对水文变化,埃塞俄比亚 2003—2015 年的 GDP 将减少 38%,贫困人口数量将增长 25%(Biemans 等,2006;Grey 和 Sadoff,2008)。全球范围内,1970 年以来发生了

7000 起以上的水灾害事件，造成至少 2 万亿美元的经济损失，250 万人口丧生（United Nations，2008）。

改进水资源管理能够帮助一些国家减少气候变化和极端天气事件造成的经济损失。年复一年，水资源投入不足造成的人类损失将逐渐上升。

6.1.3　水利投资与水资源利用

水资源开发与 GDP 的关系密切而复杂。《亚洲水资源开发展望 2007》强调，在面对水资源开发利用持续增长的挑战时，需要以多学科知识和多部门角度看待亚太地区的水资源（APWF，2007）。报告高度重视水利与其他相关行业如能源、食品和环境间的联系。

针对农村经济开展的行动一般会让大多数人受益。截至 2007 年，全球大约 30 亿人居住在农村地区，绝大部分农村人口依赖农业生产维持生计。在作物生长的关键季节，缺水使农村经济极其脆弱。农业生产很大程度上取决于基础设施（如蓄水的水库，渠道等）保障以及将水资源输送至田间作物的能力。

在投资基础设施硬件的同时，还需在基础设施"软件"方面增加投入，确保个人、家庭、公司和社区能够合理地、可预见地和稳定地开展日常活动，并考虑其他人的利益（United Nations，2008）。此外，基础设施硬件运行和维护方面进行投资也很需要（见第 9 章）。

尽管水资源投资与经济增长关系密切，但水资源使用量与一个国家经济发展水平间的关系并无定论（见图 6.2）。很多缺水国家经济很发达且单位 GDP 用水量还呈下降趋势（见图 6.3）。

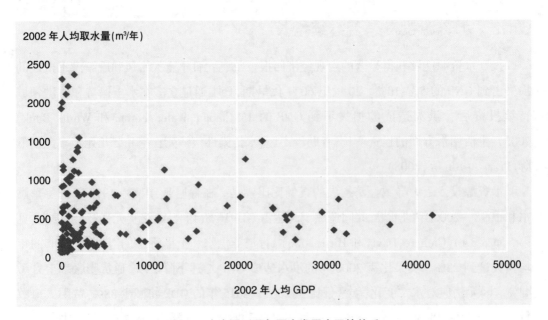

图 6.2　水资源利用与国家发展水平的关系

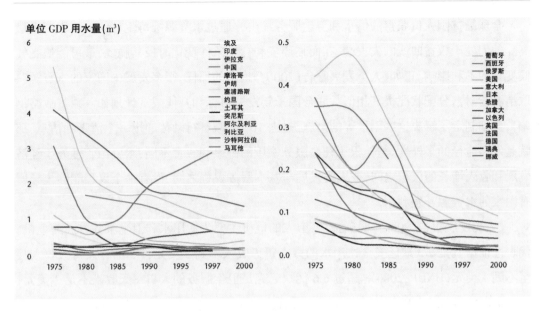

图 6.3　很多国家单位 GDP 用水量逐渐下降(Margat 和 Andréassian,2008)

6.2　水与减贫

水与贫困间的关系在文献中广泛讨论 (GWP Technical Committee,2003;Hussain 和 Hanjra,2003;Lipton,Litchfield 和 Faurès,2003;UNDP,2006)。水能通过多种途径促进减贫,如卫生服务、供水、提供可负担的食物以及增强贫困地区应对疾病、气候变化和环境退化的缓冲能力。适宜的水量和水质能提高居民健康水平;在适宜时机供水,还能够提高土地、劳动力和其他生产要素的生产力。

很多家庭的日常供水费用取决于获取水的时间成本、人力成本和资金成本。为不同用户供水的经济社会效益决定了净的民生损益。这些收益表现在应对灾害的冲击能力增强、生产力提高、社会获益增加、维持服务水平的能力增强。印度的研究清晰地表明,水资源获取能力改善后,全部农村人口包括失地农民的工作时间增加,收入增加和减贫的效果十分显著(World Bank,2005a)。

6.2.1　经济增长收益分配

《人类发展报告(2006)》指出,解决贫困和全球水危机的主要经验是经济增长(UNDP,2006)。经济增长 1%后,越南贫困人口数量下降 1.5%,墨西哥贫困人口数量减少 0.75%,但贫富人口间的收入差距将增加。报告还指出,孟加拉国、泰国、斯里兰卡和越南的减贫效果远好于印度和墨西哥,收入差距削弱了经济增长对人类发展的促进作用。

全球最贫困人口获得的供水和卫生服务最少，通过水资源维持生计的依赖程度也最高。他们处于权益曲线的失去端，在面临环境和社会条件变化时极其脆弱，最可能遭受气候变化的不利影响。正如《人类发展报告（2006）》指出的那样，很多发展中国家的水资源获取情况与财富分配状况极其相似。联合国千年发展目标和其他减贫计划如《减贫战略纲领》，详细制定了解决这些不平等的措施。过去 10 年，减贫行动传递出一个清晰的信息，那就是发展途径的多样性。与扎根于社会服务领域的健康和教育不同，水资源管理处于经济发展和收入增长的议程之间，或人类发展与基本服务议程之间，没有一个议程能够主导所有国家的水资源开发利用。

《人类发展报告（2006）》明确指出，穷人的危机主要为饮用水和卫生服务方面的危机，代表性证据就是 2/3 缺乏安全饮用水的穷人每天收入不到 2 美元，1/3 的穷人每天收入甚至不到 1 美元（UNDP，2006）。超过 6.6 亿缺乏充足卫生服务的人口每天收入不足 2 美元，3.85 亿以上类似人口的日均收入不足 1 美元。这些数据清晰地表明，通过家庭投入改善水资源和卫生服务面临的资金困难。认识到这一点很重要，因为家庭不是公共机构，在基本卫生服务方面投资最大，家庭与政府投资比达到 10∶1（DfID，2008）。由于贫困家庭到处存在，这个负担便转移到政府。过去 10 年，社会经济层面已经意识到，投资供水和卫生是经济增长的必要前提。还有证据表明，亚洲地区更加均衡的经济增长促进了供水和卫生服务的改善，随着财富增加，家庭在基础服务方面投入成为可能，政府方面在基本服务方面的支出也在增加。2005 年，水援助机构在响应 2003 年康德苏报告时指出，经济增长是政府提供基础服务的主要推动力；发展中国家如果想对水资源双重分配，国家收入必须可持续增长。因此，除了其他情况，必须有一个健康的国际贸易体系和不断增长的国民经济（Narayanan，2005；Winpenny，2003）。

收入不平等加剧增加了穷人获取基础服务的难度。针对每个国家的具体情况，联合国经济和社会事务部建议了一揽子通用的社会政策和经济政策。该计划基于社会契约精神，倡导满足符合《全球人权宣言》最低限度安全（包括水安全）的社会底层需求（United Nations，2008）。

6.2.2　穷人的水资源需求

全球约有 14 亿人口被定义为穷人（World Bank，2007），其中南亚占 44%，撒哈拉以南的非洲和东亚占 24%，拉丁美洲和加勒比海地区占 6.5%。城市和农村的穷人在水资源方面的需求不尽相同。

伴随着快速城市化，城市穷人主要居住在非正式居住区，其中 77% 的拉丁美洲穷人和 38% 的非洲穷人住在城市贫民窟。随着城市扩张，这些数字在未来几十年还将上升。非正式居住区的人通常在缺乏安全饮用水、充足的卫生服务、健康服务、耐用的住房和安居等基本生活需求的条件下生活(UN–HABITAT,2006)。只有少数城市低收入人群可以享受到可负担和安全的管道供水服务。资金是扩大供水服务的关键,但贫民窟大多数居民的非法身份对获取资金支持不利(见专栏 6.3)。很多非正式居住区还位于洪水易发地区,极易遭受环境危害(Worldwatch Institute,2007),因此绝大多数贫民窟的居民生活在高疾病风险中。

专栏 6.3　　　　　　土地使用权和水与卫生服务获取(UNDP,2006)

　　供给安全的饮水和充足的卫生服务常受土地使用权影响。农村地区,为一般个人提供卫生服务,在没有安全危机的条件下缺乏投资动机。政府试图通过国家供给改善公众服务,这样可能涉及与民间部门签订合同。在订立服务合同前,服务提供者通常需要获取土地权利,包括所有权或租赁权。

　　解决这些问题需要政府部门及相关机构采取综合措施,确保负责土地和财产相关机构认识到,站在穷人立场上改善卫生服务对公众和个人健康均有好处,还能推动经济社会增长。在马尼拉,为了给城市非正式居住者供水,管线延伸到贫民窟周边,居民委员会或非政府组织连接入户,用户自担用水费用。居民和公共事业部门均从这个方案受益,贫民窟的用水成本和非法管网接入比例下降了 25%。改变土地使用权后,穷人获得的服务更好,公共机构服务水平更高,涉及的策略包括印度的土地使用权流转,以及摩洛哥、南非、泰国和赞比亚的土地使用权安全保障等。

　　农村穷人占到全球贫困人口总数的 75%,迫切需要获取基础的生活用水和生产用水。获取水量不足是限制他们维持生计的主要原因。联合国粮农组织和国际农业发展基金正致力于研究非洲农村贫困的响应关系,以便为规划和决策制定者提供一个概念框架,并针对农村不同人群的需求提出合适的、内容具体的干预措施 (见表 6.1 和图 6.4)(Faurès 和 Santini,2008)。

表 6.1　　　　　　　水与农村生计(Sullivan 等,forthcoming)

农村生计	低收入人群	高收入人群
农业产出(庄稼和牲畜产量)	低	高
健康和水资源获取	差	好
直接依赖自然资源	高	低
洪旱风险的敏感性	高	低
知识及适应能力	传统	新颖

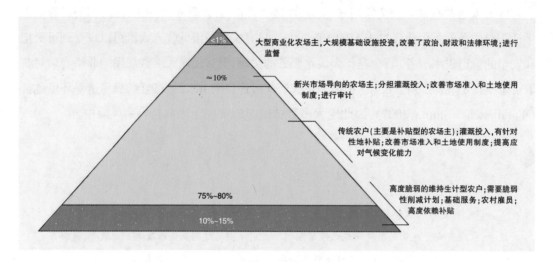

图 6.4　非洲不同类别的农村居民（Faurès 和 Santini，2008）

　　尽管许多地区需要干预，水也是关键因子并在农业生产中起到核心作用；但水仍然是一个生产限制性条件，它提供了一个干预焦点，在其外围还有很多其他措施（见专栏 6.4）。大多数情况下，农业是农村主要收入来源，农村减贫的主要策略就是提高农业生产力。农业盈利需要大量干预，以便改善农场规模的水资源获取能力和监管控制水平。

专栏 6.4　农村生计用水（Poverty Environment Partnership，2006；Faurès 和 Santini，2008；Sullivan，2002；Sullivan 等，2003；Sullivan 等，forthcoming）

　　生存将人置于经济社会发展战略的中心，将人的能力、资产与摆脱贫困相关联。水资源作为资产的重要组成部分，取决于每天供给家庭、农业和牲畜的可利用量，以及促进经济和回馈社会的能力。

　　2008 年，联合国粮农组织与国际农业发展基金会开展了一个联合试点项目，提出了农村生计用水指数和评估用水干预对农村减贫效果影响的草案框架。这个指数考虑了影响农村生计的四个方面，主要包括获取基础水资源服务、庄稼和牲畜用水安全、清洁健康的水环境和安全公平的水权。

　　农村生计用水指数基于人口增长模型指数和水贫困指数（属于一个综合性指数，意在获取水资源与贫困间的联系）建立，包括 8 个子指标，这些数据在全球大多数国家均可获取。尽管该指数还不完善，但已得到应用，该指数的世界分布图显示，水资源投入回报率最高的地区是撒哈拉以南非洲收入和生计最低的地区。

2018 年全球农村生计用水指数(Sullivan 等,forthcoming)

城市和农村地区存在许多联系,大多数地区的城市和农村并无明确边界,很多家庭也需要依赖城市和农村谋生。农村家庭的非农来源收入(包括移民汇款)比例在南亚、拉丁美洲和撒哈拉以南非洲分别达到 60%、40% 和 30%~50%,在南非高达 80%~90%(Tacoli,2007)。

如何发掘水资源管理的潜力,帮助穷人减贫,仍然是个问题,特别是如何让所有穷人从有限的水资源受益。赞比西河流域的经验表明,即使挖掘流域的全部灌溉潜力,也仅有 18% 的穷人受益(World Bank,2005b)。这意味着必须采取双重措施,人为干预降低雨养农业脆弱性只是一个辅助,同时发展小规模灌溉和开展大规模基础设施才能支撑宏观经济持续增长。

除非在国家层面上,水资源对经济增长和减贫的贡献十分明确和具体,否则以发展为导向的水利融资很难推进。这些方面均影响决策的成本、可行性、可持续性及融资等。只有国家和地方行动计划能够确保在水资源、经济增长和减贫等方面安排资金,新一轮以增长为导向的扶贫战略,才能明确水资源开发利用与减贫间的内在关系。

6.2.3 水的多种收益

水资源的多用途产生多种收益。全球穷人赖以生存的一些活动,包括小规模蔬菜种植、养殖、牲畜饲养、制砖、编织、纺织、酿酒和制作其他手工艺品等均离不开水。这些用水活动带来了多种来源的收入。更加便利地获取生活用水和农业用水,能够改善贫困家庭的收入,提高家庭生产力和健康水平,并将剩余劳动力投入家庭生产体系,进而促进收入增长(Faurès 和 Santini,2008)。

贫困家庭通常从自然溪流、人工取水构筑物如灌渠和水井、以及用于小规模灌溉或生活用水的雨水收集体系等取水。尽管单一用途的水源极少,但目前水资源开发和供给服务仍然采用单一用途的思维(见专栏 6.5),这一点在农村和城郊贫困地区建设供水系统时尤为明显。

　　水资源多用途能产生货币化和非货币化收益(见图 6.5)。世界范围内的证据表明,假如水资源的多用途获得认可,投资和升级单一用途体系进而提供多种服务,这样将有 10 亿贫困人口受益(Renwick 等,2007)。例如,升级生活用水系统,每人每天供水 100L 后,居民的人均年收入将增加 40~80 美元。在南非,生活用水投入增加后,显著增加了农民收入;提供有限生活用水和充足生活用水的农村居民收入增涨率分别为 17%和 31%(Renwick 等,2007)。水资源的多用途获益,可用于补偿最初和后续的多种水资源服务成本,维持水资源可持续综合利用。

图 6.5　水资源综合利用的收益(Renwick 等,2007)

当穷人获取的水资源能够满足家庭生活和生产需求后，他们能够更好地避免饥饿和适应干旱。水资源的多重使用能够改善人群健康、降低水传染性疾病和儿童死亡率；还能够通过减少妇女取水时间促进男女平等。在农村地区，可通过为花园小区供水满足家庭需水。

6.3　水与健康

获得安全的饮水和充足的卫生服务是改进人群健康的最有效方式。世界卫生组织评估发现，充足的卫生服务，以及在供水和卫生服务领域进行投资，可以减少甚至避免医疗开支（见表 6.2），在改进供水和卫生方面投入 1 美元，能够获得 4~12 美元的经济回报。

表 6.2　欧亚大陆和发展中地区的水和卫生投资的效益成本比（Prüss-Üstün 等，2008）

模式	年收益（百万美元）	效益成本比
到 2015 年将不能获得优质水源的人口数量减少一半	18143	9
到 2015 年将不能获得优质水源和卫生服务的人口数量减少一半	84400	8
到 2015 年全部获得优质的水源和卫生服务	262879	10
到 2015 年全部获得优质的水源、卫生服务，并对饮用水消毒	344106	12
到 2015 年全部使用管道供水并配套生活污水管网	555901	4

注：效益成本比＝总收益/总成本；该值越大，相同成本的收益越大。效益成本比大于 1 的项目表示收益大于成本，属于盈利项目。

改进供水、卫生、保健和水资源等管理能够预防全球 1/10 的疾病。这些方面的努力能够削减儿童死亡率，推动人群健康和营养状况可持续发展，并产生巨大的社会效益和经济效益，而且提高福利，间接改善健康相关的服务。升级供水和卫生服务还能改进教育，让更多的女孩能够上学而非为家庭取水；当学校建设卫生设施后，中学能够招收更多女生，女教师的工作环境也能得到改善。总体来看，提高优质饮用水和卫生服务的覆盖率有助于实现联合国千年发展目标，以及促进经济社会快速增长。

6.3.1　拯救儿童

5 岁以下儿童死亡率是社会进步的重要指标，也是评价居民生活质量、农民收入水平和受教育程度、健康服务效率、以及获得安全饮用水和卫生服务等的指标。该指标计算容易，常用于考量联合国千年发展目标的完成情况。2000 年，全球共有 1060 万 5 岁以下的儿童死亡，其中疟疾和腹泻的致死率分别为 17% 和 8%（WHO，2007）。营养不良造成了 53% 的 5 岁以上儿童死亡。全球 5 岁以下儿童的死亡率从 1990 年的 93‰降至 2005 年的

72‰,但不同地区和不同国家的差异较大,撒哈拉以南的非洲儿童死亡率下降最少。

改进饮用水、卫生、保健和水资源等管理对防治疟疾、腹泻和营养不良具有较大的影响(见表 6.3)。供水和卫生方面的投资增加对许多具有环境传播途径的热带疾病(如肠道线虫感染、淋巴丝虫病和血吸虫病,沙眼)产生重要影响。除水传染性疾病,另一个日趋严重的水健康问题是天然水体的化学污染,最突出的就是砷和氟污染(见专栏 8.3)。这类污染物无法通过简单可靠的水质监测系统测定,但对贯彻落实国际目标如千年发展目标的安全饮用水要求极为重要。

表 6.3　与环境因子相关的重大疾病(Prüss-Üstün 和 Corvalán,2006;Prüss-Üstün 等,2008)

| 疾病 | 水、卫生和保健的匮乏造成的全球年均损失 | | 环境因素对总损失的贡献(%) | 环境途径 |
	死亡(千人)	伤残调整生命年ᵃ(千人)		
疟疾	1523	52460	94	供水、卫生和保健
营养不良	863	35579	50	供水、卫生、保健和水资源管理
腹泻	526	19241	42	水资源管理
淋巴丝虫病	0	3784	66	供水、卫生
肠道线虫病	12	2948	100	卫生
沙眼	0	2320	100	供水、保健
血吸虫病	15	1698	100	供水、卫生和水资源管理
日本脑炎	13	671	95	水资源管理
登革热	18	586	95	供水、卫生

注:a. 伤残调整生命年为人口健康综合性指标,一个伤残调整生命年代表失去健康一年。

获得安全饮用水和充足卫生服务不仅对人群健康极为重要,还能在其他方面产生收益,既包括一些简单和易定量的费用避免及时间节省,也包括一些更加隐蔽和难以测量的便利性、社会福利、尊严、私密性和安全性等。

效益成本比分析过程中,改善水和卫生服务对节省时间的巨大收益与基础设施的位置有关。获取这些基础服务越容易和便利,生产效率越高,入学率越高,闲暇时间越多。然而,卫生是个例外,无为的经济成本十分巨大。如果不改进卫生状况,难以完全实现千年发展目标。

此外,城市卫生系统包括一系列过程,也存在无限商机,这包括为卫生系统(如沼气、化肥、土壤调节剂或灌溉水源等)内的物资收集、运输、储存及产品处理等提供小规模服务。

6.3.2　防治疟疾

每年约 140 万名儿童死于可预防的疟疾。就目前来看,水、卫生和保健相关的疾病主要还是疟疾,占总死亡率的 43%(Prüss–Üstün 等,2008)。全球范围内,撒哈拉以南的非洲和南亚是最严重的疟疾受灾区(见地图 6.1)

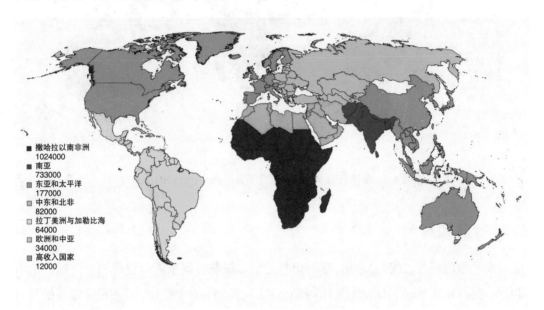

地图 6.1　2004 年全球疟疾死亡情况(WHO,2008)

卫生消毒、饭前便后洗手能够破坏病菌在粪便—口腔间的传播途径(Ejemot 等,2008;Fewtrell 等,2005)。有证据显示,肥皂洗手不仅可以预防疟疾,还可以预防急性呼吸道感染,这两类疾病是 1 月~5 岁龄儿童的最大杀手。在巴基斯坦卡拉奇的棚户区,肥皂洗手普及后,儿童患疟疾和急性呼吸道感染的死亡率下降一半(Luby 等,2005)。无水洗手(用沙洗手)也能极大降低疟疾致死率。这些案例说明,改进保健和供水对提高健康极为重要。

6.3.3　应对营养不良

全球中低收入国家 1/3 的疾患归因于营养不良 (Laxminarayan,Chow 和 Shahid–Salles,2006)。缺乏足够和安全的食物(部分原因与水资源管理有关)是造成营养不良的主要原因。高达 50% 的营养不良与不清洁饮水、卫生服务匮乏和落后的保健造成的疟疾或肠道线虫重复感染也有关(见表 6.3)

身高矮化(发育迟缓)是慢性营养不良的主要症状,该指标可用于长期监测贫穷、不清洁饮水、卫生服务匮乏和传染性疾病高发的累积效应(见地图 6.2)。

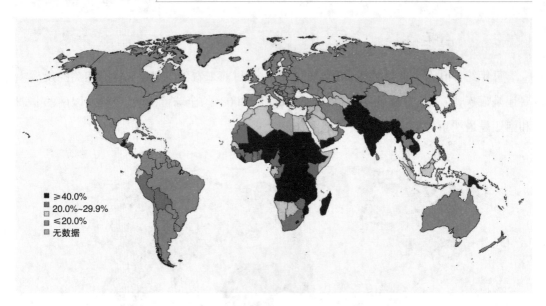

地图 6.2　全球各国 5 岁以下营养不良儿童比例(WHO,2007)

6.3.4　宣战腹泻

《世界腹泻报告(2005)》指出,腹泻仍然是全球最贫穷国家人口健康和经济福利的不可承受之重(Roll Back Malaria,WHO 和 UNICEF,2005)。过去 10 年,在根除腹泻的努力中断后,腹泻在非洲和东南亚复活和密集暴发,并在一些中亚和和外高加索国家再次出现。据估计,腹泻的年均临床发病人数为 3.5 亿~5.0 亿,60%集中在撒哈拉以南的非洲,致死率高达 80%。在非洲,每年约 100 万 5 岁以下的儿童死于腹泻。

消除缓流水体、整治水库岸线、引入排水系统或改进灌溉等环境管理措施能降低腹泻,但其效果在不同栖息地存在差异,全球平均水平为 42%(见表 6.3)。腹泻控制计划强调,环境管理能有效降低腹泻的发病率和致死率(Keiser 等,2005)。腹泻的国际研究和防治主要聚焦药物方案,比如药剂和疫苗,但开发新的腹泻防治技术,如栖息地矢量控制等也很需要。

6.4　维持生态系统服务

水资源管理活动影响生态系统健康。日益增加的水资源需求影响生态系统结构,并严重威胁生态系统为人类赖以生存提供各种商品和服务的能力。

自然环境能够提供食物、基础自然资源和其他生活必须的商品、服务,并让人类和动植物受益。除了支持食物和纤维素生产外,淡水生态系统还能调控环境流量、净化废水、降解有毒物、调节气候、预防暴雨、减少侵蚀、提供美景、教育和娱乐等文化服务。

　　生态系统服务多样性与生态系统的类型及其功能管理有关(见图 6.6)(MEA,2005)。水生生态系统产生许多重要的经济效益,主要包括洪水控制、地下水补充、海岸线稳定和保护、营养盐循环及滞留、水质净化、生物多样性保护、以及娱乐和旅游等。乌干达的Nakivubo 沼泽为坎帕拉 (乌干达首都) 市民提供了价值 3.63 亿美元的污水处理服务(Worldwatch Institute,2007)。在乌干达,森林涵养、侵蚀控制和水质净化等服务每年在内陆水资源保护方面产生的价值高达 3 亿美元。大约 100 万城市居民依赖自然湿地容纳和净化污水(UNEP,2007)。南非赞比西河流域自然湿地的净现值超过了 6400 万美元,其中地下水补充、水质净化和处理、以及削减洪水损失等经济价值分别为 1600 万美元、4500万美元和 300 万美元(Turpie 等,1999)。水稻田属于湿地公约中的人工湿地,提供了大量的生态系统服务,具体服务价值因水资源利用及其稻米生产状况而异(见图 6.6)。

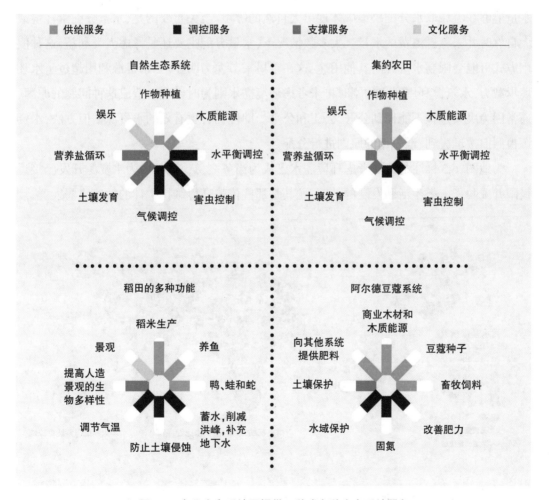

图 6.6　农业生态系统可提供一种或多种生态系统服务

(Comprehensive Assessment of Water Management in Agriculture,2007)

在发展中国家，大约 10%的营养不良人群直接从淡水生态系统获取天然水资源
(Comprehensive Assessment of Water Management in Agriculture,2007)。这类人群在面对
生态系统退化或水循环变化时极其脆弱。对牧民来说,他们将带着牛群从一个水源牧场迁
移到另一个水源牧场;渔民对水体污染和河流水资源枯竭十分敏感;对依赖森林的人群来
说,林木砍伐和兴建大坝等大型基础设施严重影响他们的生活。最不幸的是,这类人群在
水资源分配过程中与寂静的生态系统一样,话语权极其微弱。

淡水生态系统与其提供的服务之间相互关联,开发其中一种生态服务,比如通过增加
灌溉提高粮食产量,将自动影响生态系统的其他服务。在生态系统管理方面,应该寻求生
态系统总体服务效益最佳及可持续发展。

大自然与水密切相关,为社会进步提供了重要服务。目前,生态系统的估值方式仍然
具有很大争议,环境调控也非常有限(见第 9 章)。尽管环境需水尚不完善,但定义环境需
水量能够在流域取水分配决策中体现出大自然的呼声。至关重要的是,水量分配给环境或
大自然时并未考虑浪费的水量。大多数情况下,水量分配主要还是考虑人类利益,这种使
用方式可能会限制水资源的其他用途,这在干旱季节尤为明显。当水资源利用超过了水环
境承载力,水资源利用竞争加剧时再来考虑环境需水则为时已晚。造成这种问题的原因,
通常因为决策过程不能做到公开、公正和公平。即使拥有更有效的水资源估值方法,水资
源也照旧按谁先到、谁先用的原则进行分配。

为地图 6.3 标注的区域考虑环境需水已成为当务之急，这是因为水资源开发已接近
极限并威胁了人类生活和发展的基础,尤其是那些依赖环境维持生计的敏感脆弱人群。

地图 6.3　2002 年全球主要流域用水紧张程度(Smakhtin,Revenga 和 Döll,2004)

　　通过精心管理我们赖以生存的农业生态系统,能够实现自然开发与保护间的平衡。阿尔卑斯山牧场、摩洛哥绿洲以及菲律宾的灌溉系统已使用了数个世纪,但其生产力或美感丝毫不减。菲律宾伊富高水稻梯田代表了无数代农民的集体努力,这种智慧的灌溉系统能够在海拔1000m以上的地方储蓄水资源,发展水稻种植。中国浙江发展的稻—鱼混合系统,最早可追溯到2000年前的汉代,鱼不仅可以提供食物,还能摄食洪泛平原的幼虫和杂草,降低昆虫控制和化肥施用等费用、劳动力投入及污染风险(Lu和Li,2006)。秘鲁中部安第斯山脉先进的梯田系统实现了在不同海拔高度的陡峭山坡上种植(见专栏6.6)。

专栏 6.6　　　　　　　　　秘鲁可持续农业生态系统

　　安第斯山脉中部是土豆的主要发源地,居住在库斯科和普诺山谷的艾马拉人和克丘亚人培养和驯化了177个土豆品种。在超过海平面4000m以上的地区,许多印加文明和农业瑰宝得到保留,这些农业生态系统经过数个世纪的改进,有效保障了当地农民的生产生活。

　　安第斯山脉最具代表性农业生态系统就是用于控制土壤退化的梯田系统,这些梯田的海拔为2800~4500m,能够确保陡坡种植。玉米一般种植在海平面以上2500~3500m的低海拔地区,土豆种植在海平面以上3500~3900m的中海拔地区。海拔4000m以上的地区主要用作牧场,但也会种植一些高海拔作物。在喀喀湖附近的高原,农民挖掘土槽蓄水,土槽中的水在白天通过太阳光加热,并在夜晚气温下降后提供热水。土槽还被用于多个品种的土豆及其他本土作物(藜)的保暖防冻。土槽计划在秘鲁其他灌溉地区应用,以适应气候变化。

第7章

水资源利用

● 供水、卫生和环境可持续等老问题尚未解决,新的挑战如气候变化、食品能源价格上升、基础设施老化如期而至,加剧了水资源管理的复杂性和金融负担。人口增长和经济发展加速了淡水资源的消耗取用。

● 过去10年,生活用水供给得到极大改善,大多数国家在供水方面实现了联合国千年发展目标。然而,卫生方面进展不大,大多数撒哈拉以南非洲国家和很多农村地区的供水和卫生状况仍然难以让人满意。

● 为满足新增人口的农产品需求,农业用水将继续成为水资源利用的主要驱动力。1970年以后,全球人口增长速度放缓并有望维持下降趋势,稳定的经济增长,尤其在新兴市场经济体,人们饮食日渐多样化,肉制品和奶制品扩大生产等,增加了水资源消耗。

● 紧随农业,另外两个用水大户为工业和能源(占总取水量的20%),用水变化改变了新兴市场经济体的水资源利用模式。水资源和能源的驱动力相同,主要包括人口、经济、社会和科技,这些均能影响能源和水资源利用。近年来,生物能源产量的急剧上升以及气候变化,对土地和水资源利用构成新的挑战和压力。

● 淡水生态系统为支撑人类生存提供了广泛和重要的服务。很多经济娱乐活动如航运、渔业和田园活动,均需直接取用健康生态系统的水资源。然而,生态系统的一些环境服务未能获得足够的政策关注,导致其在现有水资源开发模式下陷入危险境地。

前几章论述了水资源的多重效益。水资源是国民经济的战略支撑资源,也是工业和能源生产的基础物质要素;水资源开发利用对人类和生态系统非常重要。水资源利用主要包括河道内用水(航运、渔业和淡水生态系统)和河道外用水(生产、人类生活和陆地生态系统)。供水、卫生和环境可持续等老问题尚未解决,新的挑战如气候变化、食品能源价格波动、基础设施老化如期而至,加剧了水资源管理的复杂性和金融负担。

2003版和2006版《世界水发展报告》详细论述了人类和生态系统对水资源的多重利

用方式。过去 3 年，研究人员详细综述了供水和卫生 (UNDP,2006;WHO 和 UNICEF, 2008a)、农业 (Comprehensive Assessment of Water Management in Agriculture,2007; World Bank,2007)和环境(MEA,2005;UNEP,2007)等领域的用水新进展。本章主要总结这些研究的最新成果,聚焦近期和远期水资源利用面临的主要挑战。

7.1　全球水资源利用状况

　　人口增长和经济发展加速了淡水资源取用(见地图 10.1)。目前掌握的水资源利用方面的零散认识表明, 全球水资源利用的差异性较大, 无论是在部门内部还是不同用户之间。水资源利用日渐增加的不确定性,尤其是气候变化条件下(见第 5 章),未来将加剧水资源短缺。

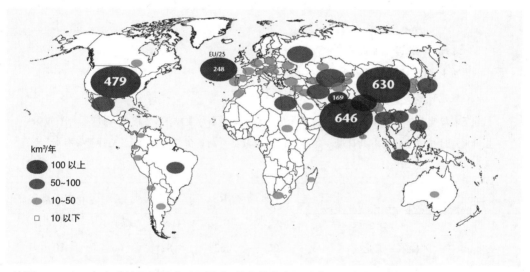

地图 7.1　2001 年全球地区间用水以及最大、最小的水资源消费之间存在极大差异(FAO–AQUASTAT)

　　水资源管理的一个最大问题在于水资源利用相关知识的零散与匮乏(见专栏 7.1)。水资源监测系统和模拟能力需要得到实质性改进,以应对日益加剧的水资源利用的挑战。

　　全球每年取用淡水的总量为 4000km³ (Margat 和 Andréassian,2008), 此外还有约 6400km³ 雨水直接用于农业。大自然是最重要的用水大户。每年森林、天然植被和湿地的蒸发水量达到 70000km³ (Comprehensive Assessment of Water Management in Agriculture,2007)。人工修建的水库蒸发量不易准确评估,但干旱地区蒸发量较大,据估计每年达到 200km³。阿斯旺大坝上游的纳赛尔湖,每年蒸发损失的水量达到最大蓄水量时总库容的 12%,约 10km³(Shiklomanov 和 Rodda,2003)。

　　人类目前仅了解水资源利用的部分信息,通过测量或分析河道取水量发现,只有一部分取水被有效利用。大部分水资源则以较低的水质，退水回到天然水系或再利用。迄今为止，农业是最大的水资源用户，尤其是在灌溉体系发达的干旱地区。

农业、工业和生活等用水给自然系统造成了极大的压力（见表 10.5），不仅是水量（取水量），还包括水质（劣质水回流）。第 7 章和第 8 章将详细论述水资源利用及其环境影响。

专栏 7.1　　　　　　　　我们对水资源利用的了解(IFEN,2006)

我们对水资源利用的了解可能和对水资源的了解一样少，还可能更少。水资源利用的信息极其不完整，尤其是农业这一最大的水资源用户。水资源利用信息有限且零散，还存在数据有效性和均匀性不足等问题。因此，水资源利用趋势方面能够提供的信息相当匮乏。

每个国家水资源利用信息体系均不同，但存在一些共同的难题：

· 需水量和取水量的统计值多为预测值，而非实测值或普查值。数据不确定性较大，尤其是农业。

· 各部门用水量不能有效限定，也未能很好分解。

· 历史监测数据匮乏，统计时间也不明确。

· 规范化术语缺乏，数据编译和分析时存在差异。

下表给出了法国 6 个主要流域的农业用水和工业用水计量结果。总体来看，仅有一半的农业用水经过了流量计的有效计量。这表明用水量数据是测量值和估计值（当无计量条件时）的混合。

法国农业和工业用水状况流域	农业灌溉用水		工业用水		总用水量 (km³/年)
	地表水	地下水	地表水	地下水	
阿杜尔—加龙	72	62	82	66&	2.30
阿图瓦—皮卡地	90	100	95	100	0.67
卢瓦尔—布列塔尼	80	95	40^	69&	3.62
莱茵—默兹	0*	0*	90	81	5.05
罗纳—地中海	30^	57&	87	86	17.13
塞纳—诺曼底	75	89	37^	91	3.06
总计	43	74&	73&	84	31.81
总量(km³/年)	3.39	1.38	2.72	1.48	

注：*. 未计量；

^. 取水计量率低于 45%；

&. 取水计量率低于 75%。

专栏 7.2   取水、需水和耗水(Margat 和 Andréassian,2008)

水资源利用指人类使用水资源并受益。详细的水资源核算需要更为精确的定义。

取水指为满足人类需求,从自然环境的各种水源取用水资源。区分取水水源有助于了解认识取水对系统造成的压力。

需水指开展某项活动需要的水资源量。如果供水不受限制,需水量等于取水量。

耗水指取用水资源的蒸发、进入产品或作物、人类和牲畜消耗或者水环境损失。

农业耗水量很大,农业用水主要以作物蒸腾的方式消耗;其他部门如生活用水和工业用水的量相对较低(见下表)。水资源使用后的退水再次进入天然水系,要么通过土壤渗流进入地下水,要么直接排入河道或其他淡水水体。

工农业各部门的耗水情况

用途	占总取水量的比例(%)
生活(城市)	10~20
工业	5~10
能源(冷却)	1~2
农业(灌溉)	
表层灌溉	50~60
局部灌溉	90

7.1.1 水资源利用现状

7.1.1.1 国家间水资源利用不均衡

全球用水量最大的 10 个国家为印度、中国、美国、巴基斯坦、日本、泰国、印度尼西亚、孟加拉国、墨西哥和俄罗斯 (见地图 7.1)。世界各国每年总用水量差异较大,印度高达 646km³,而佛得角和中非等热带非洲国家不足 30000km³。各国内部以及各国之间的平均水资源量和用水量方面差异更大。中国和美国等一些大国的用水需求集中在有限地区,如农业灌区或经济发达地区。然而,水资源的长期年内/年际平均值掩盖了时间上的巨大差异。

7.1.1.2 人均取水量能较好评估人口对资源的影响

全球人均取水量介于 20m³/年(乌干达)到 5000m³/年(土库曼斯坦),平均取水量为 600m³/年(见地图 7.2)。因农业生产需要,干旱和半干旱地区的取水量最高,热带国家取水量最低。

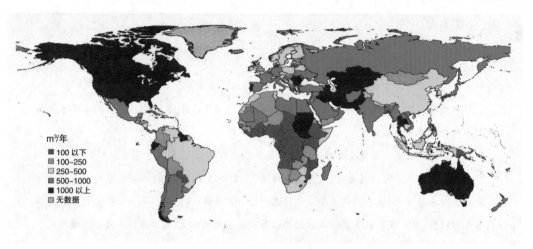

m³/年
- 100 以下
- 100~250
- 250~500
- 500~1000
- 1000 以上
- 无数据

地图 7.2　2000 年各国人均年用水量(FAO–AQUASTAT)

7.1.1.3　部门间用水不均衡

农业迄今为止用水最多。农业灌溉用水占到总取水量的 70%，有些地区甚至达到 80%(见表 7.1)。尽管城市经济迅速发展，工业(包括能源)用水和生活用水分别仅占总用水量的 20% 和 10%(FAO–AQUASTAT database)。能源生产(水电和热冷却)的取水量呈增加趋势，但能源部门是水消耗量最低的部门，超过 95% 的取水量最终回到水系。本章仅讨论部分部门的用水量，因为还有很多用水状况尚不明确。例如，城市非正式居住区和非正式灌溉体系的用水情况知之甚少，这些数据在官方统计中也总是不加考虑。另外，河道内用水如渔业、航运和生态系统等用水数据也不易获得。尽管这些用水总体上都不造成水量

表 7.1　　　　2000 年全球水资源量和取水量(单位：km³/年)
(Comprehensive Assessment of Water Management in Agriculture, 2007)

地区	可再生水资源量	总取水量	农业取水		工业取水		城市生活取水		总取水量占可再生水资源量的比例(%)
			总量	(%)	总量	(%)	总量	(%)	
非洲	3936	217	186	86	9	4	22	10	5.5
亚洲	11594	2378	1936	81	270	11	172	7	20.5
拉丁美洲	13477	252	178	71	26	10	47	19	1.9
加勒比海	93	13	9	69	1	8	3	23	14.0
北美洲	6253	525	203	39	252	48	70	13	8.4
大洋洲	1703	26	18	73	3	12	5	19	1.5
欧洲	6603	418	132	32	223	53	63	15	6.3
全球	43659	3829	2663	70	784	20	382	10	8.8

损耗,但却需要满足一定的流量和水质要求。由于这些用水量难以测量,因此用水统计中也不加以考虑。

根据水资源利用前景可将各国或地区分为两类:第一类国家(主要在非洲、亚洲、大洋洲、拉丁美洲和加勒比海地区)的农业仍然是主要用水大户;第二类国家(欧洲和美洲)的取水主要用于工业和能源。生活用水是维持生命活动(饮用、保健和洗浴等)的基础,但在这两类国家中均占极小比例。

全球每年4000km³的河道外用水,主要用于供给灌溉、生活、工业和能源,99%的河道外用水是从可再生的地表水或地下水资源中获取。剩余1%(大约30km³/年)主要取自3个国家(阿尔及利亚、利比亚和沙特阿拉伯)的不可再生含水层。

全球总用水量的20%取自地下水,这个比例还会上升,特别是在干旱地区(Comprehensive Assessment of Water Management in Agriculture,2007)。在家庭进行灌溉投入和城市取用地下水的背景下,廉价抽水技术加快了地下水取用。因公共服务不足,私人投资的地下水自供系统不受任何控制或监管,如雨后春笋般地快速发展。结果,全球地下水取水量在20世纪上升了5倍,造成一些地区含水层的地下水位快速下降,严重威胁了地下水资源的可持续取用(见第8章)。在淡水资源匮乏的地区,海水和污水也被用来满足部分用水需求。目前这部分水量占全球总用水量的比例尚不足5%,具有相当大的开发利用潜力(见图7.1、图9.3和专栏 9.5)

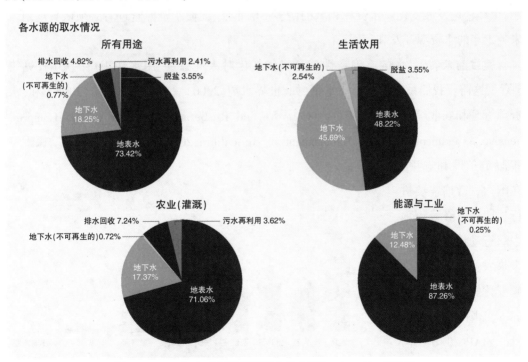

图 7.1　2000 年全球主要部门用水的来源(FAO–AQUASTAT)

7.1.2 水资源利用趋势

7.1.2.1 近期趋势

随着人口快速增长,过去 50 年全球取水量增加了 3 倍。出现这种趋势主要归结于 20 世纪 70 年代以来农业灌溉和农业经济的快速发展(World Bank,2007)。

新兴市场经济体,如中国、印度和土耳其等,目前仍然有大量农业人口进行粮食生产。伴随着城市化和生活方式的改变,农村地区的生活和工业用水也会快速增加。在上述国家的热点地区,农村和城市用水互相竞争。城市和工业经济体,如欧洲和美国,增加了食品和工业品进口;受益于生产工艺和污染防治技术的进步,有效削减了工业用水和城市环境用水。

7.1.2.2 未来 50 年的趋势

人口增长、经济增长、城市化、科技进步、消费模式改变等是影响水资源利用的主要因子(见第 2 章)。未来的水资源需求仍存在大量不确定性。2000—2050 年,全球人口数量将从 60 亿增至 90 亿,粮食和其他商品的需求也将急剧增加。未来水资源量是否充足? 经济社会发展水平如何影响水资源需求?城市化怎样改变饮食和生活方式?哪些地区的需水量最高?社会如何应对日益增长的水资源需求竞争?这些都是水资源管理者不得不面对的问题。全球快速发展变化及水资源领域的诸多不确定性,促使水资源管理者必须认真规划未来数十年的水资源开发和利用。

就目前来看,最大的不确定性就是气候变化对水资源量、用水和用户的影响(见第 5 章),这需要我们系统掌握历史水情(如《世界水情(2000)》《千年生态系统(2005)》和《水资源管理和农业综合评价(2007)》)(Cosgrove and Rijsberman,2000;MEA,2005;Comprehensive Assessment of Water Management in Agriculture,2007),为未来采取行动探索一些假定条件和选项。在国内,政府需要进行长期规划修编。《地中海行动计划》指出,未来农业经济体在气候变化影响下极其脆弱(见图 7.2)(Blue Plan,MAP 和 UNEP,2005)。

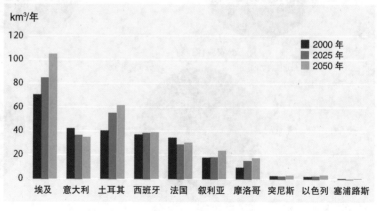

图 7.2 2025 年地中海国家需水情况(Margat,2008)

7.1.2.3 水资源足迹

水资源足迹的理念有助于揭示不同消费模式下水资源利用的程度和地理方位（见第2章）。水资源足迹指个人或社区在生产消费所需的全部产品和服务时使用的水资源数量。国家的水资源足迹指生产全国居民消费者所需的商品和服务时使用的水资源总量。美国和中国的水资源足迹分别为人均2480m³/年和700m³/年。全球水资源足迹为人均1240m³/年。决定一个国家水资源足迹的四大主要因素为消费量、消费模式(如高或低的肉类消费)、气候和农业实践(用水效率)。

国家内部水资源足迹指国内水资源使用量，外部水资源足迹指进口商品使用他国的水资源量(虚拟水，见第2章)。是否将雨养农业的耗水量纳入水资源足迹仍然存在争议。内部水资源足迹和外部水资源足迹的比例密切相关，外部水资源足迹上升意味着对国外水资源依赖程度增加，并加剧对外部环境的影响。

随着全球化进程加快，水资源问题不再是某个国家的问题。局部某地农业和工业用水的决策越来越受到外部环境的影响。例如，欧洲和北美居民的水资源足迹已经扩展至全球其他地区(见地图 7.3)。欧洲每年进口棉花最多，而棉花是最耗水作物之一，主要在缺水地区种植。通过全球市场贸易，欧洲和美国利用境外水资源进行消费，因此，欧洲和北美消费者从某种意义来讲，影响了其他地方的农业和工业发展战略。研究发现，大约80%的虚拟水与农产品贸易有关(见第2章)(Hoekstra 和 Chapagain,2007)。为了出口，希腊和西班牙等缺水国家利用大量水资源种植水果和油料作物。随着气候变化，可利用水资源量下降，这种水资源利用方式将越来越成问题。

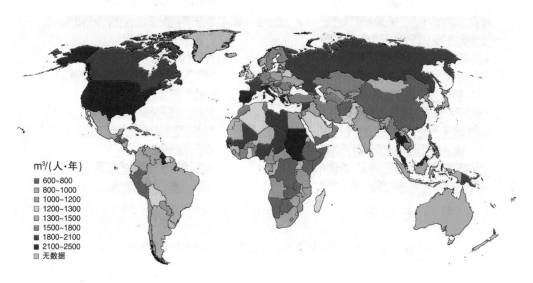

地图 7.3　1997—2001 年全球各国人均水资源足迹(Hoekstra 和 Chapagain,2008)

7.2 生活供水及卫生

除撒哈拉以南的非洲地区外，所有其他地区的供水取得了长足进步，但卫生方面进步缓慢。为了强调这个问题，联合国秘书长顾问委员会对水资源和卫生提出了建设性的建议，联合国大会也将 2008 年定为国际卫生年(UNSGAB,2006)，目的就是为了提高人们意识，确保实现联合国千年发展目标："1990—2015 年,将不能获得基础卫生服务的人口数量降低一半"。

7.2.1 供水和卫生的供给现状

2006 年,全球 54%居民的住宅、小区或院落普及了管道供水,33%的人口采用其他改善后的饮用水水源供水。剩余 13%,约 8.84 亿人口的供水水源未得到任何改善。东亚地区的供水进步最大, 改善供水水源的人口覆盖率从 1990 年的 68%增至 2006 年的 88%(WHO 和 UNICEF,2008b)。除撒哈拉以南的非洲和大洋洲,所有国家都能实现联合国千年发展计划设定的饮用水供给目标。然而,如果维持现状,仍有 24 亿人口不能获得基础的卫生服务(WHO 和 UNICEF,2008b)。城市的供水和卫生服务覆盖率远高于农村地区(见图 7.3 和图 7.4),全球总体供水和卫生覆盖情况并不能反映各个国家间的差异。

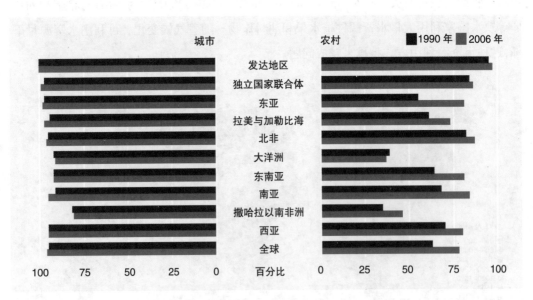

图 7.3 1990—2006 年全球及各地区城市与农村的供水设施覆盖率(WHO 和 UNICEF,2008b)

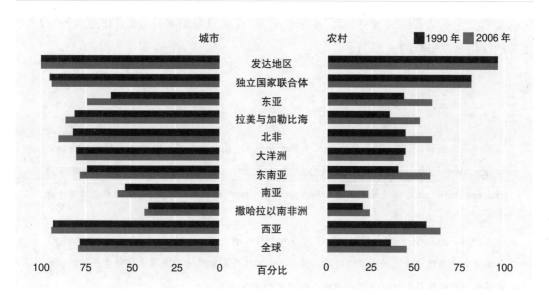

图 7.4　1990—2006 年全球及各地区城市与农村的卫生设施覆盖率(WHO 和 UNICEF,2008b)

7.2.1.1　小城镇的挑战

供水和卫生服务改善后,增加受益人口数量的努力主要集中在两个地区:一是农村地区,最好的办法就是通过社区合理管理供水和卫生系统;二是城市中心,国有和民营设施向不同的消费群体提供服务。城市和农村间的灰色地区就是人口规模介于 2000~5 万的小城镇,无论是社区管理还是利用基础设施建设,都不是解决小城镇供水和卫生服务的有效方案(Pilgrim 等,2008)。小城镇的人口占到总人口数量的很大一部分,改善小城镇的供水与卫生服务需要更多关注管理模式、工程设计、资金安排,以及提供需求服务与能够扩大增量和可持续发展的替代方案等。若想取得成功,还需考虑资金和管理的自主性、透明度和问责制、需求反馈、效益成本设计和运行、专业能力以及竞争元素和扩张能力等。

7.2.1.2　供水和卫生监测

2000 年以前,供水和卫生的数据主要来自政府的水务和卫生主管机构。由于获取安全饮水和基础卫生服务并无通用定义,因此数据并不具备可比性。2000 年以后,通过家庭调查和全国人口普查,这个联合监测项目利用人口数据反映了供水和卫生状况 (见专栏 7.3),将评估中的供水和卫生技术分为"改善"和"未改善"两类。

联合监测项目将"获得饮用水"定义为"取水点距离住宅 1km(或往返 30min),每人每天至少取用 20L 饮用水"。对城市来说,与水源的距离不是问题,在人口密集的城市地区,30min 或者更少的取水时间(包括排队时间)是表征水资源获取性的更合适的指标。饮用水"安全"指能够达到一定的质量标准,对健康无明显风险。让每个家庭判断饮用水中的微生物是否安全不切实际，我们只能假定来自管道、保护良好的水井、溪流和雨水等"改善"水源的饮用水是安全的。

专栏 7.3　　　　　　　快速评估饮用水的水质(Aliev 等,2006)

　　世界卫生组织(WHO)和联合国儿童基金会(UNICEF)提出了一套饮用水的水质快速评估(RADWQ)方法,并在中国、埃塞俄比亚、约旦、尼加拉瓜、尼日利亚和塔吉克斯坦等国家进行小规模测试。该方法采用全国整体抽样的方式,选择测试饮用水水源,测试的参数取决于调查程度和当地健康风险。

　　2004—2005 年,塔吉克斯坦进行了为期 6 个月的水质监测,共涉及 53 类 1620 个采样点。样品采自公用供水管道和保护较好的溪流。总体测试结果发现,87%采样点的微生物指标、砷、氟和硝酸盐浓度符合 WHO 指南中安全饮用水的水质规定。

　　假定"改善"后的水源是安全的,监测也考虑了粪便污染,但饮用水中的砷和氟污染为饮水安全提出了新挑战。

　　联合监测项目将"获取基础卫生服务"定义为"获得改善入厕设施的(总量、城市和农村)人口比例"。卫生服务改善意味着粪便与人体或周边环境的分离,这也是预防疾病在粪便—口腔间传播的必要措施。

　　提出卫生服务的通用定义是个巨大进步, 但卫生服务数据的可利用性和数据质量仍然是个问题。全球"改善"饮用水水源的人口覆盖比例接近 95%(WHO 和 UNICEF,2006),但这个数字似乎和发展中国家贫民窟中数以百万计的穷人不相符。部分贫民窟居民可能采用了管道供水系统,根据联合监测项目的标准,这些人也属于"改善"饮用水源供水的受益群体。然而,事实上,管道供水系统大多管理不善,有些一天之内大部分时间无法使用,还有一些甚至供给了污水。这就是"服务"和"未服务"的争议。还有一个问题是很多人未纳入统计数据,这些穷人住在不被政府认可的非正式居住区,结果数以百万计的人口可能在国家统计中被遗漏(UNDP,2006)。

　　供水和卫生服务监测计划需要解决三大主要问题:获得服务、服务质量和服务的可持续性。监测评价遇到的一个最大挑战是构建合适的评价指标, 这些指标主要用于家庭调查,收集水资源可获得性和负担能力、人均用水量、服务的可持续性和可靠性等数据。此外,对"改善"水源的安全和取水点的安全评估,还需要简单和经济的水质测试方法。

　　传统上的供水与卫生服务监测主要关注家庭,这样很容易忽略了这样一个事实:家庭成员一天大部分时间都在户外。在发展中国家,6 亿小学儿童中的绝对多数,缺乏安全饮水和卫生服务。联合国全球年度饮用水和卫生评估项目选择了 2 个试点国家,其学校和医院的卫生覆盖率分别为 26% 和 75%(UN-Water,2008)。学校卫生设施的改善能够让健康间接受益。学校男女厕所分离,极大提高了女孩入学率。

7.2.1.3　**聚焦卫生服务**

尽管流行病学证据表明,改善卫生条件能够有效削减全球疟疾、蠕虫感染和营养不良的发病率,但各个国家对卫生服务的关注和资金投入仍远低于供水(UN Millennium Project,2005)。

《人类发展报告(2006)》分析了全球面临的卫生问题,反思卫生服务关注和资源分配方面为何落后供水(UNDP,2006)。结果发现,影响卫生服务改善的最大障碍为政治意愿。卫生服务在国家政策制定、规划、预算和实施方面优先级较低,一直处于委托管理的最低水平,很难争取获得政府的垂直管理。然而,全球也有一些改善的迹象。2006 年的调查发现,62% 的非洲居民无法获得卫生改善服务 (WHO 和 UNICEF,2008a),32 个非洲国家的卫生部长在 2008 年 2 月签署了德班宣言,承诺为卫生保健进行单独预算,预算经费计划占到 GDP 的 0.5%(AfricanSan+5 Conference on Sanitation and Hygiene,2008)。

值得一提的是,5 个国家、民间部门和志愿机构为全球卫生基金会(供水和卫生合作理事会及成员在 2008 年 3 月发起,每年计划募捐资金 1 亿美元)捐助了 6000 万美元,用于帮助实现联合国千年发展计划的卫生服务目标。

7.2.2　供水与卫生的供给进展

1990 年以前,国家垄断了供水服务。此后,水资源领域的公共服务开始从集中供应到分散供应转变(van Ginneken 和 Kingdom,2008)。亚洲国家,包括印度尼西亚、巴基斯坦和菲律宾,实施了彻底的分散供给计划。很多拉丁美洲国家如阿根廷、智利、哥伦比亚、巴拿马和秘鲁,国家供水垄断被打破,数百个市政服务供应商参与政府供水服务的竞争。东欧和中亚的政治格局调整后,快速下放权利并让下级政府承担相应服务责任,但融资渠道和服务规模仍然是中央管理。非洲的情况比较复杂,很多国家仍然采用中央集中管理,但一些国家如埃塞俄比亚和坦桑尼亚也在快速地下放权利。

权利下放不仅仅是为了解决供水服务这个具体问题,而是国家更广泛改革的一个副产物。地方政府意识到,他们的主要职责是提供服务,但却缺乏完成任务的能力。民营部门参与供水服务极其困难,在大都市主要是政治原因,在小城市和农村地区主要是因为经济可行性。而对大多数水资源消费者来说,真正的转变不是从国有到民营,而是从僵硬的计划供应转变为可调控的分权供应。目前,全球绝大多数城市和城郊地区还是采用国有设施提供服务,这一模式还将继续。

很多发展中国家的公共设施运行状况不太理想,造成这个问题的主要原因包括积极性不够、管理不善、维修资金不足和政治干预等。政府公共部门改革是维持和增加服务覆盖的重要措施。对贫民窟人口数量占人口总量的比例较大的城市而言,应鼓励公共部门优先将设施和服务扩展到非正式城市居住区。

根据卫生部门的经验教训,为了改善卫生服务,急需在以下方面进行思路转变。

● 技术能够解决卫生部门内部几乎所有的问题,但如果不考虑技术适用性及当地社会、政治和经济所有制等情况,技术干预很难实现可持续意义上的成功。

● 为了成功,技术干预必须结合“硬件”技术和“软件”方法。技术应该是需求驱动,某项技术需求可以通过合适的方法(如社会市场或地方创业)极大地提高效率。

● 仅提供技术还不够,只有人们合理使用卫生设施和进行有效的身体保健,基础卫生服务才能转化为健康效益。这表明,在提供技术时需同步推动卫生保健的发展(EHP,2003)。

● 家庭决策是关键。改变行为方式是从卫生服务中获得健康效益的关键。卫生对策的核心是促进保健,当然还得采取合适的技术。简单地举例来说,推广一种人们不愿意用的厕所就很不适合。

● 整个社区需要作出改变。家庭行为很关键,但单个家庭并不足以影响健康产出。对贫穷的农村居住区或拥挤的城市居住区的大多数家庭来说,社区的整体行动可能更具影响。举例来说,粪便必须远离儿童游玩和成人工作的环境,从这个角度来看,家庭行为的干预需要与整个社区行动相协调。

● 公共部门与私人(包括个人与家庭)的卫生获利应该平衡。卫生服务的公共属性(环境保护和公共健康等)很重要,尽管需要降低国家供给卫生服务的规模,但让家庭或地方社区负担广泛的社会问题显然不可行。政府必须找到务实的方式,平衡地方和家庭的需求。为达到这个平衡,将家庭服务供应与社区规划相结合十分重要(Wright,1997)。

我们需要转变对废水的看法,应将废水视作一种资源而非一个问题,并采取措施进行相应的管理。废水存在多种用途,如农业灌溉、水产养殖、绿化和育林等,但废水利用需要好好规划风险减缓措施,将其用在不会产生健康问题的领域(见第 8 章)。

尽管可以提供技术经济适用的卫生服务,但对不同卫生方案来说,社区的看法、需求和可接受程度仍然知之甚少。例如,排便的禁忌行为相当多,难以研究出普适性的卫生方案。卫生服务,与供水相比更加难以应对,必须与当地状况相适应,确保男性、女性和儿童都愿意使用。社会文化是卫生服务能否可持续的基础,建设厕所时应咨询妇女的意见,如果条件允许,建议由她们管理这些卫生设施。

卫生服务方面,从供给到需求转变的一个案例就是南亚开展的社区全员卫生运动,通过突出露天排便对社区成员的影响来结束这一陋习;与此同时,该运动确保了每个家庭或建筑物能够使用自己的廉价厕所,或者社区公共厕所。在孟加拉国,全员卫生运动由当地非政府组织发起,进而发展成全国性的行动;在印度和撒哈拉以南的非洲,这项运动已成功扩大影响,成为非政府组织的典型模式(UNDP,2006)。但在其他地方,政府很难推广类似的成功经验。2008年,联合国开展的全球卫生和供水年度评估(GLAAS)试点调查表明,改善卫生服务需要加强教育,并在学校和医院提供更好的卫生和保健服务(UN-Water,2008)。

7.3　农业用水

为满足人口增长后农产品持续稳定增长的需求,农业用水大幅增加。尽管1970年后人口增速放缓,经济发展国家特别是新兴市场经济体,对多样饮食和密集耗水饮食(包括肉制品和奶制品)的需求越来越大(见专栏 7.4)。为满足这些新增食物需求,急需开发新的食品供给渠道或者新增农业用水。《联合国世界水发展报告》重点强调了这个问题,国际水资源管理研究所和世界银行也提出需要增加农业用水 (Comprehensive Assessment of Water Management in Agriculture,2007;World Bank,2007)。气候变化和近年来生物燃料产量剧增给农业带来了新的挑战,增加了土地和水资源的压力。全球粮食市场中,越来越多的重要农业系统的粮食生产能力接近饱和,气候变化对粮食价格的影响越来越大,很可能带来灾难性的社会和人道主义后果。

7.3.1　粮食生产为何需要这么多水

农业用水占到河流、湖泊和地下水等新鲜取水量的70%,有些发展中国家甚至高达90%。大部分工业和生活用水的排水再次回到河流,但农业用水的绝大部分通过蒸散发被损耗,不过很多灌溉系统也能够回流大部分灌溉用水。

粮食生产离不开水。所有食物源头是光合作用,在这个过程中,植物将太阳能、空气中的二氧化碳及地表矿物元素合成碳水化合物。储存在土壤中的水分,通过根系吸收提取后最终由叶面蒸发到大气中。蒸发能够给叶片降温,促使矿物营养和水分从根系向地上组织转移。

生物量最终通过食物链进行传递,体现出能量流动过程及不同物种间的摄食关系:从初级生产者(植物)到食草动物和食肉动物。尽管农业研究获得了长足进步,但食物链的能量流动效率仍然极低, 食草动物和食肉动物分别为10%和20%, 生产1kcal 牛肉需要10kcal 牧草(见专栏 7.4)。

专栏 7.4　　　　　　　　　　生产每天消耗的食物需要多少水？

　　通过植物生理过程可以计算生产日常饮食过程中的蒸发耗水量。植物蒸散发取决于当地气候和农业实践，生产1kg小麦的日均蒸散发水量为400~2000L。肉制品耗水与动物类别、饲养和管理方式等有关，生产1kg肉制品需要耗水1000~20000L。根据这些数据，研究人员计算出维持日常饮食的耗水量，每人每天2000~5000L。联合国粮农组织将2800kcal/人作为国家粮食安全的能量临界值。作为一个经验法则，据此可以估计每生产1kcal食物大约需要1L水。由于食物链的能量流动效率极低，富含蛋白质的饮食比蔬菜饮食的耗水量更大。

单位水资源产出的农作物价值
(Comprehensive Assessment of Water Management in Agriculture, 2007)

农作物	水资源生产力			
	kg/m³	美元/m³	g蛋白/m³	kcal/m³
谷物				
小麦(0.2 美元/kg)	0.2~1.2	0.04~0.24	50~150	660~4000
大米(0.31 美元/kg)	0.15~1.6	0.05~0.18	12~50	500~2000
玉米(0.11 美元/kg)	0.30~2.00	0.03~0.22	30~200	1000~7000
豆类				
扁豆(0.3 美元/kg)	0.3~1.0	0.09~0.30	90~150	1060~3500
蚕豆(0.3 美元/kg)	0.3~0.8	0.09~0.24	100~150	1260~3360
花生(0.8 美元/kg)	0.1~0.4	0.08~0.32	30~120	800~3200
蔬菜				
土豆(0.1 美元/kg)	3~7	0.3~0.7	50~120	3000~7000
西红柿(0.15 美元/kg)	5~20	0.75~3.0	50~200	1000~4000
洋葱(0.1 美元/kg)	3~10	0.3~1.0	20~67	1200~4000
水果				
苹果(0.8 美元/kg)	1.0~5.0	0.8~4.0	0	520~2600
橄榄(1.0 美元/kg)	1.0~3.0	1.0~3.0	10~30	1150~3450
枣(2.0 美元/kg)	0.4~0.8	0.8~1.6	8~16	1120~2240
其他				
牛肉(3.0 美元/kg)	0.03~0.1	0.09~0.3	10~30	60~210
鱼(水产养殖 a)	0.05~1.0	0.07~1.35	17~340	85~1750

注：a. 不投饵养鱼系统。

　　雨养农业面积占总面积的 80%,产出的作物占总产量的 60%。雨养农业主要依靠土壤储蓄雨水,并缓慢供给作物。农业系统利用的雨水,通常称作"绿水",一般不与其他用水发生竞争。

　　灌溉系统与雨养农业不同,需要从河流、湖泊和含水层(通常称作"蓝水")取水,然后浇灌到土地上,最后通过蒸散发被大量消耗。因此,灌溉需要与其他部门(包括环境)竞争"蓝水"。如地图 7.4 所示,灌溉和雨养农业的重要性因地区而异。灌溉对作物总产量的贡献一般(10%~20%),因此农作物也种植在永久缺水地区或暂时性用水紧张地区。

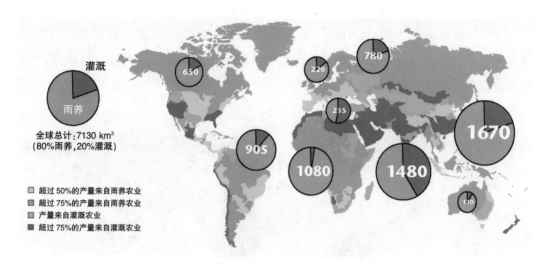

地图 7.4　**灌溉农业与雨养农业的相对重要性**
(Comprehensive Assessment of Water Management in Agriculture,2007)

　　改良作物品种和农艺技术等能够提高农业用水效率,获得更大的社会经济回报,增加单位水资源的农作物产量。过去 40 年,主要农作物产量大幅增长,农业用水的生产力翻番(见图 7.5)。因此,通过削减作物产量差距提高农业用水效率还有很大潜力。2005 年,撒哈拉以南非洲的谷物产量为 1~1.5t/hm², 而欧洲的产量 为 5t/hm² (FAOSTAT

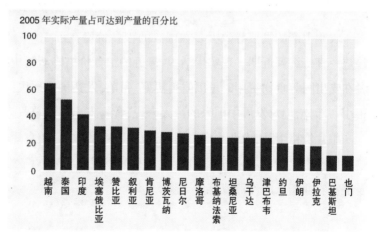

图 7.5　**主要旱作粮食的实际产量与理论可达到的产量之间存在较大差距**
(Comprehensive Assessment of Water Management in Agriculture,2007)

database)。未来土地或水资源较为紧张的地区，作物产量差距削减的速度较快，留下的提升空间也极其有限。以中国和埃及为例，主要粮食作物的生产潜力已经接近最大值。

7.3.2　农业用水现状和发展趋势

过去 50 年，全球农业用水快速增长（Comprehensive Assessment of Water Management in Agriculture，2007）。水利基础设施(大坝和大型地表灌溉系统)以及民营和社区取水设施(如地下水抽取系统)的发展，支撑了粮食稳定增长，确保了粮食自给和避免饥荒。尽管全球人口从 1950 年的 25 亿快速增至 21 世纪初的 65 亿，但粮食生产的增长率远远超过了人口增长速率(WWAP，2006)。在此期间，全球尤其是亚洲，灌溉面积翻番，农业用水量增长了 3 倍。目前，全球灌溉面积达到 2.75 亿 hm²，覆盖了 20% 的耕地面积，灌溉的粮食产量占全球总产量的 40%(见地图 7.5)。

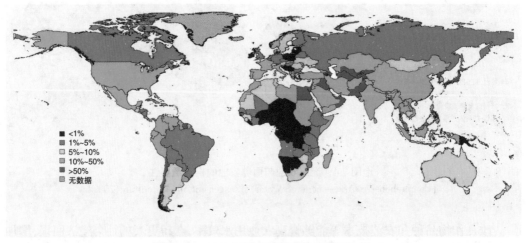

地图 7.5　2003 年配备灌溉设施的农田比例

农业生产的发展导致大多数国家的粮食价格在近 30 年呈下降趋势(见图 7.6)，这个趋势一直持续到近期。现实生活中，最近的粮食价格降至历史最低水平，很多国家的消费者在支出同等食物费用时可以吃得更好。目前，发达国家居民的食物支出仅占家庭收入的很小一部分，但对发展中国家的穷人来说，食物支出占到总收入的 80% 以上。

粮食价格下降，农业生产力提高，贸易和市场改善，粮食短缺和饥荒的风险显著降低，这些因素也会造成农业投入下降，尤其是灌溉投入，造成了公共灌溉系统的疏于管理，以及灌溉农业增长的停滞或有所下降。

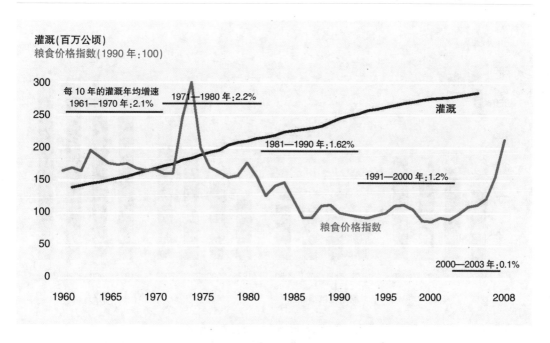

图 7.6　随着灌溉发展,粮价下降 30 年后又开始上涨
(Comprehensive Assessment of Water Management in Agriculture,2007;FAO FAOSTAT)

7.3.3　未来农业用水

由于人口和粮食需求持续增长,未来农业生产用水的压力逐渐增大,尽管增幅有所放缓。农业用水仍然面临与其他部门用水的竞争,缺水地区特别是城市中心地区的农业用水份额将减少。

全球粮食需求的增长和人口增长相似, 增长速率将从 20 世纪最后 10 年的 2.2%/年降至 2015 年的 1.6%,2015—2030 年的 1.4%,和 2030—2050 年的 0.9%(FAO,2006b)。全球增长数据掩盖了地区间极大的差异性,发展中国家的增长速率远高于发达国家。尼日尔的人口增速全球最高,人口总数将从 2000 年的 1070 万增至 2050 年的 5300 万。人口增速高且农业资源有限的国家,粮食短缺将加剧并对经济和粮食安全带来严重影响。

水资源已经成为越来越多地区灌溉农业发展的限制性因子,与此同时,河道还需下泄一定流量保证或恢复环境服务,这将加剧了地区粮食生产用水的紧张局面。在中东,当地已不能粮食自给,只能依靠增加粮食进口。

用水紧张的部分原因与动物饲养有关(见图 7.7)。肉类生产用水是谷物生产的 8~10 倍。随着奶制品和肉制品消费量的增加,饲料作物产量急剧上升,其后果是降低了其他作物产量。伴随着生活标准的提高和城市化进程的加快,肉制品和奶制品的消费量还将持续上升,过去十年,中国增长了 3 倍。

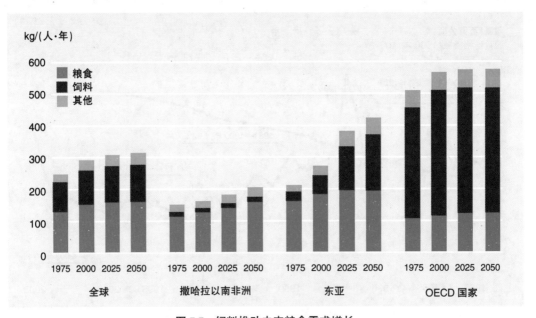

图 7.7　饲料推动未来粮食需求增长
(Comprehensive Assessment of Water Management in Agriculture, 2007)

最新预测研究表明,1998—2030 年,全球灌溉面积的年均增速为 0.6%,而 1950—1990 年的年均增速为 1.5%。相同时间内(1998—2030 年),由于农业生产力的持续增长,13%的新增取水获得了 36%的粮食增产(FAO,2006a)。植物和动物育种,以及生物技术等极大地提高了粮食产量,节约了生产费用,转基因作物抗药性的增强降低了杀虫剂用量。普通谷物如小麦、玉米和大米的产量在 1960—1980 年获得极大的增长,这种增长未来已几乎不可能实现了。

7.3.4　农产品价格影响农业用水

很多国家都需增加和确保粮食自给,全球遭受饥饿的人口数量依旧庞大,但主要集中在南亚和撒哈拉以南的非洲等地区(FAO,2006b)。近期主要农产品价格上涨导致全球饥饿人口数量从 8.5 亿增至 9.63 亿。2007 年 9 月至 2008 年 3 月,国际市场的小麦、玉米、大米和其他谷物价格平均上升 41%。粮食价格的增长始于 2000 年,初期的增长速率不像现在这样如此迅速。高价值农产品需求的增加导致了肉制品和奶制品的价格飙升。从 2000年初到 2008 年中期,黄油和牛奶的价格翻了 3 倍,家禽价格上升了 2 倍。

2007 年和 2008 年主要粮食和饲料产品价格的飙升是下列因素综合作用的结果:新兴市场经济体肉和奶制品需求的长期增长、主要粮食作物库存的快速下降、粮食出口大国遭遇极端气候等。这些因素的影响还可能因 OECD 国家的生物能源刺激性生产和粮食贸易保护主义等放大(FAO,2008c)。受益于全球粮食生产前景改善、经济增速放缓和油价下降等,农产品价格自 2008 年中期后开始下降。未来粮食价格趋势仍不明朗,联合国粮农组织(FAO)估测,市场供不应求和较高的生产投入将使得粮食价格比以往起伏更大(FAO,2008c)。这种形势对生产者和消费者均会造成伤害。最后,发展中国家的国内粮食价格走势并不跟随国际市场粮价下降的趋势,很多地区的主要大宗粮食价格仍然较高。

粮食价格上涨对消费者的影响因国家和消费群体不同而存在差异。与高收入国家相比,低收入国家的消费者面对粮食价格上涨时更加脆弱,这是因为他们收入的 50%~75%用于食物支出(Worldwatch Institute,2008)。因此,粮食价格上涨对穷人的伤害最大。粮食价格维持高位运行的话,农业投资包括灌溉用水的开发利用也会增加。如果采取合适的政策,高位运行的粮食价格对小农意味着机遇(FAO,2008c)。

7.3.5　生物能源影响农业用水

生物能源指从生物质如谷物、糖类作物、油料作物、淀粉、草本和木本纤维素,以及有机废物等获得的能源。生物能源仅占总能源的一小部分,此处讨论生物能源,是因为生物能源具备取代化石燃料的潜力,且生物能源的原料也可用于生产粮食(见第 3 章)。

7.3.5.1　生物能源现状和未来趋势

生物能源占总能源供给的 10%,用作生物能源的生物质绝大多数(80%)来自木头、动物粪便和农作物秸秆等。生物能源在很多发展中国家具有重要地位,商业或现代生物能源的 2/3 通过新鲜植物原料和有机废物生产。大约 5%的生物质用于生产运输用的液态生物燃料,提供了全球大约 2%的交通用燃料。

寻求能源自主、油价上涨和 OECD 国家对温室气体问题的关注是近年来交通用生物能源快速发展的原因 (Müller 等,2008;de Fraiture,Giodano 和 Yongsong,2007;OECD 和 FAO,2008)。利用甘蔗、玉米、甜菜、小麦和高粱生产的生物乙醇产量,在 2000—2007 年增长了 3 倍,预计 2008 年将达到 770 亿 L(OECD 和 FAO,2008)。巴西(采用甘蔗)和美国(采用玉米)是主要的生物能源生产国,产量占到全球供应量的 77%。利用油菜籽、向日葵籽、大豆、棕榈油籽、椰子或麻风树籽等生产的生物柴油,产量在 2000—2007 年增长了 11 倍,其中 67%的产量来自欧盟。

2007 年,美国玉米产量的 23%,巴西甘蔗产量的 54%均用于生产乙醇。在欧盟,47%的植物油用于生产生物柴油,受此影响,欧洲各国需要进口更多的植物油满足国内消费需求。2008 年,美国、巴西和欧盟等主要经济体的汽油运输燃料市场中乙醇的市场份额分别为 4.5%、40.0%和 2.2%;生物柴油的市场份额则为 0.5%、1.1%和 3.0%(FAO,2008a)。

国际环境政策、国内政策和油价对未来生物燃料的需求影响最大。全球乙醇产量预计还会继续快速增长，并在 2017 年达到 1270 亿 L，新增产量主要集中在美国、巴西以及欧盟和中国。全球生物柴油产量预计在 2017 年达到 240 亿 L(OECD 和 FAO，2008)。

全球传统生物燃料的生产潜力受制于适宜作物种植的土地和水资源，以及工艺成本。技术上看，2050 年乙醇和生物柴油的产量将达到 20EJ，能够满足交通部门 11% 的液态燃料总需求(Dornbosch 和 Steenblik，2007)。能源产量最高的地区是热带甘蔗和棕榈油种植区。

7.3.5.2　粮食作物需求增加对土地、水和环境的影响

生物燃料对土地和水资源的影响因当地农业气象条件和政策而异。对依赖灌溉进行的生物质生产，生物燃料的生产对淡水资源影响最大；如果是雨养农业，这一影响可忽略不计。对需要灌区农业来说，生物燃料生产的增加将导致其他作物用水份额的下降。

全球灌溉用水分配给生物燃料生产的数量为 44km³，大约占总灌溉水量的 2%(de Fraiture，Giodano 和 Yongsong，2007)。现有生产条件下，每生产 1L 生物燃料，大约需要 2500L 水(或 820L 灌溉水)，这个水量和生产每人每天所需食物的水量相当。生物燃料生产过程中，灌溉用水占总用水量的份额在巴西和欧盟可忽略不计，中国和美国分别为 2% 和 3%(de Fraiture，Giodano 和 Yongsong，2007)。在印度，甘蔗生产全部依靠灌溉用水，生产 1L 乙醇大约需要 3500L 水。生物燃料市场和农产品市场相互竞争，因为作物具有可替代性，所有作物的生产要素一样，均需竞争土地、化肥和灌溉用水，农户一般选择种植投资回报率最高的作物(Dornbosch 和 Steenblik，2007)。

实施全球范围内的生物燃料政策和规划，将占用 3000 万 hm² 耕地和 180km³ 灌溉水量；尽管生物燃料生产用地和用水，仅占全部耕地面积和用水量几个百分点，但对有些国家(如印度和中国)以及大国(美国)的某些地区来说，影响是巨大的。生物燃料生产将对水资源利用带来深远的影响，并反馈到全球粮食市场。生物燃料的生产用地和用水数量取决于农作物和农业系统(见表 7.2)。非洲的民间部门在利用土地和灌溉计划生产生物燃料作物方面表现出强烈兴趣。

OECD 发现，生物燃料发展可能对环境和生物多样性造成额外压力 (Dornbosch 和 Steenblik，2007)。生物燃料减缓气候变化的效应很复杂，因作物类型和农业系统而异。与汽油和矿物柴油相比，巴西采用甘蔗生产乙醇，瑞士和瑞典在生产纤维素时获得副产品乙醇。采用动物粪便和厨房废油生产生物柴油等能够降低温室气体排放。研究推断，与化石燃料相比，生物燃料工艺能够减排 40% 的温室气体。但当考虑土壤酸化、化肥施用、生物

多样性下降、农业杀虫剂的毒性等影响时,乙醇和生物柴油的环境影响可能会超过石油和矿物柴油。但采用木质生物质生产生物燃料是个例外,对环境的影响小于汽油。一个较为关键的问题是如何确保生物燃料生产的可持续性,要想获得答案,需要在一个生命周期内论证生物燃料生产的环境和社会标准相符性 (Zah 等,2007;Dornbosch 和 Steenblik,2007)。

表 7.2　灌溉和雨养条件下不同类型生物燃料作物及其生产需水量(Müller 等,2008)

作物	能源产品 (能量密度:生物柴油为 35MJ/L,乙醇为 20MJ/L)	年产量 (L/hm²)	雨养或灌溉	蒸发量 (L/L 燃料)	灌溉水量 (L/L 燃料)
甘蔗	乙醇(来自糖类)	6000	灌溉	2000	1000
甜菜	乙醇(来自糖类)	7000	灌溉	786	571
木薯	乙醇(来自淀粉)	4000	雨养	2250	/
玉米	乙醇(来自淀粉)	3500	灌溉	1360	857
棕榈油	生物柴油	5500	雨养	2360	/
菜籽	生物柴油	1200	雨养	3330	/
大豆	生物柴油	400	雨养	10000	/

7.3.6　气候变化对农业用水的影响

农业生产过程随着气候变化加剧越来越复杂。农业生产过程中,甲烷和氮氧化物的释放促进全球变暖。土地利用变化(管理耕地和牧场等)被认为是气候变化的最佳减缓措施(IPCC,2007b)。农业对气候变化极其敏感,可以预见,半干旱地区的大面积耕地不得不适应低降水状况。

气候变化改变了水文节律和可利用水资源量(见第 5 章),这对灌溉农业和雨养农业均有影响(FAO,2008b)。预测显示,未来半干旱地区降水量减少、降水分布差异性更大、极端气候事件频率增加、气温上升,这些对低海拔地区的农业影响最大。撒哈拉非洲以南,地中海流域半干旱地区的河道径流量和含水层补水量(见第 11 章)未来将显著减少,严重影响水资源开发利用(见专栏 7.5)。

干旱和洪涝灾害频率增加将损害作物生产和牲畜蓄养,这些影响将比预测来得要早(IPCC,2007a)。气候变化看似不能威胁全球粮食生产,但改变了农业生产潜力的分布。大多数谷物产量的增加集中在北半球,对这些地区来说,尤其是低海拔洼地地区(IPCC,2007c),更加频繁和严重的干旱和洪涝将削减当地作物产量。发展中国家一些人口密集的农业系统,也将陷于气候变化的危机。河道基流减少,洪水增加,海平面上升都将影响维持谷物稳定生产的灌溉系统。

　　农业生产的风险还存在于依赖冰川融雪的冲积平原(科罗拉多,旁遮普),特别是低洼三角洲地区(恒河和尼罗河)。表 7.3 列举了气候变化下农业系统的变化、脆弱性及适应性。

专栏 7.5　　　　近东地区的农业缺水和气候变化(FAO,2008b;IPCC,2000)

　　近东地区主要为干旱和半干旱地区,缺水十分严重。2030 年的该地区的农业产量预计在 2003—2005 年的基础上增长 60%,受需求增长刺激,2050 年的生产量将翻番。大多数农产品增长来源于产量增加和种植强度的提高。

　　灌溉极为关键,80%的粮食产量来自灌溉农业,灌区面积占总耕地面积的 1/3。到 2050 年,灌溉取水量将增加 29%,受缺水影响,水资源利用效率将从 2003—2005 年的 52%增至 2050 年的 66%。与此同时,灌溉取水量从 64%增至 83%,与全球平均值相比,这些指标都处于较高水平。

　　如果考虑气候变化的影响,并叠加降水和蒸发,那么未来的情况可能更加糟糕。这些变化第一层次的影响包括改变土壤湿度、地下水补给和径流。第二层次的影响为河道流量、地表水、湖泊和水库蓄水能力降低,灌溉用水和其他用水减少。在政府间气候变化双边谈判框架下,该地区可利用水资源量将从现状的 416km³ 降至 2050 年的 397km³,与此同时,灌溉取水量需要新增 20km³。总取水量将占地区可再生水资源总量的 92%,甚至更高。此外,还需考虑海水入侵和海洋含水层渗漏对农业生产的影响。

表 7.3　　　　　　　　气候变化对农业系统的影响(FAO,2008b)

系统	现状	气候变化	脆弱性	适应性
融雪				
印度	高度发达、水资源短缺、沙和盐限制	地表水和地下水补充经历 20 年快速增长后开始大量减少。改变了径流的季节性变化和洪峰。更多的降雨取代了降雪。洪峰流量和洪水总量增加。盐度增加,农业生产力下降	高(河道流量),中高(水库)	适应能力有限(基础设施建设完毕)
恒河—布拉马普特拉河	地下水潜流大,存在水质问题,生产力低下		高(地下水位下降)	中(地下水开发仍有潜力)
华北	极度缺水,高产		高(全球影响,粮食价格)	中(适应性随着财力增加而提高)
红河和湄公河	高产,高洪水风险,水质较差		中	中
科罗拉多河	缺水,盐度较高		低	中(资源压力大)

续表

系统	现状	气候变化	脆弱性	适应性
三角洲				
恒河—布拉马普特拉河	人口密度大，浅层地下水广泛开发利用，能应对洪水，生产力较低	海平面上升、暴雨频发，基础设施损毁。东亚和东南亚气旋频发。地下水和河水的盐水入侵。洪水频率增加，地下水补给潜力增加	极高(洪水、气旋)	低(盐度例外)
尼罗河	严重依赖径流和阿斯旺大坝蓄水，对上游水资源开发敏感		高(人口压力)	中
黄河	严重气候缺水		高	低
红河	灌排系统昂贵		中	高(盐度例外)
湄公河	适应地下水利用，对上游水资源开发敏感		高	中
半干旱和干旱热带地区:融雪和地下水有限				
季风：印度次大陆	生产力低，流域地表水和地下水过度开发	降雨量增加，降雨差异性增加，干旱和洪水增加，高温	高	低（地表水灌溉）；中(地下水灌溉)
非季风：撒哈拉以南非洲	土壤贫瘠，有些地方水资源和人口矛盾突出，粮食不安全	降雨差异性增加，干旱和洪水增加，高温，径流减少	极高(雨养农业产量下降，农作物产量变化剧烈)	低
非季风：澳大利亚西南	昙花一现的水系；水资源过度分配；其他部门用水竞争		高	低
潮湿的热带地区				
大米:东南亚	地表水灌溉，生产力高但停滞不前	降雨增加，气温升高，降雨偶然性增加，干旱和洪水增加	高	中
大米:华南	联合使用地表水和地下水，与华北相比，产出较低		高	中
地中海地区				
南欧	水资源压力增加	降雨量低，气温高，水资源压力增加，径流减少，地下水储量下降	中	低
北非	高度缺水		高	低
西亚	水资源压力巨大		低	低
小岛				
小岛	生态系统脆弱，地下水枯竭	海平面上升，咸水入侵，气旋和飓风增加	高	变化

绝大多数粮食不安全地区，特别是撒哈拉以南非洲和印度半岛，主要依靠雨养农业。这些地区农业产量的下降将带来多重影响，包括丧失生计的人口数量增加，农村人口迁移，增加全球粮食市场需求，对灌溉生产增加压力等。

径流量变化将影响河流和含水层的可利用水资源量，对水资源紧张地区构成新的负担。此外，随着径流下降，气温上升和降水减少将增加灌溉地区的作物需水量。因此，气候变化对灌溉用水的影响巨大(IPCC，2007a)。

对依赖高山(安第斯山、喜马拉雅山和落基山等)冰川供水的大型灌溉系统来说，气候变化造成高径流时段向早春转移，但此时灌溉需水量很低(见第 12 章)(Bennett，Haberle 和 Lumley，2000)。这些变化将形成新的水利基础设施需求，以应对河流径流量的变化。印度尼西亚经验表明，气候变化能够影响天气条件，造成现有农业和作物系统难以持续(见专栏 7.6)。

| 专栏 7.6 | 蓄水对印度尼西亚稻米生产的影响 |

印度尼西亚的很多极端气候事件，特别是干旱，与南部厄尔尼诺现象有关。和正常年份比，厄尔尼诺年份旱季结束得要晚，而拉尼娜年份则要早。厄尔尼诺和拉尼娜年份的旱季降水量分别显著减少和增加。在季风期，印度尼西亚东部的干旱通常持续很长时间。

历史数据表明，印度尼西亚的稻米生产在极端气候事件中极其脆弱。在厄尔尼诺年，干旱造成大米产量锐减，与1980—1990 年相比，1991—2000 年的稻米产量下降了 3 倍。尽管降水量可能增加，但气候变化下，巴厘岛和爪哇岛的雨季缩短，这些地区也将暴露在高洪水和干旱风险中。这对赤道北部地区来说，情况刚好相反。

降水模式和雨季长度的改变对农业部门和农作物生产具有重要意义。印度尼西亚的水稻主产区，水稻种植一般是一年两季。第二季水稻种植严重依赖灌溉水源，在极端干旱年份，灌溉用水不足将造成严重减产。气候变化背景下，干旱变得更加频繁，继续维持这种种植模式将造成农民更加频繁的欠收。

7.3.7　农业用水管理

在减少农业用水负面影响的同时，应尽可能生产足够多的粮食及其他农产品，以满足日益增长的粮食需求 (Comprehensive Assessment of Water Management in Agriculture，2007)。但如果这样做的话，可能需要改变全球部分地区的粮食生产条件和环境条件。为应对未来 50 年的水资源挑战，有必要结合水资源供需管理方面的措施。不过，最棘手的难题就是采用水资源利用负面影响最小化的方式管理新增供水，如果可能的话，还应提高生态系统服务和水产品产量,这样便能同时增加粮食产量和减少贫困。

对保护和恢复健康的生态系统而言,在雨养、灌溉、畜牧养殖和水产养殖等系统进行农业用水管理综合评价具有重要意义 (Comprehensive Assessment of Water Management in Agriculture,2007)。水资源管理方面还需做出更大改善,尤其是农民。新兴市场经济体中,农户用水行为不仅受农业政策影响,还与水量分配的资金限制,以及当地治理污染和环境破坏的努力密切相关。过去10年,中国在提高水资源利用效率方面取得显著进步,在不新增农业用水的情况下,水资源利用效率提高了约10%(见专栏 14.20)。

改进农业用水管理包括减少灌溉用水浪费。农业灌溉的用水效率和效益均较低。作物有效利用的水量仅占农业取用水量的37%,大量未利用的水资源通过退水流入河流和含水层,被下游用户利用。灌溉用水的净损失水量可能也没有想象中的高,增加灌溉用水效率的目标也通常被高估(见第8章)。

仅降低灌溉水量损失并不能实质性地影响水资源利用。大型灌溉计划还需提供其他服务,如饮用水供给、洗浴、游泳、钓鱼和牲畜养殖,节水可能会影响其他用户的用水。因此,农业水资源管理也需采用多用途管理策略。

技术进步能够影响所有类型的灌溉系统(见第3章)。好的技术不一定是新的、昂贵的或者先进的,而应该是更适应农业生产、管理体制、农民需求,且应具有维持正常运行的资金和经济支撑能力。这需要进行很好的规划和技术组合,也需要进行管理和体制方面的安排。技术创新主要集中在以下3个领域。

- 灌溉系统:各种尺度表灌系统的水位、流量控制和蓄水量管理。
- 农场:蓄水、灌溉用水的再利用、人工或机械提水、精准灌溉技术如喷灌和微灌。
- 部门:城市和农村的废水综合利用。

灌溉系统发展过程中,外部因素对灌溉用水效率的影响大于灌溉需水管理。未来,农业将以市场为导向进行服务,将在作物产量和精准灌溉方面取得长足进步。这些都有利于采用有压灌溉降低灌溉用水的损耗 (Comprehensive Assessment of Water Management in Agriculture,2007)。

7.4 工业和能源用水

随着经济快速发展,工业和能源用水大幅增加,新兴市场经济体的水资源利用模式也发生了较大改变。工业和能源用水量占总用水量的20%。由于很多行业用水自给自足或直接从城市供水系统(很难从生活用水中分离)取水,因此工业和能源的真实用水量可能高于20%。

7.4.1 工业用水

工业用水方式包括清洗、加热和冷却、产生蒸汽、输送溶解性或颗粒性物料、原材料、溶剂以及产品组分(如饮料加工)等。工业用水量较小，不足总取水量的 10%，但各种行业的用水效率存在较大差异。与取水用于生产相比，工业废水排放和污染等对水资源的影响更大。

国家工业生产指数(规模、产值和就业人口等)与总用水量之间没有明确的相关性。决定工业需水量的首要因素是产业结构、工业过程及各部门水资源重复利用情况。不同工业部门的水质和水量均不同(见表 7.4)，高技术产业的用水标准甚至高于饮用水。

表 7.4　　　　　每吨工业产品的耗水量(单位：m³/t)(Margat 和 Andréassian，2008)

产品	耗水量(m³/t)
纸	80~2000
糖	3~400
钢铁	2~350
石油	0.1~40
肥皂	1~35
啤酒	8~25

供水质量下降、供水成本上升，以及严格环境排放标准都能提高工业用水效率(www.globalreporting.org/)。工业用水生产力(工业取水量与工业产值之比)是评价工业用水效率的综合性指标。总体来看，工业用水强度(即单位工业增加值的用水量)在提高。然而，工业用水仅与一个国家的工业化水平部分相关，即便都是高收入国家，工业用水生产力也存在巨大差异。例如，丹麦的工业用水生产力为 138 美元/m³，而美国则不到 10 美元/m³(见图 7.8)。

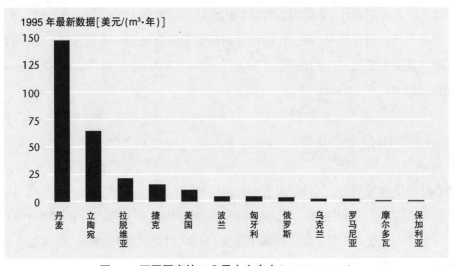

图 7.8　不同国家的工业用水生产力(UNIDO，2007)

发达国家的工业用水量经历了 1960—1980 年的上升后,逐渐趋于稳定,有些国家甚至开始下降。导致这一现象的原因为,用水效率增加和能源转型后,工业产量不断增加,绝对用水量出现了下降(WWAP,2006)。在东欧,工业需水量随着生产工艺进步和工业结构调整逐渐下降(Somlyódy 和 Varis,2006),而在新兴市场经济体,随着地区制造业产量的快速增长,工业需水量也在逐渐上升。

有些行业如旅游业,水资源利用呈现出较大的季节性变化,导致海岸、岛屿和山区等地区在用水高峰季节出现供水困难。研究发现,在地中海地区,旅游需水的增加造成地区总需水量上升了 5%~20%(见专栏 7.7)。

专栏 7.7　　地中海沿岸地区旅游需水(Blue Plan,MAP 和 UNEP,2005,2007)

2000 年全球 3.64 亿人选择地中海地区为旅游目的地, 这个数字在 2025 年将达到 6.37 亿。

旅游需水方面的数据比较有限,这是因为国家统计时很少区分生活用水和旅游用水。旅游业年均新增用水相对温和,2006 年塞浦路斯为 20%,1995—2000 年马耳他为 5%,2003 年突尼斯为 5%。

对规划和管理者来说,日均需水比年均需水更有意义,这能显示用水高峰出现的时间和所需水量等信息。旅游业的日均需水总体上高于当地居民用水。旅游业存在一些季节性、需水量很大的服务和休闲活动,比如高尔夫。

旅游需水很多情况下发生在农业需水高峰期, 此时水资源量最低。为满足这些高峰用水量,需要扩大饮用水生产或改变水资源分配,增加废水收集和处理等基础设施。很多地方,旅游业供水依赖海水淡化,这种情况在塞浦路斯、巴利阿里群岛,马耳他,突尼斯和某些希腊岛屿相当普遍。

7.4.2　能源用水

能源与水有着千丝万缕的联系。水是能源开发利用的重要组成部分,被用来冷却和发电(见图 7.9),水资源自身也通过建库发电和蒸发等被动消耗。地中海行动计划显示,22个国家的水库总蒸发量达到 24km³/年, 差不多等于阿根廷年用水总量或者埃及用水总量的一半(Blue Plan,MAP 和 UNEP,2007)。对水力发电、波浪或潮汐发电来说,水作为介质将动能转化为电能。在热电、核电和生物能源生产冷却过程中,水同样被动地扮演了重要角色。能源需求是水资源开发和农业发展的重要推动力,并对淡水资源的数量和质量造成前所未有的压力。

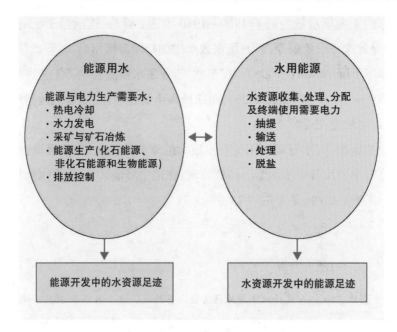

图 7.9　能源与水的内部联系(DHI,2008)

能源对水资源抽取、输送、处理和利用十分重要。咸水脱盐也是一个能源消耗过程。和水资源一样,人口、经济、社会、技术过程以及消费模式同样能够影响能源。能源消费也潜在影响了气候变化(见第 5 章),威胁到水资源利用的可持续性。遏制温室气体排放方面日渐增加的压力和动力,促使人们趋向于选择类似水电这种清洁可再生能源。

7.4.2.1　水利部门的能源需求

能源费占到水资源输送和处理总费用的 60%~80%,达到水资源使用总成本的 14% (Global Water Intelligence,2007)。2005—2006 年,英格兰和威尔士的水与废水处理公司共消耗 7700GW 电能,合计电费 6.32 亿美元,是最大的非人力支出项目(Dornbosch 和Steen-blik,2007)。因此,水资源保护和高效利用,不仅对水资源有利,还是重要的能源保护方式。

20 世纪绝大多数的水资源开发都是在水价和能源价格较低的背景下进行的。全球很多地区至今仍在提供大量能源补贴。农村电力补贴极大地提高了灌区的农业生产力,并让灌区成为了地表水短缺地区。通过电力或燃料提供的能源,与廉价抽水技术一起,极大地改变了农业用水管理模式。能源补贴可能会造成很多农业灌溉地区的地下水超采。合理使用津贴能够实现重要社会经济目标,但寻求一个平衡非常困难,因此有必要提高津贴的使用效益,保证受益人群能直接领取津贴。

能源价格越来越不稳定,研究未来能源价格和市场对水资源利用、生产模式和用水成本的影响十分重要。除影响生产成本外,能源价格的提高可能影响相关领域的投融资,从农业到商业,能源价格的影响存在显著差异。能源价格的提高将增强高效益部分的投资意愿,但会降低整个部门的投资,并潜在影响粮食生产。能源价格对水资源利用还存在一些间接影响,比如提高水资源的输送成本。

7.4.2.2　水力发电

能源行业冷却用水是主要的工业用水, 冷却水的蒸发损失水量占总取水量的 5% 左右。核电站冷却水排放需要充足的河道流量进行降温,以减缓温水排放对生态的不利影响。因此,冷却用水虽不直接用于生产,但也需要大量的河道用水。

水力发电需要大量的水资源,与农业用水或生活用水不同,发电本质上并不消耗水资源,水流通过水轮机后再次回到河流。然而,水库的蒸发量相当惊人,水力发电也不能说完全不消耗水资源。

图 7.10 评价了美国 19 个电站的用水效率, 结果发现不同发电工艺的水资源利用效率差异较大,提高水电站的水资源利用效率仍然存在空间。

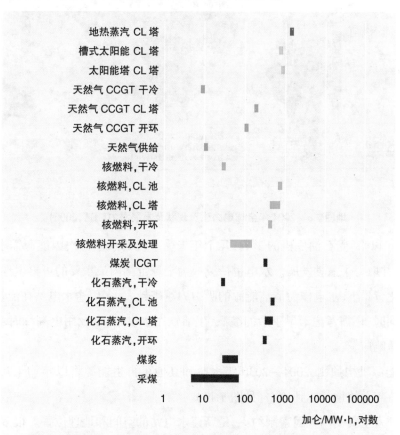

注:CL 为闭环冷却, CCGT 为燃气轮机联合循环, ICGT 为整体煤气化联合循环。

图 7.10　2006 年美国不同发电工艺的水资源消耗情况(US Department of Energy,2006)

7.4.2.3　水电现状和发展趋势

20 世纪 90 年代以来，水电占全球总电力供应的 20%，这一比例相当稳定(ICOLD,2007)。水电站遍布全球(见地图 7.6)，改变了全球很多地区的自然水流状况。第一批大型水电站主要建设在挪威、瑞典、瑞士、加拿大和美国。目前运行的全球最大水电站是位于巴西和巴拉圭之间的伊泰普电站,装机容量达到 14000MW,水电也贡献了巴西 90%的电力供应。

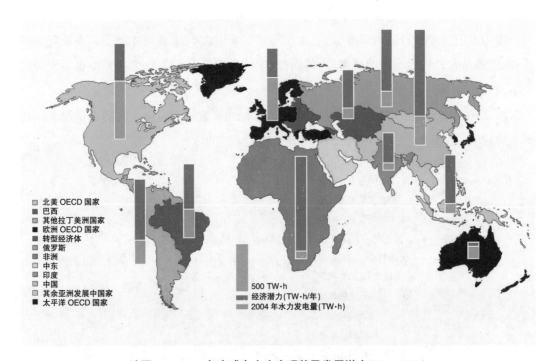

地图 7.6　2004 年全球电力生产现状及发展潜力(IEA,2006)

1970 年以来,受石油危机的影响,几十年未受重视的水电再次因能源需求列入各国议事日程,并取得了蓬勃发展。水电也持续成为全球范围内最重要的可再生经济型能源,在气候变化背景下,水电作为清洁能源的吸引力越来越大。多用途水电站在流量调控和洪水管理的同时,还需考虑干旱季节的灌溉、生活饮用水供给,以及用电高峰时对电位需求波动的快速响应。

国际能源机构预测,2004—2030 年水电和其他可再生能源将以年均 1.7%的速率增长,到 2030 年总体增长达到 60%(见图 7.11)。

水电开发主要受两大因素制约:一是新建水电站的空间和地理位置。很多发达国家,包括澳大利亚、美国和大多数西欧国家,适宜的新建水电站的站址已全部开发完毕。二是是投资能力(包括可用的资金)、大坝的社会和环境影响、电站的争议等。

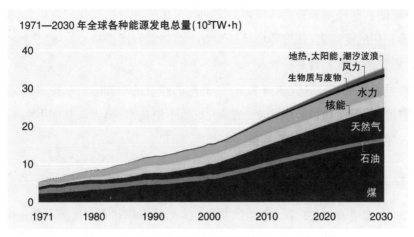

图 7.11 2030 年可再生能源仅占能源总需求极小部分(IEA,2008)

7.4.2.4 油价和能源的选择

未来一段时间内,石油和天然气价格将持续波动,这在一定程度上将促使可再生能源的利用,并对环境有利。可再生能源与化石能源相比,尽管经济优势不明显,但政府使用可再生能源的政策动机将会增强。可再生能源占全球总电力供应的份额将轻微下降,从 2004 年的 19%降至 2030 年的 16%,这是因为可再生能源电厂的投资仍然高于燃煤或燃气电站,煤和天然气的发电量增长超过了可再生能源。

在能源生产和水资源利用之间存在复杂的局部竞争局面。高收入国家的人均商业能源消耗达 5500kg 石油当量,远高于低收入国家的 200kg 石油当量(World Development Indicators database)。无论采用何种发展战略,发展中国家的能源消费量未来都将增加,因此能源开发仍然存在较大挑战。此外,要想实现水电可持续开发,不得不关注其环境和社会影响与对策,包括调控大坝下泄流量,优化下游用水,减少大坝对水生态系统的不利影响。类似的,扩大热电规模需要冷却水,但也需要合理排放温水。

新的挑战将对能源和水资源均产生影响。最明显的挑战就是气候变化。随着政治压力越来越大,未来数十年很多国家将采取更多措施和行动应对温室气体排放,这将改变能源生产格局。然而,国际能源机构《全球能源指南(2007)》预测,化石能源仍然占新增能源需求的绝大部分(IEA,2007)。与此同时,作为致力于减缓气候变化的一部分,水电开发前景光明。

7.5 河道内用水

淡水生态系统为维持人类生存和发展提供了广泛的服务,其中一些服务极其宝贵。然而,生态系统的有些环境服务尚未获得足够的政策关注。因此,要想转变观念,将环境视作人类水资源利用的受害者,并把环境可持续置于可持续发展的核心位置,仍然面临较大挑战(具体讨论见第 6 章和第 9 章)。

航运对世界发展和地区交流极为重要。其他的经济活动如渔业和畜牧业,也离不开河道内的水资源。娱乐活动如滑水和皮划艇等,虽然不消耗水,但当与其他用水不兼容时,也需要下泄一定水量维持河道最低流量。

7.5.1　航运用水

全球 25 个大型城市、25 个大型生产基地、25 个最繁华和人口最稠密的地区均位于海滨(BVB,2008)。这种状况已存在了 2000 年,大约在公元前 3300 年,内河航运已成为印度河流域文明的一部分。当今,全球很多大河航运发达,不过航道的发展已远远落后于许多大规模的河岸整治和大坝建设。全球 230 条主要河流中,为了改善内河航运,60%的河流不同程度地被大坝、堤防和疏浚等改变(WWF,2008)。然而,很多河道的内陆航运仍然欠发达 (见地图 7.7)。内河航运最发达的为中国, 总通航里程达 11 万 km,居世界第一(BVB,2008)。

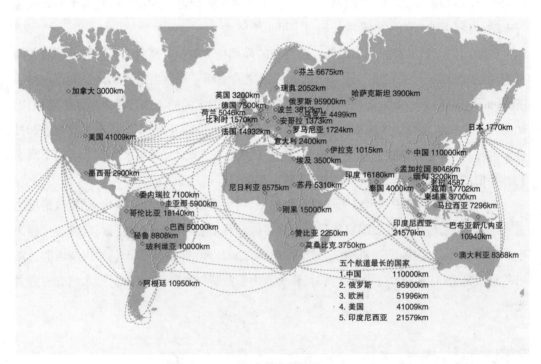

地图 7.7　2007 年全球重要航道(BVB,2008)

对改善贸易和地区交流而言,内河航运是最廉价和最清洁的运输方式,对发展成熟的经济体贡献较大(PIANC,2008)。内河航运能够有效地远距离运送大宗商品物资。密西西河上,30万t以上的货船(载货量相当于30列车或110辆卡车)如过江之鲫;在多瑙河和莱茵河,23m宽和135m长的集装箱船队能够推进相当于6艘万吨级的货船载货量,每艘约64m宽和270m长。

发展内河航运会导致河道发生不可逆的改变,并对脆弱种群和生态系统带来不利的负面影响,比如螺旋桨导致的鱼类死亡,及水位消落后的幼虫搁浅等。航运对西欧莱茵河的河道改变最有名。为实现莱茵河880km连续通航,建设了450座大坝和数千千米的河堤,结果河道蜿蜒性丧失,整个河道长度缩短了25%(WWF官网)。

7.5.2 渔业和水产养殖用水

内陆渔业是农村地区大多数穷人的重要经济活动 (Comprehensive Assessment of Water Management in Agriculture,2007),能够显著地、至少局部地促进经济发展,推动减贫,提高饮食中蛋白质比例和保障食品安全(Béné,Macfayden和Allison,2007)。评估渔业的经济贡献比较困难,这是因为许多渔业活动尚不属于经济范畴(FAO forthcoming)。对小规模渔业来讲,数据比较零散,难以进行分门别类的细致分析,但案例研究还是可以的(Béné,Macfadyen和Allison,2007)。表7.5总结了渔业在国民经济中的一些通用指标。

表 7.5 主要渔业经济体的内陆和海洋渔业对出口、每日蛋白供应和就业的贡献(Thorpe等,2005)

经济体	农业出口占比(%)	每日蛋白供应占比(%)	从业人口占比(%)
阿根廷	7	4	0.08
孟加拉国	76	51	1.90
巴西	2	4	0.37
智利	39	9	0.82
厄瓜多尔	31	8	3.29
印度	22	13	1.35
马来西亚	3	37	1.07
墨西哥	9	7	0.64
摩洛哥	58	16	0.90
巴基斯坦	12	3	0.52
秘鲁	62	20	0.68
菲律宾	23	41	3.16
泰国	38	40	0.95
越南	40	34	2.45
平均	30	20	1.30

国家层面上看,内陆渔业可从多个方面影响 GDP,获得税收和外汇收入。在孟加拉国,内陆渔业贡献了全国 80%的外汇收入和 50%的日蛋白供应。大多数渔业出口国发展水产养殖(Thorpe 等,2005),坦桑尼亚的内陆渔业上缴税收 690 万美元,占出口总税收的97%。2002 年,乌干达维多利亚湖的尼罗河鲈鱼出口额占到总出口收入的 17%(Wilson,2004)。

家庭层面上看,内陆渔业是维持生计的关键,不仅直接或间接为发展中国家的近 1 亿人提供就业机会,还是穷人从事捕捞和贸易等安全度较高的经济活动。就业人口的统计暂未考虑数亿短暂参与内陆渔业的人群。非洲的男性包括男孩,农闲时在水库或河流从事季节性渔业活动(Sana,2000)。在柬埔寨的洞里萨湖地区,成千上万的家庭同时从事种植和渔业(Ahmed 等,1998)。洪水季节,在男性带领下,印度洪泛平原地区 70%~80%的家庭的妇女、儿童和老人在水体或水道(如灌溉渠道)边缘偶尔从事渔业活动(Thompson 和 Hossain,1998;Hoggarth 等,1999)。

过去 40 年,鱼产品消费发生了较大变化。全球鱼类捕捞量和水产养殖产量持续稳定增长(见图 7.12)。全球人均鱼类消费量从 20 世纪 60 年代的 9.9kg 增至 2006 年的 16.7kg(FAO forthcoming)。然而,所有地区并非同步增长,过去 30 年,撒哈拉以南的非洲的人均鱼类供应量几乎不变,而东亚(主要是中国)、东非和北非则急剧上升。

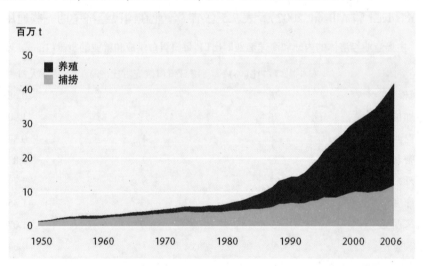

图 7.12　近年来全球淡水鱼类产量快速增长(FAO forthcoming)

与 20 世纪 80 年代中期水平相当,2005 年鱼类占总蛋白摄入量的比例为 7.8%。1961—1989 年,内陆渔业对总蛋白摄入量的贡献为 6.5%~8.5%。此前因摄入其他动物蛋白增加,导致这一比例逐渐下降。过去 40 年,低收入缺粮国家的鱼类消费量在增加,特别是 20 世纪 90 年代中期以后(1993 年后年均 1.3%),但人均鱼类消费量仍然不足发达工业国家的一半。鱼类消费水平较低,2005 年鱼类仅占全部动物蛋白摄入量的 20%。考虑到一些生计类渔业的贡献,这个值可能高于官方统计值。鱼类对全球很多地区的饮食改善都有贡献,对饮食多样化和营养补充也十分重要,鱼类能够提供高价值蛋白、多种基础性微量元素、矿物质和脂肪酸等营养。

2006 年,内陆渔业产量超过 1000 万 t,内陆捕捞渔业占全球捕捞渔业总量的 11%。尽管内陆渔业远低于海洋渔业,但鱼类和其他内陆水生动物在世界很多地区城市和农村居民饮食中的作用仍然不可替代,尤其是发展中国家。因人口和文化原因,不同地区的渔业开发水平差异较大(见图 7.13)。尽管一些国家的统计水平在提升,但收集准确的内陆渔业信息仍然十分困难且代价高昂,很多政府至今尚未收集这些信息或掌握内陆渔业资源现状。

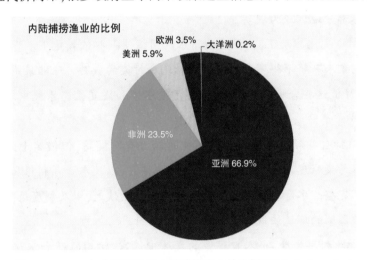

图 7.13　2006 年全球各地区内陆捕捞渔业的比例(FAO,forthcoming)

水产养殖对鱼类消费的平均贡献从 1996 年的 15% 增至 2006 年的 47%,在未来 10 年有望达到 50%。水产养殖提高了几种淡水鱼类(罗非鱼和鲶鱼)和高经济价值物种(虾、鲑鱼和贝类)的消费量。20 世纪 80 年代中期以来,上述物种逐渐从野生发展为水产养殖,伴随着价格持续下降和商业化,水产养殖呈现强劲增长。通过为国内消费者提供廉价淡水鱼类,水产养殖改善了一些发展中国家,尤其是亚洲国家的食物安全状况。鱼类需求具有价格弹性,当鱼价保持稳定或下降时,有利于增加收入和促进饮食多样化,促使发展中国家消费更多的鱼类。随着人口和收入的增长、城市化和饮食多样化,未来鱼类消费有望继续增长。然而,管理不善的水产养殖也会造成严重水体污染,随着水产养殖活动的增加,这种问题日渐突出(Gowing,2006)。

水生态系统(包括稻田)支撑着捕捞渔业和水产养殖。如果生态系统受损,鱼类数量将下降。缺水导致生态流量不足时,鱼类也将面临致命损害。因此,健康的捕捞渔业是衡量生态系统是否健康的一个重要指标。

第8章

水资源利用的生态环境影响

● 通过影响水量和水质，不同方式和强度的人类活动改变了环境中水的角色。在有些地区，对具有重要经济价值水资源的消耗和污染已积重难返。未来缺乏可靠水源已经在全球部分地区成为现实。

● 在农村电气化推动下，高强度地下水利用促使一些依赖地下水资源的经济体迅速崛起，它们未来将不得不面对含水层枯竭和污染的威胁。除非采用新的管理方法，否则要想降低这些含水层开采量、修复污染水体和恢复生态系统中地下水，看起来相当遥远。

● 人类维持自身赖以生存的生态环境的能力有所提高，但仍然十分有限，这是因为我们对水污染程度及其影响、受损生态系统恢复，以及水资源利用和管理等的认识不深入和不完整。水资源利用的环境负面影响监测缺乏，以及制度缺陷等因素，造成很多发展中国家的环境法规和监管难以有效执行。

● 在水资源利用强度高、人口稠密的发展中国家，污染负荷和水质变化的数据信息十分缺乏，污染活动对人群健康和生态系统的很多重要影响仍未被报道。然而，有迹象表明，污染风险可以减缓，环境恶化的趋势正在好转。

减缓水资源开发负面影响的进展十分缓慢，快速经济增长对资源造成了新的更大压力。大量证据表明，水量和水质退化，河道干涸、含水层和流域地下水枯竭，农业化学品生物富集，鱼类富集重金属，水体富营养化和藻类水华，河道生境片段化，大坝泥沙淤积和营养物质拦截损失。上述很多影响由城市、工业和农业发展造成，这些经济活动在水资源利用和污染减缓方面没有明确责任和采取有效措施。水资源过度开采和污染是水资源开发者和污染者造成的，但这些人很少直接遭受这些行为带来的不利后果。内化这些影响看似是减少水资源滥用和水污染的有效措施，这些措施主要包括生态补偿激励、"谁投资、谁受益"和"谁污染、谁付费"等奖惩措施。

8.1　用水对水资源的影响

千百年来,人类逐水而居。随着社会经济发展,人类活动改变了海岸线、河流、湖泊、水库和湿地等系统。这些活动促进了粮食增产、城市和工业发展,导致城市用水量超过了供水量,因此不得不挤占和损害其他用水,包括农业用水和生态用水。

8.1.1 干扰影响:生态系统承受重压

8.1.1.1　缺水增加

当湖泊、河流或地下水含水层的取水量不足以满足人类和生态的全部需水时,缺水就会发生,各种用水间的竞争也会更加激烈(见地图 8.1)。越来越多的流域水量不足,难以满足全部用水需求,导致各种水资源用户间的竞争日趋激烈(见第 9 章)。

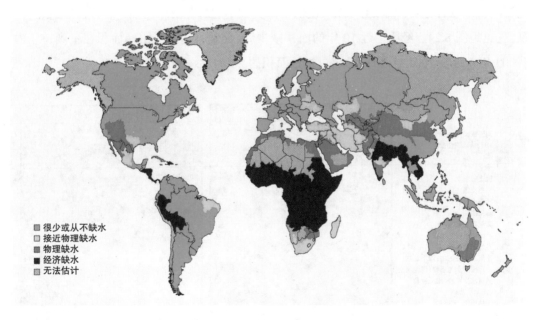

地图 8.1　缺水越来越严重(Comprehensive Assessment of Water Management in Agriculture,2007)

数据信息有限掩盖了局部或流域缺水实情。这在一些大国相当明显,以美国为例,平均用水量仅占国家可利用水资源总量的 25%, 但实际上有些地方这一比例已高达 80%(US Department of Energy,2006)。

8.1.1.2 生态系统退化

《生态系统千年评估》论述了土地利用变化对粮食增产的贡献,指出发展将导致很多生态系统发生负面变化,伴随着物种消失和生态服务退化(MEA,2005)。由于存在协同效应和累积效应,因此很难将这些变化归属于单一影响因素。生态服务价值的减损对日常生计和经济生产均有不利影响 (Comprehensive Assessment of Water Management in Agriculture,2007)。有些生态系统的结构已经超过了临界变化值,造成生态系统服务崩塌,恢复的代价十分巨大。

研究表明,流域内用水和流域外调水将造成下游湿地严重退化,中亚咸海和墨西哥查帕拉湖(世界最大的浅水湖泊)湿地出现了快速萎缩。一些大河(如科罗拉多河、达令河、尼罗河、黄河)在河口处逐渐变成了小的溪流,河道流量也难以维持水生态系统的健康。

水资源调控和农业退水是湿地栖息地损失和退化的主要原因 (Comprehensive Assessment of Water Management in Agriculture,2007)。这些损失和退化可以避免,如果在适当时机采取合适的措施,还可以快速恢复。美索不达米亚沼泽在排干后,现在已重新被恢复(见地图 8.2)。经历了近 10 年的面积减少后,美索不达米亚沼泽面积在不到一年内(2003 年 5 月至 2004 年 3 月)已超过初始面积的 20%。

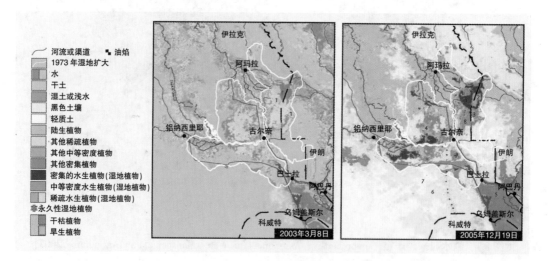

地图 8.2　2003 年 3 月至 2005 年 12 月美索不达米亚湿地修复(UNEP,2006)

8.1.2　水资源管制越多,缓冲能力越小

联合国环境规划署的世界保护监测中心和世界自然基金会提出了地球生命力指数,用于反映脊椎动物的种群变化趋势。通过这个指数的变化可看出,淡水物种的平均种群数

量在 1970—2005 年减少了一半,下降幅度高于其他生物(见图 8.1)。

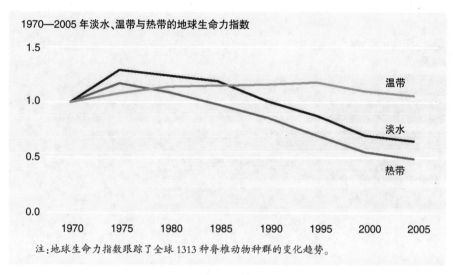

1970—2005 年淡水、温带与热带的地球生命力指数

温带

淡水

热带

注:地球生命力指数跟踪了全球 1313 种脊椎动物种群的变化趋势。

图 8.1　1970 年以来淡水物种多样性下降约 50%(WWF,2008)

大坝和大型跨流域调水工程促进了人类文明的繁荣。20 世纪,水利工程建设导致的河道流量改变现象大量增加。截至 2000 年,全球运行中的大坝超过 5000 座,其中 1999—2001 年,亚洲建设了 589 座大坝。2005 年,还有 270 座 60m 以上的大坝正在规划或建设(WWAP,2006)。目前,兴建各种规模水库的需求还在继续增加,尤其是在需水量高以及需要应对气候变化的地区(见第 11 章)。

水资源开发利用相关的活动如建坝、灌溉、城市扩张、水产养殖等,对河流、湖泊、洪泛平原和地下水补充型湿地的关键生态组分或生态过程具有重大影响。大坝在改变流态方面扮演了重要角色。通过减少入海流量,大坝改变了水生生物栖息地,将流动的河流系统变为静止或半静止的湿地系统。当河流受到调控或淹没时,有些生态系统将会消失,这是因为水流的改变和阻隔影响了洄游物种的迁徙。人类也会遭受被迫迁移和流离失所,这属于大坝两类有据可查的社会影响(WWAP,2006)。

2005 年,全球 292 个大型河流系统(约占全球径流量的 60%)中(WWAP,2006),超过 1/3(105 个)呈现出严重碎片化,还有 68 个河流系统受到中等程度的影响(WWAP,2006)。湿地系统受到的影响最大,陆地生态系统如森林和草地也会受到影响(见图 8.2)。

近年来,生态系统在加速变化,我们不免担心大尺度的变化将导致有些生态系统在面对农业用水活动时更加脆弱。非线性动力学过程可能导致生态系统突变,进而影响它们适应和缓冲干扰的能力 (Comprehensive Assessment of Water Management in Agriculture, 2007)。

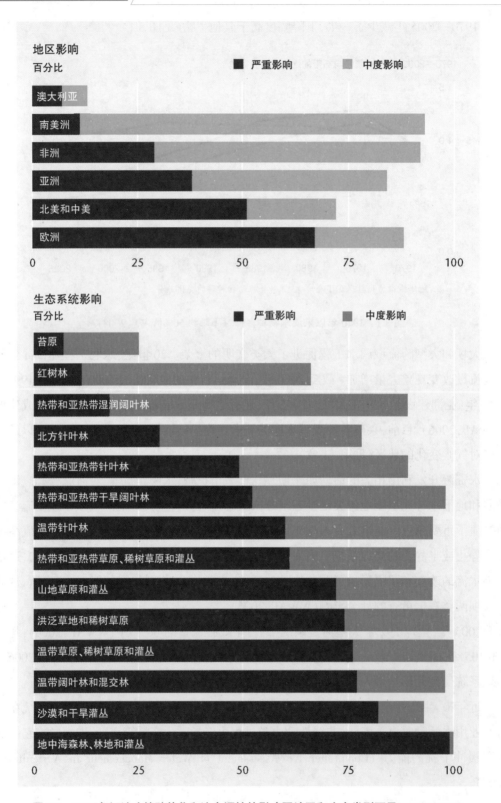

图 8.2 2005 年河流生境碎片化和流态调控的影响因地区和生态类型而异(WWF,2006)

维持生态系统的缓冲能力需要一定的变化性和灵活性。让生态系统维持在最佳状态，无论是保护还是生产，都将造成其长期缓冲能力的下降，让生态系统面对变化时更加脆弱（Holling 和 Meffe，1996）。土地利用变化及其他生态系统服务的减少，损害了生态系统的局部和跨尺度的缓冲能力，降低了生态系统应对大尺度和更加复杂变化的功能（Gunderson 和 Holling，2002）。

水资源开发利用增加了水体浊度和土壤盐度，导致土地资源和水资源的管理更加困难。河流调控、河岸和库周侵蚀造成严重的泥沙淤积，将水库变成了泥沙的蓄积地，大幅减少了下游河口地区的泥沙。尼罗河的阿斯旺大坝就是这种情况，大坝阻碍了泥沙到达地中海的河口三角洲地区，难以弥补波浪和水流作用下海岸侵蚀造成的泥沙损失，结果导致埃及到黎巴嫩海岸和三角洲地区的快速侵蚀（WWAP，2006）。

当土壤充水速率高于作物的水分吸收速率后，水分可以通过径流、地下水补给或灌溉等途径进入土壤。过量水分在土壤中富集可能造成渍水（土壤孔隙充满水，氧气缺乏）和盐碱化（土壤水位上升过程中将盐分带到表面）。目前，全球约 10%的灌溉土地受渍水困扰，造成农作物减产 20%（Muir，2007）。

盐碱化是个世界性问题，在半干旱地区尤为严重。这些地区灌溉程度高、排水效果差，盐分从未全部从土壤中淋洗出去。土壤盐碱化在中东、中国的华北平原、中亚以及美国的科罗拉多流域十分普遍。

8.2　地下水可持续管理

地下水已成为人类生产生活不可缺少的水资源，并在缺水时为农业生产提供稳定水源。地下水在全球并非均匀分布，全球长期年均总降水量达到 577000km³，79%降落在海洋，2%在湖泊，剩余 19%在陆地（Shiklomanov，2002）。大多数地面降水被蒸发或通过径流进入溪流与河流。仅有 2200km³ 的降水，不足总量的 2%通过渗透进入地下水。

地下水水位和水质的下降是加强地下水管理的重要原因。精确和详尽的地下水资源现状数据仍然缺乏，导致难以对地下水资源进行全球性评估（见第 10 章和 13 章），长期持续的地下水消耗必须与地下水中长期的失衡相区分（Custodio 和 Llamas，2003）。局部地下含水层的细致研究得出了一个令人深省的结论：地下水服务需求量很大，很多优质地下水已经被开采利用；补偿性的回灌造成了浅层地下水严重污染，减少地下水开采和开展含水层污染修复需要花费很长时间（Margat，2008）。

20 世纪中叶，水泵技术的发展导致地下水经济迅速繁荣（见图 8.3）(Burke 和 Moench,2000;Comprehensive Assessment of Water Management in Agriculture,2007)，地下水过量抽采和含水层污染的潜在负面效应在近期也愈发凸显 (Foster 和 Chilton, 2003)。

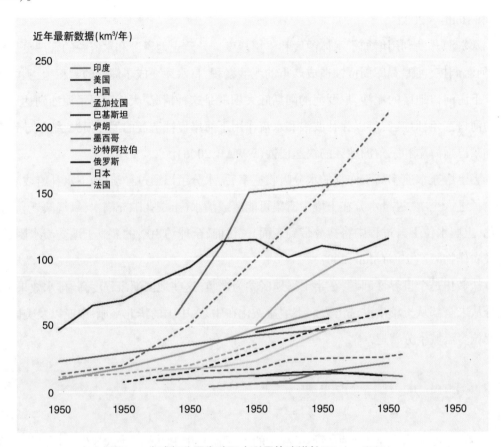

图 8.3　全球部分国家地下水利用快速增长(Margat,2008)

地下水开发及地下水系统的响应并未被充分探讨。即使在工业化国家,也是较晚才认识到地下水开发的经济社会不利影响(总是在地下水系统严重损害之后),水资源管理机构在地下水管理方面也在玩猫捉老鼠的游戏。与地表水相比,地下水资源开发与保护方面的投资少且分散。在地下水保护方面,更多需要改变的是人类行为,技术方法的改进需求反而最小(Darnault,2008)。

政府间气候变化委员会强调,气候变化对地下水的影响将加剧(IPCC,2007),过量降水将给资源管理带来双重挑战,包括地下水消耗和地下水的水位上升。然而,与社会经济对地下水系统的影响相比,气候变化的作用可忽略不计。

8.2.1 地下水的需求和经济效益

　　尽管有些国家在地下水可持续管理方面取得了显著进步,但要想评估各个国家、各个经济部门或各个含水层的地下水资源现状仍然不切实际。AQUASTAT 论述了地下水对农业的重要性(Burke,2003),世界银行的地下水管理咨询团队重点强调了地下水对生活用水的重要性(www.worldbank.org/gwmate)。全球尺度上,各个国家很少系统性收集和更新地下水资源开发利用的相关数据。受益于《欧盟水框架条例》的监管和以及水资源信息共享系统[欧盟环境信息和观测网络(EIONET)],这种状况在欧洲有所改善。地图 8.3 显示了可再生地下水和化石地下水的开采状况。

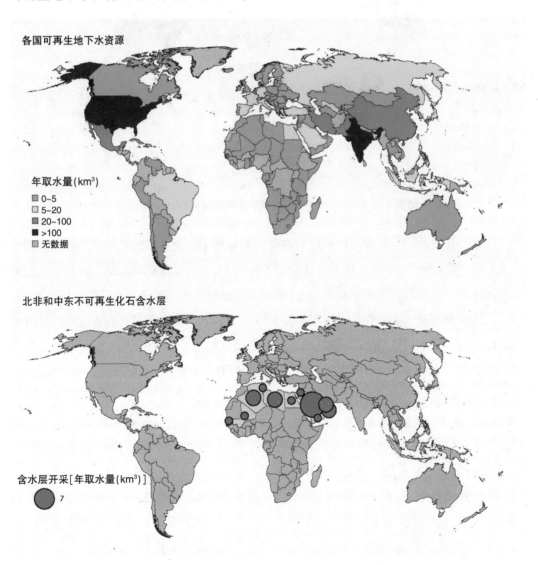

地图 8.3　1995—2004 年全球可再生地下水和不可再生化石含水层的开采情况

灌溉农业是中东、北非、北美以及亚洲冲积平原旁遮普和特莱沉积含水层地下水的最大用户(见地图 8.4)。这在很多冲积扇和三角洲地区(湄南河、恒河—布拉马普特拉河、哥达瓦里河、印度河、奎师那、湄公河、纳尔默达河、尼罗河、密西西比河、长江和黄河)有所不同,这是因为这些地区的农业灌溉和城市发展均使用地下水。要想给这些地区的地下水系统减压,除了加强地下水资源管理外,还需要减少陆源污染,恢复退化的栖息地和保护水资源。

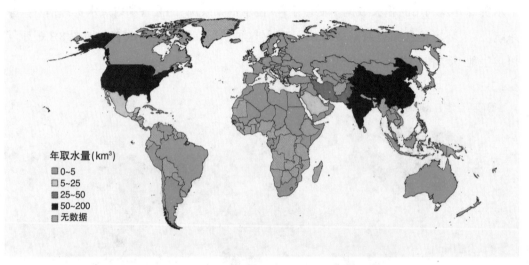

地图 8.4　1995—2005 年各国地下水灌溉情况(Margat,2008)

地下水开发的社会经济动机展现了与水资源可利用性关系不大的地理差异。农用地下水开采在农村电力、灌溉设备及水井建设等补贴下,或明或暗受到鼓励。在南亚,农村电力补贴是地下水资源利用的主要驱动力,甚至一些无地表水的旱地也在使用地下水浇灌。集中式钻探开采和统一的管井维护服务极大降低了地下水资源开采的成本。南亚部分地区实施了固定费率的电力能源政策,虽然没有直接造成地下水过度开采,但却造成抽取浅层低储量基岩地下水时的电能低效利用,很容易导致国家电力公司的破产(Shah,Singh 和 Mukherji,2006)。

过去 25 年,农业增长速率总体趋缓,精细农业(按需供水和适时灌溉)极大优化了地下水资源利用,提高了农村生产力。大多数情况下,农民抽取地下水与地下水资源管理关系不大,更多地还是受制于商品价格和生产成本,包括地下水开采的电能成本。

除农业灌溉外,地下水还是全球城市供水的重要水源(见地图 8.5),这些城市这不仅包括大城市,也包括成千上万的中小城镇。一些位于含水层附近的城市如北京、达卡、利马、卢萨卡和墨西哥城,城市供水主要依靠地下水。其他城市如曼谷、布宜诺斯艾利斯和雅加达,因地下水资源枯竭、咸水入侵或地下水污染,地下水为城市供水的比例逐渐下降。

在拉丁美洲、南亚和东南亚,地下水自给的住宅、商业和工业用户在过去 10~15 年不知不觉地蓬勃发展。自给式地下水开采的规模主要由开采成本决定。城市地下水私人开采的最初动力主要来自公共供水设施服务的不足。然而,一旦私人投资了水井,地下水资源的开采利用就会持续。这是因为大型供水设施需要缴纳很多税费,与之相比,水井供水更加廉价。受此影响,地下水供水占到城市总供水量的 30%,供水范围还包括一些远离主要含水层的城市和城镇。城市地区地下水开采利用导致水利公共设施(包括供水和污水处理)的融资和运行更加复杂,越来越多的非洲城市也在通过钻孔提高供水安全,减轻人口稠密的城郊地区的供水压力。

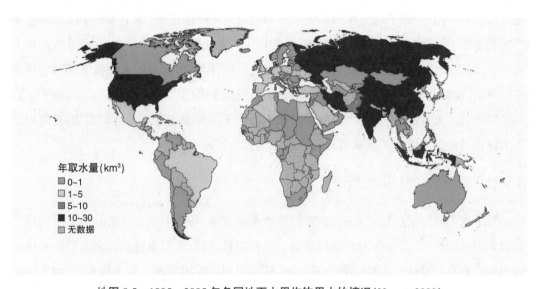

地图 8.5　1995—2005 年各国地下水用作饮用水的情况(Margat,2008)

8.2.2　社会经济和环境风险

决定地下水服务是否可持续的三个特征如下:

- 针对陆地污染的含水层脆弱性。
- 过度开采不可逆退化的敏感性。
- 现状和未来气候条件下地下水资源的可再生性。

这些特征与含水层的类型和水文地质条件密切相关。污染的脆弱性与含水层的污染可达性有关。埋深较浅、补给开放的含水层更容易受到农业化学物质和城市化的污染(包括廉价的污水处理方式和工业化学品的粗放处置)。含水层开发和城市污水处置对公共健康、市政规划和资源可持续性产生了深远影响。地下水开采最初用来缓解城市公共供水设施的资金压力,结果导致浅层地下水退化和突发公共卫生事件。欧洲采用土地分区的方法保护向城市供水的主要地下含水层,或者开采不受城市污染的深层承压地下水资源。

中东和北非地区的水利经济近期研究结果表明，地下水资源的枯竭极大地削减了 GDP 增速，约旦、也门、埃及和突尼斯的 GDP 降幅达到 2.1%、1.5%、1.3% 和 1.2%（World Bank，2007）。地下水资源储量的下降被转化为水资源经济生产力的降低。与负面效应相比，更加难以评估的是地下水开采利用的正面经济效应，有些地区因开采地下水而经济独立。例如，阿曼、沙特阿拉伯和阿拉伯联合酋长国完全依靠不可再生的地下水资源和海水淡化进行供水。这些研究中，不可忽视的是，地下水储量和可持续产量的估算并不精确，可再生和不可再生水资源之间的区分则更加复杂（Foster 和 Loucks，2006）。

城市和农村对地下水的竞争日趋激烈。城市扩张、城郊及相邻农村地区的轻工业和商业发展，均会与农业竞争地下水资源的数量和质量。某些条件下，地下水的水质对农业生产无关紧要。精细农业一般位于城郊地区，使用了大量化肥、农药和杀虫剂，造成浅层地下水污染。尽管采用了良性有机农药替代持久性化合物，但城市附近的大规模农场对主要战略地下水源的影响仍不可低估。市政、水利和环境监管部门，以及农业机构均与地下水资源保护相关。大量证据表明，水资源管理和土地管理以前缺乏有效融合和互动，有效的地下水保护措施必须统一考虑水资源管理和土地资源管理。

8.2.3　复杂的地下水管理

地下水的补给过程极其复杂，自然植被和土地管理，与地下水利用之间的关系仍然充满很多不确定性。尽管存在大量的局地地下水补给研究，但大型流域及其含水层的补给模式仍未形成系统性认识。拿恒河—布拉马普特拉河和印度河的地下含水层来说，积雪和冰川只是间接补给来源，浅层和深层地下水循环出现在山前冲积扇和冲击盆地，这里水流湍急，在农业灌溉作用下，地表水和地下水相互作用造成水涝和盐碱化。该地区的地下水系统十分复杂，但并没有像北欧白垩含水层或美国大区域地下水系统一样（Downing，Price 和 Jones，1993；Alley，1993），开展了详细的水文地质评估。

尽管很多地下含水层严重超采，但地下水的开采仍然很少定量，专用的地下水监测网络也没建立（见第 13 章）。周期性地监测机井水位能够提供一种粗略的监测方法，但对探测地下水的补给响应来说，还远远不够。很多城市在不掌握地下水资源具体状况的背景下，仍在盲目利用地下水供水，造成地下水供水量下降，地下水抽采补贴（见专栏 12.4）、供水系统渗漏进入地下水，以及地下水污染等报道比比皆是。

人类在地下水资源储量及含水层补给管理方面的期望较高，很多假定也都建立在地下水有效补给的基础上。其实，有些水文地质条件下，地下水很难补给。一些水文地质条件较好的地区，尽管解决局部地下水问题和改善地下水的水质并不存在技术难题，但经济可行的地下水补给方式仍然稀缺。总体来说，地下水的保护，应优先保护地下水的主要补给区。

8.2.4 地下水资源前景和未来管理需求

人口和收入的增长导致需水量增加,这对地下含水层提出史无前例的供水需求。含水层的继续消耗和退化是可以预料的,除非在监管实践中投入更多的人力、物力和财力。此外,气候变化还对一些主要含水层造成了额外压力。

在人口稠密的地下水大型灌区,社区需要自行监管地下水资源的利用状况。突尼斯在地下水管理方面的先进经验和做法正在南亚推广。水资源管理机构需要更好地了解农业灌溉用水的社会经济驱动力。在印度安得拉邦,农民自己管理地下水,采用社会营销基本地下水信息的模式对农民来说具有积极的意义(www.apfamgs.org),有助于农户根据地下水信息进行自我监管。长期来看,与供给管理或供水硬件设施管理相比,采用需求管理能够获得更大成功。

在大城市及其周边地区,用水的经济竞争将促使农业分化,要么提高生产力并降低环境影响,要么被淘汰。精细农业的发展不可抗拒,随着市场供应链(冷藏和市场细分等)的加强,先进农业技术如亏缺灌溉和地下滴灌等大力推广,农业活动进一步集中。精细农业能够全面提高地下水生产力,但并不能减轻含水层的取水压力。这是因为精细农业提高了采用大型泵站抽采地下水的可行性。

公共和私人获取地下水之间的紧张关系仍然存在。要想稳定和可持续开采地下水,必须大量投资地表管理系统,积极开展社区咨询和跨部门对话。国际灌排协会在中国(胶东半岛和钱塘江)和印度(婆罗门和沙巴马蒂)的一些流域开展了国家政策支持计划项目,结果发现,要想公共和私人能够对话,其前提是信息共享,并对资源现状和未来开采方案达成共识。流域对话一般受用户友好模型支持,利用场景分析法估算不同部门地下水的供需状况及水量水质需求,然后评估风险,提出适应性对策。

8.3 水污染和水质退化

尽管部分地区有所改善,但全球水污染仍在增加。除非在污染排放监管方面取得实质性进步,否则受经济增长和城市化、工业化和集中式农业系统发展的影响,污染排放还将继续增加。很多重污染工业如化工等,逐渐从高收入国家向新兴市场经济体转移(见专栏8.1)。污染企业则在这些地区通过廉价劳动力和宽松的环境监管中获利。

由于监测系统不足,目前很多国家的污染负荷和水质变化等信息十分缺乏,很多造成人类和生态健康受损的严重污染事件也未被报道。

亚洲地区的工业和经济快速发展,大多是以水资源消耗与水污染为代价。亚太地区快速城市化还将继续改变水资源利用趋势,造成严重缺水的局面。尽管亚洲农业人口的数量未来 20 年将保持稳定,但城市人口比例将在 2025 年以前达到 60%。人们对大城市关注较多,容易忽视政治影响力薄弱的小城区,这些地区因资金和技术匮乏,还将继续维持糟糕的废水管理现状。

现有经济发展模式导致河流退化。以马来西亚为例,微污染河流数量逐渐增加,清洁河流数量不断下降。随着对水污染认知的加强,退化河道修复方面也将投入更多的努力和资源。

8.3.1　水质污染威胁越来越大

水污染对人体和生态健康构成了严重威胁,但具体影响难以定量。虽然水质监测不足,但有迹象表明,饮用水水源地的水质下降已成为很多国家的主要水污染问题之一。

水污染主要指水体中的化学物质和其他物质含量高于天然背景值。水体主要污染物包括微生物、营养盐、重金属、有机化合物、石油和沉积物;热量能够造成受纳水体温度上升,也是一种污染物。污染是全球水质退化的主要原因。事实上,所有商品的生产过程均会产生污染物(也称不需要的副产品)(见第 10 章)。

水体污染源可分为点源和面源污染两类(见表 8.1)。点源指污染物从管道和其他稳定可识别源排放。面源指污染物随降雨移动,流经土地,渗透进入土壤。流域面源污染与降雨模式和流域内人类活动(特别是农业)范围有关。消费的生态足迹表明(WWF,2006),人类在满足自己需求时,部分活动已超过了地区的生态承载力(见地图 8.6)。这也意味着这些地区的生态是亏损状态,不得不越来越多地依赖其他国家的自然资源。

表 8.1　点源和面源污染比较(Thornton 等,1999)

点源	面源
水质和水量相当稳定	高度变化、随机、与水文循环密切相关
数值在一个数量级内变化	数值在几个数量级内变化
最严重的水质影响出现在低流量的夏季	最严重的水质影响出现在雨后
通过管线或渠道等可识别源进入水体	通过不可识别源(主要是大面积陆地)进入水体
可通过传统方法定量	传统方法难以定量
主要水质参数包括有机污染物(BOD)、溶解氧、悬浮固体,有时还有重金属和人造的有机化合物	主要水质参数包括沉积物、营养盐、重金属、合成有机物、酸度和溶解氧
政府机构采取控制措施	未纳入污染控制计划,通常由农民和城市居民等个人控制

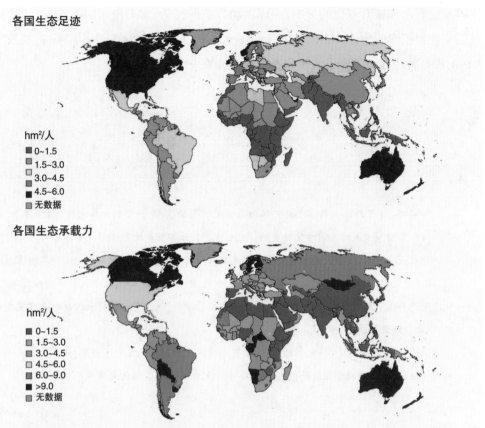

注：生态足迹指维持一个人生活方式所需的面积。这包括消费食物、能源、木材和纤维素。污染，比如二氧化碳排放，也是生态足迹的一部分。

生态承载力能够衡量土地的生物生产力，代表全球平均1hm²土地的生物生产力。具有生物生产力的土地包括耕地、草原、林业和渔业。

地图 8.6　2000 年生态足迹与生态承载力(Ewing 等,2008)

人类活动产生的最重要水污染物包括病原微生物、营养盐、好氧物质、重金属和持久性有机污染物;悬浮物、营养盐、农药和好氧物质等,绝大多数来自面源污染。对人体健康影响最大的是微生物污染。卫生设施不足,废水不合理处置及动物粪便是微生物污染的主要源头。联合国环境规划署确定了 13 个区域性海洋规划区,其中 8 个(超过 50%)地区的污水未经任何处理直接排入淡水和海岸区,其余 5 个地区的污水处理率超过 80%(UNEP/GPA,2006)。

8.3.2　环境污染形式

全球最普遍的水质污染问题是高负荷氮、磷等营养物质导致的水体富营养化。水体富营养化极大损害了水资源的有效利用(见专栏 8.2),这些营养物质主要来源于农业径流、生活污水(也是微生物污染源)、工业废水、化石燃料燃烧和火灾后的大气沉降等。湖库特别容易受到水体富营养化的影响,湖库水动力条件复杂、水力停留时间较长,经常扮演流域污染物蓄积库的角色(ILEC,2005；Lääne,Kraav 和 Titova,2005)。通常来讲,氮浓度超过5mg/L 即可视为水体遭到了人类和畜禽粪便或农业化肥的污染。

専栏 8.2　　　　波罗的海水体富营养化及解决措施
(Helsinki Commission,2007；Lääne,Kraav 和 Titova,2005)

　　1998 年,波罗的海大约 90%的海岸和海洋生境面积萎缩,并受到水体富营养化、排污、渔业养殖和生活等造成的水质退化的威胁。农业生产、城市化和大气沉降是水体富营养化的根源。对农业生产来说,最大的问题是现代农业技术利用率低,环境保护和农业实践不能有效融合。城市污染的问题在于废水排放量增加迅速,但处理设施投资不足；随着人口增加和城市化,能源生产和运输造成了大气污染,海洋和公路运输量增加,但大气污染排放控制的法律规章失效,运输管理政策缺乏。

　　通过环境立法和出台一些新的措施,波罗的海地区的环境状况有所好转；沿岸国家采取一些环保措施后,磷排放量显著降低,但水体富营养化仍然是海岸地区最紧迫的环境问题。

　　过量营养物质输入水体能够造成有害藻类水华。近年来,中国淡水湖泊和东海等海岸水体蓝藻(也叫蓝绿藻)快速增加(见图 8.4)。藻类水华产生的藻毒素被滤食性贝类、鱼类和其他海洋生物富集,进而引起鱼类和贝类中毒。人体若接触水华水体后,可引起急性中

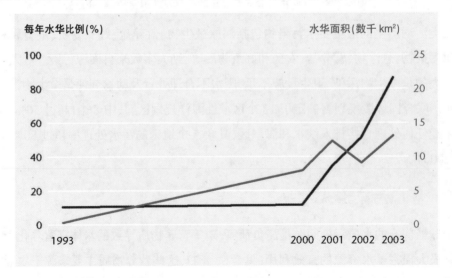

图 8.4　随着化肥用量增加,中国东海有害藻华暴发愈发频繁(UNEP/GIWA,2006)

毒、皮肤刺激和胃肠道疾病。全球变暖与水体富营养化存在一定关系,这是因为较高温度条件下,蓝藻对其他类型藻类具有竞争生长优势。

生活污水处理厂尾水、食品加工废水和藻类水华水体中的有机物,通常以生物需氧量(BOD)表示,能够被好氧微生物分解。对 BOD 浓度较高的富营养湖泊而言,热力分层能够创造化学条件,促使湖泊底部沉积物中的营养物质和重金属释放进入上覆水。1998 年以来,伊利湖的湖底缺氧区面积增大,严重损害了湖泊渔业。此外,北美州的东部和南部海岸、中国和日本的南部海岸、以及欧洲大部地区,也出现了缺氧状况(WWAP,2006)。全球最大的水体"死亡区"位于墨西哥湾的密西西比河口,河流过量氮排放严重危害了该水域的生物多样性和渔业资源(MEA,2005)。未来 30 年,随着人口数量增长,粮食产量和废水排放量均会增加, 海岸生态系统接纳的氮污染负荷将在 1970—1995 年的基础上新增10%~15%(MEA,2005)。

重金属能够在人和其他生物的组织中富集。孟加拉国部分地区及印度毗邻地区的地下水,高浓度的砷已对人体健康造成了严重危害(见专栏 8.3)。其他地区,工业、商业、采矿以及垃圾渗滤液中的汞和铅污染也威胁人体和生态系统的健康, 燃煤电厂排放的汞是高营养级鱼体组织中汞的主要来源。

专栏 8.3 　　　　　无解的砷危机(Bagchi,2007;Fry 等,2007)

　　孟加拉国大面积砷中毒事件已过去了 10 年,但饮用水机井中水体砷浓度依然很高。如今,孟加拉国大约 7000 万人的砷暴露水平超过世界卫生组织规定的 10μg/L。孟加拉国 1000 万口机井中,超过一半存在砷污染。大量含砷地下水被用于灌溉,导致食物链也被砷污染。饮用水中的天然砷污染,最初仅出现在孟加拉国和印度的西孟加拉邦,但现在已成为全球性危机,这是因为全球 70 个国家共有 1400 万人深受砷污染危害。

个人护理品和药物如口服避孕药、止痛药和抗生素等污染,引发了新的水质问题并影响水生态系统。尽管有些物质被视作天然激素,但它们对人体或生态系统的长期影响仍然未知。

一个国家的污染水平与该国的经济结构、政治体制和法治能力等密切相关。地下水是脆弱的淡水资源,一旦污染,即使防治技术可行,修复起来也极其困难且费用昂贵。过量硝酸盐、耕地中农药残留、矿区重金属渗漏造成的面源污染,需要数十年进入含水层,不过等到进入含水层再采取措施为时已晚。随着水体和耕地受纳的化学物质增加,人体和生态系统健康遭受长期影响的不确定性也在增加。法国近期一项饮用水研究结果表明,超过 300 万人(总人口数的 5.8%)的饮水水质达不到世界卫生组织标准(97% 的地下水样品硝酸盐浓度超标)(France,Ministry of Health,2007)。

对很多国家来说,暴雨产生的农村和城市径流是面源污染的主要原因。当点源(城市生活污水排放等)污染逐步受到控制后,面源污染上升成为主要污染来源。美国环保局指出,农业活动是美国水体污染物的最大来源,这和其他国家的状况较为相似 (US EPA, 2007)。

采矿能够造成局部地区频繁污染。如果矿区无减缓措施,污染将造成严重的环境退化和水体污染。采矿排水能够导致地下水水位下降(对地表植被、生态系统和农业生产不利)和地下水重金属污染,尾矿库堆放对下游生态系统和饮用水也能造成负面影响。

重金属污染影响食物质量(采锌废水用于灌溉将造成大米镉富集)。联合国欧洲经济委员会发现,采矿活动严重影响东欧、东南欧、高加索和中亚的水环境(UNECE,2007)。在白俄罗斯、吉尔吉斯斯坦和塔吉克斯坦的有些流域,采矿业是历史和现状的主要污染源,大型存储设施如尾矿库等带来巨大环境和生态风险(见专栏 8.4)。

专栏 8.4　　　　　转型经济体采矿对生态系统的长期影响

(UNEP/OCHA,2000;UNEP/GRID Arendal,2007;Koo,2003)

尽管有害物质处理在技术上已不是问题,但在转型经济体中,只有少数经济实力较强的工业企业予以应用。

2000 年 1 月,罗马尼亚巴亚马雷地区的一个金矿尾矿库溃坝,排放了 10 万 m³ 废物,包括 70t 氰化物和其他重金属。溃坝污染了当地河流生态环境,造成 24 个小区的饮用水供给中断和数千吨鱼类死亡。事件过后,一些欧盟条例或国家立法相继出台,绝大多数矿业公司采用新技术改善采矿设施的安全状况。

2003 年 8 月 29 日,马其顿东北部的莎莎铅锌矿向布拉格河排放了 48.6 万 t 尾矿。砷、镉、铜、铅、镁、镍和锌等有毒重金属在河道大量沉积,酸性排水进入地表水和地下水造成水资源严重酸化和退化,沉积物和生物体的重金属富集造成了严重的生态影响。这次事件污染了 25000hm² 耕地的灌溉水源,削减了区域经济、环境和农业发展潜力。

地图标示了巴尔干地区多个污染源,这些污染源是采矿等工业长期发展的历史结果。

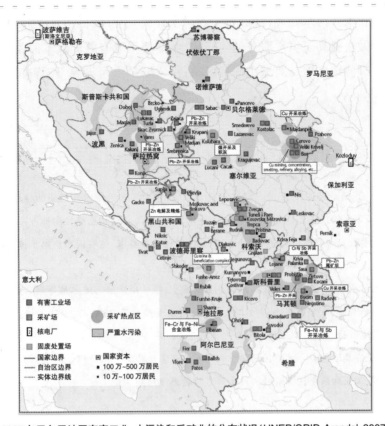

2007 年巴尔干地区有害工业、水污染和采矿业的分布状况 (UNEP/GRID Arendal,2007)

8.4　减污进展

全球在解决污染和防范污染风险方面取得了进步，对污染行为不作为的代价极其昂贵，有些污染影响甚至是不可逆的，如地下饮用水的污染和生态系统损失等(OECD，2008b)。水体污染的人群健康代价极高,全球 10%的疾病成本(以伤残调整生命年计算)与供水、卫生、保健及水环境有关(Fewtrell 等,2007)。其他污染成本包括清洁、额外处理,以及渔业、生态系统和娱乐的价值损失等。大多数国家通过立法保护水资源,但保护职责分散在多个机构且监管成本高,因此实施起来相对滞后。

发达国家的经验表明,"谁污染、谁付费"的原则促进了污染防治观念的变化,推动了水资源的循环再利用、清洁生产、有机农场等。废水处理方面,由末端治理转变为收集、控制、处理和监管等全过程管理。针对污染全过程管理,目前各种层面(从家庭卫生、工业过程到城市废物处理)上的投资还相对较少。高收入国家的经验表明,综合性的激励机制,包括更严格的监管、实施有针对性的合理化补贴等，都有助于增加水污染防治领域的投资。卫生系统和生活污水处理(最好将工业污水分离)能够降低污水排放到自然系统中的风险。这种做法提高了供水服务的生产成本，需要采取有效的成本回收系统，以便确保污染控制的可持续发展。对城市居住区来说，主要是点污染源，经济衰退可以削减污染排放(见专栏 8.5)。

| 专栏 8.5 | 东欧经济衰退对污染排放的影响(EEA,2003) |

1990 年后,随着经济衰退,重污染工业逐渐削减,东欧国家的废水及污染物排放量显著减少。尽管很多国家的经济已经复苏、工业活力逐渐增加,但工业结构已经转向低污染,这一点在新的欧盟成员国尤为明显。为了满足欧盟严格的环保法律要求,这些国家新建了污水处理厂,进一步削减污染负荷。

除工业污染外,农业化肥和农药用量也显著减少,很多地区的河流水质得到明显改善。取水量也呈降低趋势,欧盟新成员国的工业和农业用水量降低了 70%;与 1990 年相比,东欧、高加索和中亚地区的农业和工业用水量分别下降了 74%和 50%。

然而,经济衰退也会导致地区的供水和污水处理系统损坏。很多河流和饮用水源地,尤其是位于城市、工业和采矿区下游的河段和取水口被严重污染。

8.4.1 生活污水

为了环境和人体健康,在改进卫生的基础上必须进行生活污水处理。生活污水处理主要采用物理、化学和生物过程去除废水(包括地面排水和生活污水)中的物理、化学和生物污染物。生活污水的处理目标是对尾水和污泥再利用,或安全排入环境。全国各地的生活污水收集和处理率及相应技术水平数据较少,很难相互比较。

8.4.1.1 生活污水是管理难题

发展中国家 80%的生活污水未经处理直接排放，污染河流、湖泊和海岸地区(Scott、Faruqui 和 Raschid-Sally,2004)。即使发达国家,城市污水处理也难以让人满意。OECD 研究发现，污水三级处理的应用率差异巨大，土耳其不到 3.6%，德国高达 90%(OECD,2008a)。

大多数中低收入国家的废水未经处理直接排入河流或海洋。城市污水中污染负荷较高,与未经处理的工业废水混合后,极其有害。很多大城市还没有污水处理厂,或者污水处理规模难以跟上人口增长的节凑。巴基斯坦的调查结果表明,人口数量 1 万以上的城市,只有 2%建有污水处理设施,污水处理率不足 30%(IWMI,2003)。农业灌溉利用了 36%的污水(污灌水量达到 240 万 m³/天,灌渠排水量达到 40 万 m³/天),剩余 64%的污水直接排入河流或阿拉伯海。很多发展中国家,现有卫生系统和减排措施可能不是最好的可持续发展选项,一些改进设施可能更加适宜,例如采用泻湖作为农村家庭污水的收集和处理单元(见专栏 8.6)。

专栏 8.6　穆西河:一条排污河(Ensink,Mahmood 和 Dalsgaard,2007; Buechler 和 Devi,2003;van Rooijen,Turral 和 Bigg,2005)

穆西河流经印度经济增长最快的海德巴拉市。2005 年海德拉巴市的人口为 680 万,有望在 2015 年超过 1000 万。海德拉巴市大多数未经处理的城市生活污水和工业废水排入干涸的河道,造成穆西河成为了一条常年性污水河。污水河是个隐藏的经济系统,污水可为城市低收入群体和农村地区的移民提供生计,但这从没得到政府的认可或支持。在城市下游,穆西河的河水通过堰坝储存在或大或小的水库中,然后再被引入灌溉渠道或村庄水槽,用于当地水稻等作物的种植。

随着河流与城市距离的增加,河流水体的感官性能逐渐改善。海德拉巴附近农民患肠道线虫病的比例显著高于下游地区。

海德拉巴下游 0km、5km、10km、14km、18km、20km、30km 和 40km 的水样感官状况

发达国家的污水逐步受到控制。过去 20 年,《欧洲城市污水处理条例》促进了污水处理能力的重大进步,先进的污水处理技术变得越来越常见(见专栏 8.7 和图 8.5)。以比利时为例,自 2006 年投入运行了一个大型污水处理厂后,污水处理形势取得了极大改善(见图 8.5)。

《欧盟城市污水处理条例》规定了污水排放前的处理要求,2000 人以上的集中聚居区需要设置污水收集系统,若污水处理后排入淡水和河口,必须进行二级处理;针对污水处理性能,通过 5 个指标进行规定。

对小型聚居区和配套污水收集系统的地区,污水处理应采取适宜的方案,确保出水排放满足相关的水质标准。欧盟 AQUAREC 根据污水的资源化用途建议了 7 类水质标准,每一类都有相应的微生物指标和化学指标限值。这些限值(包括一些重要的微生物参数)主要来自最新公布的健康指南和风险评估值。

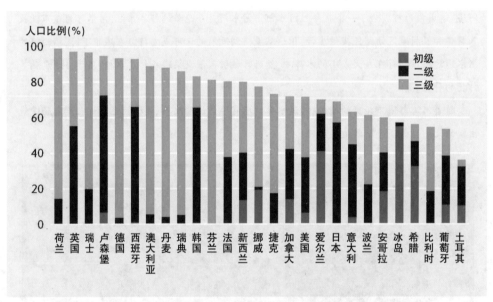

图 8.5　2006 年 OECD 国家及部分欧洲国家废水处理水平(OECD,2008a)

污水处理量越大,污泥产量越多。污泥填埋或焚烧使得污染从水体转移到土壤或空气中。尽管说服人们使用污泥很困难,但法国污水处理厂 60%的污泥经过处理后成功用作农肥(IFEN,2006)。

8.4.1.2　生活污水是可利用资源

污水越来越被视作一种资源。欧盟的一项基金项目 AQUAREC(提质污水再利用的综合理念)识别了生活污水处理后的多种用途,主要包括农业灌溉、城市景观和娱乐、工业冷却,以及间接饮用水生产(通过地下水补给)等(Wintgens 和 Hochstrat,2006)。

　　水资源短缺国家已开始污水再利用实践(见图 8.6)。城郊农民过去利用河水进行灌溉和水产养殖,现在却越来越多地利用污水及污水中的营养物质。对高经济价值作物种植而言,污水比淡水的供给更有保障且富含营养物质。政府机构担心,污水灌溉可能会造成人体健康风险。污水灌溉也是影响污水处理厂建设的障碍之一。目前污水管理的权限比较模糊,污水排放水质标准的执行非常复杂,比如是执行健康和农业部门的标准,还是供水和卫生部门的标准。

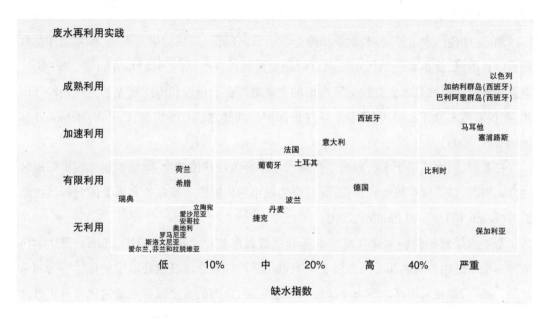

图 8.6　缺水程度不同国家的废水再利用水平(Wintgens 和 Hochstrat,2006)

　　全球污水农灌规模尚无可靠数据,据估计超过 2000 万 hm² 的耕地正在采用未经处理、部分处理或污染的河水进行灌溉 (Scott,Faruqui 和 Raschild-Sally,2004;Keraita 等,2007a)。

　　限制采用污水种植农作物非常困难,农民也倾向种植市场需求大和盈利价值高的作物。在巴基斯坦,80%的城市使用未经处理的污水灌溉,该国市政官员指出,禁止污灌是徒劳的,即使取缔了污水灌溉,农民仍然会重新打开污水入口(Ensink 等,2004)。巴基斯坦法院也支持农民污水灌溉,认为获取灌溉污水是农民的一项基本权利。对农民而言,失去生计的后果胜过污水灌溉的潜在健康风险。

　　WHO 最新修定了《污水、粪便和灰水的灌溉和水产养殖安全使用指南》(WHO,2006),该指南对整个污水处理和再利用过程(从污水产生到食物消费)进行了风险评价和管理,废水处理需要考虑累积性和综合性风险。指南根据实际风险(利用经济性较高和可定量的微生物风险评价方法核算),规避采用一些不必要的、严格和昂贵的风险防控技术。

对发展中国家来说,与安全饮用水和卫生保健等服务的低获取率相比,污水灌溉造成的国家医疗负担比例较小,因此很难证明污水处理的高昂成本。此外,累积性风险管理方法有助于从污水中最大限度利用营养物质,降低贫困城郊农民的商业化肥购买量。

污水综合管理的长期目标应该是,将无监管使用未处理污水转为有效监管使用合适处理过的污水。WHO 指南规定,若采取了健康风险削减对策,污水处理程度可以改变。只要卫生基础设施的供给速率低于城市化速率, 这些政策的灵活性对低收入国家是有必要的。在《水安全规划》原则下,相关国家正在研究《废水安全规划》。

然而,即使污水未经处理,健康风险仍然会显著降低。加纳的研究表明,如果农作物收获前停止灌溉,简单廉价的污水灌溉可以避免粪便对农产品的污染(Keraita 等,2007b)。非洲和亚洲的研究显示, 食物交叉污染的主要根源在于市场和厨房较差的卫生条件。因此,在投资污水处理之前,改善卫生条件是保护公共健康的有效措施(Ensink,Mahmood 和 Dalsgaurd,2007)。

在亚洲,污水还用于水产养殖。在废水塘中养鱼和种植植物,能够为居住在城郊地区的穷人提供收入、就业机会和食物;同时也为城市居民提供一条廉价和重要的营养品供给渠道(Leschen,Little 和 Bunting,2005)。

寄生虫导致的疾病风险在废水水产养殖过程中被广泛报道(WHO,2006),而化学污染物对生命健康影响的相关信息较少。有毒化学物如重金属在水环境中的化学行为非常复杂。然而,即使采用高浓度重金属废水养殖鱼类,鱼肉的重金属含量通常也没有超过食品法典委员会的推荐值(WHO,2006)。越南河内的废水养殖鱼塘中,鱼体有毒元素累积性能的研究结果表明,鱼肉的砷、镉和铅浓度极低,很多样品甚至低于检测限(Marcussen 等,2008)。

在河内、胡志明市和金边, 与农民相关的最大健康问题是废水暴露导致的皮肤病(Anh,van der Hoek,Cam 等,2007)。流行病学研究结果证实,接触废水是从事城郊废水养殖和食物生产的农民面临的主要健康风险(Anh,van der Hoek,Ersbøll 等,2007)。受纳金边污水的湿地中,空心菜被粪便细菌高度污染。湖泊自然的物理和生物过程能够将污水细菌数量降至 WHO 指南中的灌溉用水限值水平, 具体效果可以通过污水进出口处的细菌计数差异进行评估(Anh,Tram 等,2007)。

8.4.2　工业废水

耗用有机原材料的工业主要排放有机污染物,石油、钢铁和采矿业的重金属污染比较严重(WWAP,2003)。工业发达国家的废水年均 BOD 排放量在过去 20 年相对稳定,在东欧甚至呈小幅下降趋势(见专栏 8.6)。

随着经济和工业快速发展,新兴市场经济体的工业污染排放量逐渐增加。中国 21000 个化工企业,超过一半分布在黄河和长江两岸,这两大河流同时也是数千万人的生活饮用水水源地。这意味着,一旦发生工业污染,将给沿岸地区带来灾难性后果。

随着环保法规逐步颁发落实,企业开始投资末端治理技术如膜技术,将排放的污水处理到合适的水质,并再次投入生产。然而,很多工业废水仍然未经处理直接排放到天然水体,导致大量水体的水质退化,有时工业废水通过含水层渗透,污染地下水资源。

OECD 报告指出,清洁生产改变了工业生产过程(OECD,2008c),寻求通过 ISO 14001 (国际标准化组织制定的环境管理标准)的企业数量稳定增长。2002 年末,全球 118 个国家中大约 50000 家企业通过了 ISO14001 认证,中国和日本通过认证的企业数量最大(见图 8.7)(IFEN,2006)。很多跨国企业在他们全球经营活动中采用了严格的环境标准,包括环境管理,以改善环境质量,推动企业全球化进程(WBCSD,2005)。不过最近 OECD 国家大型跨国企业在新兴市场经济体制造的污染事件或造成的环境退化值得警惕。

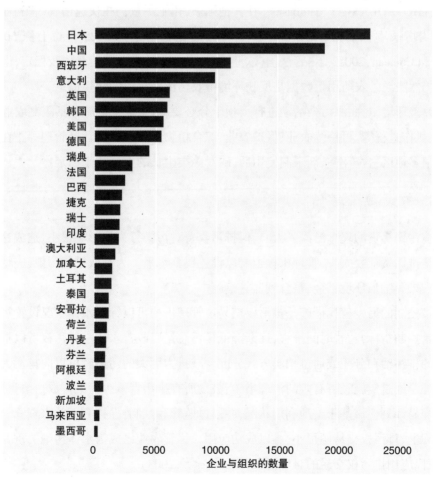

图 8.7　2006 年各国通过环境管理体系认证的企业数量(ISO,2007)

8.4.3 面源污染

流经密集农业区的大型河流(如多瑙河、埃布罗河、密西西比河、尼罗河和黄河)是营养物质输送入海的主要载体,造成河口水域严重富营养化。据估测,地中海80条主要入海河流的硝酸盐浓度在1975—1995年上升了2倍(Benoit和Comeau,2005)。农业面源和城区面源已取代工业点源,成为首要污染源。面源污染渗透进入含水层后,更加难以控制。农业连续耕作和原地撒药消毒可以污染地下水,这些地区需要采取更加平衡的农业土地利用措施和卫生替代措施。

农药能够在环境中迁移,其归宿是鱼类脂肪酸组织和沉积物。1970年后,全球加强了生物富集性和高残毒农药的使用监管,但农药污染水域仍然迅速增加,尤其是发展中国家的淡水系统。

经历了1960—1990年的高速增长后,高收入国家的商业化肥用量保持稳定,甚至开始下降(FAO-AQUASTAT database)。在其他国家,化肥用量仍在快速增长(叙利亚和土耳其的年均增长率分别为4%和2%),土耳其的化肥用量到2025年将上涨50%~70%(Benoit和Comeau,2005)。尽管法国(欧洲第二大用户)的农药消费量比较稳定,但具体数据信息仍然匮乏。农药用量数据是反映环境中农药污染排放的间接信息。

为改善环境,对面源污染活动进行干预十分必要,可采取的措施包括限制农业化肥使用、改变耕作过程等。可持续农业、保护农业、综合植物保护和植物营养管理等正在快速发展。在很多地区,含磷洗涤剂限制使用后,磷对藻类生长的贡献趋于稳定。

8.4.4 污染减排融资和风险管理

环境污染担责的理念已深入人心,但排污收费对污染行为的影响很小。造成这一问题的原因是排污费征收太少,管理机构也难以设置罚款水平。为有效控制污染,应将污染费作为收入来源纳入环境基金,整合到监管措施中。

污染控制的另一替代措施是排污权交易。管理机构可以针对水体状况设置污染物排放的总量控制指标,随着时间推移,逐渐降低排污总量以改善水质。排污权可以根据当前和近期的排污活动分配或通过拍卖方式分配。减排力度大的污染者可以向排污大户出售排污配额。通过实施经济有效的治理措施,鼓励所有排污者减少污染排放。最重要的是,排污权交易计划应该基于土地利用状况,并通过监管和控制,保护有限的水资源。

实际上,排污权交易额很小,难以成功应用。尽管农业已成为水体污染的重要污染源头,但农民应用排污权交易的难度更大(Kraemer等,2003)。

8.5 环境可持续管理的进展

这些年,在实现环境可持续的能力建设方面取得了进步。不过,环境可持续管理仍然受环境污染影响和生态系统缓冲性能的认知不足、水资源利用对环境负面影响监测匮乏、以及很多发展中国家法律实施的体制缺陷等限制。以下就环境可持续方面取得的进展进行简要介绍。

8.5.1 环境流量

尽管环境服务的经济估值、环境流量效益评估等尚有争议,但大自然在提供服务方面的重要性已得到广泛认可(见专栏 8.8)(Dyson,Bergkamp 和 Scanlon,2003)。环境流量的实施,需基于环境服务价值的认同开展多方对话和谈判(见第 14 章)。

环境流量的有效实施案例仍十分有限。经验表明,政治支持是环境流量实施的关键条件。日益增强的社区利益、水资源过度开发和分配导致的流域生态环境退化等,都有助于环境流量理念的实施。流域尺度内,当国家立法和政策在水资源综合管理体系和自然资源综合规划中赋予了环境流量的优先权后,环境流量的实施便具有很强的操作性。

专栏 8.8 亚洲环境流量评价——从理念到实践(IWMI,2005;Illaszewicz 等,2005)

环境流量指河流、湿地或海岸与其他用水竞争过程中,维持生态系统及其服务的水流状态。环境流量的理念强调了水资源管理战略对水资源利用的影响,并构成了一个关联生态系统与日常生计的有效工具。

受澳大利亚、日本和新西兰的资助,亚太地区的 48 个国家中,有 23 个已经在环境流量方面采取了行动。这些国家推动环境流量纳入当地的区域性和国家规划,甚至是国家的立法和大政方针。柬埔寨、中国、印度、韩国、老挝、马来西亚、尼泊尔、巴基斯坦、泰国和越南都在实施环境流量,有些国家甚至将环境流量立法。国家进行水资源量统计时,明确考虑环境流量有助于下一步环境需水的落实。此外,孟加拉国、印度尼西亚、伊朗、菲律宾、斯里兰卡以及一些中亚国家对环境流量也充满兴趣。

关注环境流量的例子比比皆是,但环境流量却没有立法。主要的原因包括:环境流量的社会经济效益的认识缺失,实施环境流量的政治意愿不强,适宜的立法、体制和监管安排缺乏。在亚太地区,大型跨界河流是个特殊难题。38 条大型河流中,21 条由两个以上国家共有,因此亟需开展跨界合作,解决河道修复及其他工程中的环境流量问题。

8.5.2　生态保护和污染防治

国际多边框架有助于水系保护和减缓环境污染的负面影响(见附录 2)。和履行欧盟条例一样,OECD 监测各成员国对环保法规的实施状况 (OECD,2008a)。在污染防治、水权、区域和国家层面的水资源分配方面,OECD 都有具体的规章制度。这些水资源利用的规章将在第 14 章探讨。在欧盟,各成员国必须遵守和履行水问题相关条例(包括《欧盟水框架条例(2000)》和《欧盟城市废物处理条例(1991)》等),并在截止日期前贯彻实施。不过,OECD 仅有少数国家能够全面实施这些条例,目前欧盟的城市废物处理率还不足 50%(Wintgens 和 Hochstrat,2006)。

第9章

基于生态系统保护的水资源管理

- 环境用水与社会用水之间竞争管理的短缺呼唤水资源管理的改善、立法的改进和更加有效和透明的分配机制。

- 水资源规划、流域水资源可利用性和需水评估、水库增容和水量再分配、水资源利用中的公平与效率平衡、立法和体制框架的不完善以及老旧基础设施的金融负担均给水资源管理构成了挑战。

- 水资源管理应基于所有方案的成本效益协商和谈判，并需充分考虑流域相关方的利益、水资源和土地资源间的关系、以及与政府其他政策的一致性和协调性。

几乎所有国家都存在不同程度的用水竞争,随着用水量增加,竞争还会加剧。到2030年,全球47%的人口居住在用水紧张地区(OECD,2008)。全球水资源利用缺乏效益、效率和公平。各部门在用水效率、污染控制及环境对策落实方面差距很大。获得基本的水资源服务,如饮用、卫生和粮食生产等,在发展中国家仍然不足,到2030年全球仍有超过50亿人不能获得充足的卫生服务(OECD,2008)。

针对水资源利用竞争加剧,以及面对社会需水和环境需水时的管理不足等情况,亟需改进水资源管理。目前,水资源管理面临的主要难题包括:科学规划水资源利用,流域水资源供需评估,水资源再分配或新增储水能力,兼顾公平、水资源利用效率和生态服务,立法和体制机制不足,水利基础设施老旧的资金负担等。在社区咨询和跨部门协商的基础上,还需要在水资源调控、保护和管理方面做出更多努力。

9.1 水资源竞争的类型、范围和影响

几乎所有国家各行各业的水资源利用竞争都在加剧,因此,急需出台更有效的水资源协商和分配机制。

9.1.1 流域的封闭

很多流域的取水量已经接近甚至超过水资源可再生利用量的临界值，以至于生态系统广泛受损。当水资源可利用量最低而需水量最高时，水资源短缺和用水的矛盾最尖锐。当地表水和地下水，与城市、工业和农业排放的污水混合后，还会出现水质退化。水质污染退化后，不能满足某些用途且对人类和生态健康有害，这将加剧水资源短缺的经济损失。

水文、生态和社会息息相关。随着国家经济社会发展，水资源越来越多地被分配、控制和使用。流出本流域的水通常用于满足流域下游用水需求，这也包括一些常被忽视的用水，如河道冲淤、污染稀释、控制咸水入侵以及维持河口和海岸生态系统。随着流域内用水量的增加，河道下泄流量偶尔或经常不能满足上述用水需求，此时流域可看作是即将封闭或已封闭（Molle，Wester 和 Hirsch，2007）。例如，约旦河的水资源已在本流域消耗殆尽，无流量流出（见专栏 9.1）。

专栏 9.1　　　　封闭的约旦河下游流域（Courcier，Venot 和 Molle，2005）

约旦河的下游河段位于大巴烈湖下游，在汇入死海前流经约旦峡谷。由于以色列对河流上游改道，河流的水量主要来自发源于叙利亚境内的一条支流——耶尔穆克河。约旦大部分人口居住在高地，这些地区也是城市、雨养农业和越来越多的地下水灌溉农业的集中区。在约旦河峡谷东岸，耶尔穆克河分水发展形成了面积达 2.3 万 hm^2 的灌区。

约旦河下游流域的水资源开发程度极高。受以色列和叙利亚引水、4.5 万 hm^2 土地灌溉、巴勒斯坦和伊拉克难民及海湾国家移民造成的城市扩张，以及耶尔穆克河新建 Wehdah 水库等影响，约旦河 83% 的径流量在进入死海前已被消耗利用。河道用水被挤占的影响是广泛的，有些还是可怕的。这些影响主要包括：

· 水资源利用效率提高的潜力有限。

· 增加水资源再循环，利用中水灌溉。

· 从山谷（灌溉）到高地（城市）的用水再分配。

· 环境退化（拉克绿洲地下水超采，死海入流量降至不足 2.5 亿 m^3）。

· 新增供水工程代价昂贵（从红海流域调水到死海或者海水淡化）。

· 山谷灌溉和居民供水的无规律性和不确定性增加。

· 水资源管理政策更具政治化和争议，通过各社会阶层和民族区域分摊水资源开发利用成本和效益，将产生不同政治力量。

一个地方的水文变化将会影响另一个地方,这就是我们通常讲的上下游影响。这种影响能够以不同形式出现,但通常不可见。图9.1 显示了上下游水量、水质、时间和泥沙负荷的变化。

上游\下游\参数	⊖	⠿	⊖	⠿
水量	上游调水影响下游灌区面积	上游集水影响下游大坝蓄水	城市影响灌溉井	水井影响坎儿井[a]深井影响浅井
水质	城市或工业影响灌溉农业	农业面源影响城市供水	城市污染灌溉地下水	农业面源影响农村地下水
时间	水力发电影响大规模灌溉或渔业	小型蓄水影响雨季流量和生物	水力发电影响湿地生态系统	集水影响径流、洪水和下游地下水
泥沙负荷	大规模砍伐森林影响水库	过度放牧或农业侵蚀影响水库	大坝拦截泥沙影响下游洪泛平原肥料	分散砍伐森林影响泥沙负荷和三角洲发育

a.坎儿井是由风机和管井组成的古老系统,用于收集山区降水,通过渠道向山下输水。　　○ 点源,用水大户　　⋯ 面源,分散的小型水资源用户

图 9.1　流域上下游水文的相互作用(Molle,2008)

水资源与水生生态系统关系密切。土地、水和水生生物之间的关系很复杂,但交互影响可能不会立即显现。地下水取用总体上会减少地下含水层对地表水的补给,造成泉和湿地的干涸。在约旦拉克地区,城市和农村开采地下水,造成具有较高生物多样性和迁徙鸟类的拉姆萨尔湿地出现干涸。大坝,通过洪水脉冲的影响,改变了支撑人类生产生存(渔业、退水农业、牧场、芦苇和药用植物)和供给多种有价值服务的生态系统。类似的例子包括塞内加尔峡谷和尼日利亚北部的平原 (Barreteau,Bousquet 和 Attonaty,2001;Barbier 和 Thompson,1998;Neiland 等,2000)。

9.1.2　水资源利用的竞争与冲突

用水冲突发生在社会各个层面。局部用水冲突在灌溉系统中极为常见,农民激烈争夺有限的水资源。在泰国北部,上游农民将较小的旱季水流用来灌溉果园,使用的农药则会污染整个河流。用水冲突也会出现在大型流域(流入印度的高韦里河和奎师那河)或跨界流域(约旦和尼罗河),不同流域尺度的用水冲突的解决机制或管理模式不同,各种尺度流域的相互嵌套也意味着管理方法必须是一致和相互关联的。

9.1.2.1　部门冲突

部门冲突反映了生活、水利发电、工业、灌溉、娱乐以及生态系统等用水间的竞争。这些冲突既是政治的(社会各阶层的重要性和各部门的政治影响力)，也包括经济的(每吨水的产值)。专栏 9.2 阐述了印度奥里萨邦农业和工业用水的冲突情况。

専栏 9.2　　　　　印度奥里萨邦工业用水和农业用水间的竞争

(South Asia Network on Dams, Rivers and People, 2006)

奥里萨邦的希拉库德大坝是印度 1947 年独立后运行的第一个多用途大坝。希拉库德大坝建在默哈纳迪河上，是世界上最长和最大的土坝，希拉库德水库也是亚洲最大的人工湖。大坝的新建有助于控制默哈纳迪河的洪水，形成了 15.56 万 hm² 的灌区，通过 2 个电厂年发电 307.5MW。受益于大坝灌溉，森伯尔布尔地区已成为奥里萨邦的水稻生产基地。

根据奥里萨邦工业化发展新政策，希拉库德水库开始为工业供水。2006 年，邦政府签订了谅解备忘录，利用水库为 17 家工业供水。与此同时，大坝建设 50 年后，坝下很多地区仍然需要灌溉用水。因此，水库管理方与当地政府、农民组织之间在水库泄水方面日趋紧张。2006 年 6 月，由于担心被剥夺 2 万 hm² 土地的灌溉用水，2.5 万名农民在森伯尔布尔地区排成了 18km 长的队伍，抗议水库为工业供水。5 个月后，2007 年 11 月，3 万名农民在水库聚集抗议。这次集会的规模之大甚至让组织者感到惊讶，这也反映了农民对剥夺灌溉用水的绝望。这两次事件均被媒体报道，在反对党的压力下，奥里萨邦首席部长向农民代表承诺，不会将一滴农业用水分配给工业，同时宣布投入 200 亿卢比修复希拉库德地区的灌溉渠道。

最常见的用水冲突存在于农村和城市之间。全球超过一半的人居住在城市，这一比例还将继续增加，而农业总体上是水资源的最大用户。很多地区提议，将农业用水分配给经济价值更高的产业。农业获得的水资源最多，通过蒸发等损耗的水资源也最多。城市也缺水，但非农产业的水资源利用价值远远高于农业，这种明显的分配不当主要归因于政府在水资源分配时不够理性(Molle 和 Berkoff, 2005)。

另一常见的部门内用水冲突，存在于水力发电与其他用水之间，特别是农业和渔业。水力发电通常依据电力消费需求进行生产，大坝极有可能在下游不需要灌溉用水时泄流。实时管理大坝蓄水量可能产生较好的效果，确保下游用户需水时能够及时泄流。大坝通过阻隔鱼类迁徙伤害了渔业，或改变水文情势削减渔业生产力。这种影响最典型的就是美国

西北部的哥伦比亚河,密集拦河筑坝影响了鲑鱼和其他物种,有些大坝不得不退役以恢复
生态系统的连通性。湄公河流域正在规划或建设的大坝与流域丰富渔业资源之间的矛盾
也是一触即发。令人担心的是,这些大坝的累积效应,尤其是那些规划建设在干流的大坝,
将对洞里萨湖和柬埔寨大湖产生致命的影响,而这些地区的渔业十分重要,为整个流域提
供了 60%的蛋白质摄入量。

　　筑坝、灌溉和城市发展不仅消耗水资源,还改变了水流路径。穷人,环境和水资源其他
用户,承担了不成比例的负面影响。上游大量调水极大地影响了下游的湖泊和三角洲,如
科罗拉多和印度流域(见专栏 9.3)。恒河下游的法拉卡调水工程严重破坏了 Sunderbands
湿地的生态过程,这项将印度南北河流连接的工程将对恒河—布拉马普特拉河三角洲地
区带来深远的影响。很多大型海岸城市(如钦奈、雅加达、利马和特拉维夫)过度开采地下
水还造成了当地含水层枯竭、海水入侵和含水层咸化。

专栏 9.3　印度河流域的水资源利用竞争及对下游的影响(Brugère 和 Facon,2007)

　　印度河流域下游三角洲地区的环境退化,具有很长和复杂的历史。流域内灌溉需水和作物
种植面积的逐年增加,连续多年干旱、水库建设等,导致过去 40 年三角洲地区汇入的流量逐步
减少,并在用水上相互争夺。

　　普遍认为, 环境退化既有内部原因, 如渔业不可持续开发和卡拉奇附近的工业及城市污
染;也有外部原因,如上游灌溉分水和水库蓄水管理(无效泄流、灌溉用水效率低下、农技措施
缺乏和环境流量下降等)。

　　穷人首当其冲承受了环境退化的后果,这些不利影响包括土地渍水和盐碱化、含水层
和地表水咸化、土壤侵蚀、渔业资源枯竭导致的生计艰难,牧场退化和农作物减产等。饮用
水短缺还导致水传染病的发病率增加,迫使家庭花费更多资金购买瓶装水,妇女儿童也要
花更多时间从更远的水源取水。

　　满足旱季需水要求和确保安全供水,均需要增加水量储存。随着气候变化加剧,同等
供水安全要求下储存更多的水资源也很需要。水库增加蓄水应对干旱后,剩余可利用水资
源就会减少。当来自水资源用户的压力迫使水资源管理者承担风险并降低水库蓄水量结
转时,就必须增加水库的蓄水量。全球很多地区尚未考虑增加蓄水量,这导致极端干旱条
件下局部用水危机的暴发频率增加。流域水库的综合管理是一个现实的解决方案。第4篇
将阐述可能的影响及应对措施。

9.1.2.2　跨界竞争

当河流或含水层跨界时，不同部门或国家也存在水资源利用竞争，这种问题也更加复杂，并可能引发冲突。湄公河流域是个例外，直到最近才关注跨界水资源的竞争问题。湄公河在很长时间未被人为干扰，但为了满足沿岸国家的电力需求，大规模的大坝开发将下游置于了危险境地，尤其是渔业(见专栏 9.4)。

专栏 9.4　　　　　　　湄公河流域的渔业和水电开发竞争

(Molle，Foran 和 Käköen，forthcoming；Mekong River Commission，2008)

在多年未被人类干扰后，湄公河流域近年来经历了快速变化。泰国大坝建设造成移民，帕穆大坝对渔业的影响引发了旷日持久的冲突。越南硪三河上游大坝的泄流造成柬埔寨人民的生计损失，唤起了公众对传统基础设施发展的社会环境代价方面的认识和思考。

湄公河流域水资源开发的最大挑战是设计渔业影响最小的水力发电设施。湄公河流域的渔业占全球淡水鱼类产量的 17%，大量研究表明鱼类对流域居民的饮食和收入极其重要。

老挝和泰国、老挝和越南最近的双边协议关于干流大坝建设的声明，以及柬埔寨、老挝和越南的大量单方建坝合同，引发了人们对这些新项目能否吸收过去教训的担忧。地区国际组织(亚洲开发银行、湄公河委员会和世界银行)的边缘化、规划过程的不透明以及官方唐突签署协议，造成很少有空间可以讨论这些项目的经济可行性和各种生态环境影响。随着干流建坝，最核心的问题仍然是渔业的命运，在这个问题上，湄公河委员会、世界渔业中心等组织均已发出了严重警告。

尽管用水存在竞争和冲突，然而，历史上很少有证据表明，水资源自身能够引发国际战争，或者水资源触发的战争能够产生什么战略、水文或经济意义(Wolf，Yoffe 和 Giordano，2003；Gleick，2008)。从国际层面来看，水资源利用促成了跨界合作而非战争，这种合作通常可以阻止而非激化冲突(van der Molen 和 Hildering，2005)。很多淡水资源利用的多边协议突出了多目标管理，包括经济发展、联合管理和水质，而非仅仅是水质和发电(附录 2)(Wolf，Yoffe 和 Giordano，2003)。墨西哥和美国在解决格兰德河水量分配争议时，采用了成本分摊的方式保护水资源，这为和平解决用水争端提供了有益经验(见专栏 15.22)。跨界合作方面，最近理念开始由水资源共享到利益共享转变。

9.2 通过供需管理和水资源再分配管理用水竞争

水资源短缺背景下,水资源管理仍存在很多不足,如效率低下、环境退化和不公平。尽管有些改善,但用水竞争仍在加剧,绝大多数部门的水资源利用效率依旧低下。解决问题的答案不仅仅是更有效的水资源分配机制,更加强调水资源的生产力和产值。这些都将进一步加剧水资源利用的不公平和环境不可持续。相反,采取供需管理才是最需要的。

9.2.1 水资源竞争的应对策略

水资源竞争加剧的三大应对策略是增加供水、节约用水和水资源再分配(见图 9.2)。最传统的应对方法是开发新的水源。对任一国家来说,这可能意味着新建水库、海水淡化车间或跨流域调水。对用户来说,意味着需要更多蓄水设施,如水井、农村池塘或浇灌水沟等。节约用水包括减少水资源浪费和提高水资源利用效率。基于环境、社会、经济或其他标准,改变水资源分配能够缓和竞争或提高用水效率。增加供水是供应管理策略,而节约用水和水资源再分配是需求管理策略, 也可粗略看作 "现有条件下做得更好"(Winpenny, 1994)。

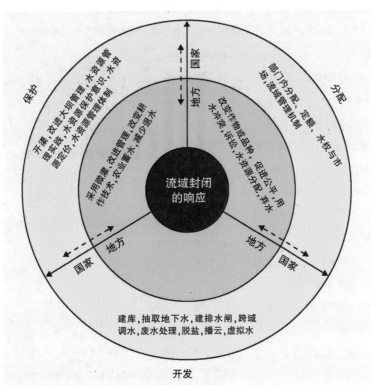

图 9.2 缺水和竞争的三类响应(Comprehensive Assessment of Water Management in Agriculture, 2007)

增加供应主要受蓄水设施的水资源可利用量、社会环境成本以及制水成本上升等因素限制。在很多流域,用水需求已经超过了蓄水设施中的水资源可利用量,跨流域调水也频繁用于缓解水资源供需矛盾。阿曼、雅典、曼谷、加德满都、洛杉矶和墨西哥城都从较远的地方取水。中国、巴西、印度、约旦和泰国正在建设大型跨流域调水工程。跨域调水的趋势还将持续,但其潜力将逐渐消耗殆尽,成本也会急剧上升。其他小规模蓄水设施,如亚洲农村的池塘或水窖,也得到了广泛发展。在岛屿或海岸城市等特殊地域,海水淡化是水资源供应的重要选项。近年来,海水淡化成本有所下降但依旧很高,且海水淡化仅限于城市供水。其他非常规供水的水源包括污水、二级水源(如处理过的灌溉退水)和化石含水层(见专栏 9.5)。图 9.3 显示了这些水源对中东和地中海国家的相对重要性。

专栏 9.5　　　边际水的开发潜力(Blue Plan,MAP 和 UNEP,2007)

非常规水资源,特别是边际水(城市污水、农业灌溉排水、地表咸水和地下水)是被低估的重要水源。

除了一些水资源极其紧张的国家,城市污水的农业利用仍然有限。目前,加沙地带、以色列和埃及的灌溉排水再利用率分别为 40%、15% 和 16%。其他地区,即使水资源缺乏,污水的再利用率也不到 4%(塞浦路斯 2.3%,叙利亚 2.2%,西班牙 1.1%,突尼斯 1.0%)。不管是否处理,城市污水的再利用率均不断增加,尤其是在城市附近的农场,这是因为这些地区难以获得较高质量的灌溉水资源。

随着膜处理技术的进步(0.60~0.80 美元/m³),咸水和海水的淡化成本越来越低并可经济承受。在可再生水资源利用已接近极限的国家如塞浦路斯、以色列、马耳他和沙特阿拉伯(见图 1),淡化水供水占饮用水和工业用水的供水比例分别为 24% 和 9%。海水淡化后供给农业的量较低,不足 1%,主要用于种植温室中的高经济价值作物。统计数据表明,淡化水量只占 2004 年水资源利用总量的 0.4%(14km³/年,见图 2),但产量在 2025 年有望翻番。

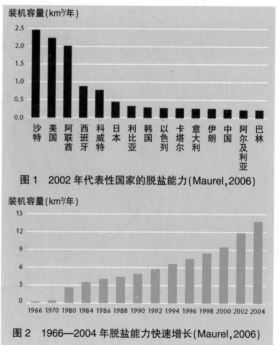

图 1　2002 年代表性国家的脱盐能力(Maurel,2006)

图 2　1966—2004 年脱盐能力快速增长(Maurel,2006)

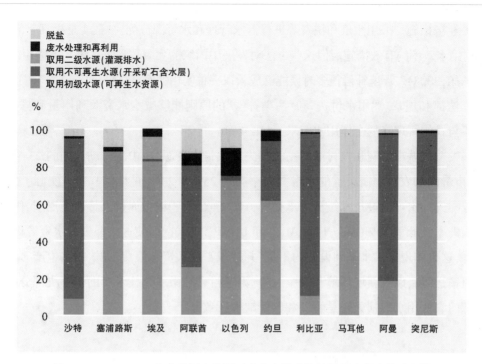

图 9.3　2000—2006 年非常规水资源对中东和地中海地区国家用水的重要性

由于流域内水资源的再利用,以及用户对缺水的自适应调整,水资源充分开发的流域或含水层的用水效率提高空间并没有想象中的那么大,节水潜力也常常被夸大。当水资源利用接近极限时,提高水资源利用效率和实施需求管理的可能性已微乎其微,这时面对新增的用水需求很难找到一个双赢的解决方案。此时,水资源必须进行重新分配,这种需求管理策略将在下面章节详细论述。

除非水资源紧张得像突尼斯一样(见第 15 章),否则很少有国家一次性诉诸上述三种应对策略。在面对很多方案和选择时,需要提出一种优化机制,在咨询和谈判的基础上,对所有方案进行成本和效益评估,然后做出最优选择。优选过程中,需要充分考虑流域内的相互联系,土地、水资源和环境可持续性间的关系,以及方案与国家政策的相符性。

9.2.2　改进需求管理的范围

需求管理方面期待能够取得更大进步,逐步提高水资源利用效率,节水、节能和节约资金。水资源需求管理主要体现在如下方面:

● 技术进步。减少城市管网漏失、升级灌溉设施,采用微灌、生物技术和其他节水农业技术。根据水流路径进行全过程节水(见第 3 章)等。

● 管理方法。改变种植模式、基于城市—灌溉系统连续用水的水资源再利用、工业或能源部门的封闭水资源再利用和跨部门水资源再分配。

● 经济措施。采用水价和税费等进行需求管理和水资源分配,被证实是提高生活和工业部门用水效率的有效措施。但这些方法对发展中国家的大多数灌溉系统并不适用(Molle 和 Berkoff,2008)。环境补偿很多时候能够成为以一种实用的经济杠杆(见第 4 章)。

● 法律和规章。"用水付费"和"污染补偿"的原则能够减少水资源利用量和排污量,通过参与式的管理降低个体用水需求(见第 4 章)。

漏失造成城市管网和农村灌溉系统损失了大量水资源。地中海行动计划的 23 个国家中,城市管网和农村灌溉渠道的水量漏失率高达 25% 和 20%(见地图 9.1)。实际上,仅有一部分漏失的水可通过技术经济可承受的方法回收。一些城市如拉巴特和突尼斯,供水系统的漏失率已低于 10%(Blue Plan,MAP 和 UNEP,2007)。即使这些漏失的水资源再次回到水系,这也体现了供水基础设施的不足,并造成了巨大资金浪费(如饮用水生产、泵提升和管道输送等),以及新增环境和健康风险。渠道衬砌和微灌等技术有助于解决部分问题,但大部门农业用水的损失还是管理和监管缺失所致。

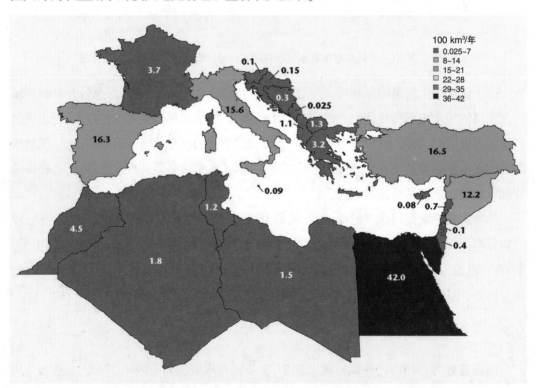

地图 9.1　2000—2005 年地中海地区取水和用水效率间的差异
(Benoit 和 Comeau,2005;Blue Plan,MAP,and UNEP,2007)

灌溉水资源损耗和无效灌溉仍然很高,仅有 1/3 的灌溉用水可输送至植物根系,大部分灌溉用水通过退水的方式损失,并被流域内其他用户利用或提供环境用水服务。在水资源开发程度较高的流域,节水作用微乎其微,缓解用水紧张最终还得诉诸水资源再分配

(Molle，Berkoff 和 Barker，2005；Molle，Wester 和 Hirsch，2007；Molle 等，2008）。

局部灌溉(微灌)，对田间蒸散发的影响极其有限，但能极大减少灌溉退水。因此上游灌溉节水的代价是影响了下游用水，并促使上游扩大了灌溉种植规模。不过，从上游农民角度来看，这是有利的，只不过会增加水资源消耗。

为了保护有限的水资源，1990 年后开始价格调控，但其效益却未能最大化，尤其是在灌溉部门(Molle 和 Berkoff，2008)。通过节水运动、水资源配额管理及水资源定价等措施，改变用水行为有助于节水(见专栏 9.6)。

专栏 9.6 东亚和澳大利亚等城市地区的节水进展(UNESCAP，1997，2004；Kiang，2008)

1980 年以前，亚洲和澳大利亚的取水量一直呈增加趋势，当农业取水下降后，总的取水量增长开始减缓，目前仍有很大的改进空间。联合国亚太经济社会委员会通过互补性研究，宣传水资源利用的生态效率理念，推动了水利基础设施发展。

水资源需求管理在地区内的实施状况并不均衡，但很多国家对提高水资源利用效率越来越感兴趣。随着水资源需求管理的公共投入增加，新加坡的城市生活需水量从 1994 年的175L/(人·天)降至 2007 年的 157L/(人·天)。

曼谷和马尼拉实施的管网漏损检测方案降低了漏失水量，促进了水利基础设施的发展。排污收费作为重要经济手段有效提高了家庭和商业设施的水资源利用效率。

2008 年，澳大利亚悉尼水务开始向霍克顿公园地区的住户提供两种水源：再生水和饮用水。再生水用于满足花园用水和其他户外需水，如冲洗厕所以及潜在的机械冷却和其他非住宅需求。为了与饮用水区分，再生水的龙头和供水管道等涂成了紫色。

综合使用补贴、高水价和环境监管等措施能激励工业部门改进工艺和降低取水量(见第 7 章)。全球范围内很难找到工业用水管理的统一模式，随着水资源管理要求的不断提高，有迹象表明，企业界越来越关注水资源管理(WBCSD n.d.；World Economic Forum，2008)。工业部门能够通过环境审计和少量节水投资，大量节省自然资源和资金。农业和新兴市场经济体，清洁生产的节水空间更大，这是因为这些地区的生产过程总体上远低于世界标准。跨国公司能够发挥关键作用。在有些国家，采用补贴或更加严格的监管进行公共干预是必要的。通过致力于最佳环境实践，全球市场企业间的国际竞争逐步增强，这有助于减少污染和提高水资源利用效率。

为了减少污染，越来越多的企业引入清洁生产，极大地节约了水资源。由 27 个国家组建的清洁生产中心网络获得了一系列联合国计划 (联合国环境计划、联合国工业发展组织)的支持。第 14 章和第 15 章将介绍水资源需求管理的具体实例。

9.2.3　水资源再分配的效率和公平问题

　　水资源和其他资源一样，物以稀为贵。一旦人类的基础用水和环境用水需求得以满足，剩余的水资源，理论上讲，就应该分配给社会经济价值最高的部门。由于大量水资源用于满足生产或生活，因此，采用经济标准进行水资源分配是适宜的。单一水价并不能有效地分配水资源，由于存在很多市场或服务方面的不足，很多部门的水价并不反映水资源的潜在经济价值。在一些欧洲国家，水价上涨后，城市用水量降至 20 年前的一半(Somlyódy和 Varis，2006)。用水量降低后，水力停留时间延长，造成供水管网出现二次水质问题和下水道系统的气味问题。与用水量下降前相比，污水处理厂处理水量变小，但污染物浓度更高，这也加重了污水处理厂运行负担。

　　通过传统市场与管理措施的结合，可以建立水市场，进行水权交易，实现水资源从低价值用途向高价值用途的再分配。水市场应该设置合理的交易限制条件，以保护第三方利益、环境利益和更广泛的社会利益。只有在这种条件下，水资源利用之间的竞争才是健康有序的。

　　在认可水权交易的国家，很多城市通过购买农场或有水权的资产，进而获得水权，满足日益增长的用水需求。一些非政府组织为保护环境，也会购买河流或湖泊的一部分水权，确保这部分水留存在河湖水体。水权市场中有很多是一次性交易，但智利、澳大利亚部分地区及美国西部一些州等，已形成了规范的水交易市场(见专栏 4.2)。在这些地方，农民在旱季通过水交易市场为高经济价值作物购买灌溉用水，城市为即将来临的干旱增加预备水量。水资源交易市场的水价通常高于平均价，反映了不同用水的市场价格(Winpenny，1994；Molle 和 Berkoff，2005)。

　　用水效率标准还需与社会公平和环境可持续性相协调。通过行政分配、保障穷人供水的税费措施以及其他相关方法，确保水资源需求的社会公平。水资源服务中的补贴具有重要作用，但应该审慎使用。无法可持续获取供水和卫生服务的穷人及其他困难群体，通常以他们力所能及的方式获取可靠服务，这是因为改善供水服务(竖井或家庭管道供水)通常会给他们的家庭造成巨大的经济负担。

　　提高农业水资源管理十分必要 (Comprehensive Assessment of Water Management in Agriculture，2007)。政策制定者需要考虑小户农民面对的激励和资源限制，但如果认为农民对市场激励(粮食价格就能影响种植模式)无响应，那就是大错特错。如果农民确信能够获取较高经济回报的话，他们也愿意增加农业生产要素的投入和灌溉技术的投资，因为这意味着增加产量；与此同时也得兼顾效率、公平和环境可持续性。

第3篇　水资源演变

第3篇着重介绍地球自然水循环有关过程(见第10章),识别水循环的主要变化(见第11章),评估这些变化对水资源利用的影响(见第12章),利用较为匮乏的水文信息对水资源利用及变化模式进行量化(见第13章)。

水资源包括多个组分,以液体、气体和固体三种状态存在。自然条件下,水是大气、陆地表面和地下等复杂过程间相互作用的结果,这些过程同时影响着水资源的分布和质量。降水、蒸发、径流、地下水、水资源储存及其他水循环过程在化学和生物化学特征、时空差异性、面对外界压力(包括土地利用和气候变化)的脆弱性,环境污染的敏感性,以及提供服务的可持续能力等方面均存在差异。这种差异性造成的后果是,当人类活动导致全球水循环出现大的变化时,其变化方向和程度非常复杂且难以确定。

水资源的时空分布不均衡,人类利用和滥用水资源是全球很多地区出现水危机的主要根源。想要获得全球水资源利用概况十分困难,这是因为耦合了土地、水和大气要素的水资源时空分布异常复杂,水文监测系统不完整和数据零散进一步导致水资源及其变化难以定量。

根据水的成分,可将水资源分为蓝水、绿水、白水、灰水和黑水。

● 蓝水 是地表和地下流动的液态水,包括地表水和地下水。蓝水流经陆地,因此在其汇入海洋前可再利用。

● 绿水是降水和渗流形成的土壤水,能够被植物吸收和蒸发。从土壤和开放水面蒸发的绿水没有生产力。

● 白水(有时也被看作是非生产性绿水的一部分)是指直接蒸发进入大气的水,没有被生产利用,白水也不包括从土壤和开放水面损失的水量。

灰水和黑水主要与水质有关。

● 灰水通常指污水,水质一般较差,但也存在某种用途。

● 黑水指严重污染(通常指微生物)的水体,对人类和生态系统有害,无任何经济价值。

全球60%的水通量(水流、不同物理状态水资源间的迁移转化)属于绿水。绿水对土地利用、土地覆被变化和大气条件极其敏感,可通过气温、太阳辐射和气压差等调控水量蒸发。地球还有一部分固态水,雪和冰是地球固态水资源的重要组成部分,对气候条件变化十分敏感。

识别和量化水资源变化,主要指区分气候和水文过程的自然变化并对这种变化定量。水文景观受土地利用变化被严重改变,能够加速(通过城市化和植被退化)和减缓(通过植树造林)水文响应。水文过程还受工程的影响,包括河道内影响(如大坝蓄水、直接水资源取用、退水和跨流域调水)和河道外影响(如灌溉)。气候变化对业已复杂的水文景观存在叠加效应,能够影响水资源供应、需求和缓冲体系,这种影响难以区分。全球有些地区已经能够识别气温和降水等气候一级参数的变化,但对水资源管理至关重要的径流和地下水等气候二级参数的变化,全球很多地区仍难以辨别。

第11章综述了气候变化的相关影响,通过实例论述了水循环组分的变化。全球有些地区的降水趋势已发生改变,而其他地区的降水模式仍维持原状。在部分地区,强降水事件的季节性和频率均出现变化。尽管气候变化非常明显,但水资源蒸发和蒸腾方面的变化可忽略不计,这可能是因为气溶胶的增加和云覆盖造成了太阳辐射的下降,但这种推测难以通过实测予以确认。土壤湿度也类似,观测数据有限难以获得土壤湿度的变化趋势,而模型研究在模型本身及数据输入等方面也存在诸多不确定性。

尽管全球水文数据库有限,但多项研究表明,径流出现了变化。很多研究重点关注了低流量(干旱)和高流量(洪水)事件(见第12章)。除径流受冰川融水影响的地区外,全球其他地区的径流变化并不明显,尽管气候变化在这些地区很明显。全球很多河流被水利工程(如大坝、分水、退水和跨流域调水)和土地利用等改变。地下水的情况类似,这些年地下水被广泛用于人类饮用和农业灌溉。很多地下水取用了化石水,而可再生地下水资源主要取决于变化的补给条件。在预期气候变化条件下,未来地下水的补给状态能够反映水文过程(如降雨和蒸腾等)的变化。全球很多地区近年来观测了自然湖泊和湿地的变化,但驱动这些变化的主要因素具有鲜明的地区特点。

气候变化对水资源的影响,在固态水转化为液态水的地区最明显。在多年冻土区,冻土深度、持续时间、厚度、季节性冻融范围等参数出现了明显变化。气候变化的潜在影响包括表面沉降、淹没、滑坡和泥沙淤积等。全球15%以上的人口用水主要来自短暂融雪或永久冰川的融化。研究人员对冰雪覆盖范围、雪水当量及降雪频率等关键参数的变化进行了观测。结果发现,积雪季节缩短,这种变化在最近几十年似乎在加速,但也存在一些例外。然而,大量证据表明,19世纪中叶以来,全球冰川明显消退,这种消退自1970年后随着气温上升、降水量和降水类型的变化而加速。

水文循环变化还影响了陆地碳循环,这是对气候变化的积极反馈。20世纪,陆地生物圈吸收了人类25%的碳排放,但该趋势还能持续多久仍不清晰。观测结果表明,全球碳吸收速率主要取决于水文和气候条件,以及土地利用。目前,陆地碳循环的长期观测很少,因此其趋势难以判断。

大多数气候学家认为,全球变暖将加速或增强全球水文循环,有些观测证实了该推断。数据的长度、连续性和空间覆盖等不足导致了观测结论的不确定性,自然气候变化和大尺度大气环流相关的多年变化影响了数据趋势的解译。改进数据收集,降低模型研究相关的不确定性对未来气候影响评价至关重要。

水灾害主要来源于水太多(洪水、侵蚀、滑坡等)或水太少(干旱、湿地或栖息地损失),以及化学和生物污染对水质和河道内生态系统的影响。水灾害的原因包括自然和人类活动两方面。无论何种原因,水资源的变化如果能够很好管理的话,也能产生一些积极作用。在 21 世纪,全球很多地区的极端水文事件增加,极端洪水造成的生命财产损失巨大,严重干旱影响了大量人口。干旱一般与高温和降水减少有关,但也与水资源管理不善密不可分。

大坝建设后,泥沙输移的变化导致了侵蚀和淤积。有些发展中国家,快速人口增长促进了土地清理和耕地快速增加。全球很多河流的水质和生态的变化部分源于水流改变,部分则源于人类活动排放的化学和生物废物。全球变暖将导致水温变化,并对能量流动和物质循环产生深远影响,造成水体富营养化、增加有毒蓝藻水华,降低水生生物多样性。

气候变化下,水资源管理更为迫切。为应对气候变化威胁,水资源管理方面的应对策略包括制定更多资源可持续性的政策并付诸实践。例如,在水资源供需矛盾突出的地区,选用地下水为重要战略备用水源,应对不断增加的供水需求或补偿部分地表水可利用水资源量。这里还有很多气候变化的减缓和适应策略,包括构建更加强大的观测网络(见第13 章),增加地下水和地表水供给(包括人工补给)的融合,强化对有害事件的早期预警和预测,改进基于风险的水资源管理方法,提高社会水资源可持续利用的意识。

全球水资源管理依赖可靠的水资源状态信息,以及不同驱动力作用下水资源的变化响应。全球范围内,水资源观测网络在满足现状和未来管理需求以及削减水灾害风险方面仍然不足(见第 13 章)。有限的观测数据难以认识水资源数量和质量的现状,及预测未来变化趋势。水资源数据共享的政治协定方面也存在很多不足。卫星遥感和数学模拟等新技术为水资源观测带来了新机遇,但它们的价值主要受限于我们无法获取真实情况以及验证大量模拟信息。为改进监测和更有效利用水资源观测数据,各个国家应该将水资源观测和连续评价列入政治与经济发展的议事日程。在致力于改进水资源观测方面,各个国家的人力和财力投入存在较大差异。除非通过全球努力,改进我们对全球水资源变化的理解和认知,否则,人类未来将不得不在一个极具不确定性和高风险的环境中开展水资源管理。

第10章
自然水循环

● 水资源时空分布不均匀和人类活动影响水资源分布是全球很多地区出现水危机的根源。

● 气候变化与水文景观变化相叠加,导致很难区分气候变化对水资源供应、需求和缓冲系统的影响。

水循环,包括淡水资源受到了自然和人类活动的双重影响。本章论述与水资源赋存状态直接相关的全球水循环关键组分:陆地水系,海洋、大气水循环、与大陆相关的地表水和地下水、虚拟水,以及人类在水资源利用和分配中的作用(包括过量取水和污染)。

10.1 全球水文循环

水与大气圈、生物圈和岩石圈的地球化学过程密切相关。水的物理状态及其转化与能量交换(如厄尔尼诺)有关,并在气候系统中予以反馈。水是生物圈内通量最大的物质,也是陆地侵蚀的最大驱动力。淡水很大程度上决定了生物量,并维持着关键的栖息地和生物多样性。尽管气候变化无端,人类却一直试图稳定地获取充足的水资源,但因管理不善,造成了水资源枯竭和污染。

10.1.1 水文循环组成

陆地水文循环是水资源的基础。淡水只占地球总水量的很小一部分,约2.5%。所有人类活动均需要水,水可用来进行粮食生产、发展工业和内河航运、提供饮用水、稀释污染和维持生态系统健康。

通过全球水文循环,水与大气、土壤和海洋紧密相连,并在三者间循环。水以固体、液体和气体三种状态存在并相互转化,维持生物圈和人类生存,冲刷和侵蚀大陆,滋润海岸。水还用作生物活性化学物质的输送工具,将这些化学物质从陆地输送入海洋。

降水是淡水的最根本来源。一部分降水通过蒸发和蒸腾回到大气,另一部分补给地下水或形成地表和地下径流。地表与地下径流最终通过河道流向下游,进入地下含水层,构成区域的重要水源(见表 10.1)。降水量变化和大气蒸发从地球物理角度限制了水资源的可利用性。全球范围来看,大约 2/3 的降水量回到了大气。

表 10.1　　　　2000 年全球可再生水资源量(Fekete,Vörösmarty 和 Grabs,2002)

指标	亚洲	东欧、高加索和中亚	拉丁美洲	中东和北非	撒哈拉以南非洲	OECD	全球总计
面积(百万 km^2)	20.9	21.9	20.7	11.8	24.3	33.8	133.0
总降水量($10^3 km^3$/年)	21.6	9.2	30.6	1.8	19.9	22.4	106.0
蒸发降水比(%)	55	27	27	86	78	64	63
可再生水资源总量($10^3 km^3$/年) [占全球径流量的比例(%)]	9.8 [25]	4.0 [10]	13.2 [33]	0.25 [1]	4.4 [11]	8.1 [20]	39.6 [100]
人类获取的可再生水资源量($10^3 km^3$/年) [占可再生水资源总量的比例(%)]	9.3 [95]	1.8 [45]	8.7 [66]	0.24 [96]	4.1 [93]	5.6 [69]	29.7 [75]

注:基于 1950—1996 年气候数据和 2000 年地区人口数量进行计算,方法参照 Vörösmarty,Leveque 和 Revenga,2005。

拉丁美洲是全球水资源最丰富的地区,径流量占全球 1/3;其次是亚洲,径流量约为全球的 1/4,随后为 OECD 国家(主要来自北美、西欧和澳大利亚)、撒哈拉以南非洲和东欧、高加索和中亚,各占约 10%。中东和北非水资源最匮乏,仅占全球径流量的 1%,超过 85% 的降水被蒸发损耗。在径流十分稀少的国家,降水是最为重要的水资源。

表 10.2 综述了陆地水文循环的一些主要特征。陆地水文循环中,很大一部分水资源因地理位置偏远或难以季节性存储,不能被人类有效利用(Postel,Daily 和 Ehrlich,1996)。水资源获取还受到政治倾向、财富和技术资源分配的影响。即使在物理上可以获取水资源,但这些因素也会阻碍水资源的配送,造成经济性缺水。此外,有些地下水可获取,但不可再生,如缺乏补给源区的远古含水层。因此,需要一个概念性框架,综合考虑物理和人类自身因素,确定水资源可利用性。地图 10.1 比较了两种前景,给出了人类可利用的全球水

表 10.2　　　　　　　　　　　陆地水文循环的主要组分特征

水的类型	时空变化性	水资源体系中的作用	机遇、脆弱性和挑战
绿水 ·土壤水（从土壤和开放水面蒸发的非生产性绿水）	·时空尺度上均很高	·直接支持雨养农业	·对气候变化(包括干旱和洪水)高度敏感;控制能力有限 ·能通过广泛应用的传统降水收集技术改善 ·天气和气候的预测有助于安排种植、收获、补充灌溉以及其他活动 ·通过土地管理得以改善 ·选择适应气候变化的物种

水的类型	时空变化性	水资源体系中的作用	机遇、脆弱性和挑战
蓝水（自然或人工） ·当地地下水补给水和径流	·时空尺度上均很高	·农业塘坝提高了雨养农业的绿水 ·水源	·对气候变化(包括干旱和洪水)高度敏感 ·有一定的控制能力 ·生境管理高度本地化 ·很多小型水利工程能够对下游产生累积性影响 ·土地管理不善增加了洪水过后河床干涸的概率
·内陆水系(湖泊、河流和湿地)	·随着规模增加变化减小	·地区、国家和多国的主要资源 ·在运输、废物管理、生活、工业和农业部门中具有重要作用	·自然和人类利用过程中蒸发损失 ·上游水资源管理是下游利用的关键(灌溉损耗和污染) ·很难同时满足多部门管理目标 ·上下游(包括国际层面)存在潜在冲突(人与人之间、人与自然之间)
·地下水（浅层）	·与河流相关，时空尺度上均一般	·地方浅层水井提供饮用水和灌溉水	·与天气和气候密切相关 ·容易污染 ·容易过度取用，导致暂时性枯竭
·化石地下水(深层)	·极其稳定	·干旱和半干旱地区的唯一关键水源	·水量较大但补给潜力有限 ·不可持续利用造成水位和水压下降，取水成本增加 ·更新率低,容易形成永久污染
蓝水(工程) ·调水，包括水库和跨流域调水 ·重复利用的水资源	·稳定	·干旱和半干旱地区关键水源 ·改变了蓝水平衡，水资源从富裕的时间和地区调入缺水时间和地区 ·多用途：发电、灌溉、生活、工业、娱乐和防洪 ·退水再次用作灌溉	·水量和补给潜力大 ·改变了流态，对人类和生态系统产生正面或负面影响 ·能够毁坏鱼类栖息地,同时形成湖泊渔业 ·自然生态系统内产卵场和迁移通道丧失 ·稳定满足社会供水需求 ·沉积物拦截，导致下游河口和海岸地区侵蚀 ·引入外来物种的压力 ·缓流水体的温室气体排放 ·缓流水体的健康问题(如血吸虫病) ·移民造成的社会不稳定
虚拟水（不新增水量）	·稳定，与全球经济波动相关	·水体现在商品和服务中，尤其是全球粮食交易市场 ·直到最近才明确视作水资源管理工具	·隐蔽地将水资源由缺水地区配送到水资源富裕地区 ·对雨养农业受限和依赖化石地下水资源灌溉的地区极其重要
淡化	·稳定	·提高缺水地区水资源量	·价格昂贵,用于特殊用途供水 ·经济实用技术快速进步

资源比例。通过其他渠道如脱盐,也能提供部分可利用水资源,但在基础设施建设和运行维护方面需要耗费大量资金。

10.1.2　时空变化性

地图 10.1 清晰显示了水资源供给的空间分布不均衡性。降雨、降雪、融雪和蒸发的偶发性和季节性变化特征导致水资源在时间分布上的不均衡,通常以洪水、季节性低流量和长期干旱等形式呈现,给水资源管理者在水量预测和分配方面带来一系列不确定性。

全球大气环流密切了各水文循环组分的内在联系,促成水在海洋和陆地间的再分配。根据山脉横跨大陆的位置,可将地球划分为两大区域:水流汇入海洋的外流区和位于世界主要降水带的内流区(见图 10.1)。很多内陆位于大陆中部,远离海洋,是典型的干旱环境。这些地区的土地面积占全球土地总面积的 10%~15%,但仅产生 2%的可再生水资源。高山地区是全球重要"水塔",为生活在下游的数十亿人口提供大量水资源。大陆边缘(外流平原)因为与大洋潮湿气流互动频繁,产生了全球一半以上的可再生淡水资源,这比所有高山水塔的总量还要多。因此, 很多研究十分关注气候变化对降水产流区的地理影响(IPCC,2007)。

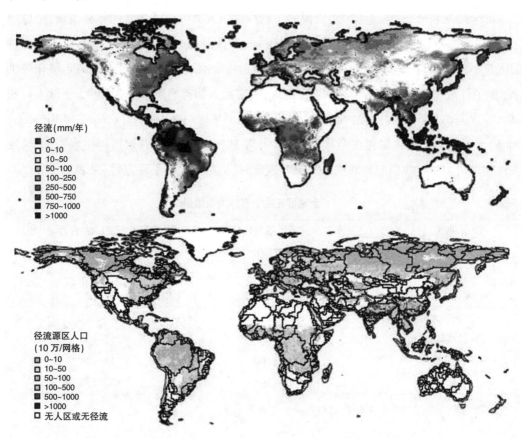

地图 10.1　近年来水资源在全球分布与人类利用之间的对比
(Vörömarty,Leveque 和 Revenga,2005;Vörömarty 和 Grabs,2002)

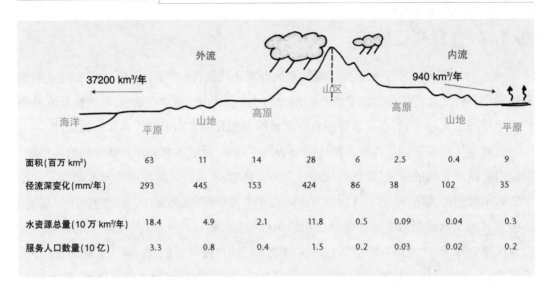

	海洋	平原	山地	高原	山区	高原	山地	平原
面积(百万 km²)		63	11	14	28	6	2.5	0.4	9
径流深变化(mm/年)		293	445	153	424	86	38	102	35
水资源总量(10 万 km³/年)		18.4	4.9	2.1	11.8	0.5	0.09	0.04	0.3
服务人口数量(10 亿)		3.3	0.8		1.5	0.2	0.03	0.02	0.2

图 10.1　全球径流汇入海洋和内陆水体的分布以及相应服务人口的分布
(Vörömarty 和 Meybeck，2004；Meybeck，Green 和 Vörömarty，2001)

　　除全球淡水分布，还应考虑水资源的可获取性。人类可获得 75% 的年径流量，全球超过 80% 的人口的供水来自可再生水资源(Vörömarty，Leveque 和 Revenga，2005)，另外 20% 的人口不能获取自然可再生水资源，而是依靠远古含水层、跨流域调水和海水淡化等供水。除了外流型高山地区和水资源丰富地区，大多数人拥有的淡水量非常少。全球人口和供水状况高清地图显示，超过 85% 的人口居住在干旱区(Vörömarty，Leveque 和 Revenga，2005)。10 亿以上的人居住在全球干旱和半干旱地区，几乎不能获取可再生水资源，导致在评估可再生水资源供应和利用以及统计来源时，仍然有很多不确定性(见表 10.3)。

表 10.3　　　　　　　　　全球可在生水资源的供给量

地区	可再生水资源供给量(km³/年)	水资源紧张程度[人/(百万 m³·年)]
亚洲	7850~9700	320~384
原苏联	3900~5900	48~74
拉丁美洲	11160~18900	25~42
中东和北非	300~367	920~1300
撒哈拉以南非洲	3500~4815	115~160
OECD 国家	7900~12100	114~129
全球总计	38600~42600	133~150

注：供给指全球总可再生径流量，包括人类和耕地用水量。

　　水资源可靠度变化最大的地区，径流量往往最低(见地图 10.2)。从水文(当地径流和河道供水)而非气候(单一降水变化)视角，河流的月流量可靠度证实了干旱和半干旱地区的水量变化的敏感性（Vörömarty 等，2005）。干旱变化造成 GDP 年均增长速率下降了 38%，一个干旱事件可以在 12 年内导致 GDP 增速下降 10%。洪水也能造成灾难性影响，尤其是在没有早期预警和应急响应系统的人口稠密地区(见地图 10.3)。1992—2001 年，洪水占全部灾难事件的比例达到 43%，影响人口超过 12 亿(CRED，2002)。

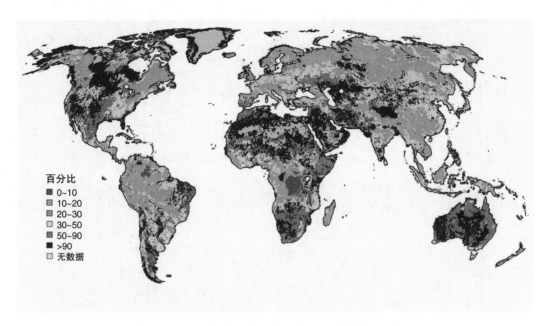

地图 10.2　低流量与平均流量关系的全球变化(采用 10 年间低流量百分偏差与 1961—1990 年间的平均流量进行相关)(Döll，Kaspar 和 Lehner，2003)

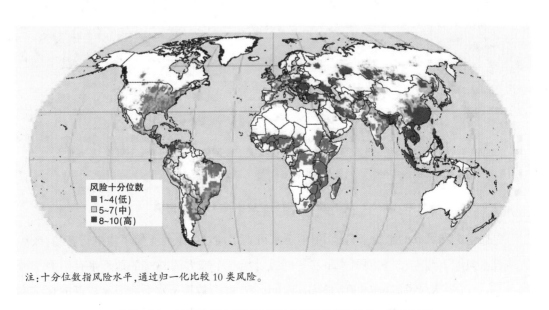

注：十分位数指风险水平，通过归一化比较 10 类风险。

地图 10.3　洪灾的损失(基于 GDP 的损失比较)(Dilley 等，2005)

人们为了应对水文循环变化,投资兴建水库、跨流域调水及开采深层地下水等。这些水利工程带来新的水文变化(见专栏 11.1)。图 10.2 描述了河流流量调控的一系列影响。水文调控能够稳定流量、优化人类用水和水资源可利用性,但流态的大幅改变将给下游水生生物造成压力(见第 9 章)(Olden 和 Poff,2003)。

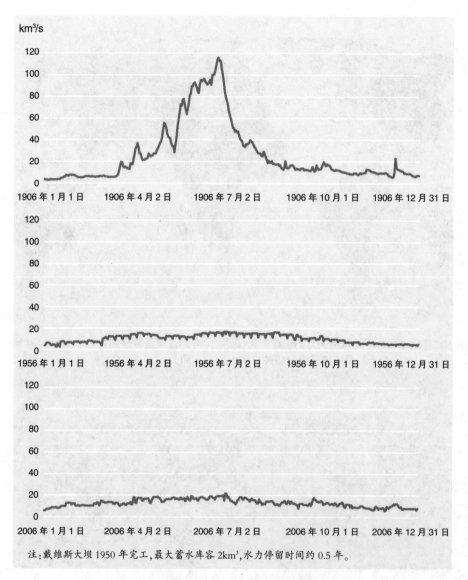

注:戴维斯大坝 1950 年完工,最大蓄水库容 2km³,水力停留时间约 0.5 年。

图 10.2　戴维斯大坝对科罗拉多河水位线的影响

更加稳定和可靠的水源来自地下。地下水可直接通过降水后土壤下渗进行补给,或通过地表水向地下漏失、过量灌溉水下渗等间接补给。全球大约 90% 的地下水补给源为河流,补给量占全球总径流量的 30%(Margat,2008)。大多数地下水系统具有极高的存储容量和储量吞吐比(也叫作停留时间)。因此,与地表水相比,地下水更不易受短期气候变化的影响(见表 10.4)。地下水库给陆地水文过程增加了持久性和稳定性,确保人类和动植物能够在较长干旱期间生存。这也说明地下水在应对气候变化引起缺水的问题上具有相当大的潜力。与此同时,由于地表水和地下水的相互高度依存,水资源总量难以量化,也存在可利用水资源量双重统计的可能。

表 10.4　　　　地球水圈主要组分的平均停留时间和储水量(Shiklomanov 和 Rodda, 2003)

组分	平均停留时间	总储水量(10^3 km³)	淡水储量(10^3 km³)
多年冻土区和地下冰	10000 年	300	300
极地冰	9700 年	24023	24023
海洋	2500 年	1338000	/
高山冰川	1600 年	40.6	40.6
地下水(不包括南极洲)	1400 年	23400	10530
湖泊	17 年	176.4	91.0
沼泽	5 年	11.5	11.5
土壤水	1 年	16.5	16.5
河流	16 天	2.1	2.1
大气	8 天	12.9	12.9
生物圈	几个小时	11.2	11.2
总计		1385985	35029

注:因四舍五入各组分加和可能不等于总量。水库水量变化较小的,具有较长停留时间。大气变化极快,能够在较小的时空尺度发生快速变化。冻土将在全球变暖作用下缓慢变化。停留时间对水质有较大影响。河流和小溪,总体上停留时间较短,能对污染控制措施快速响应。地下水一旦被污染,除非采用昂贵的修复措施,否则将花费数个世纪才能自净。

最近评估结果表明,人均可再生地下水资源量为 2091m³/年,大约占人均总水资源可利用量的 1/3(Döll 和 Fiedler, 2007; Vörömarty, Leveque 和 Revenga, 2005)。尽管地下水的分布高度局部化,但地下水对水资源开发利用作出了重大贡献,占市政供水总量的 20%~50%(Morris 等, 2003; Zekster 和 Margat, 2003)。接近 60% 的地下水被用于干旱和半干旱地区农业灌溉。然而,地下水储量方面的数据信息相当缺乏,也不准确,这是因为探讨和评估地下水储量需要耗费大量人力和财力。地图 10.4 和地图 10.5 给出了全球已知大型地下水水库的长期平均补给状况。

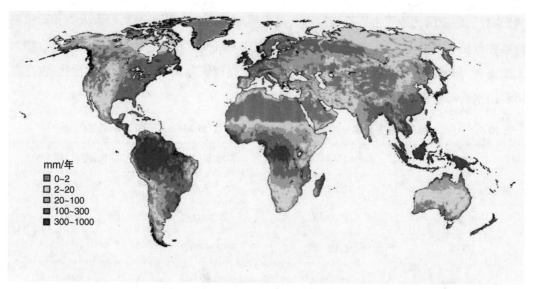

地图 10.4　1961—1990 年长期平均弥漫性地下水补给模式(Döll 和 Fiedler,2007)

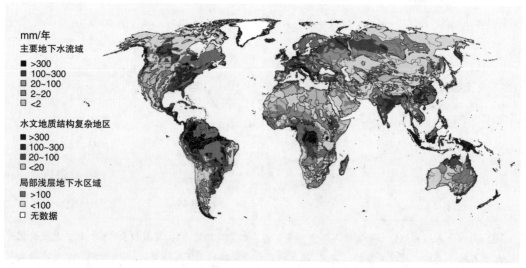

地图 10.5　全球近年来可利用地下水补给(WHYMAP,2008)

10.2　水循环与全球生物地球化学循环

越来越多的证据表明,人类活动影响了全球河流的水化学特性。据估计,全球不到 20%的流域维持了天然水质,河道输送的无机氮磷在过去 150~200 年增加了好几倍(Vörömarty 和 Meybeck,2004)。为辨识水化学特性变化对水资源的影响,应加强监测和分析,但现有观测信息十分缺乏(见第 13 章),大多数的认识还是来源于模型计算。

10.2.1 水是输送载体

水能够在陆地生态系统和水生生态系统中固定和输送基础生命物质。氮、磷和硅是限制植物和藻类生物量增殖的重要营养元素，土壤无机碳是淡水和海洋系统的重要能源来源。水还输送一些间接影响生物健康(通过电导率和 pH 值)和栖息地结构(通过沉积物)的自然物质。在自然状况下，这些物质主要来自大气传输和沉降、生物活动以及土壤和基岩的风化侵蚀。人类活动是这些元素以及天然水体不存在元素的新来源(见图 10.3)，部分新元素如农药和合成化合物(环境激素)能够损害水体功能。

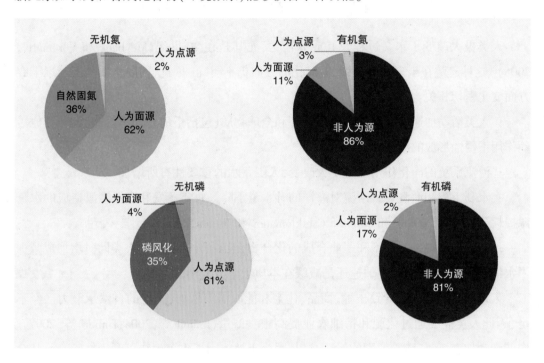

图 10.3　人类活动是海岸地区溶解性无机氮、有机氮、无机磷和有机磷的重要输入源头
(Seitzinger 等,2005)

河流最初仅用来进行简单的物质输送，现在人们越来越多地意识到水流通过流域时发生的化学和生物化学转化对物质输送和污染负荷具有重要影响 (Seitzinger 等,2006；Cole 等,2007；Battin 等,2008)。流量和水力停留时间能够影响污染物质的移动性和稀释潜力。

10.2.2 水质的空间异质性

生物地球化学的时空复杂性及监测系统的不完善(见第 13 章)，阻碍了全球水质状况的评估描述。水生态系统过程(源、水文、地貌学和生物学等)表明，区域或全球尺度的水质表征具有与生俱来的复杂性。每个水质因子都具有不确定性。

物质通量和水质现场观测的时空不均匀性加剧了问题的复杂性。欧盟和美国的水质监测站点比较密集，而世界其他地区的监测站点分布较为稀疏，仅在较短的时间内进行低频率的采样和监测。

短期监测数据不能反映多时间尺度下人类活动对水文循环（从单次降水到季节性、年际到数十年）的影响。这些变化也具有空间特征，影响了水资源开发和人类活动热点，如侵蚀和湿地开发。在这种相互作用下，很难将水文变化归结为人类活动还是自然现象。

10.2.3　人类加速或减缓水文循环

人类极大改变了水文过程及其成分输送，尤其是在 20 世纪（Meybeck 和 Vörömarty，2005）。这种趋势在未来还将继续，但演化的方向仍不明确。因此，内陆水质状况与以下四方面变化密切相关：

· 人类活动加速了生物地球化学循环和全球物质（包括土地管理不善、建设和其他活动作用下侵蚀形成的泥沙）迁移。

· 河流系统的净化作用发生重大改变，人工蓄水的重要性有所增加。

· 水利工程和灌溉导致河流对海洋的补水量下降，每年蒸发和农业灌溉造成的水资源损耗分别达到 200km³ 和 2000km³（Shiklomanov 和 Rodda，2003）。

· 河湖中出现一些新型和工业合成的化合物，很多已长期存在。人类同时增加或减少了水体部分组分的含量，但加速还是减缓在本质上十分复杂。

人口和经济的发展导致土地、商品、住宅和能源需求增加，土地的自然承载力已经不足，因此人类需要通过化肥和精细农业提高粮食产量（Imhoff 等，2004；Haberl 等，2007）。农业活动加速了氮、磷等元素的循环，这是因为土地施用了更多生物可利用性氮、磷。从全球范围来看，输入海洋的氮增加了 2 倍（Green 等，2004；Bouwman 等，2005），相似的趋势对磷也适用（Harrison，Caraco 和 Seitzinger，2005；Seitzinger 等，2005）。

受人类活动影响，水位过程的变化无意间也加剧了土地利用相关的其他变化。土地利用变化造成侵蚀加剧，水生态系统中的泥沙输送量上升；但绝大多数泥沙被水库等蓄水设施拦截，仅有一小部分能够进入到河口（Syvitski 等，2005）。调水和拦沙后，不到 1/3 的泥沙能够输送到河口（Vörömarty 等，2003），这导致三角洲和其他敏感海岸地区的侵蚀加剧，而这些地区的稳定需要可靠和稳定的陆源泥沙输入（Ericson 等，2006）。水库的建设似乎能够稀释硅、氮和磷含量，尽管作用要弱于沉积物（Dumont 等，2005；Harrison 等，2005）。

氮磷等营养负荷的净增加导致湖泊、水库和海岸等受纳水体富营养化，以及后续的生态系统和渔业退化,并危及人类健康(Wang,2006)。农业过量营养物质的输入导致海洋出现缺氧区, 例如密西西河在墨西哥湾的汇入区和长江口 (Rabalais 等,2007)。营养物质(氮、磷和硅)输入和河流净化性能的变化,改变了淡水和下游海岸水域的元素比。流域和人类活动方式不同,营养物质的形态也不同(有机氮和无机氮),因此不同形态营养物质的比例也可能发生变化(Seitzinger 等,2005)。营养物质比例的变化改变了淡水和海岸水域的生态群落组成,造成有害藻类水华的暴发和复发(Wang,2006)。

10.3　全球水质变化预测

10.3.1　水质预测模式

尽管在水化学特性表征方面还存在较多不足, 但集成的河流观测系统极大地改善了我们的研究能力, 能够量化流域内物质的产生、河道输送及海岸水域输出等各个环节(Seitzinger 等 ,2006;Seitzinger 等 ,2005;Cole 等 ,2007;Green 等 ,2004;Boyer 等 ,2006;Smith 等 ,2003;Wollheim 等,2008)。通过定义流域输入(自然还是人为)、水文、河道内物理特性和生物过程等地理数据库,近年来已经可以预测营养物质的年度变化。通过河口观测和流域尺度参数的校准,揭示了全球海岸地区营养物质的输出状况。联合国教科文组织的政府间海洋委员会开发出一个全球水域营养物质输出(Global-NEWS)子模型,运用标准化的框架和数据库,可以计算河流的碳、氮和磷(溶解态、颗粒态、无机和有机)的输出,有利于综合评价人类活动对受纳水体的影响(Seitzinger 等,2005)。但这个模型是静态的,考虑的物理过程有限,不能计算较短时间尺度(不足 1 个月)的水质变化。

近年来,基于河流营养物质通量开发的空间分布机理模型已应用于多个流域,对营养物质通量的控制极其重要(Ball 和 Trudgill,1995;Lunn 等,1996;Alexander 等,2002)。这些模型也被用来整合全球范围内的空间分布机制。例如,全球陆地氮模型通过考虑流域内氮负荷、水文条件、地表特征和生态系统过程, 实现了氮输出通量的预测 (Bouwman 等,2005)。

空间分布模型在全球内陆水生生态系统中得到了应用,通过整合土地输入、排放条件、地形地貌、不同水体的位置和生物过程等,有效评估了小河、大河、湖泊和水库在全球水体氮循环中的重要性(见图 10.4)。不同类型水体的相对重要性与海拔相关,这是因为氮的输移主要取决于人类施用的化肥、生活污水、动物粪便和大气沉降等因素(Wollheim 等,2008)。这些机理模型为全球水质预测带来了希望,在弄清水质的情况下,供水不得不根据污染、径流变化、气温和水文条件改变等进行相应调整。

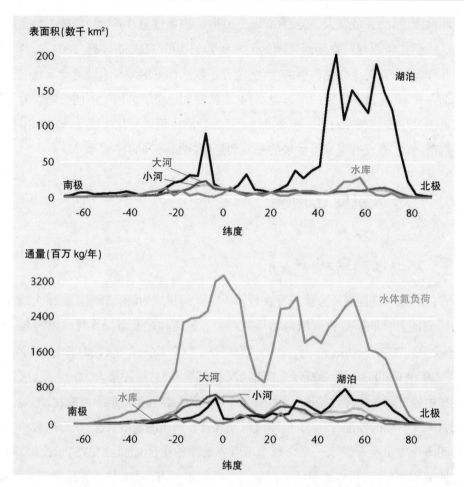

图 10.4　近年来不同纬度水体的水面积分布以及氮的输入和去除情况（Wollheim 等，2008）

10.3.2　水污染限制了供水

良好的水质对维护人类和生态系统健康极其重要。日渐增多的开发活动导致地表水和地下水的水质恶化（见表 10.5），挑战人类健康，增加了水处理需求和生态系统功能退化的概率（MEA，2005）。污染物（包括过量营养物质）可以长期滞留在土壤、含水层和水体沉积物中。尽管人类排放污染物已得到控制，但其持久性将导致污染物长期移动（Meybeck，2003；Meybeck 和 Vörömarty，2005）。

人类很长时间内依靠水生态系统的稀释和输送进行污染控制和管理淡水水质。有些情况下，水生态系统能够永久性将污染物转移进入大气，比如反硝化除氮。这些重要的生态系统服务均取决于水文循环。水文循环的变化将改变自然生态系统提供这种服务的能力（Hinga 和 Batchelor，2005）。由于水生态系统高度关联，局部水生态系统的变化经常能够对远处的下游造成影响（见第 8 章）。

　　污染物可分为影响人类健康和影响生态系统两大类。影响人类健康的污染物包括粪大肠杆菌、残留农药和重金属。典型的例子就是孟加拉国的地下水砷污染（见专栏 8.3）(Mukherjee 等,2006)，美国西北部的汞污染(Driscoll 等,2007)以及饮用水水源地的氮污染(见第 6 章)(Townsend 等,2003)。

　　过去 40 年,发达国家的很多污染问题,特别是点源污染已得到解决或缓和;但发展中国家的水污染仍然是水资源保护面临的最大问题。发展中国家缺少生活污水处理厂,难以控制点源污染、病原微生物污染,以及获得清洁饮用水(WHO/UNICEF,2004)。在发达国家，面源污染是主要问题，造成这一局面的部分原因是面源控制需要多学科的知识和方法,且执行起来相对困难。欧洲和北美成功解决了大气沉降造成的地表水酸化问题,恢复了很多地表水功能,这为多学科的地表水管理树立了良好的榜样(Driscoll 等,2003;War-by,Johnson 和 Driscoll,2005)。

表 10.5　　人类—河流系统相互作用的主要特征及人类对水资源利用的影响(Meybeck,2003)

特征	土地利用变化	采矿与冶炼	工业运输	城市化	水库蓄水	灌溉	其他水资源管理
有机质	++-		+	+++	+--	-	+
盐度	+	+++	+	+	+	+++	
酸度							
直接输入		++	+				
大气输送		+	++	++			
金属							
直接输入		++	++	+	---		
大气输送		+++	++	+			
历史背景		+++	+	+	---		
总悬浮物	+++	++	+	+	---	-	-
营养物质	+++		+	++	--	+-	
水传染病	+-			+++	+	+	
持久性有机污染物							
直接输入	++		++	++	--		
大气输送	+		+	+			
历史背景			+++	++			
平均径流	+-		-	+	-	---	
流态	*			*	***	*	*
栖息地变化	*	**		**	***	*	***

注:+到+++代表增加,-到---代表减少,*代表无明确变化方向。

第 11 章

水循环变化

● 水文循环变化的后果之一就是其与陆地碳循环的相互作用。20 世纪陆地生物圈固定了 25%的人类碳排放，但难以确定这种趋势还能持续多久。

● 大多数气候学家认为气候变暖将加速全球水文循环，观测证据表明，这个现象已经发生。

人们越来越清楚地意识到，稳态统计不再是水资源规划的可靠基础。

水是维持生命和经济可持续发展，以及生态系统正常发挥功能的基础性元素。水循环受水资源储存动态(土壤水、地下水、积雪、湖泊、水库和湿地)、降水、径流和地面蒸发等因素影响。水资源规划者通常认为地表水循环的关键元素在统计上呈稳态变化，他们面临的挑战是表征和缓冲自然变化。过去几十年，径流、积雪和蒸发量的变化研究越来越清晰地表明，稳态统计并不可靠。稳态统计对水资源规划来说是僵硬的，有些研究者开展了一些新的水资源管理尝试，试图处理非稳态问题(Milly 等，2008)。要想应对这些挑战，前提是充分认识地表水循环的变化本质。

11.1　水循环变化

这一节主要综述地表水循环的最新研究进展，包括地表水资源通量(降水量和蒸发量)和储存量(土壤水、地下水、湖泊和水库)，并从水文监测方面探讨了水循环与碳循环的相互作用。

11.1.1　降水

降水是地球水文循环的关键要素，也是最难观测和准确模拟的指标之一。降水受大风暴位置等大尺度过程，以及地形抬升等局部过程影响，显现出大范围的时空变异性。此外，降水模式(频率、强度、液体或固体状态等)在影响水文方面比降水量更重要，人类活动和自然系统也取决于它(见第 7 章气候变化和水文变化对农业不确定性的影响)。

　　降水量观测的另一关键问题是存在大量的测量误差。在山区和偏远地区,降水监测站的数量少且分布不均,难以正确估计区域的平均降水量。遥感测量能够提供全球定期影像,通过不确定转化,将遥感数据变为降水数据。降水量数十年尺度上的变化将掩盖其长期变化趋势。空间尺度降低后,降水变化有所增加,导致识别区域和局地的降水量变化趋势极为困难(Giorgi,2002)。

　　基于 6 个监测站和卫星观测数据(IPCC,2007),政府间气候变化专门委员会近期完成了一项 20 世纪全球和地区降水量变化趋势的详细评估。20 世纪初到 1950 年,全球陆地降水呈现增加趋势并伴随着大幅震荡(IPCC,2007),此后直至 20 世纪末降水量开始下降,同样也伴随着大幅震荡。换句话说,降水观测在整个世纪表现出不连续趋势,是一个在数十年尺度上的变化过程。

　　地图 11.1 显示了 1901—2005 年和 1979—2005 年的年降水量地理分布。在第二个时段,人类温室气体排放是导致全球变暖的主要原因(IPCC,2007)。两个时段的降水模式差异性主要源于区域降水在数十年尺度上的变化。

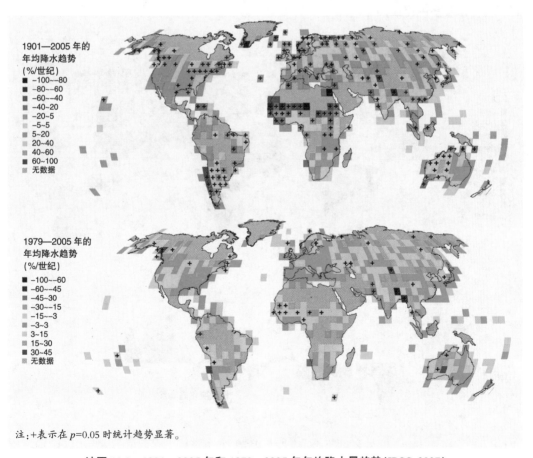

注:+表示在 $p=0.05$ 时统计趋势显著。

地图 11.1　1901—2005 年和 1970—2005 年年均降水量趋势(IPCC,2007)

降水差异性最明显的是非洲撒赫勒地区,1901—2005 年降水量减少,1979—2005 年降水量增加。有研究发现,1895—2000 年撒赫勒的年均降水量出现了数十年尺度上的变化,1925—1970 年的降水量快速增加,但 1970—2000 年却出现了明显干旱 (Lhote 等,2002)。此外,1901—2000 年的降水量减少,1985 年后开始增加。这个例子说明,识别降水量趋势的长期变化非常困难,尤其是在区域尺度上。

1901—2005 年,北美洲的东部、南美洲南部、北欧、中亚、澳大利亚西部等地的降水量增加,撒赫勒、非洲南部、地中海和南亚地区的降水量减少(见地图 11.1)。1979—2005 年,美国西部、印度西北部和巴基斯坦的降水量开始减少,但总体趋势变化不清晰。

结合水文循环组分变量,对识别降水趋势更具指示性。帕默尔干旱指数(PDSI),用于测量降水和温度对土壤水分含量的综合影响。地图 11.2 显示,20 世纪全球 PDSI 指数有所增加,PDSI 的地理分布差异趋势更加明显。PDSI 增加的地区均承受过严重干旱,例如西非的撒赫勒、非洲南部、地中海、美洲中部、南亚和东南亚、澳大利亚东部、中国北部和东北部、巴西东南部和北美的北部。干旱程度下降的地区包括南美洲的南部、美国东部、欧洲的东北部和埃塞俄比亚高原。

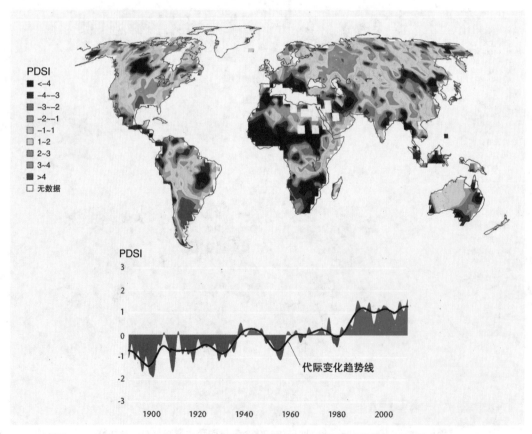

地图 11.2　1900—2000 年 PDSI 的地理分布趋势及 PDSI 全球均值的年均变化(IPCC,2007)

20 世纪 PDSI 指数的变化趋势与 21 世纪末 22 个大气—洋流耦合模型预测的年均降水变化趋势非常相似(IPCC,2007)。地中海流域、美洲中部、非洲南部、巴西东南部和澳大利亚东部的 PDSI 指数研究表明,这些地区的干旱程度增加,模型预测结果也表明这些地区降水量将大幅减少。因此,受人类与气候变化的影响,这些地区将出现一定程度的水资源危机。西非和萨赫勒的 PDSI 值最大,模型预测这些地区不会经历大的降水变化。这可能表明,20 世纪萨赫勒的干旱是气候自然波动的结果,与全球变暖并无直接关系。与之相似,20 世纪中亚和东亚 PDSI 指数增加,意味着 21 世纪该地区的降水量有所上升。

如上所述,降水模式对水文的影响可能比平均降水量更重要。有些地区的强降水增多,但总降水量下降,北部地区更多的降水以降雨而非降雪的形式出现(IPCC,2007)。与此同时,热浪持续的长度、发生频率和强度均在增加。大气变暖和持水能力增加同步出现,这些变化在不同温室气候排放情景下的 IPCC 气候预测中也有体现(IPCC,2007)。

11.1.2　蒸散发

实际蒸发量要么通过微观气象技术测定,要么通过水—气界面的液态水损失量进行测定(Shuttleworth,2008)。现有蒸发量的测定方法在分析蒸发量长期渐进变化时要么太先进,要么不准确(Farahani 等,2007)。因此,目前十分缺乏长期或足够准确的蒸发量数据。

在数据量不足的情况下,可以采取替代方法。有些研究将蒸发量视作地区平均水平衡计算的余量(Gedney 等,2006),但更多的研究采用蒸发皿蒸发量或估算方程计算获得的蒸发量。由于很多研究采用的还是早期蒸发理论,而不是当前的物理和生理蒸发理论,因此产生了蒸发量的混乱和争议 (Brutsaert 和 Parlange,1998;Ohmura 和 Wild,2002;Roderick 和 Farquhar,2002,2004,2005)。

蒸发皿蒸发量减少可能有两方面原因。首先是气溶胶浓度上升、云覆盖增加、气候变化等因素,导致地面太阳净辐射降低,削弱了开放水体蒸发。假如太阳净辐射下降是蒸发皿蒸发量下降的唯一原因,而其他气象条件、土壤水分和植物生理等对实际蒸发量的影响不变,那么这就意味着地区的平均实际蒸发量减少(Shuttleworth 等,forthcoming)。

水文循环加剧是气候变化的一个重要特征。水蒸气不仅是最重要的温室气体,大气水含量增加还可能改变云覆盖,进而影响太阳辐射。目前,云覆盖对太阳辐射的影响程度仍不清晰。有些观测研究结果表明,太阳净辐射每十年下降几个百分点,这意味着这些地区的云覆盖可能在增加 (Chattopadhyay 和 Hume,1997;Thomas,2000;Shenbin,Yvnfeng 和 Thomas,2006;Xu 等,2006)。也有研究认为,太阳辐射的显著变化与局部或地区性气溶胶浓度变化有关(Askoy,1997;Omran,1998;Cohen,Ianetz 和 Stanhill,2002)。气溶胶浓度上升的影响及其相关的表面太阳辐射下降被广泛报道,并通过大气缓流模型进行过相关模拟

（Stanhill 和 Cohen，2001；IPCC，2007）。预测研究结果表明，太阳辐射每 10 年的降幅为 2.75%（Stanhill 和 Cohen，2001），IPCC 预测自 1750 年以来，硫酸盐气溶胶导致全球辐射变化了 $0.2\sim0.8W/m^2$（IPCC，2007）。

强有力的证据表明，过去几十年地面蒸发量下降，要么是云覆盖增加所致，要么是气溶胶浓度增加所致。这其中至少有一个是蒸发皿蒸发量减少的真正原因。然而，最近澳大利亚干旱半干旱地区进行的一项基于物理过程的蒸发结果表明，风速下降是导致蒸发皿蒸发量下降的主要原因（Roderick 等，2007）。

导致蒸发皿蒸发量减少的第二个解释是，平均近地面气压差减小或平均近地面风速下降，也有可能是二者的组合。对这个潜在的机理的探讨大多假定实际蒸发量和 Bouchet 潜在蒸发量之间存在互补关系（Bouchet，1963）。模型研究并未从数值精度方面支持这种互补关系（De Bruin，1983，1989；McNaughton 和 Spriggs，1986，1989）。然而，通过大气调节减小气压差，增加地区实际蒸发量从机理上讲是合理的，这也表明，考虑地表—大气耦合过程的话，Bouchet 互补关系是近乎正确的（Shuttleworth 等，forthcoming）。

事实上，大量证据表明，开放水体和参照作物的蒸发量均在增加，气压和风速也表现出区域性变化（Chattopadhyay 和 Hume，1997；Thomas，2000；Xu 等，2006；Shenbin，Yunfeng 和 Thomas，2006）。一些研究利用历史气候数据探讨了气象控制对开放水体和参照作物蒸发量的相对重要性（Chattopadhyay 和 Hume，1997；Thomas，2000；Xu 等，2006）。但这些研究并未提供明确的证据，表明地表辐射或区域风速变化始终占主导地位（更别用说单一因素），这导致了蒸发皿蒸发量的变化以及区域性各种气候参数相对重要性的差异。此外，还有一些研究发现，亚洲和北美大部分地区的蒸发皿蒸发量下降，但实际蒸发量却在增加（Lawrimore 和 Peterson，2000；Golubev 等，2001；Hobbins 和 Ramirez，2004）。

依据实际蒸发量解释蒸发皿蒸发量非常复杂。有研究认为这涉及了两方面影响：过程 A 与大尺度大气浓度和环流变化有关，能够在同一方向修正地表蒸发速率；过程 B 与景观尺度下地表—大气边界层的耦合有关，能够在不同方向修正区域平均蒸发量和蒸发皿蒸发量（Shuttleworth 等，2009）。研究表明，这两种影响都存在，它们的相对强度取决于区域气候的干旱程度。在干旱和半干旱地区，风速下降、气溶胶浓度上升和云覆盖增加可能是蒸发皿蒸发量减少的主要原因。然而，实际蒸发量与这些地区有效降水量密切相关，因此并不能推断出时间平均的实际蒸发量在减少。在潮湿地区，实际蒸发量在增加，尽管气溶胶或云覆盖导致太阳辐射减少。

11.1.3　土壤含水率

认识和预测水循环需要了解土壤含水率。土壤含水率可通过直接测量，以及遥感和模型计算等方法观测,每种方法都有自身的局限。现场土壤含水率原位测量布点太稀疏,难以获得全球数十年内土壤含水率的变化趋势。卫星遥感有频率优势,但数据时长不足,难以提供有意义的趋势性变化信息。基于降水和气温重构的物理模型能够较好地描述土壤含水率的长期变化趋势,但这些模型在获取明确结论和揭示不确定性方面仍然存在不足。

原位测量是气象分析、模型评估和遥感调查的基础和关键。地面观测在时空尺度上均存在不足,仅能代表地球陆地表面极小部分的状况。土壤含水率测量在俄罗斯和乌克兰已开展了近 40 年,中国也开展了约 20 年。

先进的土壤含水率传感器如中子探测仪、时域反射仪、频域反射仪和张力计等使连续测量成为可能。美国农业资源保护部门下属的土壤气候分析网络自 20 世纪 90 年代早期开始实时土壤含水率观测的卫星余迹通信(www.wcc.nrcs.usda.gov/scan/)。

俄罗斯和乌克兰近 40 年的土壤含水率观测数据表明,1958 年至 20 世纪 90 年代中期,土壤含水率显著增加。研究人员认为,光照减弱、蒸发减少和二氧化碳增加可能是重要原因,尽管这和基于温室气体排放下全球变暖的模型预测结果相反(Robock 等,2005;Li,Robock 和 Wild,2007)。

研究发现,中国、蒙古、原苏联和美国(伊利诺斯州)温暖季节的土壤(深度为 1m)含水率与 1870—2002 年基于全球网格降水和气温记录的 PSDI 值之间存在很强的相关性(Dai,Trenberthy 和 Qian,2004)。研究还发现,自 1972 年以来,全球极度干旱(PDSI 低于 –3.0)和极度湿润地区(PDSI 大于 3.0)的土壤含水率分别大约增加了 20% 和 38%,这说明 20 世纪 80 年代以来地表变暖是土壤含水率上升的主要原因。

对重构长期土壤含水率而言,地表模型比 PDSI 方法更加先进。模型真实再现观测能力始终是个问题,利用伊利诺斯和欧亚大陆观测数据进行的研究表明,可变下渗容量(VIC)模型准确再现了土壤含水率的年内和年际变化 (Maurer 等,2002;Nijssen,Schnur 和 Lettenmaier,2001)。另一项研究利用 VIC 模型重构了全球 1950—2000 年的土壤含水率,发现全球土壤湿度呈现小幅增加(Sheffield 和 Wood,2008),其主要原因为降水增加。美国重构的土壤湿度变化趋势与其他地区一致(Groisman 等,2004;Andreadis 和 Lettenmaier,2006)。

陆地—大气耦合模型和气候重构耦合模型也能用于土壤含水率分析。通过固定版本的数值天气预报模型,结合大气和其他数据实时重构历史土壤含水率。计算结果表明,全球土壤含水率不存在线性变化趋势(Lu 等,2005;Li 等,2005)。25 个大气环流模式分析结果发现,模型不能再现 20 世纪下半叶俄罗斯和乌克兰的土壤含水率观测趋势(Li,Robock 和 Wild,2007)。

遥感评估是另一种土壤含水率原位测量方法。表层土壤含水率可通过低频率卫星进行反演。由于地表植被能够屏蔽土壤下层信号,因此基于卫星测定的土壤含水率仅限于

1~2cm 的土壤表层。重力恢复与气候试验(GRACE)卫星自 2002 年发射以来，其观测数据被很多研究用来分析陆地储水量变化 (Tapley 等,2004;Rodell 等,2006;Yeh 等,2006;Swenson 和 Wahr,2006;Syed 等,2005)。GRACE 遥感数据的最大缺陷在于空间分辨率低(几百千米),"视觉"领域宽泛(记录从地表中心到大气层顶端水分变化的全部信号)。因此,土壤含水率以外的其他信号(如大气含水率、积雪储水、地下水、湖泊和水库等)必须滤掉后,才可用于分析土壤含水率趋势和及变化特征。

11.1.4　径流

国家水文监测网络、数据获取途径和数据质量的差异对系统和全面评估全球径流变化趋势构成了障碍(见第 13 章)。发展中国家稀疏的径流计量网络和限制数据散播到区域或国际数据中心的国家政策,导致难以全面评估全球径流量变化趋势(Lins,2008)。还有一些径流量变化的研究成果尚未发布。常用的径流计量数据对"气候敏感",这意味着径流站点的观测数据受人类活动如上游调控、调水、地下水取用和土地利用变化等的影响微乎其微。因此,研究获得的径流变化趋势主要还是归因于天然差异或气候变化。

这种综合的径流趋势分析主要借鉴了部分国家和大洲的经验, 尤其是已完成全面分析的欧洲和北美。澳大利亚、亚洲、非洲和南美洲有些国家的研究成果鲜见报道。包括这些国家在内的全球综合分析结果这一节末尾有所论述 (Kundzewicz 等,2005;Svensson, Kundzewicz 和 Maurer,2005)。

加拿大的一项研究发现,1947—1996 年的年径流量总体上呈下降趋势, 南方地区特别是阿尔伯塔和英属哥伦比亚的南部,径流量降幅最大(Zhang 等,2001)。研究还发现,月均径流量减少,但 3 月和 4 月的径流量显著增加。在加拿大南部,与年降水量一样,百日流量也显著下降。然而,在英属哥伦比亚北部和育空地区,低流量百分比在显著上升。

利用 1944—1993 年美国大陆 395 个观测站的连续日径流数据,对美国长期径流的变化趋势进行了广泛分析,结果发现,所有径流量组分(高径流量除外)主要呈增加趋势;高径流量变化不多,增加和减少分布总体相当(Lins 和 Slack,1999,2005)。采用相同数据进行的另外一项研究发现,径流量的增加不是渐变的,在 1970 年左右出现了突变(McCabe 和 Wolock,2002)。这种突变意味着气候系统进入了一个新状态,在新变化出现前保持稳定,渐进变化很可能持续到未来。

欧洲大部分径流量变化趋势研究聚焦洪水。在英国一个气候敏感的流域网络,一项高流量和洪水记录评估研究应用径流量趋势检验了洪量、频率、高流量和持续时间等参数(Hannaford 和 Marsh,2007)。截至 2003 年末,识别了上述参数在过去 30~40 年的变化趋势。研究发现,高地海流是影响英国北部和西部流域径流量的主要原因。北部和西部地区出现了持久性高流量,但在洪量上趋势不明显。英国低地的径流量变化较少,主要是一系列的洪水事件。这表明北部和西部流域近期洪水增加主要是因为 1960 年以来频繁的北大西洋震荡所致。此外,径流变化波动也可能是近几十年自然变化的结果。

19 世纪中期以来冬季和夏季洪水记录的系统分析及 16 世纪以来主要洪水的更长时期历史记录分析发现,德国易北河和奥德河在过去 80~150 年内的冬季洪水减少,夏季洪水无明显变化(Mudelsee 等,2003)。这项研究将冬季洪水减少的原因部分归于强冻结的下降,减少了冬季冰塞和随着而来的洪峰。此外,研究还揭示了 16—19 世纪洪水频率的长期变化趋势,发现河流长度下降,修建水库和砍伐森林对径流影响极小。捷克的一项研究同样发现,20 世纪易北河和伏尔塔瓦河洪水频率和强度均下降(Yiou 等,2006)。

瑞典的年径流量和年度与季节性洪峰研究发现,20 世纪平均径流量增加了 5%,而温度更低的 19 世纪径流量增幅更大(Lindstrom 和 Bergstrom,2004)。瑞士一项年径流量研究表明,相同时间尺度内,年径流量总体上增加,这主要因为冬季、春节和秋季径流量上升(Birsan 等,2005)。整体流量分布中,冬季流量在增加,尤其是高流量;而春季和秋季径流量主要集中在中低流量百分比上。在欧洲东南部的土耳其,一项 1974—1994 年 26 个流域月均径流量分析表明,土耳其西部和南部径流量总体上减少,而东部无显著变化(Kahya 和 Kalayci,2004)。一项基于 600 个日径流量记录的 1962—1965 年、1930—1995 年和 1911—1995 年泛欧洲水文干旱研究发现,大多数监测站的径流量无显著变化(Hisdal 等,2001),因此,没有证据表明干旱变得更为严重。

最近一些研究分析了西伯利亚河的径流量变化趋势。在 1936—1999 年,俄罗斯六大北极河流的年径流量增加了 7%,主要增加发生在冬季(Peterson 等,2002)。这些观测结果表明,北冰洋的淡水入海量总体上是增加的。人们存在一个担心,流量增加可能通过海洋环流和碳循环等影响全球气候系统。另一项研究发现,欧洲和俄罗斯西伯利亚地区很多小河的基流有所增加,这意味着北欧地区地下水对水文循环的贡献在上升(Smith 等,2007)。

两项最近的研究分析了全球极大流量和极小流量变化趋势。其中一项研究分析了六大洲 195 个站点的数据,92%的数据来源于北美、欧洲和澳大利亚(见表 11.1)。70%的站点数据显示年最大径流量无变化,14%的站点增加,剩余 16%的站点减少(见专栏 11.1)。各个大洲的趋势与总趋势保持一致。另一项研究选用了较小规模的站点数据,结果发现大约 30%的站点径流存在变化趋势,且径流下降的站点大于径流增加的站点(Svensson, Kvndzewicz 和 Maurer,2005)。低流量变化呈现出另一种趋势,52%的站点 7 日最低流量在统计上呈现显著增加趋势。低流量上升表明水文干旱发生率将下降,这和全球土壤含水率和干旱变化趋势研究结论一致(Sheffield 和 Wood,2008)。这两项大尺度研究结果总体上与地区性的详细观测结论一致,那就是全球变暖没有导致洪水和干旱等极端水文事件增加。

表 11.1　　　全球各大洲 195 个径流站点的年最大径流变化趋势（Kundzewicz 等，2004）

地区	站点数量	径流量增加的站点		径流量无变化的站点		径流量下降的站点	
		个数	百分比	个数	百分比	个数	百分比
非洲	4	1	25	1	25	2	50
亚洲	8	0	0	5	63	3	38
南美洲	3	0	0	3	100	0	0
北美洲	70	14	20	44	63	12	17
澳大利亚—大洋洲	40	1	3	34	85	5	13
欧洲	70	11	16	50	71	9	13
总计	195	27	14	137	70	31	16

专栏 11.1　　　　　全球主要河流入海流量变化

（Lins 和 Slack，2005；Kundzewicz 等，2005；GWSP，2005）

尽管人们高度关注自然河流的入海流量，但绝大多数研究发现，大量河流径流量并无统计上的差异，这可能是长期气候变化的结果。

例如，在 10%显著性水平，70%的径流量数据并没有统计上的显著性变化。然而，很多大型河流入海流量无可争议地受到水资源管理活动的影响，特别是大坝建设、流域内引水满足其他用途，如灌溉、市政和工业供水，以及跨流域调水等。

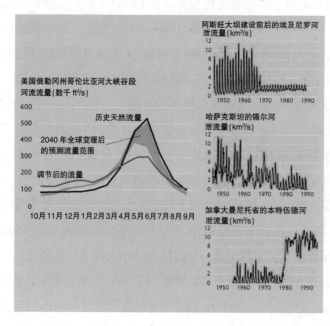

左图显示了加拿大和美国建设很多大型水库（总蓄水量占年均入海流量的30%）后，哥伦比亚河的观测流量和归一化流量（无大坝条件下的流量）的变化，以及2050年气候变化对归一化流量的影响（橙色区域反映了气候变化模型预测范围）。尽管气候变化预测的影响较大，但比水资源管理的影响还是要小很多（见第9章）。图中还显示了全球水资源管

理的其他影响。自从建设了阿斯旺大坝,尼罗河几乎所有的入海流量要么用于灌溉,要么通过蒸发被损耗。上游灌溉引水导致锡尔河入海流量大幅减少。与之相反的是,由于 20 世纪 70 年代水力发电引水,本特伍德河入海流量增加了 4 倍。

11.1.5　地下水

地下水经常在全球水循环中被忽视,一方面是因为地下水深藏地下和难以监测,另一方面是地下水相关的数据信息十分有限。地下水对维持河流基流和湿地健康非常重要,但经常在水量平衡计算和水资源规划管理中被忽视。只要地下水位大致稳定,或者年变化在一定范围内,地下水就可视作是恒定的。然而,对地下水的全球变化评估来说,了解地下水资源的变化趋势十分关键,这是因为地下水对短期气候变化具有缓冲功能,也是适应气候变化策略中的关键环节。

地下水交换过程通常比大气或地表水交换过程慢得多,一般低 2~3 个数量级。大型含水层蓄积了绝大部分地下水,当降水和补给条件有利时,含水层的储水量可达到地下水资源总量的 90%。在干旱和半干旱地区如北非、阿拉伯半岛、中亚和澳大利亚等沙漠地区,地下水还未被视作水循环的一部分,而是作为一种非常宝贵的资产。这些化石地下水资源越来越多地用于农业、农业和生活供水,尽管它们从未被补给且终将有一天会消耗殆尽。在很多地区,化石地下水仍是唯一可靠的水资源(Foster 和 Loucks,2006)。

受气候变化影响,地下水的水位每年变化幅度很大,由此可见,地下水补给改变是对气候变化的响应之一。然而,最近美国气候变化科学计划报告指出"预测气候变化对地下水系统影响的能力远远落后于地表水"(Backlund,Janetos 和 Schimel,2008)。艾森伯格和华盛顿流域地下水对气候和陆地覆被变化敏感性研究发现,地下水补给和作物用水对气候变化的敏感性密切相关(Vaccaro,1992)。对天然草地植被来说,地下水补给预计会增加;而对主要依靠灌溉的草地植被来说,地下水补给预计会减少。这是因为天然植被和灌溉植被在季节性蒸散发方面具有很大差异。

还有研究评估了北美洲西北部两个非承压含水层对气候变化的敏感性,一个位于卡斯特山脉以西的潮湿地区,另一个位于卡斯特地区以东的干旱地区 (Scibek 和 Allen,2006)。潮湿地区含水层的补给与降水量及其季节性分布有关,在设定气候情景下,地下水水位略有下降。干旱地区含水层,河流补给决定了含水层变化。地下水位变化与河流补给密切相关,总体上来看,冬季和早春时地下水位低于夏季和秋季。

澳大利亚两个气候(一个是地中海气候,另一个是亚热带气候)模型研究结果发现,地中海气候下，蒸发量改变与气温上升主导的水文响应密切相关；在亚热带气候，降水量变化主导了水文响应(Green 等，2007)。采用空间分布式水文模型评估未来降水、气温和潜在蒸发量增加下的组合效应，结果发现，砂质土壤地下水补给以及浅层地下水储存和排泄均会增加，而黏性土壤相对稳定(van Roosmalen，Christensen 和 Sonnenborg，2007)。这些研究表明，地下水补给对气候变化的敏感性主要取决于降水量和蒸发量之间的平衡、当地包气带和含水层特征(Backlund，Janetos 和 Schimel，2008)。为深入认识地下水资源对全球气候变化的敏感性，还需开展更多工作。

11.1.6　水库、湖泊和湿地

目前全球有 5 万座大型水库（坝高超过 15m 或蓄水量超过 300 万 m³），10 万座中型水库(蓄水量超过 10 万 m³)和 100 万座小型水库(蓄水量低于 10 万 m³)。这些水库的总蓄水量达到 7000km³，总水面面积达到 50 万 km²。尽管全球水库数量众多，但 95%的总蓄水量来自 5000 个大型水库(坝高超过 60m)，超过 80%的水库用来水力发电(见第 7 章)(ICOLD，2003；Lempérière，2006)。

11.1.6.1　水库

过去 100 年，主要是 1950—1990 年，北美洲、南美洲东南海岸、澳大利亚、中国和俄罗斯建设了大量水库。中国、印度、伊朗、土耳其及中东和东南亚一些国家正在建设中的大型水库大约有 350 座(Lempérière，2006)。自 20 世纪晚期以来，水库经历了各种变化，比如美国的撤坝，幼发拉底河、湄公河和锡尔河等流域上游和下游国家的水资源利用冲突、以及水库淤积等。水库拦截了全球 25%的河道悬移质泥沙(Vörösmarty 等，1997)。尽管 20 世纪大坝建设期间水库蓄水量明显增加，但过去 20 年大坝建设减少后，水库蓄水量的变化仍然不清晰。有研究表明，过去 10 年水库蓄水量仅仅轻微变化(Chao，Wu 和 Li，2008)，全球主要地区的干旱可能造成了水库蓄水量的下降。

11.1.6.2　湖泊

不少研究提供了全球自然湖泊的数据信息 (Meybeck，1995；Shiklomanov 和 Rodda，2003；Lehner 和 Döll，2004)。湖泊蓄积的地表淡水资源量最大，接近 90 万 km³，大约是河流、小溪蓄水量的 40 倍，是湿地蓄水量的 7 倍。湖泊和水库一起，总水域面积达到了 270 万 km²，占陆地面积(除极地外)的 2%(Lehner 和 Döll，2004)。大多数湖泊较小，145 个大型湖泊蓄水量占总蓄水量的 95%。俄罗斯的贝加尔湖是全球最大、最深和历史最长的湖泊，蓄水量占全球总蓄水量的 27%。湖泊主要用于向商业、渔业、娱乐、航运提供用水和全球大部分人口的生活用水。

　　过去几十年,全球绝大多数地区的湖泊面积发生了很大变化,但各地区的驱动力差异明显。因为干旱,乍得湖的水面面积从 1963 年的 2.3 万 km² 降至 1980 年的不足 2000km²。咸海也在急剧变小,受上游引水灌溉影响,流域蓄水量自 1960 年以来减少了 75%。里海水位在 1922—1977 年下降了 3m,随后在 1995 年又上涨了 3m(www.caspage.citg.tudelft.nl)。在西伯利亚,20 世纪最后 30 年, 湖泊总面积变化与冻土层的状态密切相关(Smith,Sheng 等,2005;Walter 等,2006)。西伯利亚西部连续多年冻土区的湖泊总面积增加(西西伯利亚和东西伯利亚分别为 12% 和 14.7%),而非连续、分散和孤立的多年冻土区湖泊总面积分别下降 13%、12% 和 11%(见地图 11.3)(Smith,Sheng 等,2005)。西伯利亚湖泊面积的变化是冻土层退化的症状,通过改变碳循环将对全球气候造成重要影响。

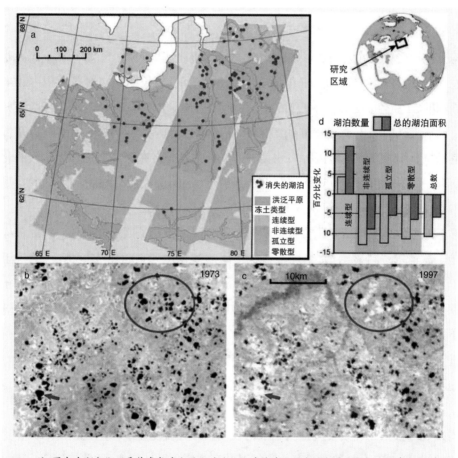

　　注:图中冻土变化可看作多年冻土退化的症状。连续冻土区湖泊数量和面积出现净增长,表明地表蓄水出现了初始但是经验性的增加。数十年尺度上的湖泊、湿地和水库蓄水量变化时水动力自然变化特征,并不能完全归结于气候、土地覆被及其他人类因素的影响。

地图 11.3　1973—1997 年西西伯利亚非连续冻土区湖泊数量与湖面面积下降(Smith,Sheng 等,2005)

11.1.6.3 湿地

湿地是水饱和的环境,通常包括沼泽和泻湖等。尽管湿地水面仅占湖泊和其他地表水系表面积的 10%,但湿地面积是全球湖泊面积的 3~4 倍(Lehner 和 Döll,2004)。湿地在防洪、地下水补给、粮食生产、水质净化、野生动物栖息地和生物地球化学循环方面具有重要作用(Mitsch 和 Gosselink,2000)。20 世纪人类破坏了大量湿地,当前世界自然基金会和联合国环境规划署发起了"合理利用湿地"运动,在维持湿地水系及相关生计和粮食生产等关键服务方面做了大量工作。全球大约一半的湿地位于高海拔地区,湿地的存在至少与多年冻土层排水有关。因此,人们十分关注多年冻土层退化后的湿地排水和草地演化,这将对全球碳循环和可能的气候变化反馈造成严重影响。

11.1.7 冻土

冻土包括受短期冻融循环影响的土壤、季节性冻土和多年冻土。多年冻土区占北半球陆地总面积的 24%,季节性冻土(包括多年冻土的活动层)长期平均覆盖面积占北半球陆地总面积的 51%(Zhang 等,1999,2003)。多年冻土主要位于高纬度和高海拔地区(见地图 11.4)。欧亚大陆的冻土主要分布在北极和北部林区,中亚天山和帕米尔山区,以及青藏高原和喜马拉雅山脉高海拔地区等。北美洲的冻土主要分布在阿拉斯加和加拿大的北极地区,南部冻土的维度范围为 50°N~57°N(Brown 和 Goodison,1996;Zhang 等,1999),受落基山影响,山区冻土范围最南可达 37°N。

多年冻土的地下冰情变化直接影响着寒冷地区短期和长期水文循环。环北极冻土地图和地下冰情等资料显示,北半球过量地下冰的体积达到 10800~35460km³,约等于海平面以上 2.7~8m 以上的水量(Brown 和 Goodison,1996;Zhang 等,1999)。假定多年冻土平均孔隙率为 40%,则地下冰的总体积高达 54000~177000km³。21 世纪以来,冻土在全球变暖背景下正快速退化(Lawrence 和 Slater,2005),结果过量的地下冰融水直接参与水文循环,孔隙地下冰融水成为寒冷地区地下水的重要补给水源。非冻土区的活动层和季节性冻土层的土壤持水量呈现明显的季节性变化和年内变化,能够极大影响寒冷季节和寒冷地区的水文循环。

野外观测数据和气候模型预测结果均表明全球气候变化最大的地区为寒区,这一趋势还将持续。影响冻土的最重要变化为气温升高和水文循环加速。这些气候变化不可避免地改变了寒冷地区陆地表面和近地面的物质能量流动及地下物理状况。这些物理环境变化促使冻土条件改变并发生冻土退化,具体包括冻土温度升高、活动层厚度增加、热融和融区面积增加、冻土面积减小以及冻土在局地、区域和全球尺度上消失。

冻土范围
□ 连续型
□ 非连续型
□ 零散型
□ 孤立型
■ 残余冻土
～ 海底冻土
■ 冰川

注:多年冻土覆盖了全部的连续冻土区(除大型暗河与深湖之外),位于 10%~90%非连续冻土区表面以下。在孤立冻土区,多年冻土占冻土区总面积的比例不到 10%。

地图 11.4　2000 年极地冻土的范围(Brown 等,1997)

冻土退化将引发很多自然过程变化,通过这些变化进一步影响整个地球系统。其中,有些变化发展非常迅速, 能够对北部和高海拔地区的生态系统及基础设施带来毁灭性影响,比如地面沉降、淹没、湖泊热融增加、滑坡和边坡失稳、河岸热蚀和深沟发育、河流淤积增加及荒漠化。永久冻土解冻过程中,储存的 CO_2 释放也将对全球气候产生重要影响。

北半球冻土条件变化主要包括冻土区温度升高、冻土活动层加厚、热融和融区(包括热融湖泊)增加。地下监测结果表明,连续冻土区温度增幅最大,非连续和零散冻土区温度增幅最小(几乎无变化)。阿拉斯加北部冻土的温度在 20 世纪上升了 4℃~7℃,其中最后 20 年温升占一半以上(Lachenbruch 和 Marshall,1986;Osterkamp,2005)。阿拉斯加内陆冻土温度自 1980 年以来上升幅度为 0.5℃~1.5℃(Osterkamp,2005)。加拿大连续多年冻土区麦肯齐山谷北部观测数据显示,1990 年以来 20~30m 深的多年冻土温度上升了 1℃,麦肯齐山谷中部气温变化较小, 而冻土层较薄的南部地区几乎无变化 (Smith,Burgess 等,2005;Pavlov,1996)。

欧洲北部俄罗斯现场观测结果表明,过去 20 年深度为 6m 的连续冻土区温升幅度最大，达到 1.6℃~2.8℃；而 1975—1995 年非连续冻土区的温升仅为 1.2℃(Oberman 和 Mazhitova，2001)。自 20 世纪 60 年代早期以来，西伯利亚莱娜河流域连续冻土区的温度上升了 3℃以上；而耶内西河流域非连续冻土区温度增长速率已大幅下降。过去 30 年，其他主要非连续冻土区，如蒙古中部(Sharkhuu，2003)、青藏高原(Wu 和 Zhang，2008)和瑞士阿尔卑斯(Vonder Muhll 等，2004)等，冻土温度增幅均低于 1℃。单独气温变化并不能解释连续冻土区的温度上升，积雪变化也可能是部分原因(Zhang，2005)。非连续冻土区和零散冻土区温度无明显变化主要是因为融冰吸收了潜热。

季节性冻土变化主要包括土壤季节性冻融的时间、持续时长、厚度和面积。俄罗斯 31 个水文气象站的多年冻土活动层土壤温度测量结果表明，1960—1998 年的活动层厚度显著增加了 0.25m(Zhang 等，2005)。1990 年以来，国际冻土协会构建了环极地活动层监测站网，整合了北极、南极和中维度山区 125 个监测站点，用于监控多年冻土上层和活动层对气候变化的响应(Brown，Hinkel 和 Nelson，2000)。北美洲北部高海拔地区监测结果呈现了年际变化和代际变化，但活动层厚度对气温变化无明显响应关系。CALM 欧洲监测站点数据表明，2002—2003 年冻土活性层厚度在夏季最大(Harris 等，2003)。20 世纪 80 年代早期以来，青藏高原冻土活性层厚度增加了约 1m(Zhao 等，2004)。

20 世纪 50 年代以来，俄罗斯非冻土区季节性冻土层厚度减少 0.34m 以上(Frauenfeld 等，2004)，1967—1997 年青藏高原北部季节性冻土层厚度减少了 0.2m (Zhao 等，2004)。造成这一变化的主要驱动力为暖冬和积雪覆盖变化。1967—1997 年，受春季融雪提前影响，青藏高原季节性冻土持续时间减少 20 天以上(Zhao 等，2004)。20 世纪北半球季节性冻土最大面积减少 7%。卫星遥感数据显示，1988—2002 年，欧亚大陆春季融雪和秋季冰冻提前了 5~7 天，导致作物生长季节提前但整个生长周期长度无变化 (Smith，Saatchi 和 Randerson，2004)。在北美洲，秋冻延迟 5 天，造成 1988—2001 年作物生长季节延长 8 天 (McDonald 等，2004)。

11.1.8　积雪

全球 1/6 以上人口居住所在地的地表水源为融雪，包括季节性积雪和多年冰川(Barnett，Adam 和 Lettenmaier，2005)。这些地区经济产值超过全球 GDP 的 1/4，积雪覆盖对径流季节性和永久性变化的影响因此格外受到关注(见地图 11.5)。

很多研究表明，过去 50~100 年，北半球积雪覆盖季节缩短，春季融雪提前。还有研究发现，过去几十年这些变化在加速，但数据口径不统一，造成这个问题非常复杂。因气温升高，北美山区的雪水当量呈下降趋势。然而，在一些高海拔地区，仲冬雪水当量在增加，这可能是因为寒冷内陆气候下降雨增加所致。

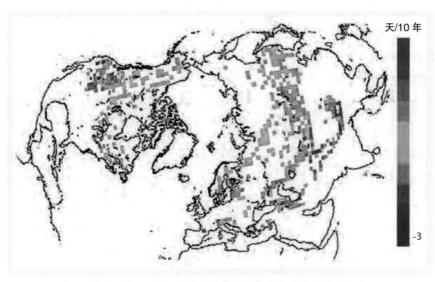

地图 11.5　1978—2006 年春季积雪时长变化(NSIDC)

北半球积雪覆盖范围和雪水当量长期分析，主要采用 20 世纪早期的监测站点数据，以及近 40 年的卫星遥感积雪评估数据。基于北半球积雪重构模型,研究发现俄罗斯冬季雪水当量和积雪深度一样,每十年增加大约 4%(Brown,2000)。与之相反,欧亚大陆和北美自 1980 年以来，春季积雪覆盖范围和雪水当量大幅下降。最新卫星遥感数据显示,1972—2006 年的北半球积雪覆盖范围大幅减少,特别是春季(Déry 和 Brown,2007)。春季积雪减少似乎在极地地区放大,北美的降幅大于欧亚大陆。另一项研究采用了相同的卫星遥感数据,结果发现每隔 10 年,融雪会提前 3~5 天,整个北半球无雪季节长度增加趋势保持一致(Dye,2002)。此外,北美地区基于积雪重构模型研究得到了相似的结论(Frei,Robinson 和 Hughes,1999)。

各地还开展了大量与积雪相关的研究。1931—1999 年,瑞士阿尔卑斯的积雪深度和新雪人工观测研究结果发现,1980 年以前积雪覆盖天数和降雪天数均逐渐增加,此后又开始减少(Laternser 和 Schneebeli,2003)。随着海拔降低,这个趋势越来越明显。温度增加是瑞士阿尔卑斯低海拔地区降雪天数减少的重要原因 (Scherrer 和 Appenzeller,2004)。1936—1983 年，俄罗斯 119 个站点的积雪数据分析表明，冬季积雪深度显著增加(Ye,2000)。加拿大南部积雪覆盖时间总体上无变化,冬季积雪覆盖时长增加,春季积雪覆盖时长减少(Brown 和 Goodison,1996)。1950—1990 年,加拿大北部的降雪量增加了 20%,与之相关的是冬季降水增多(Groisman 和 Easterling,1994)。加拿大南部降雪量变化与冬季温度高度相关,温暖地区降雪减少,寒冷地区增多,总体上年降水量呈增加趋势。

一些近期研究关注了美国西部降雪相关气候因子的长期变化。其中一项研究分析了

1950—2000 年，西太平洋 230 个雪水当量时间序列数据，结果发现降雪显著减少，尤其是气温明显高于其他地方的喀斯特山区(Mote，2003)。总体来看，低海拔地区雪水当量降幅较大。上述分析的时间范围扩展到 1915—2003 年后得到了相似的结论(Mote 等，2005)。1948—2002 年，美国西部春季融雪径流时间变化分析结果发现，对融雪为主的流域来说，年度水文过程中心出现的日期均有所提前；对不依靠融雪的海岸流域来说，日期几乎没有变化(Stewart，Cayan 和 Dettinger，2005)。

还有一些研究分析了美国西北部融雪相关的变化。基于 1952—2005 年监测数据，纽约州卡茨基尔地区融雪高峰提前了 1~2 周，这显然是因为 3 月份最高气温增加所致(Burns，Klaus 和 McHale，2007)。新英格兰情况类似，中心径流量提前了 1~2 周(Hodgkins，Dudley 和 Huntington，2003；Hodgkins 和 Dudley，2006a)。新英格兰历史气候站点数据分析结果表明，降雪/降水比值减少，总降雪量也在减少(Huntington 等，2004)。缅因州及其附近 18 个降雪观测站点数据表明，近 50 年积雪深度减少，积雪密度增加(Hodgkins 和 Dudley，2006b)。

11.1.9 冰川

冰川覆盖了全球 11%的陆地，储存了全球 75%的淡水。高山冰川为下游数百万人口，以及相邻低地的森林、农业、工业和城市供水。在种植季节，冰川对蒸发量高、灌溉需水量大的干旱和半干旱地区极为重要(Mayewski 和 Jeschke，1979)。冰川能够揭示广泛时间尺度内的气候变化，既能保存过去的气候特征，还能用作气候变化的自然传感器。气候变化对山区积雪与冰川水资源，以及河道供水均有重要影响。

大量证据表明，19 世纪中叶"小冰期"后，全球冰川开始消退；随着气温快速上升、降水及其组成(雨或雪)变化，1970 年后冰川消退开始加速(Liu 等，2006；Aizen 等，2006)。与高海拔地区冰川相比，热带冰川对气候变化更加敏感。在热带的安第斯山，1939 年以来每 10 年气温平均上升 0.1℃，最近 25 年温升速率增加了 2 倍。安第斯山拥有全球 99%的热带冰川，大多数都在经历严重消退，1980 年以来大多数冰川体积减少了 30%以上(Fran-cou 等，2003)。降水稀少加上气温持续上升，造成冰川成长非常有限。对热带安第斯山来说，冰川为旱季(5—9 月)河流径流量的唯一来源，因此，冰川消退对季节性供水具有重大影响(Juen，Kaser 和 Georges，2007)。

气温和降水在宏观、微观、甚至小流域尺度上对不同山区的影响各不相同。在阿根廷西部、智利中部和北部、秘鲁西部的干旱地区，气候变化导致 20 世纪气温升高和降水减少；整个南美洲冰川消退速度也远高于中亚。

高寒和干旱并存创造了独特的气候水文过程，不仅体现在热带安第斯山，还包括中亚的中海拔地区和青藏高原。咸海—里海、塔里木盆地和亚洲大河,如鄂毕河、叶尼塞河、黄河、长江、湄公河和布拉马普特拉河等,主要依靠阿尔泰、帕米尔、西藏和天山冰川补给。中亚冰川覆盖面积约 81500km²,水量接近 8000km³(Shi,2005)。

　　全球和地区气温变化,以及中亚主要大气环流过程调控湿度的频率是冰川物质平衡和河流径流量变化的主要驱动力。青藏高原冰河观测结果表明,20 世纪 50—60 年代,50%的冰川消退,30%在生长,还有 20%基本稳定。20 世纪 70 年代,冰川相对稳定,此后消退加速,到了 20 世纪 90 年代,620 个冰川中的 92%在消退。青藏高原北部冰川消退速率为 4m/年,南部消退速率高达 65m/年(Yao 等,2004;Yao 等,2007)。总体来看,过去 45 年青藏高原冰川总面积缩水了 5.5%(Kang 等,2004)。

　　阿尔泰山脉是中亚北部边缘和亚洲北极流域南部边缘的分界线。阿尔泰冰川覆盖了西伯利亚南部、蒙古、中国西北部等地共计 2040km² 的土地。帕米尔冰川延伸到中亚山脉的最西部边缘,在 20 世纪 70 年代后期覆盖面积达 12100km²。20 世纪后半叶,阿尔泰地区年降水增幅为 3.2mm/年,主要发生在春季和夏季;而相邻低地的降水无显著变化。在海拔高度 3000m 以上的帕米尔西北部和中部,过去 17 年的年降水增幅为 8.1mm/年(Finaev,2007)。尽管降水增加,但由于春季和夏季气温增高(0.03℃/年)(Aizen 等,2005;Finaev,2007),阿尔泰和帕米尔冰川开始消退,积雪和冰川融化加快,造成鄂毕河和叶尼塞河径流量增加了 7%,帕米尔河径流量增长 13.5%。1952—2006 年,阿尔泰冰川面积减少了 7.2%(Surazakov,Aizen 和 Nikitin,2007)。

　　过去 30 年,中亚天山山脉冰川面积减少了 1620km²,冰川消退速率为 3.5%(中部高海拔)~14.1%(西部低地)。1977—2003 年的消退速率为 1943—1977 年的 3 倍,1977—2000 年,有些冰川表面下降超过 100m(见地图 11.6)(Aizen 等,2006)。天山主要河流平均径流量为 67km³/年,其中冰川融化贡献了 20%,约 14km³/年。在旱季,冰川径流占总径流量的比例可达到 30%。融雪时间从 1977 年的 168 天降至 2007 年的 138 天,季节性积雪覆盖面积减少了 15%(120000km²),最大积雪覆盖时间延迟。随着高海拔地区早春降雨而非降雪的增加和融雪热量消耗降低,积雪覆盖面积将会加速减少。

　　全球和区域气候变化对天山冰川和河道径流的影响预测结果表明,为维持天山冰川现状,气温每上升 1℃需要增加 100mm 降水予以补偿。预测发现,天山冰川数量、覆盖面积、体积和径流量将分别降至现状的 94%、69%、75%和 75%(Aizen,Aizen 和 Kuzmichenot,2007)。

　　随着降水增加,过去 10 年天山冰川面积持续减少,河道年径流量持续增加。天山年河流径流量现状的一个主要预测指标就是上一年河道总径流量,这些径流可通过地下水补给。河道径流量可能发生的急剧变化表明,气温和降水改变造成了蒸发量的非线性变化,进而导致河道径流量的非线性响应。气温升高时，降水增多将加速蒸散发；若降水不足，即使气温升高，蒸散发也仅略有增加，这是因为冰川表面反光率上升，降低了冰雪融化潜力。现有冰川消退最初将会增加河道径流，但最终会造成径流减少。

喜马拉雅和欧洲阿尔卑斯冰川比中亚冰川消退更快（Ageta 等，2001；Paul 等，2004）。近期研究发现，喜马拉雅大型冰川消退速率超过 30m/年，造成 1980 年以来冰川面积减少了 21%（Srivastava，Gupta 和 Mukerji，2003；Kulkarni 等，2007）。

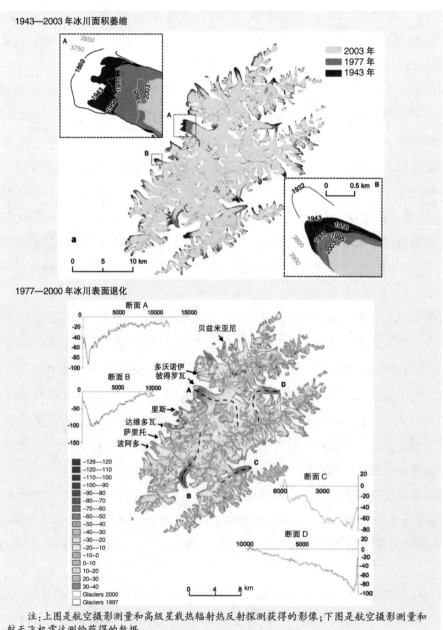

注：上图是航空摄影测量和高级星载热辐热反射探测获得的影像；下图是航空摄影测量和航天飞机雷达测绘获得的数据。

地图 11.6　天山和阿拉斯加冰川变化（Aizen 等，2006）

11.2 陆地碳循环与水文循环

水文循环与碳循环相互作用,且均与气候变化密切相关。陆地生物圈在全球气候体系中具有重要作用,在 20 世纪吸收了人类 25% 的碳排放(IPCC,2007),但这种情况还能持续多久并不清楚。研究表明,碳吸收速率取决于水文和气候条件,以及土地利用。然而,与水文循环相比,大尺度的陆地碳汇和通量的长期观测非常稀少,导致难以确定水文和气候变化条件下全球或区域碳收支变化趋势。此外,有时碳变化似乎与水文气候变化无关;而另外一些情形下碳通量变化与短期水文变化联系紧密。

水在陆地碳循环各个阶段的作用不同,因此应分阶段考虑。陆地绝大部分碳储存在土壤、凋落物和地表植物生物量。碳主要通过光合作用进入这些环境成分,然后又通过植物或土壤分解过程中的呼吸作用离开这些环境组分,碳主要通过湖泊、水网以及火灾等形式排放。碳循环的有些过程比较适宜开展大尺度监测。

生产力通过光合作用和呼吸作用,与水文与陆地碳循环紧密联系。生产力和蒸散发受到的气候限制因子相同,主要包括土壤含水率、温度、太阳辐射和湿度等。生产力变化不能完全直接归结于气候因子变化,这是因为不止一个气候因子存在共同限制因素。与其他碳通量指标相比,净生产力更容易采用卫星遥感数据进行大尺度测量,开展全球范围内生产力评估。

基于气候因子变化及其地理分布,分析了 1982—1999 年全球净生产力发展趋势(见地图 11.7),结果发现,25% 的全球植被面积的净生产力显著增加,7% 的面积显著下降,全球总的净生产力增加了 6.17%。气候因子变化可用来解释 40% 的净初级生产力变化,剩余的 60% 主要因植被变化所致,如土地利用变化。在净初级生产力受限于太阳辐射的地区,比如亚马逊流域、热带非洲北部和南部边缘,以及东南亚等,净生产力变化与云量密切相关。在水资源受限地区,如萨赫勒、非洲南部、澳大利亚北部和西部等,季节性降水的增多,导致了净初级生产力的增加;相反,在墨西哥北部、澳大利亚中部,季节性降水的减少导致净初级生产力下降。温度受限地区,如美洲北部和西伯利亚,随着作物生产季节气温波动,经历了净初级生产力增加或减少。

中国和北美小尺度的分析结果和上述总体结论一致(Fang 等,2003;Hicke 等,2002)。这些研究均认为,作物生长季节延长(主要受温度影响)是净初级生产力增加的主要原因。然而,北美的研究还发现,夏季降水增加是中部平原净初级生产力增加的首要原因,而土地利用变化是东南部净初级生产力增加的主要驱动力。

比较复杂的问题是气候因子间的季节性相互作用。晚春气温上升导致有些地区如美国西部的作物生长季节提前,在随之而来的夏季,降水量的减少造成土壤水分的提前消耗和秋季生产力的减少,部分抵消了年度气温上升造成的生产力增收(Baldocchi 等,2001;Nemani 等,2003)。因此,随着气温上升,这些地区的生产力更多地受到水分限制,与年度降水的关系越来越密切。

1982—1999 年估算的净初级生产力变化趋势

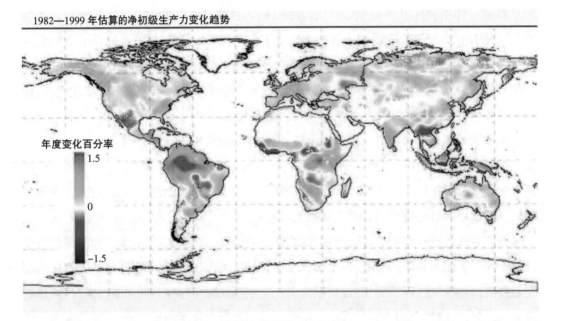

地图 11.7　气候因子与净初级成产力的相互影响(Nemani 等,2003)

　　水文对陆地生态系统的碳通量具有重要影响。土壤呼吸是最大的碳排放途径,排放量几乎等同于全球年度生产力。现场观测结果显示,土壤呼吸取决于水文气候因子(如土壤温度和湿度),以及生物地球化学因子,尤其值得关注的是,土壤含水率决定了土壤中大气碳(二氧化碳和甲烷)排放的比例(Dise 等,1993)。

　　尽管土壤呼吸与水文气候因子全球高度相关的结论尚未得出(Kirschbaum,2006),但有些水文趋势对土壤呼吸变化意义重大。其中一个就是多年冻土的退化以及西伯利亚湖泊范围的相关变化。西伯利亚很多冻土是重要的碳汇(储存了 500 亿 t 碳,与大气中的碳相当),自上次冰河期以来,通过阻止冰冻条件下呼吸,这些碳得以保存下来(Walter 等,2006)。

　　连续冻土区的湖泊面积在过去几十年急剧增加 (Smith,Sheng 等,2005;Walter 等,2006),造成苔原冰冻黄土热融。湖泊周边和底部新热融的土壤是水饱和的,碳呼吸会造成甲烷(温室气体效应强于二氧化碳)释放。西伯利亚东部热融湖泊边缘观测了甲烷的强释放,热融湖泊扩张造成甲烷释放量上升了 58%,排放量约为 140 万 t/年。近年来热融湖泊扩张是多年冻土退化的结果,人们十分关注热融湖泊甲烷排放对气候变暖的影响。

火灾是另外一个大的碳排放源,火灾一般较为零散,难以精确评估火灾对局部区域长期碳收支的贡献。通过遥感影像可以评估较大区域的火灾长期变化趋势,但这也仅仅能获取火灾发生频率的信息。与净初级生产力相似,火灾发生与多个气候因子有关,如温度、降水和土壤含水率。美国西部的一项研究表明,1970—2003 年, 野火年发生频率显著增加(Westerling 等,2006)。期间火灾频率与春季融雪时间和夏季平均温度高度相关。还有一些研究发现,火灾频率与夏季暴雨频率显著负相关(Holden 等,2007;Knapp 和 Soule,2007)。如上所述,春季融雪提前和夏季气温增高能够较早消耗土壤水分和造成干旱条件,夏季暴雨的增加能够延迟干旱出现。因此,净初级生产力和火灾,两个主要碳排放源,均依赖年度干旱时长。

陆地生态系统的最后一个碳排放源是土壤到水系的碳输出, 主要形式为颗粒态有机碳(POC)和溶解性有机碳(DOC)。绝大部分 POC 和 DOC 通过呼吸再次回到大气,无论是河流还是海洋,这种碳输出是陆地碳收支的重要流失机制。大量的 POC 吸附于土壤或沉积物颗粒,通过侵蚀和物质坡移进入河流;因此泥沙输送与 POC 输出极其相关。研究预测,每年全球 0.4 亿~1.2 亿 t 碳以 POC 形式流入海洋。然而,POC 全球输出趋势尚未评估(Stallard,1998)。

研究表明,全球温带和寒带的很多河流 DOC 年通量显著增加,但很难将这些观测到的趋势归结到某单一的原因(Worrall 和 Burt,2007)。通过地下水排泄,水文在有些情况下扮演了极重要的角色。例如, 北极河流的日径流量与 DOC 浓度高度相关 (Holmes 等,2008;Raymond 等,2007)。在这种情形下,俄罗斯 6 条主要汇入北极的河流的年径流量增加对碳循环具有重要影响(Peterson 等,2002;Smith 等,2007)。

河道流量下降通常意味着地下水补给减少,其可能的原因是季节性冻土强度下降,地下水网络连通性增强。如果这个过程确实发生,那么地下水土壤冲刷将增加,先前被冻结土壤上的作物生长季节增长、微生物活性提高,导致土壤碳移动性和流失量增加。然而,想要弄清这些现象间的联系尚需进一步研究。此外,未来西伯利亚多年冻土热融将向河流排放大量的土壤碳, 但这仅仅是基于时空替换的变化, 而非直接观测到的趋势 (Frey 和 Smith,2005)。

总体来看,水文过程影响了碳循环的各个阶段。然而,只有当水资源可利用性是主要限制因子时,碳循环才与水文循环紧密相关。对有些生态系统来说,当其他气候因子变化时, 水资源可利用性可能成为限制性因子。较长时间尺度或较大区域的碳通量和储存量的直接观测仍然较少,造成碳变化趋势分析困难,但有证据表明水文趋势能够潜在影响碳循环。

11.3 水文循环加速

气候变暖将加速水文循环（Del Genio，Lacis 和 Ruedy，1991；Loaiciga 等，1996；Trenberth，1999；Held 和 Soden，2000；Arnell 和 Liu，2001），代表性的证据为蒸散发、降水及径流量的增加。气候变化还能影响大气含水率、土壤湿度、海洋盐度和季节性冰川质量平衡等。气候变化影响水文循环的机理为：气温上升导致饱和大气压升高，进而提高空气中水蒸气含量（增幅超过 7%/K）（Allen 和 Ingram，2002）。最近的卫星观测数据有些出入，结果发现水蒸气含量、降雨和蒸发增加幅度仅为 6%/K（Wentz 等，2007）。未来气候变暖加剧，如何评价水文变化的气候变暖响应仍然是个关键问题。

IPCC 发现，1906—2005 年，全球地表平均气温升高了 0.74°C ± 0.18°C（Trenberth 等，2007）。与气温相比，长期、连续和有质量保证的降水数据非常少。降水比气温的时空变化幅度更大，但 1901—2005 年，北美大部分地区、南美南部、欧亚大陆北部和澳大利亚西部降水量增加，西非、萨赫勒和智利等地降水量减少（Dai，Fung 和 Del Genio，1997；New 等，2001）。全球长期平均降水量的评估结果不能反映观测时段降水量显著增加的情况。还有证据显示，北部高海拔地区、山顶和极地冰川地区降雪量增加（Trenberth 等，2007；Dyurgerov，2003）。

最近的研究和评估综述了水文系统的各个方面，认为未来水文循环将加速（Dai，2006；Held 和 Soden，2006；Huntington，2006；Dirmeyer 和 Brubaker，2006；Holland 等，2007；Trenberth 等，2007），尽管各个地区和时间段差异性较大。一个经常提及的问题就是，观测数据无论在时间上还是空间上都是不完整的。

蒸散发难以直接在大型陆地测量，但能通过河流长期水平衡研究中的降水量扣除径流量间接评估（假定蓄水量没有变化）。降水量的增加显著高于径流量的增加，这意味着 20 世纪密西西比流域、美国其他大型或小型流域，以及南美的拉普拉塔河流域的蒸发量有所增加（Milly 和 Dunne，2001；Walter 等，2004；Szilagyi，Katul 和 Parlange，2002；Berbery 和 Barros，2002）。在加拿大，大多数河流的径流量相对稳定或呈减少趋势，但降水量有所增加（Zhang 等，2000）。综合这些观测结果可以发现，蒸散发量在增加（Fernandes，Korolevych 和 Wang，2007）。

如"蒸散发部分"讨论的那样，美国大部分州和原苏联的蒸发皿蒸发量减少，尽管有迹象表明实际蒸散发量在增加。蒸发皿蒸发量和实际蒸发量在变化趋势上有明显差异，通常称作"蒸发悖论"（Bouchet 1963），但其原因可能很简单。在干旱地区，实际蒸发量的增加可能源于降水量的增加，这是因为蒸发需水量远远大于供给量。在潮湿地区，实际蒸发量增加可能源于太阳辐射和表面湿度下降,还有可能是表面风场变化所致。

最近几十年,温度较高的空气持水量更高,大气水蒸气含量(比湿度)也呈增加趋势(Dai,2006;Willett 等,2007;Wentz 等,2007;Allen 和 Ingram,2002;Held 和 Soden,2006)。水蒸气是辐射活性气体,大气水蒸气含量的增加对强化水文循环极其重要 (Held 和 Soden,2000)。辐射活性气体的富集能够诱发气候变暖,这种反馈机制增加了大气水蒸气含量,并进一步加剧全球变暖。

如前所述,北温带、高纬度地区和南半球中纬度地区的径流趋势分析结果,表明绝大多数地区径流量增加,而西非、南欧和南美洲最南部等地区径流量减少(Milly 等,2005)。美国大陆流域的平均径流量和低径流量有所增加,但高径流量增加的趋势不明显(Lins 和 Slack,1999,2005)。绝大多数流入北冰洋的河流径流量增加,但具体原因仍不清晰(Peterson 等,2002;Adam 和 Lettenmaier,2008)。

从水资源平衡角度看,一些观测结果证实地表气温上升强化了全球水文循环。但数据长度、连续性和空间覆盖情况的不足,为获得广义水文变化结论带来了不确定性,尤其是对极端水文变化,如洪水等。大尺度大气环流模式比如厄尔尼诺南部涛动,太平洋代际振荡和北大西洋涛动相关的自然气候及其多年变化,以至今未知的方式影响了径流量的趋势。

11.4 气候变化的未来影响

与全球变暖相关的水文循环加速可能对水资源产生严重影响。为弄清未来变化,本部分探讨气候变化的水资源管理影响及适应策略。

最新的 IPCC 报告指出,全球变暖造成一系列水循环影响,从大气水蒸气含量增加到干旱半干旱地区缺水(IPCC,2007)。这些预测结果大多数来自耦合陆地—大气—海洋气候系统的水循环模型。这些模型体现了气候压力,以及地球系统对气候压力和人类对大气组成改变的响应,模型的纬度和经度空间分辨率为 2°~4°。尽管这些模型预测的可靠性在提高,但由于初始条件不确定、自然和人类活动反馈、气候模型代表性不足、模型尺度不匹配、极端天气、长期气候变化等原因,导致模型自身就存在很大不确定性。此外,因为次网格的异质性和水位过程的高度非线性等特征, 导致基于大气环流模式精确预测陆地水文过程的未来变化十分复杂。因此,模型预测在大尺度上更加准确,而在地区尺度上由于采取气候变化减缓和适应措施,准确度较低。

由于水资源对大尺度气候变化存在局部响应,因此除非降低模型尺度,否则气候模型的全球预测对水资源管理来说价值非常有限。水文模型是用来评估气候变化对流域或局部影响的重要工具。气候预测必须降低尺度服务小尺度区域。降低尺度能通过统计方法或动态区域气候模式实现（Wood 等，2004）。区域气候模型可利用全球气候模型的输出结果作为边界条件，进而提高模型计算精度，更充分考虑地形，更准确体现关键的物理过程。统计降低模型尺度更容易，应用也更广泛；通过历史观测数据（如降水量和气温等物理气候参数）或大气循环经验模型的计算结果，统计模型的率定能够将大尺度气候模式输出结果与当地条件相关联，然后在大气环流模型模拟过程中应用该相关关系，预测未来大尺度变化情形。

水文影响研究评估了气候变化对单一过程的影响，推断气候变化改变水文的具体过程。这些研究通常采用确定性水文模型，评估水资源可利用性的变化及其影响。水文敏感性研究在模型计算中，并没有一个具体的过程来确定其贡献。

集成模拟为评估气候及其他因子的不确定性影响提供了新的方法。在全球基础上，采用集成信息，通过大气环流模型预测了科罗拉多流域径流量变化，评估了未来水位变化预测的不确定性（Milly，Dunne 和 Vecchia，2005）。

气候变化与决策过程能够直接或间接地相结合。直接结合方面，气候科学家与相关方合作，寻求减少极端气候的时空适应措施。间接结合，主要指潜在受影响人口被动适宜气候变化。尽管目前应对气候变化方面，间接方式占主导，但随着水资源管理者和决策者在适应气候变化方面更加主动，未来直接方式可能会占主导。

11.5　小结

表 11.2 总结了地表水循环研究最新进展。因为两方面原因，表中信息尚不完整。首先，这个简要总结未能包括全部信息；其次，最全面的水文循环研究通常来自水文数据均匀性最高、序列最长的地区，导致全球水文研究水平不均衡。随着气候变化中置信预测逐渐成为热点，气候变化对地表水的间接影响将愈发清晰。获取更加全面和准确的数据对深化气候变化认识、采取适应性的水资源管理方式极为关键。除了这些需求，还应进行一个点对点（从数据到决策）分析，以识别造成不确定性和误解的因素。

表 11.2　　　　　　　　　　　　**陆地水循环变化趋势研究进展总结**

水文参数	主要进展
降水	降水模式对水文的影响大于平均降水量。有些地区强降水事件明显增多，但总降水量却在下降。与此同时，热浪的持续时间、发生频率和强度均有所增加。此外，北半球的降水更多以降雨而非降雪形式出现。在全球变暖和大气含水率增加背景下，所有这些变化的趋势保持一致

水文参数	主要进展
蒸散发	亚洲和北美洲大部分地区的实际蒸发量增加,而蒸发皿蒸发量减少
土壤含水率	土壤含水率在线测量点位太稀疏,难以获得全球数十年尺度下的变化趋势。最理想的遥感监测方法,记录数据时长有限,不易掌握有意义的趋势信息。利用基于降水和气温重构的物理模型也不能全面评估土壤湿度和获得明确结果,并了解其不确定性
径流	最近全球两项高径流量和低径流量研究结果不支持全球变暖的假说,但洪水和干旱等极端水文事件却在增加。长期径流数据支持世纪尺度的趋势分析,有证据表明低径流量和年均径流量增加,但洪水未增加。这些变化趋势与同期观测的降水增加趋势保持一致
地下水	最近美国气候变化科学计划指出"气候和气候变化对地下水影响预测方法远远落后于地表水",需要开展更多工作认识地下水资源对全球气候变化的敏感性
水库、湖泊和湿地	过去数十年全球很多地区观测了湖泊范围的变化,但隐藏在这些变化背后的主要因素存在地区性差异。湖泊、湿地和水库十年尺度下的变化属于水体自然特征,并不能归结于气候、土地覆盖和其他人类活动
冻土	高海拔地区的物理气候变化主要是气温上升,造成冻土条件变化和冻土退化。这些变化包括北半球地区冻土温度升高、活性层厚度增加、热融和热融区变大等。地表测量结果表明,连续冻土区和过度区的冻土温度升幅最大,而非连续区和零星冻土区几乎无变化
降雪	大多数研究表明,过去 50~100 年,北半球积雪覆盖时长下降,春季融雪提前。有些研究还发现,过去几十年这些变化在加速,但数据来源不一致造成这个结论比较复杂
冰川	强有力证据表明,自 19 世纪中叶"小冰期"后,全球冰川明显消退;随着气温快速上升、降水量变化和雨雪分离,冰川消退加快。尽管冰川消退是全球性的,但热带冰川比高海拔地区冰川更敏感,消退速度也更快

　　这部分综述也存在不足,选用的文献资料主要来自"发达经济体",这些国家拥有长期的水文观测历史,数据能够支撑强大的统计分析。本章汇总的案例中的水文时间序列数据均来自现场观测。未来,国际实验网络与数据库(FRIEND)的国际水文计划将帮助发展中国家重建水文网络,这些国家目前不能提供用于数十年趋势分析的长期稳定水文数据。这种趋势现在也有所缓解, 随着多卫星数据整合技术进步和主要水文参数的卫星遥感数据时间序列增加,利用卫星数据完全可以进行趋势分析。在地球观测网资助下,全球土地观测系统将水文观测作为中心工作目标,进行改进。

第12章

水灾害

● 很多地区极端气候事件的发生频率及其危害均有所增加。特大洪水造成发达国家数十亿美元的财产损失,导致发展中国家大量人口丧生。过去10年,严重干旱的影响人口数量不断增加,这虽然与高温和降水减少有关,但水资源管理不善和忽视风险管理也是重要原因。

● 流量变化以及人类活动排放的化学废物和生物废物改变了全球很多河流的水质与生态功能。全球变暖后,水温的改变对能量流动和物质循环产生了巨大影响,导致藻类疯长,有害蓝藻水华,以及生物多样性减少。

● 在水资源紧张地区,地下水是重要的备用缓冲水源,能够在一定程度上应对新增供水需求和补偿地表水可利用水资源量的下降。

100多项水循环的最新变化研究结果表明,20世纪下半叶,全球和地区的径流量、洪水、干旱及其他气候相关极端事件呈增加趋势,证实了全球水文循环加速的假说(Huntington,2006)。与此同时,水文气候参数的变化趋势仍存在很大的不确定性,这主要因为不同变量和不同区域对气候变化的响应存在差异,数据的时空方面的限制(见第13章)以及水资源开发(取水、水库蓄水和土地利用变化等)对流态的影响等。

12.1 气候灾害

全球不同地区承受了不同程度的气候、人口和发展压力,因此极端水文变化下的响应也存在较大差异。本章将识别对极端气候变化和灾害最敏感的地区,以及对水资源可能存在的负面影响。

其中,沙漠在气候变化下遭受相互矛盾的影响:二氧化碳浓度上升有助于增加潜在的植被覆盖,但总体上沙漠地区的干旱和高温均会增加。对本已脆弱的环境,沙漠生态系统将承受更加严重的影响。草地受降水总量及其变化性的影响。即使降水总量增加,降水的季节性变化也极其重要,夏季降水的减少对草地动物带来毁灭性影响。地中海生态系统是多样和脆弱的,对水分变化极其敏感。当气温上升 2℃,南地中海的物种数量将损失 60%~80%。苔原和北极地区的多年冻土消退,极地变暖后甲烷释放增加。山区融雪和融冰的时间提前和变短,造成相关洪水变化。在高海拔地区,冬季降雪增加,融雪推迟。湿地将遭受负面影响,蓄水量减少,高温和高强度降水增加。

很多研究采用气候模型和 IPCC 评估中的温室气体排放情景,预测当今和 2100 年气候区之间的差异(IPCC,2007)。结果发现,温室气体低排放和高排放的情景下,全球很多地区的生物群落都将发生变化,这意味着由于气候变化,2100 年雨林、苔原和沙漠地区的植被都将发生变化(见专栏 12.1)(Williams,Jackson 和 Kutzbach,2007)。到 21 世纪末,全球绝大多数地表将经历前所未有的气候变化,一些 20 世纪的气候特征逐渐消失。

专栏 12.1 气候变化下的地区植被和水文敏感性(Neilson 等,1998;Scholze 等,2006)

大气—植物—土壤映射系统(MAPSS)是一个生物地理模型,能够预测叶面积指数、水平衡、径流量和生物群落边界。采用 5 个大气环流模型和二氧化碳浓度增加 1 倍的气候情景,模拟全球水平衡对这些生态系统性能的影响。

叶面积指数是单位地表面积的植被叶面积。叶面积越大,植被吸收土壤水分速率越快。在每个作物生长季节,大多数生态系统的叶面积通常达到土壤水分所能支持的极限。因此,在正常情况下,很多生态系统接近干旱阈值。气候变暖延长了生长季,随着气温升高,蒸发量呈指数增加。结果在生长季结束之前,地表植被已耗尽土壤水分,当气候升温且伴随短期干旱时,土壤水分会出现迅速下降。区域性降水增加以及二氧化碳浓度升高后植物水资源利用效率提高,能够缓解一些生态系统的干旱。然而,全球范围内大多数生态系统模拟结果表明,未来几十年,绝大多数地区的蒸发需水量快速上升是主导趋势。

5 种大气环流模式下,区域性植被和年径流量变化趋势惊人的一致,而不同大气环流模式下的区域性降水变化缺乏一致性。美国东部,东欧到俄罗斯西部,均对干旱引起的森林衰退极其敏感。潜在蒸散发和植物用水效率的不确定性能够改变区域性响应,但临近地区的相对响应主要受背景气候影响,而非大气环流情景和地表景观特性。因此,即使在现有大气环流情景下,也可以绘制空间不确定性地图。

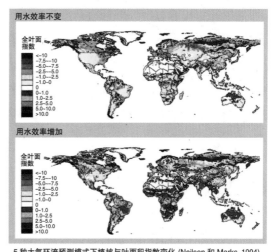

5 种大气环流预测模式下植被与叶面积指数变化 (Neilson 和 Marks,1994)

主要气候区之间的过渡区对干旱敏感，容易受潜在气候变化的影响。气候变化将产生新的过渡区，但反馈机理仍然未知。南欧的气候过渡区北移，导致欧洲东部和中部夏季降水减少。气候模型预测发现，这些地区的夏季气温变化性增强，原因可归于强烈的陆地—大气相互作用。结果，这些地区以及其他中纬度地区的干旱和热浪增加。区域性气候模型预测结果表明，到 21 世纪末，欧洲每个夏季的气温均高于 2003 年。

大多数地区春季和夏季的积雪覆盖将减少。1966—2005 年北半球卫星遥感数据结果表明，除了 11 月和 12 月外，其他月份的积雪覆盖均减少；1980 年后，年均降幅达到 5%。在南半球，为数不多的长期降雪监测记录表明，过去 40 年或者更长时间的积雪覆盖显著减少(IPCC，2007)。

喜马拉雅地区对气候变化极其敏感，这是因为主要河流的径流来自积雪和冰川融化。发源于喜马拉雅地区的河流，如恒河、布拉马普特拉河和印度河，贡献了印度所有河流年径流总量的 60% 以上。喜马拉雅地区，还有部分河流，50% 以上的径流量来自山脚下积雪和冰川融水。冰川融化和山区固态降水的减少将直接影响生活用水、农业灌溉用水、水力发电和其他用水。

12.2　径流变化

水灾害通常与极端水文事件和平均径流量变化密切相关，特别是水资源紧张地区，还将对人类活动带来极大风险。IPCC 报告指出，到 2050 年，高海拔地区的年均径流量增加 10%~40%，中海拔干旱地区和低海拔半干旱地区的年均径流量下降 10%~30%(IPCC，2007)。然而，在很多缺水地区，土地利用变化和水资源开发利用的增加将掩盖气候变化的影响。对预测年均径流量增加的高海拔地区，气候变化对低流量和干旱的影响取决于降水的季节性分布、流域蓄水能力、蒸发量变化和生长季的长度。

IPCC 报告还指出，年均径流量以及冰川和积雪补给河流早春峰值流量的增加，意味着有些河流的流态发生变化。随着气温上升，这种趋势还将持续，造成一些依赖山区积雪和冰川融化补给河流的夏季径流量增加；随着积雪和冰川的消耗，这些河流的径流量最终会减少。

12.3　极端事件

极端水情既有正面作用，也有负面效应。洪水不仅能够补给自然生态系统，还能为粮食生产、健康和卫生等提供大量水资源(见专栏 12.2)。在湄公河下游的三角洲地区，柬埔寨人利用洪水及泥沙携带的营养盐给养稻田。洪水对水生生态及河岸带生态极其重要,这一点已通过美国科罗拉多大峡谷人造洪峰被证实。然而,极端水情也能够造成生命和财产损失。最常见的极端水情为洪水和干旱。

专栏 12.2 通过土地利用和土地覆被规划将城市洪水资源化利用(Carmon 和 Shamir,1997)

　　城市化造成了暴雨水文过程的巨大变化,径流量和洪峰流量增加,水质改变。传统观点认为城市径流极其讨厌,应尽快有效地排出;然而一些国家的最新研究发现,暴雨也可变成一种资源。城市径流的优化管理取决于当地条件,包括含水层补给、雨水蓄积和水质改善、下游防洪压力、排水成本、雨水收集后灌溉以及城市环境改善等。暴雨管理既可以在家庭层面实践,也可推广至整个城市建城区。

　　传统规划时,首先确定土地利用和土地覆被,然后工程师据此设计城市排水系统。但在水敏性规划框架内,水一开始就在土地利用和土地覆被规划中予以考虑,然后再实施一系列最佳管理措施,如透水和不透水地面分布,以及径流拦截、滞留、储蓄和渗透等工程设施。水资源利用和保护、灰水再循环以及可能的中水利用也应纳入规划。

　　通过适当努力,水敏性设计也可应用于老城区。通过将屋顶排水系统接入透水空地,在房屋周边建设低墙,创造小型蓄滞洪区,储存和渗透城市径流,将余水导向游乐场。这些措施的实施,规划者可以更好地利用暴雨径流,减少公共空间和公园的洪灾损失。在以色列的海岸平原区,年降水量约 500mm,屋顶排水系统接入周边 15%的空地,以及房屋周边建设 20cm 低墙后,城区含水层补给水量增加了 25000~77000m³/km²。

12.3.1　洪水和淹没

　　随着全球气候变化和气温升高,科学家一致认为水文循环将加快,极端气候事件也越来越常见。气温每升高 1℃,大气含水量增加 7%,这给强降水创造了条件。随着气候变暖和大气含水量增加,尽管总降水量减少,但全球很多陆地的强降水次数均呈增加趋势。

　　在发展中国家,大洪水能够造成大量人口死亡;在发达国家,大洪水能够导致数十亿至数百亿美元的财产损失(见表 12.1)。过去十年,全球毁灭性的大洪水创造了财产损失的新记录。其他一些表 12.1 未列入的极端洪水包括 1997 年和 2002 年的欧洲洪水以及 1996 年(财产损失达到 260 亿美元)和 1998 年(财产损失为 300 亿美元)的中国洪水。考虑通货膨胀后,20 世纪 90 年代极端水事件的年度经济损失是 20 世纪 50 年代的 10 倍(IPCC,2001)。

表 12.1　　　　　　1860—2008 年全球主要大洪水(UNESCO 编译)

日期	地点	气象条件	峰值流量 (m³/s)	财产损失 (百万美元)	人口损失
2008 年 1 月	莫桑比克赞比西河	莫桑比克和邻国降大暴雨	3800	2	20 人死亡, 1.13 万人流离失所
2006 年 5 月	美国育空河	融雪,冰塞解体	—	—	—
2003 年 4—5 月	阿根廷圣达菲河	2002 年夏季和 2003 年 4 月强降水后土壤水饱和	4100	—	22 人死亡,16.15 万人流离失所
2000 年 2 月	莫桑比克林波波河	热带低气压的极端降雨, 在 3 个气旋下暴雨加强	10000	—	700 人死亡, 150 万人流离失所
1997 年 1 月	捷克	极长时间的极端降雨造成地表土壤水饱和	3000	1.8	114 人死亡, 4 万人流离失所
1997 年 6 月	孟加拉国布拉马普特拉河	季风季节暴雨	10200	400	40 人死亡, 10 万人流离失所
1997 年 3—4 月	美国红河	暴雨和融雪	3905	16000	10 万间房屋损毁, 5 万人流离失所
1996 年 11 月	冰岛	冰川洪水	50000	12	—
1996 年 2 月	美国西俄勒冈	极端春季融雪和春季暴雨	—	—	9 人死亡,2.5 万人流离失所
1995 年 7 月	希腊雅典	短时强降雨	650	—	5 万人流离失所
1994 年 11 月	意大利波河	冷锋气旋环流和暴雨	11300	—	60 人死亡, 1.6 万人流离失所
1994 年 2 月	欧洲默兹河	低气压暴雨	3100	—	—
1993 年 9 月	美国密西西比河	6—7 月暴雨,极端降水后土壤饱和	—	15000	50 人死亡, 7.5 万人流离失所
1988 年 11 月	泰国合艾市	短暂强烈的季风雨	—	172	664 人死亡, 30.1 万人流离失所
1983 年 1 月	秘鲁北部	厄尔尼洛暴雨	3500	—	380 人死亡, 70 万人流离失所
1979 年 8 月	印度马河	罕见暴雨,河水暴涨,马河大坝溃堤	16307	100	1500 人死亡, 40 万人流离失所
1954 年 6—9 月	中国长江	历时数月的强降雨	66800	—	3 万人死亡, 1.8 万人流离失所
1953 年 1 月	荷兰北海	高位春潮和严重的欧洲风暴潮	—	504	1835 人死亡, 10 万人流离失所
1910 年 1 月	法国塞纳河	经历 6 个月潮湿后 1 月份出现强降雨	460	—	20 万人流离失所
1889 年 5 月	美国宾夕法尼亚约翰斯顿	风暴导致强降雨,造成溃坝	—	17	2200 人死亡
1860 年 7 月	挪威东部	冰冻和强降雪后,融雪和强降雨	3200	—	12 人死亡

对洪水来说,主要问题是洪水发生的频率和幅度是否在不断增加。如果是,这是否与气候变化有关。气候和水相关的灾害损失,增长速率超过了人口和经济增长,这意味着可能与气候变化有关。从全球范围来看,与 1950—1980 年相比,1996—2005 年的洪灾数量增加了 2 倍,经济损失增加了 5 倍。造成损失增加的主要驱动力为社会经济因子,如人口增长、土地利用变化和脆弱地区的开发利用。

全球洪水并无统一的变化趋势。最新一项研究发现,20 世纪全球 16 个主要流域,百年一遇的大洪水发生频率明显增加(Milly 等,2002)。长序列月径流量数据分析结果表明,7/8 的百年一遇大洪水发生在数据记录的下半时段。然而,后续研究并未提供更广泛的证据。最近的全球洪水变化研究也不能证实全球河道年最大径流量上升的假说(Kundzewicz 等,2005)。这项研究结果发现,全球 195 个流域中,27 个径流量增加,31 个下降,剩余 137 个无明显趋势。欧洲 70 个时间序列数据中,仅有 20 个存在统计学上的显著变化,11 个增加,9 个下降。然而,1961—2000 年,径流量总体最大值在后半期(1981—2000 年)出现了 46 次,而前半期(1961—1980 年)仅 24 次。大量证据表明,洪水暴发时间发生变化,晚秋和冬季洪水增加,欧洲未见冰塞相关的洪水。

12.3.2　低流量和干旱

气候变化可以影响降水、气温和潜在蒸散发;降水、气温和蒸散发的共同作用,又可以影响干旱的发生及严重程度。然而,将气候变化的影响从人类影响(工程影响和土地利用变化)以及数十年气候可变性中分离十分困难。21 世纪欧洲甚至全球出现的严重干旱,与高温和降水减少有关,影响了大量人口(Zhang 等,2007)。热浪也表现出相似趋势。2003 年欧洲西部高压阻挡了西部暖湿气流,导致北非干燥温暖气流向北运动。结果造成欧洲中部和南部较大降水匮乏,出现创纪录的高温,从 3 月到 9 月一直持续干旱。

一些观测和模拟研究报道了气候变化对水文干旱的影响 (van Lanen,Tallaksen 和 Rees,2007;Huntington,2006)。其中一项研究利用欧洲 600 个日径流量数据分析了干旱期间径流量的时空特征,结果发现大多数监测站点的径流量无显著变化(Hisdal 等,2001)。然而,区域性差异比较明显。1962—1990 年,西班牙、东欧东部和英国大部分地区干旱增加,而中欧大部分地区和东欧西部干旱减少。

这些径流干旱主要因为降水变化和流域内人为水文影响所致。然而,数据时段和站点选择也能影响区域模式。近期,捷克长序列数据分析结果发现,经历 2002 年特大洪水后,由于气温升高和降水减少,特别是夏季降水减少,造成 2003 年和 2004 年出现了极端干旱(Tallaksen,Demuth 和 van Lanen,2007)。欧洲在 2003 年和 2006 年出现了特大干旱,这些近期出现的干旱很大程度上改变了欧洲早期干旱空间分布。

　　欧洲 2003 年的降水量缺口达到 300mm，并在 6 月至 8 月中旬出现了热浪和干旱。植被和生态系统遭受高温和干旱影响，极易发生山火。据报道，葡萄牙森林过火面积超过总面积的 5%。整个欧洲陆地生态系统的总初级成产力降至正常值的 30%。农作物产量受损和生产成本上升造成的经济损失超过 130 亿美元。一些大河，包括多瑙河、卢瓦尔河、泊河和莱茵河，出现了历史低水位，极大影响了内陆航运、灌溉和发电。冰川融化增加一定程度上缓解了降水减少、蒸发增加对多瑙河和莱茵河等河流径流量下降的不利影响。

　　过去 30 年因高温和地表降水减少，全球干旱范围增加、严重程度上升、持续时间增长，这进一步增加了蒸发和气候的干燥程度。干旱发生似乎主要取决于热带地区的海洋表面温度，这是因为海洋表面温度与大气环流和降水密切相关。在美国西部，积雪和土壤水分下降也是干旱发生的重要因素。在澳大利亚（见专栏 12.3）和欧洲，极端高温、热浪以及近年来相伴发生的干旱似乎与全球变暖有关。萨赫勒地区的干旱造成了严重了牲畜损失，1998—1999 年埃塞俄比亚地区的牲畜损失达到 62%（Easterling 等，2007）。全球来看，自 1970 年以来，严重干旱地区面积（帕默尔干旱指数低于 3）增加了 1 倍，从 12% 增至 30%。进入 20 世纪 80 年代，厄尔尼诺现象发生后，陆地降水大幅减少和地表温度持续上升，受此影响，干旱面积急速增加（Dai，Trenberth 和 Qian，2004）。

　　随着气候变化和其他全球趋势如人口及森林砍伐面积的增加，人类为了实现未来可持续供水和较好地管理脆弱水资源的风险，逐渐开始平衡社会、环境和经济的用水需求。

　　专栏 12.3　1996—2007 年的澳大利亚干旱（www.mdbc.gov.au 和 www.bom.gov.au/）

　　自 1996 年 10 月以来，澳大利亚南部和东部大部分地区持续干旱；期间有些地区的降水缺口超过了全年正常降水量。对农业为主的墨累—达令流域，2007 年 10 月的降水量为近 6 年的最低值，2001 年 11 月至 2007 年 10 月出现了创纪录的长达 6 年的干旱。

　　澳大利亚近年来的干旱推动了水资源管理的进步。墨累—达令流域内河流和含水层取水太多，因此政府决定必须更有效利用水资源。这意味着提高水资源利用效率、生产力，以及更有效利用水市场优化经济收益（见专栏 4.2）。澳大利亚认识到必须保障当今和未来供水需求，包括新增供水水源，降低对降水的依赖，减缓气候变化对传统水资源的威胁。

　　严重干旱背景下，澳大利亚所有大城市严格管制用水，主要管制草坪浇水、喷淋系统、清洗车辆、冲洗铺砌区、游泳池等。这些管制随现状条件改变可进行适当调整。还有一些城市采用督查的办法监督用水，对违规用水进行罚款或关闭供应。

12.4　地下水变化

过去 100 年,随着人类学会钻井和利用水泵抽取地下水,地下水的水循环发生了显著变化。最近 50 年,地下水灌溉快速发展,全球开采的地下水 70%用于农业灌溉。在绿色革命的相关地区,地下水超采造成地下水资源不可持续,水位下降、含水层退化和盐渍化增加。广泛发展的浅层含水层污染促使很多国家采取水质保护措施(见第 8 章)。

地下水的取用有助于农业经济发展(Giordano 和 Villholth,2007),这也意味着地下水开发必须建立一个平衡关系。地下水具有缓冲水量短缺的功能,是气候变化下应对缺水的重要适应性策略。很多地区,地下水埋藏于化石含水层,是唯一可靠的备用水源(见第 11 章)。化石地下水尽管几乎从未被补给,但越来越多地开采用于农业、工业和生活供水。

土地利用和水利基础设施的变化能够极大改变地下水流态,取用深层地下水是全球普遍现象。很多地区在开采地下水时,尚未弄清其源头及年补给量,更不用说多少地下水资源是可持续的。造成的不利后果包括水文下降、湿地干化、岩石脱水和地面沉降(见专栏12.4)。因此,急需摸清全球范围内地下水资源的基础数据,以便改善地下水管理。

专栏 12.4　控制开采和人工回灌是应对地面沉降的有效措施(Poland,1984;Carbognin,
Teatini 和 Tosi,2005;Hu 等,2004;Chai 等,2004;Wang,2007;Bell 等,2008)

伴随着 20 世纪城市化快速增长,工业和农业发展导致全球地下水集中开采。20 世纪 60—70 年代,全球很多地区发生了地面沉降,造成了巨大的财产和基础设施损失。沿海大城市越来越多遭受洪水和海水入侵影响。控制地下水开采和人工回灌能够减缓甚至遏制地面沉降。随着全球气候变化下海平面的上升,实施这些地下水防治措施,降低地面沉降不利影响变得更加迫切。

20 世纪威尼斯的海平面上升了 23cm。1961 年以前,地面沉降造成的含水层消耗快速增加。1970 年以来,随着地下水过度开采逐渐减少,地面沉降开始趋于稳定,自然沉降率低于0.5mm/年,承压含水层开始回升。

中国的快速城市化和工业化尤为明显,愈发增加的地面沉降造成 45 个以上的城市遭受了严重的环境和经济损失,其中 11 个城市的累积沉降超过 1m。1959—1993 年,天津市地面沉降的经济损失达到 270 亿美元。上海在 1965 年开始采取积极措施,这是因为自 1920 年以来,上海的地面沉降累积达到 2.63m。采取措施后,地下水开采减少了 60%,与此同时,地下水开采使用者还被要求在夏季向含水层回灌同等数量的水资源。1990 年后，地下水开采相关的地面沉降得到有效控制，建筑排干和地基承重造成的地面沉降速率约为 10mm/年。

地下水严重超采也造成美国干旱和半干旱地区出现地面沉降和含水层蓄水量大幅减少。随着拉斯维加斯、内华达的快速发展，自 1960 年以来，地下水抽采远远超过了科罗拉多河的自然补给。20 世纪 80 年代晚期，拉斯维加斯开始实施人工回灌计划，将科罗拉多的河水注入主要含水层。现在，每年净取水量与地下水天然补给量相当。地下水位从最大的 90m 回升至不足 30m。地面沉降也在快速减少，但尽管采取了有效措施，过度超采地下水的不利影响也将持续较长时间。

12.5　侵蚀、滑坡和泥沙淤积

加速的水文循环将造成更多的水灾害事件，并影响水文与地貌间的关系。强降水增加导致了更多的水蚀，干旱增加则有利于风蚀。季节性降水分布对地面植被生长模式和相关的土壤侵蚀具有重要影响。气候和侵蚀是地球水文循环和环境中的两个独立成分。气候能够影响土壤侵蚀，土壤侵蚀也能够影响气候。荒漠化过程与土壤退化和植被变化相互交织。这些变化，可能会加剧土壤侵蚀，造成土壤碳流失；二氧化碳向大气释放则会导致全球变暖。

土壤侵蚀驱动下的植被生长和土地利用变化也能够影响水文循环和气候。主要水文驱动因子如降水量和降水强度变化，造成气候、土地利用和土地覆被变化，进而改变地表径流和河流入海流量，造成全球土壤侵蚀量和河道泥沙负荷的显著增加。泥沙负荷变化能同时反映泥沙稳定程度与河流泥沙供应的变化，以及水库和其他人工蓄水设施对下游泥沙通量的拦截效应。此外，河道泥沙赋存状态能够影响水库蓄水容量和水资源供应能力。尽管数据有限，但仍然能够评估过去 10 年侵蚀与泥沙传输变化的幅度和大致趋势。

12.5.1　土壤侵蚀

天然植被转为农用后，土壤侵蚀增加了 10~100 倍（Montgomery，2007）。农业用地占大陆无冰地区总面积的 37%，显而易见，农业对全球土壤侵蚀具有重要影响。土壤侵蚀量的增加对全球土地资源可持续利用、粮食安全和环境均带来严重挑战。

全球大多数农田已被耕作数百年，有些地区甚至几千年。近年来，这些地区的土壤侵蚀量已经不可能大幅上升。然而，在其他地区，尤其是发展中国家，人口快速增长加速了地表开垦和农业用地的快速扩张。1960 年以来，全球人口增长了 2 倍，耕地面积增加了 10%

以上(Wilkinson 和 McElroy,2007)。

从全球范围来看,随着 20 世纪水土保持措施的实施和土地管理的进步,土壤侵蚀量显著下降,这能够在一定程度上弥补发展中国家土壤侵蚀量的增加。美国 1985 年出台的《粮食安全法》推动了土壤保护,耕地的年侵蚀量下降了 40%,从 3.4 亿 t 减少至 2.0 亿 t(Uri 和 Lewis,1999)。中国 1978 年开始在黄河中游实施水土保持,有效减少了土壤侵蚀量,黄河中游泥沙量从 20 世纪中期的 1.6 亿 t 降至 20 世纪末的 0.7 亿 t(Hu 等,2008)。此外,全球目前约5%的耕地实行了免耕或少耕措施(Lal 等,2004),这也极大降低了耕地土壤侵蚀量。总体来看,这些措施实施后,土壤侵蚀量下降了一个数量级以上(Montgomery,2007)。

尽管难以准确评估上述水土保持措施对全球土壤侵蚀收支的相对重要性,但变化显而易见。此外,人们越来越意识到,伴随着未来气候变化,降水可变性的增加和极端暴雨事件的增多等均可能导致全球很多地区土壤侵蚀量上升。美国中西部近期开展了一项研究,在土壤侵蚀模型中引入大气环流模式输出结果,分析气候变化对作物管理及其生长的影响,结果发现,10 个研究区域(共 11 个)土壤侵蚀量增加。与 1990—1999 年相比,2040—2059 年的土壤侵蚀量将增加 33%~274%。

12.5.2 泥沙

河流的泥沙含量主要受河流泥沙输入量及泥沙输送能力等影响。全球大多数河流缺乏长期泥沙测量数据,因此难以进行详细的全球变化趋势分析,但现有数据表明,河流泥沙量发生了重要变化(Walling,2006)。近年来很多河流泥沙含量呈下降趋势(Walling 和 Fang,2003),这主要因为大坝建设拦截了河流中大量的泥沙。据估计,全球 40%以上河流径流被库容 $0.5km^3$ 以上的水库所拦截(Vörösmarty 等,2003)。经水库拦截后,科罗拉多河和尼罗河的坝下河流含沙量几乎为零。

泥沙含量变化对全球地球化学循环和泥沙相关的碳循环具有重要影响。从局部角度看,泥沙含量增加将导致水质下降、水生生物栖息地退化,以及增加水库、河道、渠道和港口等淤积。在大多数情况下,泥沙含量下降具有积极意义,但对三角洲和海岸地区来说,河流来沙量下降将减少营养物质输入并导致岸线侵蚀。山体滑坡是最剧烈的侵蚀过程,能够对人类产生极大危害。直到国际自然灾害减灾十年行动期间,国际岩土工程学会开始成立世界滑坡工作组,全球才有通用的滑坡定义 "大量岩石、碎石和土壤沿着斜坡运动"(Cruden,1991)。山体滑坡被看作是不同物质(岩石、碎石和土壤)和不同运动方式(下降、滑动、流动、翻滚等)的结合。

虽然山体滑坡的定义获得了国际认可,但全球并没有通用的滑坡地图。受世界银行资助,国际山体滑坡组织绘制了全球范围的山体滑坡敏感性地图(IPL n.d)。山体滑坡敏感性主要通过地形、地震和降水等数据计算获得。这种计算模型没有考虑土壤抗剪强度，因为这个数据很难在全球范围内量化。最近，美国航空航天局(国际滑坡协会会员)利用雷达地形测绘数据、粮食和农业组织的土壤数字地图及其他数据，绘制了山体滑坡敏感性地图。

降水变化及其引发的飓风和台风将增加山体滑坡发生的概率和危害。如果这些变化伴随着地震活动，那么山体滑坡发生概率将大大增加。例如，2004年日本台风数量是历史上最高水平，台风过后暴发了新潟县地震。与地震等级相似的1995年兵库县南部(神户)地震和2005年福冈地震相比，新潟县地震后的山体滑坡规模和危害更大。2006年2月，菲律宾的莱特岛经过连续3天降雨后，第5天发生了一个小地震，造成了巨大的山体滑坡，导致近1000人丧生。

气候变化通过提高水温、降低水位、增加淹没和改变湖泊分层等影响水质和生态系统健康。水生生态系统动力学过程主要受温度和可利用水资源量，生态系统组成、结构和生物多样性，全球生物量，生态系统演替模式以及顶级生物群落等影响。

水温增加将促进藻类生长和蓝藻水华增加。水华产生的藻毒素，其毒性比士的宁高10倍以上。有毒的蓝藻水华已遍布各大洲，程度还在加剧，极大制约了人民取用水资源。

水温小幅上升也会加速能量流动和物质循环，温度增加1°C后，全球所有营养水平下的生态系统生产力将上升10%~20%。浮游动物摄食增加将减少浮游植物的密度，造成鱼类食物减少和生长受阻。非生物因素的叠加影响，如温度上升和溶解氧含量下降的叠加，将给生态系统造成额外压力，导致生物多样性降低和生态系统功能退化。优势物种的转变以及生态系统失衡后将进入另一种稳定状态。水温上升以及由此导致的冰面覆盖、盐度、溶解氧和水循环等变化，造成全球高纬度海洋中的藻类、浮游动物和鱼类改变，促使河流鱼类较早迁徙。

水温上升和生态过程加速的影响取决于水生生态系统的类型、特征和复杂性。在寒冷地区，水温上升能够改善冬春季节水质，较早破冰能够增加溶解氧水平，减少冬季鱼类死亡(IPCC，2007)。

河流生态系统对气候变化的响应取决于流域位置。纵向联系对河流生态系统至关重要。河流上游经常受流量和水质等非生物因子驱动，生物结构能够更好地适应极高的非生物变化情形，承受快速和难以预料的变化，并从压力中快速恢复。在河道下游，非生物特征更加稳定，生物过程决定了生态系统动力学，生态系统在面对全球变暖时也更加脆弱。

气候变化后降水模式的改变将直接影响径流、以及湖库营养盐和污染物质输入的时间和强度。植被退化、景观破坏和湿地萎缩的流域，这种变化更大。因营养盐生物滞留量的减少和土壤有机质矿化减弱，陆地生态系统开放的营养盐循环将加速营养物质向受纳水体的流失。频发的强降雨过程将加剧土壤侵蚀，造成湖库悬浮颗粒物浓度（浊度）上升

(IPCC,2007)。全球变暖后作物生长季的延长将增加农业活动持续时间,这也会促进农业区域的营养物质流失(Hillbricht-Ilkowska,1993)。上述过程都将加剧水体富营养化,水体富营养化是全球河流和湖泊面临的共同环境问题,严重危害饮水、水产和娱乐等人类活动以及生态系统健康。

河流和湖泊水位下降将造成水质下降, 底泥再悬浮后上覆水变得浑浊不堪(Atkin-son,de Pinto 和 Lam,1999),来水减少和稀释作用变弱后,水体污染物浓度也将增加。河流溶解氧浓度是重要的水质指标,高流量条件可以促进表层水体充氧。不同气候情景下的模拟结果发现,河道径流量减少后,溶解氧和水质均呈下降趋势(Mimikou 等,2000)。在干旱半干旱地区, 径流量减少后水体盐度增加,2050 年澳大利亚墨累—达令流域上游水体盐度将增加 13%~19%(IPCC,2007)。随着海平面上升,海岸地区出现海水入侵,因此水资源咸化是岛国面临的主要风险。

高温、降水模式变化、以及气候变化下区域风场改变都有可能影响湖泊和水库的热力分层。高温能够增加湖泊的热稳定性,改变湖泊水体混合模式,造成溶解氧消耗和底泥磷释放增加(Bates 等,2008)。模拟结果表明,与中纬度或赤道地区的湖泊相比,亚热带地区(纬度为 30°~45°)和副极地地区(纬度为 65°~80°)湖泊的热力分层变化更大;且亚热带地区深水湖泊比浅水湖泊更加敏感(Meyer 等,1999)。

模拟结果还表明, 寒冷地区湖泊冬季分层变弱, 缺氧区即将消失 (Fang 和 Stefan,1997)。可以预见,冰盖大幅减少的湖泊,水温将显著上升。此外,模拟还发现,北半球无冰区的边界将向北移动 10°(Hostetler 和 Small,1999)。加拿大安大略省西北部的干旱观测结果显示,高温和低入流量将导致温跃层加深(Schindler 和 Stainton,1996)。风力和风向改变,影响湖泊和水库的水体混合模式以及热力分层状况,进而改变湖泊的生物循环过程。在水灾害变化条件下,共享水资源的国家将面临新的挑战。过去这些国家习惯利用已有经验独自面对水灾,但如果水灾变得更为严重,这些国家将面临新的难题,需要在减灾方面携手合作,予以应对(Romm,2007)。

对新出现水灾的地区,各个国家在减轻水灾对国际水域的影响方面发生较大变化。从广义上看,欧洲的 OECD、北美和东南亚地区的国家能够在新的国际合作中投入政治和经济资源。然而,发展中国家的资源和减灾经验有限,遭受的水灾损失更大,比较有代表性的例子包括湄公河流域和西非、中非的主要流域(International Crisis Group,2007)。

随着工程开发和气候变化,跨界水资源变化将给国际合作带来新的机遇。这种合作必须在水资源自然属性和水资源经济价值共享方面达成共识,合作还涉及可靠数据的收集共享以及兼容数据分析方法的应用等。

与地表水相比,对跨界地下水的关注较晚。政府组织和其他利益相关者认识到,为了有效管理跨界地下水资源,必须进行跨行政边界的协调(见专栏 12.5)。过去 10 年,国际和地区组织发起了国际共享含水层资源的管理倡议, 并与该地区相关国家进行合作(www.isarm.net)。

专栏 12.5　　　瓜拉尼含水层的跨界管理(UNESCO/OAS ISARM,2007)

位于阿根廷、巴西、巴拉圭和乌拉圭的瓜拉尼含水层,平均深度 250m,覆盖面积达 120 万 km²。含水层的地下水资源主要储存在中生代火山岩的砂层和砂岩层。瓜拉尼含水层的补给量为 166km³/年, 主要来源于部分露头的非承压含水层。瓜拉尼含水层地区气候为湿润和半湿润,年降雨量为 1200~1500mm。

瓜拉尼含水层水质总体良好。大约 200 万人的生活用水来自瓜拉尼含水层,有些地区地下水严重超采,还有一些地区地下水仍原封不动。对瓜拉尼含水层来说,其状态和性能仍然了解甚少。

2003 年早期以来,在全球环境基金、世界银行和美洲国家组织的支持以及国际原子能机构、德国联邦地球科学和自然资源研究所的参与下,四个国家开始合作开展一项瓜拉尼含水层可持续管理与保护的项目。目标是详细探讨和评价含水层系统,提出一个协调管理框架。此外,项目选择了含水层问题较为突出的四个区域进行试点,为后续的区域管理提供经验。

瓜拉尼跨境含水层(Guaraní Aquifer System Project,2003)

跨界含水层的测绘和分析是第一步,1999 年联合国欧洲经济委员会在欧洲开展了跨界含水层普查(Almássy 和 Buzás,1999),此后其他地区陆续跟进。这一工作取得了新进展,在美国阿特拉斯发现了 68 个跨界含水层(UNESCO/OAS ISARM,2007),对跨界河流、湖泊和含水层(东南欧 51 个、高加索和中亚地区 18 个)进行评估(UNECE,2007)。国际合作项目的开展有助于交流信息和经验,形成跨界含水层管理的先进技术和理论。2007 年,非洲和的黎波里在联合国教科文组织框架内,达成了一项含水层资源共享协议。联合国国际法委员会与联合国教科文组织国际水文计划合作, 起草了跨界含水层相关法律, 并在 2008 年 12 月 11 日的联合国大会批准。

12.6　水灾害的挑战与机遇

基于现有趋势,不难判断,未来水资源承受的压力将更大,可利用水资源量变化与气候模式改变之间的联系也更加密切。气候变化不仅是个巨大挑战,同时对新型增长、水资源管理创新和发展现代经济也是一个机遇。人类通过生活方式的调整来适应现有气候条件,气候变化通过水灾害影响人类生活的方方面面。有些地区可能因为降水增加改善了水资源获取能力,其他地区可能面临水资源减少或水资源变化更加剧烈的威胁。

人类对气候变化表现出惊人的适应和调整能力,并对水资源施加了更大压力。尽管降水和径流量较少,很多国家仍然有效地管理了稀缺的水资源。西班牙,一个传统干旱气候国家,通过适应策略成功管理了水资源。通过两个选定区域的 5 种常见作物(豆类、花生、玉米、小米和高粱) 产量和实际蒸发量的分析, 发现产量随着蒸发量增加而增加(World Bank,2007)。此外,研究还发现气温上升 2°C 和大气中 CO_2 浓度升高 1 倍,将会缩短玉米生长周期,减少作物需水。

气候变化和水灾害增加强化了水资源管理的认识。为应对气候变化威胁,修订管理策略对水资源可持续管理来说是一种机遇。这些措施包括改进观测网络(见 13 章),整合地表水和地下水资源,改进水灾害早期预警和预测体系,完善基于风险的水资源管理方法,提高水资源可持续利用的公众意识等。

气候变化的危害促使大气过程模拟的快速发展,极大改进了天气和气候的预测精度。大气监测、数据收集和分析等领域的进步,推动了洪涝干旱等水灾害预警系统的发展。如果模拟和预警技术能够与灾害减缓策略相结合, 将在避免生命财产损失方面带来巨大机遇。

水灾害转为机遇方面有很多实例,具体包括利用冰川融雪增加的径流发展更为可靠的供水水源,储蓄洪水增加供水保障能力和改善洪泛平原的规划管理等(见专栏 12.6)。

专栏 12.6　　塔吉克斯坦苏雷兹湖将化灾害为机遇(World Bank,2005)

苏雷兹湖,位于塔吉克斯坦帕米尔山脉的中央,是 1911 年 2 月穆尔加布河谷岸边巨大的岩石崩塌阻塞河道形成的堰塞湖。苏雷兹湖长 55.8km,宽 1.44km,最大水深 499.6m,最大蓄水量 16.074km³。目前湖泊水位处于坝面高程以下 50m,受全球变暖下的冰川融雪影响,苏雷兹湖的水位以 20cm/年的速率上升。与此同时,大坝材料的渗透性也在发生变化,底层水的矿化度在增加,这对湖周滑坡构成新的威胁。

目前很多假定探讨了苏雷兹湖天然屏障型的大坝在未来地震或其他灾难中的表现。评估结果各种各样,从"溃坝"到"无影响"。尽管有些研究强调不可能发生特大洪水,但没有一个研究忽视潜在的灾难风险。世界银行指出"假如洪水发生,将会对下游河谷造成灾难性后果,影响至少 500 万人"。溃坝不仅影响塔吉克斯坦,还包括阿富汗、土库曼斯坦和乌兹别克斯坦。

塔吉克斯坦最近计划修建供水管线,通过调控苏雷兹湖下泄流量为整个中亚地区提供安全饮用水。这将减小溃坝或溢流的风险,同时还能为地区提供饮用水。苏雷兹湖因此成为咸海流域上游最大的淡水水库。

分散在全球干旱半干旱地区的小型浅冲积含水层非常适宜人类居住,也是气候变化下最为脆弱的地下水系统(van der Gun forthcoming)。然而,在水资源紧张地区,地下水是重要的备用缓冲资源,能够应对总体需水量的增加或补偿地表可利用水资源量的下降。

地下水系统的缓冲能力取决于地下水的储水量和年均补给量。主要的非再生地下水资源含水层位于非洲北部和南部、阿拉伯半岛、澳大利亚的干旱半干旱地区,以及亚洲北部的多年冻土层底部(Foster 和 Loucks,2006)。这些含水层的地下水储量至少是年均补给量的 1000 倍以上,气候变化的影响可忽略不计。然而,随着气候变化造成的水资源需求量增加以及替代水资源减少,非再生地下水资源的储量呈现前所未有的下降。储量可观的可再生地下水为全球其他地区扮演相似的缓冲水源角色,非再生地下水开采占到地下水总取用量的比例也越来越大。

人工回灌和含水层补给管理为改善地下水储量带来机遇。应用率不断上升的含水层补给管理(UNESCO,2005;Fox,2007),与地表水和土壤管理、侵蚀和污染控制、环境管理和废水再利用一道,成为流域水资源综合管理的重要组成部分。在气候变化影响愈加明显的背景下,含水层补给管理越来越重要(Gale,2005)。

第13章

水观测网络

● 全球范围内，水观测网络提供用于水资源管理和预测的水量和水质数据是不完整和不兼容的，且观测网络还在进一步减少。此外，地区或全球范围的废水产生、处理和受纳水体水质等信息十分匮乏。

● 水文数据极少分享，这主要因为获取数据的机制、政策和安全问题等限制，缺乏数据共享的协议，以及商业方面的考虑。这些因素阻碍了基于数据共享的地区和全球项目的实施，这些项目大多以科学研究与应用为导向，如季节性区域水文趋势预测、灾害预警和预防，以及跨界流域水资源综合管理。

● 改进水资源管理需要在观测和现有数据的高效利用方面进行投资，现有数据主要包括传统地面观测数据和新型卫星遥感数据。很多国家，包括发展中国家和发达国家，需要在水资源监测、观测和连续评价方面增加关注和资源投入。

毫无疑问，全球水文数据在空间覆盖和观测频次上均不足。随着国家投资重点和人力资源条件的改变，很多国家的水文观测网络状况逐渐恶化（GCOS，2003b；US Geological Survey n.d.）。除水文观测自身不足外，全球水文数据还极难共享，这主要因为缺乏数据共享的政府行政程序和机制；此外，数据共享难还与水文数据信息的商业价值，数据共享的安全担忧，跨界水资源的政治敏感性，以及通讯系统等有关。然而，水文观测网络退化的最主要原因是对水文数据的全球价值认识不够。

13.1 水文观测的重要性

健全的水资源管理应能够定量地认识水资源状态。水循环的各个成分随时间改变，积累长序列观测数据极为必要。长期观测数据的缺乏直接影响水资源评价信息的合理性以及后续的管理决策。

当观测数据不足时，可采用模型产生的信息进行决策，前提是需要提供可用于校准的基准数据。然而，模型产生的合成数据并不能代替现实观测数据。为了能够让观测网经济可持续，可在模型获取数据信息的基础上，建设一个最低密度的观测体系。已建立的分析程序有助于观测网络的优化布置和降低模型不确定性，通过深入分析信息，进而最大限度地降低观测网络的密度。

水文数据对改善气候相关的水文循环科学认知极为关键，并能够通过较好的评价方法和改进的预测服务加强水资源管理，减少灾害损失。改进水文观测网络可以减少预测和预报的不确定性，降低决策风险。这可以通过多种方式实现，包括全新高质量的数据信息（数量、质量和及时性）、监测技术、基于较好物理过程认识的模型体系、改进的数学表达，以及利用现有信息的模型识别和校正。

除技术上的考虑外，水文数据的不确定性主要来源于观测的时空覆盖不足。这里所指的"不确定性"主要是用于预测和评价的技术观测方面的欠缺，而非技术观测的畸变。预测评价的不确定性是变化的，总体上来看，亚热带和热带地区、极地和山区较高。发展中国家，尤其是最不发达国家，通常水文观测网络匮乏且不确定性较高。

提高水文数据的可利用性，增加全球水文数据、信息以及水文气候研究应用成果的获取途径十分迫切。这些科研成果包括全球环流模型的验证及细化、定量化的水平衡，以及地区和全球范围内的大流域水平衡变化。一些重要的科学问题包括全球变暖条件下水文过程的量化，以及陆地径流对海平面上升的贡献。一般意义来看，全球水文观测有助于量化关键环境因素或人为过程驱动的变化和相互作用，识别重要变化趋势，评估淡水资源的可变性，提出适宜的响应策略。

表征水循环的所有组分（包括水量、水质、地下水和地表水）很重要，但测量每个组分是不切实际的。地表水测量最多的参数包括降水、径流、蒸发和湖库蓄水量。其他参数如土壤水分主要通过模型计算获得。地下水经常测量的参数为入流量和补给量、含水层储水容量和自然流出量。有效管理地下水资源需要测量这些关键参数，但没有一个参数可以单独测量，这是因为任意一个参数都与其他大量参数密切相关。

水质观测网络较为稀疏，经常采用站点监测而非在线连续观测。决定水资源如何使用，以及安全用水所需的处理工艺等，需要大量水质参数，因此设计一套经济可行、高效的水质监测网络，以及辨识水量和水质之间的关系等十分困难。对于无观测网络的地方，上述信息只能通过推断获得。受人类点源和面源污染的影响，天然水体的水质不断恶化。水质污染能够影响水资源利用，为了用水水质安全，需要增加水质观测站点。

全球范围内一致认为，水资源管理应该是环境可持续的，有效保护水生态系统十分重要。水生态系统对水质和水量变化极其敏感，但非生物因子驱动水生态系统改变的机理仍然不清楚。通过观测流量和水质等非生物驱动力和生物响应能够深化水生态系统的科学认识，这对水资源分配十分重要。

13.2 观测方法、网络和监测系统的最新进展

判断任意一个水文观测网络充足与否，需要考虑测量系统的准确性、监测网络的密度和代表性，以及监测数据的检索、存储和传播能力等。

当监测仪器在设计环境和条件下运行时，观测误差总体上来讲是很小的。但仪器需要很好的维护和校准，从现场观测到数据发布需要遵循严格的质量控制程序。对减少观测不确定性而言，进一步降低仪器误差远没有增加观测网络重要。观测误差带宽未能显著降低，这主要因为观测网络密度不足、水文观测质量和过程控制较差，以及水文数据和信息量不足等所致。

观测网络的充分性在不同地区存在差异，但很多水循环变量观测在时空覆盖上存在不足(GCOS,2003b)。全球、地区和流域范围内连续不断地量化水文数据需要整合陆地观测和卫星观测系统。这些系统需要同化的数据产品，包括整合观测网络和观测平台的模型等。

尽管卫星观测越来越多通过跨国协议实施，但现有大多数地面观测和卫星观测还是受所在国家的机构资助。因此选择地面观测时，值得探讨地面观测是否也应该纳入多边观测协议。考虑到国家机构的资源投入，观测产品的研发和其他衍生服务应该响应国家需求，这样可以鼓励国家参与和持续资助。

在国家数据提供者和全球观测系统用户间应该构建一个闭合反馈系统。对发展中国家来说，需要更多地参与全球项目。全球观测网络获得的大多数信息主要被发达国家使用，发展中国家利用得非常少。跨区域进行信息共享越来越重要，特别是小国家，可以弥补国家观测网络在空间布局和技术层面的不足或限制，能够利用共享流域的水文气象参数进行预测。

对观测网络发展和跨平台水文观测系统设计而言，研究区域的异质性造成选取观测变量、确定观测时间和地点等十分困难。观测网络的需求还随着研究与应用需求变化而改变。通过较大的复合网络或观测系统组成的子集，构建一个灵活的网络体系结构是可取的。在长期观测基础上，常规卫星观测网络的最低运行基准需要通过研究予以提高。

随着精确评价、预测和预警等需求的增长，需要对所有观测系统进行质量管理。数据的价值取决于准确性，和不同观测系统(包含仪器和实验分析程序)间的可比性。尽管国内和国际都存在监管数据质量的框架，但其实施和坚持存在很大变数，在国家以及更高层面很少论及。质量控制体系缺乏坚持主要是因为数据测量和管理方面的技术培训不够。结果造成，仪器校准不充分和不规律，不同观测方法和分析程序间缺乏内部比较，数据一致性和均一性(环境或仪器变化造成系统性数据趋势)方面的质量控制测量较差，不同组织之

间缺乏交流和经验共享。

数据质量评价很少，但对利用数据进行可靠性的决策来说十分重要。出于各种原因，包括数据质量不好、信息安全等考虑，数据供应商在数据共享方面很犹豫。在发展中国家，存在这样一种局面，收集一些可靠性有问题的数据也比收集不到任何数据要好。拥有高质量的观测数据可以增加与其他国家、发展计划和合作伙伴进行数据共享的信心。

13.3　近年来观测数据的变化

本节将探讨陆地水文观测网络、国家水文观测系统多重使用、集成式多源观测、共享观测、水资源利用观测以及水文空间观测等运行状况。

13.3.1　陆地水文观测网络

陆地水文观测系统，特别是发展中国家的陆地水文观测系统，数据的收集极不充分且呈恶化趋势。很多观测系统缺乏仪器校准和判别数据的质量保障与控制标准。无论地面观测还是卫星遥感观测，获取、解译和应用水循环信息的基本能力非常薄弱（GCOS，2003b）。

陆地水文观测网络萎缩的主要原因包括：

● 已有数据能够满足水文信息需求。

● 不能经济合理地使用水文信息（例如源头区和河口三角洲地区的观测站）。

● 逻辑问题。

● 预算或资源问题。

尽管径流站的总数并未发生显著变化，但关闭一个具有长期监测记录的站点影响较大。美国地质调查局指出，1980—2004 年，2051 个具有 30 年以上观测记录的径流站被关闭，剩余的 7360 个站点在 2005 年末也将退出（US Geological Survey n.d）。当需要利用这些水文信息表征气候变化对水文和水资源影响时，全球水文备忘录的最重要数据源头是迷失的。另一个例子是咸海流域的吉尔吉斯斯坦，环境灾害问题突出，但 1985—2005 年水文观测站点数量减少了 48%（Grabs，2007a）。

非洲水文观测十分落后，背后的技术难题主要源于基础设备的数量和质量低下、技术落后、校准设备的实验室稀少、专业人员和技术人员培训不足、维持现有设备运行和获取新技术的资金匮乏等（GCOS，2003a）。在非洲，获取数据的主要难题还是源于各个国家不愿意自由交换观测数据。其中的一个原因是，很多国家觉得未能充分参与地区或全球研究，他国对自己的数据服务不领情。其他因素包括缺乏观测数据共享协议、国际流域和含水层水资源共享公约，利用非洲水文观测数据的研究反馈有限，以及担心失去水文观测数据所有权等(GCOS,2003a)。

一些传闻和水务部门的资金审计结果表明,国家机构和捐助者并不打算将多用途水文观测网络扩展成地区或全球水文观测网。目前,全球在建的新观测站具有一定规模,但这些站点主要在有限时间段服务一些特殊项目(如论证灌溉方案等),很少留有长期数据记录。

阻止水文观测网络衰退的重要努力之一,就是世界气象组织的全球水文循环观测系统。通过在地区和跨界流域实施该项目,构建和运行需求驱动的水文信息系统(World Hydrological Cycle Observing System)。

区域或全球地下水资源占淡水总量的 21%,但地下水却缺乏系统性的观测(International Groundwater Resources Assessment Centre)。少数可公开访问的系统包含了全球地下水数量和质量的一些总体信息。很多国家通常忽视水文数据的一致性和观测数据的交叉比较。极少国家有最新的地下水数据库,通过这个数据库可以了解到当前地下水数量和质量信息。如果没有这些观测系统,地下水数据只能通过模型计算获得。

观测信息的可利用性随时空、以及处理信息的方法变化而变化。为解决这一问题,国际地下水资源中心建立了全球地下水监测网络,利用已有数据和信息定期评估全球地下水资源状况。

地面观测能间接揭示地下水系统的赋存状态,如植被类型变化、河道基流改变、湿地和泉眼的出现或消失、地面沉降、浅层地下水或大口径水井的水位变化等。地下观测则能够通过地下水位变化、含水层条件改变以及地下水化学组分变化等直接量化地下水储量的变化。地下水水位和水样的采集主要通过观测井实现。先进的数据记录器如压力传感器和盐度计,能够实现既定时间间隔内的地下水水位和盐度的连续测量。地球物理方法(如测井曲线)有助于揭示含水率、盐度和痕量污染物的分布。重力遥感法极具前途,能够用于观测区域甚至全球的含水层,特别适用于站点稀疏的地区(Grabs,2007b)。

淡水资源的可利用性不仅取决于水资源的数量,还与水质密切相关。水质不仅降低了不同用水的水资源可利用性,还能对环境产生影响。超过 100 个国家参与了全球环境监测系统中的水资源监测,包括了3000 多个监测站点,在联合国环境规划署的指导下,该系统由加拿大环境部门负责运行,构建的全球数据库主要用于评估全球淡水水质。然而,由于缺乏制度设计,数据库难以获得连续的数据存储,极大阻碍了后续地区和全球性的水质评估与改善计划,尤其是跨界流域(GEMS-Water,2008)。

发展中国家水质观测数据通常比较分散,很难完整反映全国的水质概况。尽管有一些积极的案例,但发展中国家的监测网络仍然不成熟,杂乱更新,很少需求驱动和缺乏质量控制,因此,水质监测很难实际应用。对发展中国家来说,水质监测是个艰巨的任务,不仅要构建专业的水质观测网络,还需要地表水水质和地下水水质观测网络能够兼容,这样有助于计算污染负荷和生物化学通量。

观测差距主要源于观测数据的收集和获取途径。受灾害、社会动荡和技术进步影响,数据信息丢失造成观测差距越来越大。数据抢救计划对保存历史信息和扩展新知识极为关键。长序列观测数据是识别气候变化和构建人类活动以前水文基线的前提。

为了扭转水文观测网络衰退的局面,需要在地表水观测和地下水观测,以及水质监测领域增加投入。发展伙伴的协助能够调动国家投资,但这样做也很困难,尤其为跨界水文观测系统或全球数据收集与监测系统寻求投资。部分原因可能是,大多数发展伙伴包括捐助机构,主要针对双边需求进行技术援助而非区域或全球观测系统。

地面观测的总体发展趋势包括:

- 采用自动记录系统替换人工记录设备。
- 广泛采用静态观测方法,包括利用悬在水面上的小型雷达进行的无水接触式水位观测。
- 对地面观测与自动数据传输系统耦合,包括采用移动电话通讯。
- 越来越多地整合地面观测系统与流域水文信息系统(主要是预测和决策支持系统)。

13.3.2　不同用途的观测网络

国家水文观测网络具有多个服务目标,包括为水资源评价提供信息,预测气候变化对水文基线的影响。明确划分国家水文观测系统的不同用途是依特殊情况的需要而非必须这么做不可。专业化的水文观测网络是需要的,尤其是当常规观测网络不能提供专业水文数据的时候。比如说,极端事件数据,这在常规观测网络中难以获得。

判断监测网络是否需要加密站点或增加监测频次,需要基于多目标需求分析,评估其经济或科学收益。根据数据质量、序列长度和监测站点位置等信息,可以明确划分不同站点的优先利用权,进而促进国家监测网络的合理化使用。通过这种方式分类的水文观测网络能够快速识别专业用途的观测子网。特别令人感兴趣的是,水文站通过记录流经国家的进水量和出水量,可以评估国家层面的水资源量。此外,有时观测网络还被用于专门用途如环境评价研究。大多数情况下,这种观测站的运行时间有限,数据成果鲜见报道。因此,未来有必要保存和发布短期水文观测数据,作为常规国家水文观测网络数据的补充。

13.3.3　从数据到信息—观测的整合

水文预测和评价越来越多地采用多源观测数据和复杂的数据同化算法,以便提高数据的准确度、可靠度和及时性。例如,基于降水观测的洪水预测数据,主要来源于传统雨量计、水文雷达、卫星以及土壤含水等实时监测参数。因此,除了技术层面的机遇和挑战外,整合不同时空尺度下的多种观测系统,需要确保内部数据的一致性,值得注意的是,局部、区域性和全球性的水文数据同等重要,这是因为它们均有自己的用途。

13.3.4　水文观测共享

除技术障碍外,水文观测数据的共享还受到数据获取途径有限、国家数据政策、数据安全问题、数据共享和商业利用协议缺乏等限制。水文数据是否为公共产品或商品并没有一个简单答案。有一种说法是,水文数据并无内在价值,因此不被视作商品。由于附加了社会的、科学的和商业价值,水文数据信息及其服务(如水文预测或评估)便产生了可识别和定量化的社会经济价值。有效的洪水预测极大减少了洪灾损失就是比较典型的例子。水文数据预测的成本收益比一般为 1:10~1:15(WRI,2004)。

数据和信息共享的基础来源于国家部门、规划委员会、流域机构、水文和气候研究组织以及国家和地区发展伙伴等的需求。商业实体,包括公用设施部门,也越来越多地要求共享水文数据。基于需求管理是任何数据共享政策的基础。国家、地区和全球层面上已有很多数据共享协议或公约。对跨界流域沿岸国家构建数据共享机制来说,下游国家从上游水文观测中获得了不成比例的收益,因此有责任分摊上游观测站点的运行和维护费,这样才能确保水文观测的长期可持续性。总体来看,科学和技术进步,以及各个层面的水资源管理和水文预测的发展,不应该成为信息共享的障碍。

联合国欧洲经济委员会在跨界河流和国际湖泊保护与利用方面,要求各方交换水量、水质、污染源及跨界水体的环境条件等数据。在此框架下,2007 年首次评价了区域内的跨界河流、湖泊和地下水,介绍了 140 条跨界河流、30 个跨界湖泊和 70 个跨界含水层的水文情势、流域内承受的压力、保护现状、发展趋势、跨界影响和管理对策等(UNECE,2007)。

水文观测数据不能共享也会扩大观测差距,提供给全球径流数据中心的数据无论在数量上,还是及时性上都有较大的区域性差异。美洲北部和中部,加勒比海、欧洲和地中海地区的水文数据最多(见地图 13.1),而其他地区向全球径流数据中心提供数据的观测站极少,且数据更新间隔很长(见图 13.1)。导致这一现象的原因不仅因为基础设施落后,还因为很多国家不愿意采用这种制度化和常规方式的数据共享模式。区域性数据共享现状表明,共享的数据主要来源于固定的国家水文观测系统,随着时间的推移,很少新增数据服务。这种状况不利于通过共享数据开展区域性和全球性科研及应用实践项目,比如校准水文模型进行区域季节性水文分析和预测、灾害预防和预警,以及跨界水资源管理。

　　即使获得了水文观测数据，现有信息技术的缺乏也会阻碍数据和信息共享。最典型的技术不足为信息系统的不兼容，极大制约了国家间甚至全球范围内不同系统、运营商和项目的数据信息无缝交换。技术不足还会影响潜在有价值数据和信息的管理，这种状况对需要共享实时或近似实时数据的水位预测影响极大。

地图 13.1　全球径流数据中心流量监测站点分布（Global Runoff Data Centre）

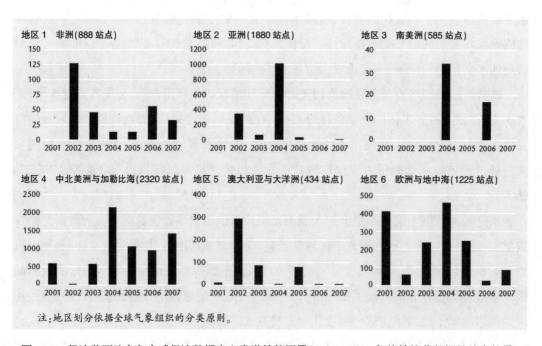

注：地区划分依据全球气象组织的分类原则。

图 13.1　径流监测站点向全球径流数据中心发送的数据量（2001—2007 年能够接收数据的站点数量）（Global Runoff Data Centre）

13.3.5　水资源利用观测

通过已有观测地区的模拟和水文气象参数的输入，很多模型被用来推演无观测地区的自然条件。模型的输出结果能够定量反映水资源可利用性的时空变化，模型中涉及人类活动(如人口趋势、经济活动和土地利用等)的部分需要进行整合。模型的率定和验证主要依靠湖泊、水库蓄水量、取水量和退水量等数据。

全球水资源利用数据主要集中在农业领域，如联合国粮农组织的 AQUASTAT 数据库。尽管实施了取水许可制度，消费和非消费用水并非是很多国家的常规统计科目，因此最大用水量信息可能不易掌握。在有限的淡水资源供应条件下，这也阻碍了水资源需求的有效管理。

尽管水质和水量综合管理对深化水健康风险的认识十分重要，然而地区和全球性的废水产生量及处理规模，以及受纳水体水质等数据相当匮乏。即使在单个国家层面，这些数据要么没有一致性收集，要么根本就没有收集，主要原因就是数据收集责任不清晰，其次是多个政府机构和商业组织难以信息共享。

13.3.6　空间水文观测

对缺乏基础设施的地区，卫星遥感是能够提供可靠时空分辨率水文观测数据的重要途径。然而，数据分辨率能否满足要求取决于利用方式。在线观测数据不仅空间覆盖度和时间分辨率好，还能用于率定和验证空间观测数据和水文或水资源模型，以及提供例行的实时预测服务。若用于预测径流和水量，数据时间尺度是 1 小时至数小时，具体取决于流域尺度和预测要求。若用于评估，时间分辨率在几周到 1 个月就可以满足要求。

新增的观测资源应优先配置在数据匮乏、水文观测参数少和对空间观测分辨率不足较为敏感的地区。卫星遥感观测对地面观测的补充需求也需要确认。水文数据应用方面，地面观测和空间观测需要在严格的质量控制下进行时空整合，并通过不断的交叉比较和校准评估观测数据的质量。这对实现传统地面观测和新型卫星观测的数据兼容十分重要。

目前，Envisat，Jason 和 TOPEX 等卫星携带的雷达测高仪精度较高，完全可以进行地面水位观测。卫星上的传感器并非静止的，一般沿着卫星运动轨迹在虚拟站点进行高程观测，对河流来说，大约每周重复观测一次。卫星遥感观测适宜进行流域水文评价，通过河流形态的实际标定曲线，以及理想通道配置耦合水力参数的虚拟校准曲线，不断获得高程测量的时间序列数据。然而，高程观测只限于大型河流、湖泊和水库，并不适合小型支流。

2002 年以来，重力恢复和气候实验卫星(GRACE)的重力测量为空间尺度 4000km² 以上的含水层观测提供了重要技术方法，但分离不同组分的水量(土壤、植被和地下水)仍然困难。这就要求,采用逆分析方法分离月均观测数据时,区分水文对主要蓄水对象如海洋、大气以及陆地积雪、土壤湿度、地下水和冰盖的贡献。然而,GRACE 及其下一代产品——重力场和稳态海洋环流探测卫星(GOCE)已经能够在大尺度观测大型含水层变化方面进行应用。

除了直接测量水位、积雪、冰盖、土壤湿度和地下水等水文参数,卫星还能为水文评估研究提供宝贵信息。利用卫星评估降水就是个典型案例。很多降水评估方法都是基于大量卫星的微波和近红外观测仪器,以及相关的数据检索和解译算法,这些算法目前已达到半自动操作甚至是全自动操作的水平(Grabs,2007b)。一些全球和近似全球尺度的降水观测卫星,空间分辨率不足 4km,时间分辨率低于 3 小时,十分适合用作水资源管理和洪水预测。不少水文相关的观测卫星,采用了 Terra 和 Aqua 航天器上的中分辨率成像光谱仪,适宜开展淹没区、湖泊水面、表面反射、水温、地表覆被和植被指数等变化研究。

13.4　机遇与挑战

GRACE、GOCE、卫星测高仪与其他空间系统如主动和被动微波、卫星雷达衍射、可见光和雷达影像等,为开发新型水文观测系统提供了机遇。不久的将来,地面观测整合 GRACE、GOCE 和雷达测高仪的跨平台观测系统将投入运行,通过在水文模型中导入降水评估数据,进行水资源量的评价预测和流域水平衡监测。这种跨平台信息系统还能用于量化淹没区和水量的时空变化。国家间气象水文服务合作的改善能够提高水文预报的精度。为了实现这个目标,跨平台观测系统的实用性,实时多参数数据流及数据精度是关键。

采用全球水文循环观测系统的理念,构建地面水文信息系统和获取全球水文的卫星覆盖,整合地面观测和卫星观测能够缩小不同层面的水文观测差距,改善水文和水资源评价与预测性能。为了充分利用卫星观测数据,需要合适的内部比较和验证程序,以便在广泛环境条件下利用地面观测数据验证卫星观测的准确性。合并整合地面观测和空间观测数据流需要新的模型结构,并检验其运行服务的实用性。

尽管当今观测技术和方法迅速发展,但挑战仍然存在。想要让卫星遥感观测在常规水资源管理预测以及关键时刻的评估、预警等方面成为弥补地面观测的主要技术手段,需要国家气象和水文机构的努力。相应的,空间组织也需要明确其空基观测需求,以便设计和定制观测任务,研制符合水文和水资源管理的观测产品。空间机构还应开发前端程序,将原始数据转换为图表,这样可以直接用于模型和预测程序。这就需要空间机构、科研组织、水文气象服务对象之间展开对话,设定合作模式,共担卫星长期观测数据归档的责任,获取观测数据和信息,支持科研和开发应用产品。

元信息系统推动信息恢复,促进水信息和知识的可持续性是各级水管理的前提。元信息系统提供数据、信息、知识来源和数据产品的通用信息,这些信息可用来开展研究和实践运用。在线专用全球信息系统能够改善数据的获取性能。通过一个地理接口和水资源相关属性的标准化设置,在空间范围内可以显示信息的类别和模式。这些方法的应用对全球信息共享,以及将信息用于水循环各个组分来说必不可少。

除了本章要点之外,为了缩小水文观测中的重大差距,还应在以下方面多做努力:

● 分析国家、区域和全球的长期与多目标观测的最低需求;一个新的要求就是开展包括源头在内的气候变化观测。

● 资助水文观测网络,包括运行费和维护费;应多渠道筹措经费而非依靠单一来源的具体部门资助。

● 整合地面观测和卫星遥感观测,形成适宜发展中国家的跨平台观测网络,提高观测的时空覆盖程度。

● 其他水文信息如地面和遥感获得土壤湿度,气象数据信息如降水、蒸发、湿度、气温和风场等,应视作水文信息的补充,这样可以整合多参数模型和预测方法,丰富数据信息内容。

● 对数据稀疏地区而言,模型是获得中等时间序列水文数据的主流方法。比较有前景的方法是通过降低尺度重构水文气候数据。1948—2007 年国家环境预测中心和国家大气研究中心的数据库是广泛采用的数据源。

● 观测差距经常与数据通讯传输直接相关,通过将脱机运行站点与现代通讯系统连接,这个问题能够极大地解决并改善已有监测站点观测数据的时空可用性。

● 最大限度利用已有的水文观测数据需要在各个层面的数据和信息共享方面增加投入,包括跨界河流管理和含水层共享。

第4篇　对策和选择

不对水资源开发和管理进行投资的代价巨大,具体表现在经济损失、人类苦难和社会不发达,同时对水资源开发与管理进行投资将会产生高回报。

第4篇重点关注响应对策和如何选择,对于前几章提出的挑战,决策者有哪些可供选择的应对措施?在这些措施中他们又应如何选择?选择过程中如何权衡得失?能否将竞争关系转换为协同关系?

纵观全球,我们已有许多对策,但还没有一种方案可以解决所有问题。基于国家发展宗旨和优先政策,水资源问题最好的综合解决方案取决于水资源在空间、时间、国家技术水平、财政、制度和人力(文化、政治、规章制度和市场)方面配置的适用性。

水行业外的对策对水资源使用和分配具有显著的宏观影响,同时也促使水资源处理措施更为廉价有效,反之亦然。报告指出,相比水行业内的从业者,其他行业对水资源状态、使用以及管理所做出的决策具有更大的影响力。食品和能源需求与供应,投资不平衡以及气候变化等均能对水施加巨大压力。然而,即使在解决上述问题方面,水能发挥重要作用,但对水影响最大的决策往往却没将水作为主要关注点。健康、食品安全和能源安全相关政策的制定将对水资源的供应和需求产生深远影响。

如前文所述,用水变化的主要驱动力包括人口、经贸、消费以及气候等,这些因素对水领域内外的决策制定者以及重要活动参与者具有重要影响力。

水资源受气候变化影响强烈,具体表现在每个国家制定最佳策略和措施,尤其是低洼岛屿、三角洲、山区和干旱地区等脆弱热点地区,只能紧急采取长期高效行动,应对气候变化带来的挑战。

水行业内外差异显著,水行业内领导者可以告诉行业外领导者一些具体流程以及实施方案,但政策的执行最终还是依靠政府机构、私营部门和民间团体的领导阶层。

许多国家面临着多重挑战,经济、自然资源和执行能力有限。这些国家必须充分利用协同机会,在水资源利用和分配之间做出权衡和决策,以保护水资源。水资源管理的改善取决于几个相互关联的因素,包括水资源问题的准确识别、产生根源和解决办法、政治意愿、利益相关者参与和文化认同、管理和决策的透明度、体制的有效性和持续的资金支持等。

各个国家均需根据自身的特殊情况设计一套适用的方法和策略，并基于水系统的物理特性、当地和国际特点以及实现水资源可持续发展的能力。

对于那些已经面临严重水资源挑战的国家，以及那些在当前气候、人口、社会经济和发展趋势下将面临更为严重水资源挑战的国家，急需做出回应。

水行业外的政策对水资源使用和分配具有重要的宏观影响，同时可能使水适应措施更有效、更全面和更低廉。人口增长、城市化和气候变化迫使水资源与之相适应。我们需要更广泛的政策变化和政治行动来改变水资源的基本分配和使用规则。全球市场状况和贸易体制影响粮食的价格和选择，因此也会对农业用水和需求产生重要的影响。

对许多人来说，经济发展可以提高水资源状况，但也会导致水资源和环境容量的过度开发。

针对缺水问题，传统水行业内的第一个应对措施是增加供应。第二个应对措施是加强管理，提高效率并减少损失。第三个措施最为严厉，需要对行业外水资源重新分配，并停止对部分行业继续供水。有效的水资源管理办法结合了以上三个措施，并涉及多个领域的从业者，这通常依赖令人信服的决策者和良好的信用记录。只有那些了解水行业内外直接或间接影响水资源利用和管理的社会、经济和政治专业人士，才能更好地参与水行业外的决策制定。

第14章讲述了水行业内的对策，第15章讲述了水行业外的对策如何影响水资源的使用和分配。其中所举出的实例为政府机构、私营部门、民间团体以及消费者从不同角度上所做出的响应，包括考虑地理和水文气候条件、经济发展水平以及在更广泛的社会经济框架内水资源供需平衡关系等。

第16章讨论了通过增加投资和合作共同决策的需求，同时还考虑了不确定性增加的后果及对策。

第14章

水领域内的对策

以下为水行业内对策的大量实例，其中一些展现出巨大的应用潜力：

- 支持体制改革，完善体系应对当前和未知的挑战，通过分权改革，提高民众的参与度和透明度，增加公平可行的企业化行为，基于跨国界水资源利益共享的新管理体系进行合作和协调。

- 考虑水利法规的影响，包括其他领域对水资源管理具有影响的管理条例。

- 与利益相关者进行沟通，确立问责制度的计划、实施和管理，在水领域内外建立信用管理体系，打击贪腐和管理不善。

- 完善组织结构，提高供水设施运营效率和服务质量，增加供水覆盖率和管网密度，同时增加收入，创建更牢固的经济基础并进一步吸引投资。

- 通过创新与研究，发展合适的解决方案。

- 在水行业内外，通过传统教育、在职培训、网上学习、公众意识提升、知识管理和专业网络等形式，进行制度和人才能力建设。

- 在水行业内创造有利的投资环境，完善的管理责任制度，包括新手段，如环境保护付费服务等。

世界各地正在开展各种项目和活动，来应对水资源评估、分配和保护相关问题。完善水资源监管需要更有效的可利用水资源管理、当前和预期用水管理，以及告知用水者、利益相关者和决策制定者关于是否采取行动来解决这些问题的后果。

本章重点关注在水行业内可以采取哪些管理措施来解决水资源问题。由于已有其他出版物和报告就技术和工程方面的对策展开了研究（例如，WCD，2000；USEPA，2005），本文将着重介绍加强政策和法规、水资源管理、技术能力、财政和教育意识等方面的内容。

在水行业内实施良好的水治理解决方案，影响人们对水资源使用（或滥用）的选择。并重点关注水供给和需求管理，确保在灵活、全面和真实的政策下，对水资源分配所需相关数据进行收集和分析。

14.1　水治理改革:强化政策、规划和制度

这份报告中,水资源治理指的是发展政治、社会、经济、法律和行政系统,在社会不同层次管理水资源和供水服务,并认识环境所扮演的重要角色(Rogers 和 Hall,2002)。它包含一系列与水相关的公共政策和框架制度,并动员所需的资源来支持这些制度。需治理的问题涵盖水资源相关技术、环境和经济等多个方面,以及解决与水相关问题的政治和行政因素(见第 4 章)。需考虑水资源治理措施可能被应用的不同环境,与其他行业问题的耦合,以及对用水公平性、有效性和环境可持续性的影响,和有待进一步研究如何确定并实施与水相关问题的有效治理措施。

绝大多数政府主要通过增加水供应来解决用水需求增加的难题,此外,还可以通过管理和技术手段来解决,比如更有效地使用和保护水资源。随着水资源供需压力的持续上升,各国还需考虑水资源在各行业间的重新分配,将水资源问题进一步在国内和国家之间进行政治协商。水资源重新分配和需求管理包括解决方案管理(如减少农业用水)和经济激励措施(如向决策者提供用水机会成本的价格信号)。许多国家急需在基础设施方面进行资本投资,并开展投资能力和制度建设以实现和维持增加投资所带来的收益。

全球水资源的开发和管理处于不同阶段,从水资源无法再开发状态(如中国阜阳流域及中东和北非地区),到水资源仍存在开发潜力状态(如尼泊尔东拉普提河流域及许多撒哈拉以南的非洲国家)(Bandaragoda,2006)。

改进规划政策和法律对策至关重要,政府机构的有效执行和供应商、用户及利益相关者的接受度和认可度对水资源管理改革也非常重要。在一些发展中国家,评价湖泊盆地管理干预措施的有效性已展现出其重要性(ILEC,2005;World Bank,2005)。

14.1.1　水资源规划和综合治理

发达国家和发展中国家都在对其水资源规划政策和法规进行改革, 如欧盟成员国正在实施水框架指令;在非洲、亚洲和拉丁美洲,许多中低收入国家也参与了改革,重点关注水资源综合治理的原则。联合国最近一份报告指出,在提高水资源使用效率方面,相关措施执行滞后(见专栏 14.1)(UN-Water,2008)。

水资源综合治理的实施比预想更加困难, 这一措施将促进水资源整合优化和将相关环境问题纳入国家经济发展活动中, 而通常只有在大量发展活动已经实施后才会被

考虑(见专栏 14.2)。第十六届可持续发展委员会将水资源综合治理作为水资源高效管理的框架和基本准则，建议在水资源和环境卫生领域综述水资源综合治理工作进展(UN–Water,2008)。

专栏 14.1 联合国水资源组织 2005 年水资源综合治理和水资源高效利用规划目标进展调查
(UN–Water,2008)

日益增长的水资源压力使水资源可持续发展管理难度越来越大，水资源综合治理将注意力集中在高效、公平和环保的方法上，协助相关策略的制定。在 2002 可持续发展世界首脑会议上,各国一致同意,截至 2005 年,大力发展水资源综合治理和水资源高效利用规划的目标,同时在各个层面支持发展中国家。

在 2007/2008 年度,联合国水资源组织对 104 个国家(其中包含 77 个发展中国家和转型经济体)的政府机构对上述目标的完成情况进行了调查。联合国水资源组织特别小组准备了一份问卷调查,并由联合国经济和社会事务部发给可持续发展委员会的所有关注国,问卷包括以下几类问题:

- 促进水资源综合治理的措施和策略(政策、法规和水资源综合治理规划)。
- 水资源开发,具体表现为评估、监管准则和盆地研究等。
- 水资源管理,反映在流域管理、防洪和水资源有效配置。
- 用水情况,表现为用水调查,农业、工业和生活用水情况管理。
- 监控、信息管理和传播,反映在监测和数据采集网络。
- 机构能力建设,表现为制度改革,流域管理机构和技术能力建设等。
- 涉众参与情况,如分散结构,伙伴关系和性别主流化等。
- 财政,表现为投资计划,成本回收机制和补贴。

在 27 个发达国家的问卷反馈中，只有 6 个国家全面实现了国家水资源综合治理规划,另外有 10 个国家部分完成,特定区域需要提升公共意识和性别主流化。

被调查的 77 个发展中国家中,38%的国家完成了计划,其中美洲为 43%,非洲为 38%,亚洲为 33%。尽管非洲在涉众参与情况、补贴和小额信贷项目方面具有一定优势,但还是在大多数问题上落后于亚洲和美洲。

亚洲引导体制改革,调查结论指出,为了充分评估推进实施水资源综合治理的需求,国家需要更完善的监控指标。

专栏 14.2 非综合手段治理水资源的影响(Moore,Rast 和 Pulich,2002;Gyawali 等,2006)

横跨美国和墨西哥的里奥格兰德河(称为 Rio Bravo in Mexico)是采用非综合手段进行水资源治理的典型负面案例。受益于北美自由贸易协定(NAFTA)相关的大量经济活动,这两个国家的地区经济发展迅速,在墨西哥边境衍生了一大批产品组装工厂(maquiladoras),吸引了大量墨西哥求职者,并在边境两岸催生了许多非正式定居点(colonias)。与此同时,里奥格兰德河下游河谷存在广泛的农业,农业因此成为墨西哥和德克萨斯重要的经济组成部分,因此,沿着里奥格兰德河分布了 7 个主要城市。

相关用水需求分析表明,约 96%的里奥格兰德河水被分配用于市政、农业和工业。里奥格兰德河途经美国 3 个州和墨西哥 5 个州,用水分配按照相关条约管理,同时也涉及联邦和州政府机构的管辖权问题。由于多个具有不同需求的国际、国家和州组织负责河水的数量、质量和分配问题,因此该河流大部分水资源处于超额分配和退化状态。

通过对欧盟 1994—2006 年期间 67 项水资源综合治理相关项目的分析,指出了水资源分配所面临的挑战。结果表明,水资源综合治理可以提供有效的改革和规划框架,尽管它还未能对国家水资源规划和改革提出明确指导。分析还指出,最有效的水资源综合治理必须首先考虑到政策制定和实施是一个涉及政府官员、私营企业和社会公民的政治进程。

为达到千年发展目标,在环境卫生方面进展落后于预期,部分原因是由于解决这一问题的方法过于传统。"环境卫生"通常是指处理排泄物和废水的技术手段或者仪器设备,化粪池、坑式厕所和堆肥厕所等通常被称为"卫生系统",而事实上它们只是技术组成。如果设计得当,与一系列的其他组分可形成一个健全的、可持续的卫生系统。

通常,仅有部分卫生系统作为一种环境卫生解决方案被实施,而后来才发现,存在其他组分的缺失。缺失的组分如废水处理(通常是转移进了排水明沟)、粪便和污泥处理(通常是倾倒在开放领域)以及产生的其他污水(如水槽和淋浴用水)等。当系统的各个技术组成正常工作,该系统才可能暂时作为一个整体。

一个可持续的卫生系统所包括的所有组成(物理结构和措施)必须有效管理人类排泄物,"环境卫生"是一个多步骤的过程而不是一个单一行为,需从始至终考虑废物排泄。这一概念描述了日常生活污物从产生到处理(存储、转换和运输)直至最终处置的整个生命周期。理想情况下生活污物会得到合理利用,可以从中提取营养物质、沼气、土壤改良剂和灌溉水肥等,污水通过这个循环造福社会("闭环")。例如,沼气可用于产生天然气或发电,淤泥中的土壤改良剂可以提高土壤肥力,通过人工湿地处理的富营养化灌溉用水,使城郊农田的干燥河床和种植业得到改善。

结合现有或创新的新技术,提高卫生系统的覆盖率和服务质量,同时减少环境负担,可以使得卫生系统更加可持续和完整,目前已建立了一些体系化的卫生系统框架(例如,Eawag—WSSCCSuSanA,2008;IWA,2008)。

水资源和财政资源的分配与再分配在水资源管理中不可避免,不同利益相关者可以是改革和规划工作的受益者或受害者,因此,规划工作应该在各类利益相关者之间做出权衡(见专栏 14.3)。另外,应对水资源赤字往往需要改善用水者之间基于水资源边界管理分配的矛盾(Gyawali 等,2006)。显而易见的是,如果水资源需要可持续发展,就不能将水资源开发、管理和使用单独考虑,水资源问题的成因及解决方案均与水领域外的各项活动息息相关(详见第 15 章)。

专栏 14.3 突尼斯水资源管理(Blue Plan,MAP 和 UNEP,2002;Treyer,2004;UNEP,2008)

突尼斯的水资源管理起源于供应方,需满足各行各业的用水需求。该国已经建立了一个相互关联的水资源系统,从而能够提供水资源用于各种用途,如低盐度和高盐度水的混合,以减少水资源的使用,提高使用效率。该国为城市和农业用水前期水资源规划开发出国家节水战略,确定对稀缺水资源管理的"绿洲"文化传统。

以下几个原则是突尼斯水战略的基础。首先,从单独的技术措施转向更综合的水资源管理方法,例如,一是参与式方法赋予了用水户更多的责任,成立了约 960 个用水户协会,涵盖了公共灌溉区域的 60%;二是针对当地实际问题逐步引入水资源改革及适应措施;三是使用财政激励措施,促进节水设备和技术的发展;四是支持农民创收,保证他们农业投资计划和劳动计划的安全;五是透明和灵活的水定价体系,与国家粮食安全的目标相一致会逐步减少费用。

尽管农业高速发展,季节性高峰用水需求和不利的气候条件(包括干旱)的影响,过去 6 年里灌溉用水需求一直保持稳定。突尼斯目前正在解决的是当前旅游(外汇来源)和城市地区用水需求,维护社会稳定。城市中心废水处理后可用于农业用途。目标定价政策全面涵盖供水服务的运营成本,游客用水价格最高,家庭用户最低。广泛进行水资源系统监控,包括对所有灌溉用水跟踪实时信息。这些措施改善了地下水储存和敏感自然地区的植被恢复。当前规划在2010 年结束。

尽管取得了一定的成功,突尼斯的水资源仍面临巨大压力。不断增加的人口和各行各业持续上涨的用水需求成为未来主要威胁的来源,为将来水资源再分配策略的选择提供动力。

一些国家正在开发基于不同场景的规划方案，荷兰已经开始使用基于场景的规划来处理水资源治理问题。它在 19 世纪 60 年代末的第一个规划方案仅仅考虑了水资源总量，而近期的规划方案已经发展成为一个多层次的水资源管理方法，以涉众为中心，涵盖其他行业部门、地方当局、私营部门和民众等(见专栏 14.4)。

许多亚洲国家已无法再进一步扩大灌溉农业和其他水道，在这种情况下，需提高水资源开发和水资源高效治理的能力(Bandaragoda，2006)。尽管水资源治理正在逐步改善，但由于人口增加、用水量不断增大以及气候变化所带来的影响，许多国家仍然面临重大挑战。

专栏 14.4 荷兰水资源综合规划(E. van Beek，H. Engel 和 G. C. de Gooijer)

荷兰正在准备第五代水资源综合治理规划，将气候变化可能带来的后果作为主要议题。

荷兰的第一个水资源规划方案制定于 1968 年，由水资源供应作为驱动且仅仅考虑了水资源总量的问题。1976 年夏天的干旱和水质恶化，导致水资源治理方法的根本性改变。因此，必须重新制定第二个水资源规划方案，荷兰水资源治理政策分析部门在起草第二项规划方案前成立。

尽管已有上千年水资源治理的经验，在做第二次水资源规划方案时，荷兰政府邀请了兰德公司作为智囊团参与，这是一家对复杂政策过程拥有丰富经验的美国公司。风暴潮屏障工程是荷兰的早期综合水资源治理工程，耗资数十亿美元，用于保护荷兰的南部地区，兰德公司参与了这一项目，确保了各部门和政府机构的紧密合作。

该规划方案预期达到三个主要目标：发展和应用水资源治理政策替代方法，评估和比较它们的影响，帮助荷兰国内企业建立类似分析能力。

借助 50 多个模型，这个项目使得人们对水资源系统有了更好的理解。对改善水资源治理的方案进行多重成本效益分析，可以有效识别可实施的地方项目，同时避免经济效益低的大型基础设施工程。分析得到一个重要结论：水质问题无法在国家层面上解决，水资源的重新分配可能给某些行业带来大量的损失。为了满足所需的环境标准，需严格限制地下水的抽取，而这将给一些用户带来巨额亏损。在 1984 年发布实施的第二个水资源规划中，对这一巨大变化的反思体现在如何发展和管理水资源系统上。

随后的水资源管理规划在水资源综合治理方面继续发展，1989 年实施的第三个规划深入分析了生态系统在水资源治理中的角色，1998 年实施的第四个规划重点关注特殊的水资源系统和主题，促进所需行动的实施，明确制度角色。

纵观这五个水资源规划，每一个都是在它前身的基础上，不断改善以应对环境的变化，促进思想的重大转变，发展水资源治理的新方法。从最原始的技术、供给导向以及基于模型的决策过程，到现在的多层面水资源规划，以涉众利益为核心，重点关注可持续性和气候相关的预期变化。

从这五个水资源规划的发展中可以学到，实施完整的水资源综合治理需要时间的积累（荷兰用了 30 多年），外部的输入可以促进新概念的实施，而所有利益相关者的参与是必不可少的。通过帮助涉众了解取舍权衡的困难，参与实践使其更容易接受为建设更美好的社会所需的改变。

14.1.2　制度发展：当前水务改革措施

由于大部分国家没有将水资源管理问题纳入国家社会经济发展政策和治理系统，水资源管理机构在应对用水调整和气候变化等风险和不确定性因素的能力十分有限。国家在决策制定过程中也没有囊括所有利益相关者，特别是流域层面，同时还缺乏相关信息、规划工具、管理策略、人力、制度和系统能力来满足气候变化条件下水资源持续发展的需求。

政治权利垄断、政府官僚单边操纵、分级控制、自上而下的管理和制度分裂等众多因素，导致许多机构无法适应当前和未来的一些挑战。这也使政治决策的制定者无法充分了解水资源管理。然而，许多发展中国家和转型经济体正在通过水资源综合治理方法对水资源管理系统进行改革。他们通过协调，整合了以下元素：权利分散（辅助性原则），透明度和利益相关者的参与，基于流域的管理系统，协调和整合，伙伴关系（政府与私人、政府机构间、政府与社区或民间团体），使用经济手段及提高商业化和私有化。

（1）分散和参与。这是正在进行的水资源改革中许多内容的一部分。例如在乌干达，水资源管理责任被转移到地区及以下级别，并在全国范围内受到广泛而强大的政治支持，说明水资源改革是整个改革工作的重要组成部分。虽然大多数国家都将饮用水管理移交至市政管理层级，然而，权力分散和下放仍然存在问题。例如，埃塞俄比亚将重要的决策责任转移到地区和村庄水平，但相应的资源和资金转移并没有跟上。加纳的经验说明了用户参与的重要性，提供了资金问题的解决途径，证明权力分散和参与可以带来积极的结果；玻利维亚的经验说明了使用合作社的好处（见专栏 14.5）。

专栏 14.5 分散式供水和卫生服务的参与方式（WSP-AF,2002;UNDP,2006;Ruiz-Mier 和 Van Ginneken,2006）

加纳正在推进分散参与的农村供水和卫生服务。加纳在过去 10 年间改变了农村供水结构,通过更多的参与和更有效的供水系统扩大了供水覆盖面。供水覆盖率从 1990 年的 55% 上升到 2004 年的 75%,增加的区域主要集中在农村,供水权力分散已经成为深化政治改革和改善管理结构的一部分。

将农村供水责任向当地市政和社区转移,由分散的社区供水和卫生服务机构负责协调。社区总体负责处理和优先考虑社区内的用水和卫生设施申请,签订供水水井和公厕设施的合同,运行公厕补贴项目。村庄参与是新结构的一部分,村供水委员会为当地供水和卫生设施做出计划,并为运行和经营管理筹集资金。2000 年的一项评估表明,村庄对供水质量和数量的满意度较高。大多数社区居民在经济上的支持,表明他们对这项投资的认可。村供水和卫生委员会的成员还进行了培训和开设银行账户,女性在许多社区也发挥了积极作用。

玻利维亚的圣克鲁斯开展了城市供水和卫生服务合作:公共合作社最初形成是为了提供水电费服务,通常以成本价格提供服务,不会因盈利原因而增加水电费。

圣克鲁斯的城市供水和卫生服务合作社(SAGUAPAC)为一座 120 万人口的城市提供供水和排水服务。国家政府在 1979 年批准了自主供水董事会的请求,使其转变为一家合作社,采用一个不同模式为快速增长的人口提供有效服务。公民对国家所有制的反对和对社区服务的认可,对采用合作社服务及其改进至关重要。

SAGUAPAC 的服务范围覆盖约 63% 的城市面积和 66% 的城市人口。到 2002 年,SAGUAPAC 为近 95% 的人口提供供水服务,为约 50% 的人口提供排水服务。

基于经典的合作模式,SAGUAPAC 从 27 个代表(从 9 个地区中每个地区选取三名代表)中选举民主管理与监督董事会的成员。一些玻利维亚公用事业合作委员会举行民众大会,对普通群众开放。

SAGUAPAC 遵从以下原则:自治,问责制以及顾客和市场导向,它已成为世界上最大的城市供水合作社之一,为约 75 万人服务,每年营业额接近 1900 万美元。根据国际评估标准,其服务多年来被评估为优秀,通过提供可持续的供水服务,保持了令人满意的财务业绩,其中供水点计费达到 97%,税费征收率达 90%。

（2）流域管理。流域管理将水域和行政边界进行了不同层次的嵌套,目的是改善水资源管理的决策协调。许多国家实施了流域管理,包括澳大利亚、巴西、哈萨克斯坦、肯尼亚、南非和欧盟成员国等。欧盟水框架指令是一个为建立可持续水资源管理而进行的严格规划，它对新成员国产生了重大影响，主要体现在筹集资金改善水资源管理方面。魁北克(加拿大)政府已起草了一份水资源法，确立流域为基本的水管理单位。

来自南非等国的证据表明，这种管理办法在小流域实施起来过于复杂甚至无效，且带来的好处较难识别。一些流域管理机构还遇到其他实施难题，比如在实施综合水资源治理时的角色和功能面临较大的不确定性。大部分机构的财政自主权有限，多依赖于中央政府资金和社区捐赠资金(Cap-Net,2008)。尽管在国家和国际层面有大量流域管理机构的发展(见专栏 14.6)，但进展都不大，目前尚不清楚这是由于表现不佳还是因为时间太短没能记录其经验和成果。

专栏 14.6　　　巴西圣弗朗西斯科流域陆地活动的综合管理(ANA,2004)

联合国环境规划署(UNEP)联手巴西水利部(ANA)和美洲国家组织(OAS)，在全球环境基金的资助下，于 1999—2002 年期间承接了开发圣弗朗西斯科流域的管理项目，该流域在汇入大西洋前横跨巴西东北部五个州。

面对日益增加的用水需求，圣·弗朗西斯科流域的自然资源对巴西大部分地区的经济发展具有重要战略意义。矿业、农业、城市和工业活动向水体排放了大量污染物，包括有机化合物、重金属和泥沙等。由于流域内不可持续的水文管理和土地利用，环境敏感型的河口湿地受到严重威胁。流域经济在薄弱的制度框架下粗放型发展，导致水资源不能优化利用反而快速衰退。然而，水资源过度调控也会改变流域的自然流动，导致淡水、河口和海洋动植物群落改变。

项目的最初目标是进行可行性研究，制定水资源综合治理规划，作为流域环境可持续性发展的基础。内容包括流域和海岸带环境分析，公众和利益相关者的参与以及发展组织架构并制定流域管理规划。2002 年环境分析得出结论，为该项目通过陆地管理来保护沿海地区的补救行动提供了合理的科学和技术支持。

社区参与了补救措施的甄别和测试，利益相关者和机构之间就流域内经济利益建立了对话机制。流域机构正在进行准备和训练，通过执行新的法律法规解决各种环境问题。最终，机构和政府内外的个人综合数据和经验将为长期流域管理项目提供可行性评估和成本分析。项目执行期间，举行了 217 次公开活动，包括研讨会、讲习班和全体会议等，超过 12000 个利益相关者和 400 多个组织、大学、非政府组织、工会、协会及联邦、州和地方政府组织参加了活动。圣弗朗西斯科流域综合治理全面诊断分析和战略行动规划于 2003 年完成，目前正在实施。

---

(3)协调和整合。与相关部门(农业、工业、能源等)进行协调对提高水资源利用和分配

至关重要(见第 15 章)。水资源管理的方法不可避免地导致分散和不协调,在许多国家,水利行业内支离破碎的制度框架和过于复杂的协调机制也很常见(Rast,1999)。当缺乏适当沟通衔接时,不同的部门和机构对水资源大多单独处理,同时为了促进经济发展和满足国家生产的需要,水资源治理不足又会引起经济部门加剧水资源配置的争夺。同样,跨行政区水资源不足时,共享水资源的国家和地区会竞争发展自己的水利基础设施,强化水资源的使用。该报告显示,各国政府、企业和民间团体领导人应做出决策,确定有效的用水政策(见第 15 章)。

在实施水资源政策和法规方面,一些国家已确定不仅需要各部门之间的协调,还需要区域水平上的协调。综合水资源治理必须有制度和法规上的管理框架,以确保水资源监管和目标群体的参与。因此,跨部门协调水资源使用和用水户的参与在各级别的决策制定中十分必要(ILEC,2005)。

建立水利委员会是其中一种方法,包括高级别的国家水资源委员会、流域委员会、地方(地区、省、州)委员会和用水户协会等(见专栏 14.5)。国家和地区水利委员会经验丰富,它们的功能和政治影响力有很大差异,他们的主要目的是跨部门对水资源进行管理,用水户和利益相关者也需参与规划和发展战略的制定(Bayoumi 和 Abumoghli,2007)。

(4)合作。合作在供水部门内促进了服务改善,通常为公私合作,结果好坏参半。一些国家正在修改公私合作程序(例如,阿根廷),而另一些国家则认为没有必要改变,还有一些国家(如玻利维亚)禁止任何私人部门参与供水和卫生服务。

适当的激励机制和相互信任也很重要(Phumpiu 和 Gustafsson,2009),其他类型的合作关系包含有民间社团和私营部门等。要想成功合作,这些合作者需要在民间社团和私营部门组织中具有足够的实力,并获得地方政府机构许可。阿根廷、哥伦比亚、洪都拉斯、巴拉圭和秘鲁均与私营部门具有合作关系的经验。以哥伦比亚卡塔赫纳的合作为例,最初是市政当局与社区和私人水务公司的合作,它在移动支付收费单元利用社区组织参与居民收费,并为收费程序建立了明确的问责机制。在巴西阿雷格里港,市政当局、社区组织和公共水务公司开展合作,参与预算和收取水费,该合作是建立在消费而不是财产税收上,这种合作关系改善了公共水务公司的经济基础。

长期以来,巴西在开发水资源上采用了八个主要协调机制,实施广泛的制度和法律改革,1988 年宪法规定了联邦和各州政府的责任和法定权利。环境和水资源部成立于 1995 年,国家水资源政策法案于 1997 年通过,各州也通过了水资源法案。改革措施包括建立国家、流域和州级水利委员会,以改善管理协调,在联邦框架内解决水资源冲突。公共事业公司(水和污水处理市政部门)在非营利政策下运作,将至少 1/4 的年收入投入水利基础设施建设(WWAP,2006;Phumpiu 和 Gustafsson,2009;Caplan,2003;UNDP2006)。在洪都拉斯,国家水资源和卫生管理局(SANAA)一直与社区组织合作,以提高服务和规程。马来西亚进行合作以降低非税款收入损失(见专栏 14.8)。

非正式私人部门(水供应商)也可以改善服务质量下降的相关问题。巴拉圭已经开发了新的合同方法,例如,针对 Aguateros(主要是小型水务公司),不使用公共资金也可以在城市周边地区发展自来水供应。这些小型水务公司现在可以合法参与公开招标流程,并通过追踪他们的表现来履行其改善经营责任(Phumpiu 和 Gustafsson,2009)。这些例子表明,建立创新的合作关系和发展新的制度模式仍然有较大空间。

专栏 14.7　　　　　　　　　　　　水权(COHRE,2007)

　　一些国家在宪法或其他高级法律文件将用水权规定为基本人权,有助于向不恰当的用水提出挑战。例如,在 2004 年乌拉圭举行的一次全民公决中,将人类用水权添加进了宪法,超过64%的民众为修正案投票。南非高等法院 2008 年 4 月 30 日裁定,约翰内斯堡的预付费水表由于歧视而违宪,涉及约翰内斯堡每天至少向每个公民提供 50L 水。其他国家的法院(如阿根廷、巴西和印度等)也有裁定取消对无法支付水费的穷人停止供水的案例。然而,这种方法的长期可行性尚不明确。

14.1.3　水资源管理的法律体系

法律和政策是相互关联的,而法律的实施常常是一个尝试和错误反馈的过程,一些案例可以在某些方面对水资源法律进行解释(见第 4 章)。如肯尼亚政府在 2002 年颁布了水资源法,为水利行业建立了新的政策框架。在法律框架和零投资计划草案(2003)的指导下,肯尼亚水利行业在政策和策略上经历了深层次改革,以减少贫困。相关目标包括高效的服务交付、尊重消费者权益、经济可持续性发展和服务覆盖城乡贫困人口等。来自其他国家的案例详见专栏 14.7 和专栏 14.9。

当地用水户群组和社区有时具有水资源使用和分配的传统权利(见专栏 14.10)。在农村地区,水资源传统权利通常包括操作权利和参与决策的权利,以及运营、新增或减少成员、水资源分配、灌溉日程安排、组织的定位和责任等 (Beccar,Boelens 和 Hoogendam,2002)。非洲酋长负责村民的用水和西班牙瓦伦西亚水利法院调节灌溉用水都是反映传统权利的实例。

印度尼西亚巴厘岛水稻种植社区的传统灌溉用水分配系统是另一个传统权利的例

子。2004 年印尼水利法案承认了当地传统社区的公共权利,只要它们不违反宪法和国家利益。这是水利立法中对传统权利进行保护的标准做法,传统方法在这些国家广泛实行。虽然缺乏细节和清晰的表述,这样的声明依然可以用强大的社会凝聚力来满足当地的需求,使"局外人"用水受限(Burchi,2005)。

专栏 14.8　　　马来西亚通过公私合作减少非税收水资源损失

(Kingdom,Liemberger 和 Marin,2006)

　　输配水系统漏损和计费系统缺陷造成了大量水资源损失或漏征水费,影响了财政活力。受厄尔尼诺影响,马来西亚雪兰莪州在 1997 年经历了严重的水资源危机,国家水务部门的管网漏损率约为 25%,即每天 500000m³,这相当于 300 万人的日用水量。

　　为解决这一问题,国家水务部门雇佣了当地财团与国际运营商合作的合资企业。合同要求非税收水资源的损失每天减少 18540m³,相当于每天节约 243 美元。承包商可以合理安排资金来支付检测和维修所必须的人力和材料,如水资源泄漏、识别非法接水、为客户替换水表以及严格计量等。在最初阶段的 18 个月,对供水网络一小部分进行了有效性测试。

　　第一阶段每天节水 20898m³,超额完成目标。建立了 29 个严格计量区,平均每个区域每天节水 400m³,更换了 15000 部水表。第二阶段 (2000—2009 年) 的总体减损目标为每天 198900m³。到了中期,共建立了 222 个严格计量区,11000 多处泄漏被修复,更换了 119000 部水表(合同要求最低 150000 部),非税收水资源损失减少到每天 117000m³(超过 2009 年的合同目标每天 97500m³ 20%以上),商业损失减少到每天 50000m³。

专栏 14.9　　　　　　水资源治理法律框架(Velasco,2003)

　　为有效管理相互竞争的水资源,需要清晰和广泛接受的水资源分配规则,尤其是在水资源稀缺条件下,分配系统需要平衡公平性和经济效率。

　　在肯尼亚,避免水资源利益冲突的一种手段是在立法机构中将政策、管理和功能实行独立。水利灌溉部侧重于政策制定和指导,而水服务监管委员会和水资源管理机构履行国家和地区的监管职能,供水服务商(如社区团体、非政府组织、地方政府建立的自治实体以及区域供水服务董事会合作的私营部门等)提供供水和卫生服务。

　　墨西哥在 1992 年 11 月通过了国家水资源法,并于 1994 年 1 月开始实施。2004 年修正案

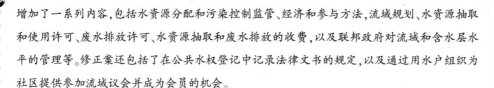

增加了一系列内容，包括水资源分配和污染控制监管、经济和参与方法、流域规划、水资源抽取和使用许可、废水排放许可、水资源抽取和废水排放的收费，以及联邦政府对流域和含水层水平的管理等。修正案还包括了在公共水权登记中记录法律文书的规定，以及通过用水户组织为社区提供参加流域议会并成为会员的机会。

新的监管结构于 1993 年开始运行，同时开展了一项针对水资源取用和排放的调查和登记。历经 10 年，完成了中间监管调整和一系列大量信息化活动这一进程。

专栏 14.10　　起草法案中的习俗识别(Stefano Burchi，Food and Agriculture Organization of the United Nations)

2004 年，纳米比亚水资源管理法案的制定过程中，意识到潜在的根深蒂固的习惯性做法，特别是在家畜放牧的传统社区，牧民牲畜用水与大规模灌溉农业的发展，或与行政支持的旅游业相冲突。新法案规定了取水许可证和执照申请通过的标准，法案认可了传统社区的存在和水资源取水计划对水源依赖的影响。对传统社区"合理要求"的调整已包含在标准条款和取水执照条件。

习俗识别的另一个案例出现在印度尼西亚巴厘岛，他们在水稻种植区使用传统的 Subak 灌溉配水系统。2004 年水资源法案认可了当地传统社区的习俗，只要它们不违反立法和国家利益。这是水资源立法中习俗保护的标准提法，已在多国习俗法中广泛实施。虽然缺乏细节和详细说明，这样的声明依旧可以通过强大的社会凝聚力满足当地的需求，而局外人对水的竞争是有限的。

14.1.4　气候变化和水资源

如第 5 章所述，气候变化及其差异性对地区和全球均有许多潜在影响，可能会直接影响水资源的数量和质量，还会改变水资源利用和需求。如何应对气候变化带来的挑战，每个国家或地区均不相同。应对气候变化的改革首先体现在政治层面，联合国气候变化框架公约国家的适应行动仍处于起步阶段，大量不发达国家还在继续协调气候与水资源相关的政策和行动。以不丹为例，不得不协调国家水资源和气候变化适应政策，以解决气候变化引发的冰川融化和冰湖泄洪造成的短期和长期威胁(UNDP WGF-SIWI，2008)。

越来越多的国家和城市将与水相关的气候变化应对措施纳入规划和政策，同时通过制度和技术干预措施,减缓海平面上升、频繁干旱和降水增加所带来的预期影响(见专栏 14.11)。

专栏 14.11　　　　　与水相关的应对气候变化措施(World Bank,2008)

　　伦敦和威尼斯重新设计了城市雨水排放系统,以适应预期的降水频率和强度变化。东京正在道路和公园下方设计城市池塘,临时存储暴雨径流避免洪水。雅加达最近发起一项计划,将雨水排入运河系统(东运河),来满足东部的排水需求。越南也建设了大量堤坝系统,其中包括5000km 的河堤和3000km 的海堤,以抵御台风和海平面上升。

　　东欧多瑙河流域下游的国家,已将数千公顷的泛滥平原修复为水生生物栖息地。印度的安得拉邦清了池塘淤泥,存储更多雨季径流,减少抽取地下水,新增了灌溉面积900hm²。中国湖北省的长江河段开展了湖泊连通,通过开闸和应用可持续管理技术,增加湿地面积以及野生动物的多样性和数量,使得该地区应对洪水的缓冲能力大幅提升。这种方法的应用具有广大潜力,因为长江上通江湖泊被数以百计的闸门阻隔。

14.2　与利益相关者商议,避免腐败:在规划、实施和管理中执行问责制

　　利益相关方参与改善水资源管理极为重要,包括直接参与规划和扩大公众参与意识。其中一大好处就是减少腐败对社会、经济和环境的毁灭性影响;对穷人来说,公众参与增加了财政投资,有助于实现千年发展目标。

14.2.1　调动利益相关者:利益和挑战

　　利益相关者通过参与公开听证、咨询委员会、焦点小组讨论、利益相关者论坛等活动,获得改善水利工程、项目和人类生活环境的机会。它还可以提升公众的水问题意识,充当改革的促进者和参与者。例如,美加国际联合委员会在 20 世纪 70 年代对北美五大湖的水污染扩散进行研究,委员会在整个流域进行了公众听证会,在达到教育流域居民目标的同时,还影响了他们对潜在问题的认识和在解决方案方面的行为(见专栏 14.12)。

　　少部分农民和城市贫困家庭,仅通过组织自己的活动作出回应(见专栏 14.13)。以印度、墨西哥和土耳其的灌溉管理为例,农户参与在引导投资新技术、改善水费收缴以及水资源管理等方面作用显著(见专栏 14.14 和第 4 章专栏 4.4)。1998 年,Arwari 河流域的印

度拉贾斯坦邦，Arwari 河管委会由 46 个小流域的 70 个村庄共 2055 名成员组成，议题为通过控制水资源使用改善水资源管理。Arwari 河管委会同时探索了改善土壤、土地和森林管理的办法，提高农业生产力，寻求妇女的参与，进行自主创业和另择生计等。总体来看，在社会、经济和环境影响方面积极扩大了农业生产和提升了生计水平。Arwari 河管委会为解决土地、水资源和森林管理纠纷提供了平台(Moench 等，2003)。

为了给信息、数据和经验交换提供有效的沟通工具和系统，意大利艾米利亚—罗马涅地区开展了国家级节水论坛，借助通用平台论坛评估节水政策。论坛在国家层面强调了最现代与创新的节水和保水政策，成立了工作小组，成员来自生活、农业和工业节水部门等。为加快工作，论坛网站(www.forumrisparmioacqua.it)还组织年会(在世界水日举行)和专题研讨会，编制通讯录，吸引本国和欧洲的专家参与。

欧盟水框架指令的第十四条明确了参与要求，试图对参与方式提出更广泛的讨论，见专栏 14.15。

专栏 14.12　　公众参与北美五大湖流域的水质调查(IJC，1978；PLUARG，1978)

美国和加拿大在 1909 年跨境水域条约的指导下，建立了国际联合委员会。两国在1972 年签署了五大湖水质协议，承诺恢复和维护五大湖流域生态系统的化学、物理和生物的完整性。协议呼吁国际联合委员会对五大湖水系的扩散污染(非点源)来源进行研究，为此成立了五大湖污染土地利用国际调查小组(PLUARG)，主要调查集中在以下三个方面：

● 五大湖流域的地面排放污染是否来自面源？

● 如果是这样，这种污染程度的原因是什么？以及污染发生在哪里？

● 有什么补救措施可以解决这些污染源？会花费多少？

PLUARG 的科学家、经理和两国的决策者经过研究得出结论：面源污染(尤其是农业和城市径流)要对水质问题负主要责任，包括磷、泥沙、多氯联苯、持久性农药、工业有机化学物质等，造成了整个流域污染。面源污染同时也产生了大量的氮、氯、非持久性农药和重金属，虽然这些污染物尚未构成水质问题。

考虑涉及众多地区(见地图)和各方意见的多样性，PLUARG 意识到在认识问题和制定管理策略方面需要公众参与。PLUARG 在美国和加拿大分别建立了 9 个和 8 个公共委员会，成员由企业家、小企业主、农民、劳工代表、教育者、环保人士、妇女团体、运动和钓鱼协会、野生动物联合会和选举或任命的政府官员组成。每个委员会举行四次会议，以五大湖保护为目标，就涉及的环境、社会和经济方面问题进行讨论和建议。在提交国际联合委员会之前，各公共委员会对 PLUARG 研究报告的草案进行审阅和评论，同时还要向 PLUARG 提交报告，就各自区域内的相关问题表明自己的看法和建议,并提出解决方案。PLUARG 在五大湖流域也举行了多次公共会议,以获取更多的观点。因此,公共委员会和公共会议的意见输入为 PLUARG 的最终报告和系列技术报告作出了重大贡献。

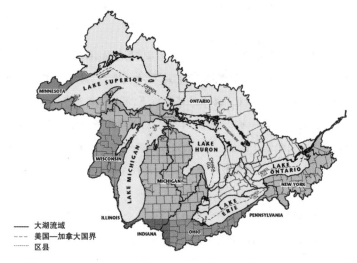

—— 大湖流域
--- 美国—加拿大国界
····· 区县

1978 年 PLUARG 研究的五大湖省、州和国家管辖权界限(五大湖委员会)

专栏 14.13　　厄瓜多尔基层水联合会(Dávila 和 Olazával,2006;Boelens,2008)

和其他安第斯国家一样,在厄瓜多尔的高地,水资源减少后竞争更加激烈且冲突不断。由于负责水资源分配的地方水务机构人手不足,水资源私有化被严重忽视,导致国家在水资源管理和解决水资源冲突方面更加困难。将权力下放给地方政府,而不是民众,加深了人民对于水资源行业内不平等和不公正的观念。在 2005 年 7 月,成千上万的民众在里奥班巴示威,要求开除国家水务机构员工,因为他们不能公平对待土著农民和女性用户。许多社区组织也聚集建立地方用水户联盟,自行决策和组建法律论坛。目前,已经超过 280 个灌溉用水组织和生活用水组织参与,主要集中在土著和小农家庭地区。地方用水户联盟促进了用水户和系统之间的冲突管理,特别是调解了贫困群体和地主之间以及当地村民与政府之间的矛盾。

现在,其他新的用水户组织也开始出现。在科多帕希省,灌溉用户联合会包含了 370 个用水组织,覆盖了上万个小型农场用水户家庭。通过与全国水资源公民社会平台、全国水资源论坛合作以及直接与国家谈判,社区水资源数量和质量均达到了国家水平。地方用水户联盟和科多帕希灌溉联合会要求民主决策公平分配水资源,提高水行业内公共投资和政府监管活动的透明度。

专栏 14.14　　参与式灌溉管理和用水户协会的角色(Jairath,2000；Raju,2001；

Johnson,1997；Palacios,1999；Garces-Restrepo,Vermillion 和 Muñoz,2007；

Blue Plan,MAP 和 UNEP,1999；Döker 等,2003)

　　参与式灌溉管理引导各级灌溉用户参与灌溉方案管理的所有方面。用水户最适合管理他们拥有的水资源,因此,参与式灌溉管理是具有较大灵活性的水资源管理方法。在印度,尽管进行了大量投资,但由于基础设施老化和农业生产率低下,灌溉计划在安德拉邦依然严重受阻。在 1996—1997 年期间,通过改革政策来解决灌溉问题,采取的措施包括增加3 倍用水户费用,建立用水户协会和在全国用水户协会进行能力建设。机构改革包括在灌溉操作和维护中创建农民与政府的合作关系,巩固灌溉管理权转移,建立新的成本回收方法,对政府机构和用水户协会进行优先支出和能力建设。

　　用水户协会董事会的成员由当地用水户选举产生, 向用水户转移管理权限使他们获得了所有权。然而,有些学者批评这些改革更像自上而下的政府计划,而不是农民自发的努力。还有一些学者指出,建立用水户协会导致了不必要的社区组织增加,而当地政府本可以处理这些问题(用水户并不认同此观点)。

　　新的管理系统也会受到一些约束,包括农村电力供应有限,排水水平低于设计标准,以及许多情况下对政府资金的持续依赖等。尽管如此,依然产生了许多积极结果。新管理系统实施的第一年,水费收取率从 54% 上升到 65%。用水户协会对灌溉水渠的管理使得水资源使用效率提升,与 1998 年相比,Tungabadra 运河新增了 52361hm² 灌溉农田,灌溉渠道输水能力提升了20%,同时农业生产率增加,农民投诉率显著降低。

　　墨西哥自第二次世界大战结束后,绝大多数农业灌溉用水由中央政府提供。到 20 世纪 80年代末期,政府补贴灌溉地区 75% 以上的运行、维护和管理费用,这是一个不可持续的比例,与此同时,农民对他们所获得的低质量服务也不愿意买单。

　　在广泛的农业改革计划下,灌溉管理向用水户协会转移,有利于灌溉系统在协会与国家水资源委员会(CNA)之间共享。灌溉管理职责转移后,水费收集率在五年内增加了 1 倍多,在1997 年达到 72% 的峰值,水费大幅增加,有时甚至超过 100%。用水户协会不仅在经济上能够自给自足,还能创造足够的资金来支付 CNA 的成本。目前,这一目标尚未完成,CAN 的部分成本仍由部长基金支付。尽管如此,灌溉系统在经济层面已经有很大进步。以里约热内卢布拉沃灌溉地区为例,财政自给率从 1989 年的 36% 上升到 1994 年的 100%。

　　土耳其国家水利工程局和农村服务总局负责管理土耳其水土资源。国家水利工程局负责大型灌溉和水利基础设施的建设,农村服务总局负责小型灌溉项目的开发。自 20 世纪 60 年代以来,缺水问题和国家灌溉系统的运行维护成为政府在经济和制度上的负担,用水量非常高,但征税困难。

在世界银行的资助下,中央政府从1993年开始向用水户协会转移灌溉管理权,以降低中央机构的运行成本。至1997年,土耳其向用水户协会转移了1350000hm²的灌溉土地,到2007年灌溉转移项目完成了87%。由于中央政府灌溉成本的上升,促使灌溉管理的快速转移,转移计划导致了水资源更为有效的利用,增加对了新技术的投资,用水户税费征收率更高(从1993年的42%上升至1997年的80%),能源成本更低(约25%),水资源分配更公平合理。

然而,用水户协会的法律地位还有待确定,转移初期由中央机构提供技术和管理支持的义务仍然需要明确。2004年,作为广泛行政改革的一部分,政府废除了农村服务总局,并将其职责转移给了省级政府。

专栏 14.15 水资源管理的公众参与(Lange,2008)

Rhine Net 项目强调了公众参与的价值。这一项目涵盖了河岸带恢复、鱼梯和防洪设施建设以及休闲娱乐设施升级等。公共参与项目增加了公众接受度,包括那些在项目中被认为是"失败"的行为。

以德国为例,Rhine Net 项目计划再生 Hostenback 的萨尔河漫滩。该计划提交给了瓦德加森市市长和公众,受到了广泛的支持,公民对施工细节表现出相当大的兴趣。项目执行过程中定期举行会议和讨论,为公民提供表达他们担忧的机会,并在当地公告、报纸和电子媒体上报道。这些工作需要大量时间进行访谈并与受到该项目影响的个人进行讨论,而这些无法由媒体报道或新闻发布会取代。

14.2.2 解决水行业内腐败和管理不善的问题

腐败会导致巨大的社会、经济和环境的问题,尤其对穷人的影响更大。因为对公共资源有效利用的监督能力有限,与水利相关的建设项目,如沟渠、排水系统、基本卫生设施和污水处理厂等已成为许多发展中国家腐败的重灾区。2008年全球腐败报告"透明国际"指出,通过与水资源廉政网络合作,估算结果表明,在达到供水和公共卫生千年发展目标的过程中,供水行业的腐败导致投资成本增加了近500亿美元(Transparency International,2008;UNDP 和 WGF-SIWI,2008)。

近年来，预防腐败引起了政府、私营企业、公民社会组织和捐助者的高度重视。水资源廉政网络的成立就是一个积极的案例，通过联盟构建全球网络促进水利行业廉洁。南非发展共同体地区的几个国家已经采取了积极的措施：赞比亚在部分城市建立了水资源监督组，监管水资源管理机构和服务提供商之间的关系；南非设立电话热线，供消费者进行投诉和建议；在马拉维的一些地区，发展水利反腐败政策，旨在提高部门的效率，防止玩忽职守，解决用水消费问题(Cap-Net,2008)。专栏 14.16 为这些工作提供了案例。

专栏 14.16　应对水利行业腐败和管理不善——以哥伦比亚、印度和莱索托为例

(Balcazar,2005；Stålgren,2006；Thampi,2005；Stålgren,2006；Earle 和 Turton,2005)

哥伦比亚供水设备企业签署了反腐败协议。哥伦比亚环境和卫生工程师协会附属的水管制造企业占据全国市场 95% 的份额，在公开招投标中对供水和排水系统拥有垄断地位，作为行业反贿赂协议的一部分，自发进行了反腐败倡议。协会和哥伦比亚透明国际一起，致力于在水管制造商中创造一个基于"透明国际"对抗贿赂商业原则的协议。该协议在 2005 年 4 月签署，导致中标价格大幅降低，从而减少贿赂的空间。

该协议主要应对水管业务部门缺乏透明度，特别是在公共采购部门，导致公共项目和公用事业中产品价格过高和质量不合格，造成了不信任的大环境。这种情况导致交易成本增加，最终使得公司和贸易协会无法维持。根据协议，每家公司需准备通用反腐败政策，并详细说明对抗贿赂商业原则每个区域的具体准则(定价和采购、分销和销售计划、实施机制、内部控制和审计、人力资源管理、"告密者"保护和通讯以及内部报告和咨询)。协议还明确了伦理委员会和工作小组的角色，负责监督实施，以及运用法律和经济力量来处罚那些不遵守协议的公司。阿根廷在 2005 年 12 月签署了类似的协议，巴西和墨西哥也正在考虑相关协议。

印度班加罗尔利用公民成绩单来改善供水服务。为了改善班加罗尔表现不佳的公共供水和污水处理事业，印度国家公共事务中心建立了公民"成绩单"基准系统。这些成绩单引发了一系列提高公共部门问责制和响应性的改革。1994 年，所有主要城市服务提供者的第一份成绩单评分较低，只有少数服务提供商承认问题并采取纠正措施。但是，1999 年的第二份成绩单显示，有些服务进行了部分改善，而 2003 年的第三份成绩单显示出几乎所有服务提供者拥有实质性改进，腐败率明显下降。满意度水平从 1994 年的 4% 急剧上升到 2003 年的 73%。

供给和需求驱动的变化导致了这个令人惊讶的转变。引发公众行为似乎由公众监督和宣传参加成绩单触发，导致对供应方面有重要的干预措施。政府的战略决策是建立一个新的公私伙伴关系论坛，帮助服务提供商提升他们的服务和响应水平。国家首席部长的政治支持和承诺，合作论坛产生的创新实践，外部催化的积极作用(民间社会团体和捐助者)以及初始反应的

学习经验,共同导致了更好的表现。一个开放和民主的社会是使用监督和问责制的先决条件。

莱索托高地试验项目。莱索托高地的水工程是世界上最大的国际调水工程,将水从奥兰治河运输到瓦尔河,并向南非约翰内斯堡供水。莱索托收取水费(2004年的3100万美元,约占其GDP 的 5%)。在项目第一阶段,建成四座大坝和110km隧道,耗资约20亿美元。

莱索托高地发展局第一任首席执行官负责监管此项目, 于2001年被指控试图行贿和欺诈。他随后被定罪,这是打击腐败的一个重要胜利,说明了政府在打击腐败上的决心。认识到贿赂由需求和供给共同组成,莱索托政府同时也对支付贿赂的跨国公司提出了指控。三大公司被判莱索托高级法院裁定有罪,并进行罚款。世界银行也禁止了其中一家公司在未来项目中进行投标。这一案件为将来贿赂案件的起诉建立了几个重要的判例,控方必须证明关于贿赂犯罪的发生的位置(由犯罪地点的影响决定),需要证明犯罪的财政透明程度(访问被告公司的瑞士银行记录是一个重大突破)。

14.3　有效行动力的开发

个体与行业组织、监管以及行政管理部门之间的有效互动, 对各领域的进步至关重要。在许多国家,行政系统和部门政策需要进行大改革。本节为各国政府和其他水资源利益相关者提供了一些建议,以增加有效行动力。

14.3.1　评估机构和个人的能力

改善服务的第一步是评估提供有效服务的能力,并为未来的不确定性进行准备。这种评估可以覆盖部分部门(例如,流域管理或卫生管理部门),或关注制度架构和能力(例如,教育系统、社区管理和法律框架等)。

改善疲软的制度环境不是一个线性过程(World Bank,2007),它通常需要多个方面努力,在专注于解决紧急问题的同时,随时为有利的改变创建条件。例如,联合国开发计划署在玻利维亚、中国、加纳、马里、墨西哥和秘鲁支持快速水行业评估,为当地机构提供适度的国际支持,去开展水行业挑战评估,并根据每个国家的能力制定新的优先干预措施战略(UNDP,1997)。

在中国,水利部和贵州省政府进行绩效评估工作,重点关注水资源管理中经济和制度方面的优缺点,如定价、流域管理和水资源综合治理的民众参与度。在墨西哥,将水资源项目纳入到更广阔的国家委员会平台,来改善水利行业的整体表现。在秘鲁,在评估机构指导下,对部门优先级进行了国会辩论,帮助了机构改革(UNDP,1997)。在印度尼西亚,1998—2004 年的金融危机引发了一场深刻的水利行业制度和行政改革,这对其经济至关重要,强调分散制定决策、参与式灌溉管理、成本回收和削减员工等。

14.3.2　加强制度管理和能力建设以支持改变的议程

社会和环境的变化要求定期调整水利行业的制度架构。能力审查可以识别必要的改革措施,促进实施改革的能力建设。1998 年以来,乌干达国家给水排水公司(NWSC)从一个收不到水费、缺乏收费实践和高运营成本的组织,转变成绩效逐步提升的组织。主要经验是,NWSC 将操作和维护从性能监管中分离。有了这个系统后,公用事业能力建设由多学科团队逐渐发展,从简单的绩效合同升级到更复杂的制度安排。NWSC 成为一个“学习型组织”,创建新的工作环境,管理者必须对目标进行绩效考核,员工也拥有创新能力去解决问题(见专栏 14.23)。

14.3.3　发展公民参与能力

随着越来越多的利益相关者参与水资源管理, 政府更多地受限于其自身能力所能达到的水平。他们需要更多的依赖有智慧和有能力的民间团体,作为政府机构的补充,参与水资源管理。

随着公民社会对水资源了解的深入,会更清晰地了解水资源问题的重要性,为水利行业提供坚实的支持计划。广泛获取信息的需求, 以及从事政府水资源服务交付事宜的能力,通常需要能力建设,提高有效性。

在水资源和环境卫生方面,许多资源可供社区和民间社团使用来进行能力开发。以网络访问资源为例,2006 年墨西哥召开的第四届世界水资源论坛收集了关于生态卫生相关的所有能力建设材料(www2.gtz.de/dokumente/bib/06–1322.pdf)。包括性别资料,两性平等与水问题联盟提供的水资源和能力建设资料(www.genderandwater.org/page/4208);在水资源和卫生部门个人和组织知识管理水平的综述和指南(Visscher 等,2006;www.irc.nl/page/29472);水利行业联盟概念性的介绍,在水资源、环境卫生和个人卫生方面扩大创新案例的研究,以及经验教训等,均由国际水资源和卫生中心提供(Smits,Moriarity 和 Sijbesma,2007;www.irc.nl/page/35887)。

14.3.4　促进专业知识

水利行业专家需要对水文循环及其变化有全面了解。他们还需要对水与经济可持续发展之间的关系、社会与水的相互作用以及决策者们的需求有更好的理解。非专业人士往往需要更好地理解他们的相互作用和对水资源系统的影响。这些信息可来源于研究,当地社区的传统领域和教育,以及培训和专题研讨会等。但是这样获取的知识通常是支离破碎的,解决方案的每个部分被越来越多的利益相关者所把控。因此,沟通对构建知识库与制度,和达成政治共识所需的能力至关重要。

对知识的传播、交换和管理来说,网络成为越来越重要的知识库和知识传播载体(见专栏 14.17)。有必要根据它们的目的进行结构化管理和资助(研究、分享专业经验或培训等)。网络适用于确定并阐明大规模、复杂的问题,提供解决方案和在其他地方进行最佳实践测试。

作为利益相关者团体的代表,学习联盟是关注发展问题的通用解决方法,通过创建更广泛的归属感,促使快速实现问题解决。欧洲—地中海参与式水资源方案(EMPOWERS),是一个由国际关怀组织在 2003—2007 年间发起的地区试点项目,试图对埃及(用水需求超过供应)、约旦(世界上人均水资源水平最低的国家之一)以及约旦河西岸和加沙地带(水资源由外部政权严格控制)的弱势群体增加可持续供水。国际水资源灾害和风险管理中心(ICHARM)是亚洲开发银行的亚太水资源知识中心,提供灾害绘图和海啸培训课程。

可持续水资源管理提升未来城市健康(SWITCH)项目,主要研究城市综合水资源治理在实施导向行动中合作关系的革新,是由用水需求来引领的研究项目。项目鼓励学习联盟更好地确定研究进度,并开始城市水循环方面的研究,以帮助改善城市综合水利行业和扩大影响(Butterworth 等,2008)。在该项目的指导下,已在全球 10 个城市成立了学习联盟。

在荷兰,政府整合了地表水、地下水和海岸保护机构,以改善他们的产出。通过 WaterNet,链接了约 50 个大学院系和研究机构与水相关的专业,促进了非洲南部和东部国家的创新研究。联合他们的知识,以便覆盖水资源管理的所有主要方面(如水文、环境工程、经济、法律以及水和卫生技术等)。在印度的 Solution Exchange,连接全国与世界各地的人们,利用实践社团的力量及多个开发人员的知识和经验,解决问题达到共同目标。在印度中央邦,联合国人居署可持续城市规划项目在 4 个城市展开,以提高和扩大城市供水、下水道系统、环境卫生、排水和固体废物管理等。该项目旨在改变用水行为,远离传统政策和措施,如水资源压力上升导致地下水的过度开采,和对市政供水系统可用水资源管理优化的创新。项目整合与借鉴了印度其他地区的经验、建议和实践反馈,并将它们翻译成印地语,在中央邦州议员水资源论坛上传播。

信息和通信系统大多是基于互联网,为多方参与信息共享和沟通提供新的工具。通过访问方案和预测工具,促进跨层次沟通(从当地到国家和地区),这些工具非常适合促进谈判。

越来越多的与水利益相关者通过在线知识网络连接在一起，按照合作—社团实践—研究者的模式解决类似问题。简单的工具,如电子邮件列表,是这项活动首选的低技术含量方式。

当地利益相关者通常是第一个经历和提出当地问题,并找到解决方案的。决策者可以从当地知识中学习并将它们的经验运用于当地机构和公民社会的能力建设（见专栏14.18)。明智的决策需要在自上而下(通常是大规模的)和自下而上(通常是规模较小的)的方法和程序中找到一个平衡组合。

专栏 14.17　　网络共享水资源管理经验(Cap-Net,2008;www.cap-net.org)

　　Cap-Net 是集 20 个国家和地区的能力共同建设的网络，也是三个致力于水资源管理能力建设的全球性网络。大多数的网络成员是自愿非正式协会的机构和个人,他们都致力于发展解决当地需求和首要目标的能力。Cap-Net 利用其全球网络结构,迅速分享国际和地区知识。它有利于知识的发展和交流,支持提供能力发展服务,以满足地方优先事项的交付,并汇集了关于被忽视领域的网络专业知识和国际水平的专业知识。在已确认采用经济和金融手段实现水资源综合管理是一个被忽视的领域的情况下,Cap-Net 让其网络专家开发一套培训方案架构,以便适应当地情况。培训手册进行了测试、修订,并在一年内翻译成了四种语言,通过合作伙伴网络已在非洲、亚洲和拉丁美洲实施。

　　德黑兰的城市水管理区域中心由 13 个国家和 6 个国际组织组成,其宗旨是在城市水管理的各个层面传递实用的科学知识和发展能力,促进可持续发展,提高人类福祉,促进综合的、跨界的水资源管理。其理事会包括 10 个与水利相关的部长(来自孟加拉国、埃及、印度、伊朗、科威特、阿曼、巴基斯坦、叙利亚、塔吉克斯坦和也门)和 3 个国际组织的高级代表(联合国教科文组织水教育研究所,国际水资源研究院和国际水协会)。

14.3.5　激发公众意识

增强水资源有关的公共意识也有利于可持续使用。水资源管理计划没有水资源用户的参与可能很难筹到资金并实施。

一种提升公共认知的方式是通过科学和教育中心,该中心对水资源的信息进行编译、分析和传播。这样的中心往往专注于识别和传播水系统问题以及可持续利用的信息。他们经常考虑特定水系的经济、生态系统和文化的重要性,以及他们的资源问题;考虑直接和间接的用途、价值观、有前景的工具以及战略管理和案例研究的经验教训。他们还提供有价值的特定区域的信息,如也门国家水资源管理局的公众和媒体宣传活动,包括也门水意识部门信息中心(www.youtube.com/watch? v=btWcXNSvOHw),如琵琶湖博物馆(日本)、巴拉顿湖湖沼学研究所(匈牙利)和莱希尚普兰湖中心(美国)等(ILEC,2003)。此中心由私人基金会、企业、政府机构、非政府组织、学术机构赞助,用于示范和推广先进的科学方法,水情教育和社会发展规划。

增强公共教育、公共意识和告知水利相关人士工作流程的变化或与个人习惯的变化一样简单,这些均可以缓解水资源不可持续利用的相关问题(见第 2 章)。详细处理水系问题,以及通过公共教育系统、新闻媒体和非政府组织随时将整改意见提供给公众,均有利于提高公众意识(ILEC,2005)。

2004 年意大利艾米利亚—罗马涅大区发起了一场称为"水,节水至关重要"区域节约用水宣传活动。该活动于 2008 年重新开办,新的口号是"半满还是半空?无论如何,节约用水"。这种传播策略还为广大市民准备了很多小册子,且用上了电视、广播节目以及城市巴士上的广告(www.forumrisparmioacqua.it)。水资源管理者也可以使用这样的宣传活动告知非水资源管理领域的重要决策人(见第 15 章)。

14.4 通过创新和研究开发合适的解决方案

技术创新涵盖了一个广阔的领域,从技术问题到财务考虑、水服务模式和水治理问题(政策、可持续性融资、文化价值、政治现实、法律等)。它可以使水利部门内出现快速和显著变化,改善现有供水系统(如更好的水泵),并开发新的方法来解决水问题。

专栏 14.18　　　　　东非的流域综合管理网络

(iwmnet–eu.uni–siegen.de;www.iwmnet.eu/index.html)

流域综合管理的网络 (IWMNET),是一个非洲东部进行流域综合管理能力建设的三年(2007—2010 年)倡议,倡议活动涉及德国和非洲东部的一些大学。内容包括综合水资源管理和相关问题的专业培训,并支持埃塞俄比亚、肯尼亚、坦桑尼亚和乌干达正在进行的水利改革。例如水用户协会,协助制定和执行管理计划,共享他们起草参与流域管理计划的经验等。一个在线电子学习组件,使所有的信息对于学生和专业人士,甚至在农村地区的人都可以访问。

14.4.1　培养创新能力

经验表明,至少有三个关键因素促成了创新,而创新驱动了许多新兴市场经济体的快速经济转型。创新的三个关键因素为,一是技术学习的基础,大量投资基础设施(道路、学校、供水、卫生设施、灌溉系统、卫生中心、电信、能源等)。二是发展和培育中小企业,提供本地日常运行、维修和维护的专业技术人员。三是发展和培育的高等教育机构(工程技术院校,专业的工程技术协会、工业和贸易协会等)(Conceição 和 Heitor,2003)。但这些努力的大部分都超过了水利管理人员的职责范围(有些是在 15 章讨论)。

企业和非政府组织可以成为学习的焦点 (UN Millennium Project,2005;Juma 和 Agwara,2006)。一个例子是在柬埔寨创新应用陶瓷过滤器,该过滤器长期使用在其他领域去除水体污染物。因为大多数柬埔寨人饮用水遭受微生物污染,家庭饮用水处理是保护他们免受传染病的关键。大多数人还依靠收集雨水储存起来供家庭使用或自己处理后确保饮用水安全。陶工和平,一个非政府组织,开发了陶瓷过滤器,创造一个低成本、可现场生产的方法,采用具有纳米银强化杀菌性能的黏土、锯末制作。陶工和平在很多国家训练他人操作过滤设施,比如柬埔寨、古巴、萨尔瓦多、加纳、瓜地马拉、洪都拉斯、印度尼西亚、肯尼亚、墨西哥、苏丹、也门(WSP-UNICEF,2007;http://s189535770.onlinehome.us/pottersforpeace/? page_id=9)。此外,水管理技术的创新也可以用来解决一些问题(见专栏 14.19)。

灌溉仍然是全球范围内一个最大的用水户,改进灌溉技术是一个很好的例子,使用新技术,以减少灌溉水需求,提高灌溉水的利用效率(见专栏 14.20)。

专栏 14.19 赞比亚卡富埃平原使用水资源管理保护生物多样性和基本生计(WWF,2008)

大坝可能会破坏自然水循环和依赖它的生态系统。位于赞比亚的卡富埃平原的生态改善证明了可利用技术创新与合作来减轻这种破坏。

卡富埃平原是一个重要野生动物栖息地, 占地 6500km²。卡富埃河是赞比西河的主要支流。当雨季结束,洪水退去后,卡富埃平原支撑着当地人的基本生计,这些人一般从事于狩猎、捕鱼和种植。在 1978 建成的 Itezhi-Tezhi 大坝位于卡富埃峡水电站大坝上游,成为赞比亚的主要电力供给。Itezhi-Tezhi 大坝存储雨季洪水,满足卡富埃峡水电站发电需求。然而,Itezhi-Tezhi 坝阻断了卡富埃平原有益的雨季洪水,危及了 300000 名依靠雨季洪水的居民生计。

1999 年,赞比亚政府和赞比亚供电公司(ZESCO),与世界自然基金会、当地居民和商业农民合作发起了一个项目,恢复比 Itezhi-Tezhi 坝泄水更自然的水流。2002 年开始,还开展了水资源综合管理研究,其中包括一个卡富埃河流域水文模型的开发。该模型将集水区的降雨和河流计量站的实时数据相连,进而预测水流量和水库水位。基于这种模型,合作伙伴们在2004年达成一致实施新的大坝运行方案。在2007年初,一个主要模仿自然雨季洪水模式的水流模型进行了首次试验。目前,已启动湿地康复、专注基础设施开发、提升旅游业和以社区为基础的自然资源管理。

从长期来看,新的大坝运行方式将改善卡富埃平原生态健康和提高当地人民生活水平(特别是增加鱼类产量和草地生产力),还会促进以野生动物为基础的旅游业发展和持续灌溉能力的发展。卡富埃峡大坝的水电生产潜力有望维持或增加。正在进行的一个讨论是将环境水流模型在其他大坝应用,如卡富埃峡、Cahorra Bassa和卡里巴等,让赞比亚和莫桑比克整个河流受益。此外,还在推进上述三座大坝的联合调度运行策略,包括赞比西河管理局、联合作战技术委员会 Cahorra Bassa 和卡里巴大坝,将赞比西河的水资源综合管理战略纳入非洲南部发展共同体协议。

专栏 14.20　　　　　　　利用灌溉技术提高用水效率

(Cooley,Christian–Smith 和 Gleick,2008;ICID,2008)

灌溉水可以通过表面灌溉、喷灌和滴灌系统输送到作物上。虽然引进新的灌溉技术通常会增加成本,但也增加了用水效率,从而节约了用水。加利福尼亚的一项研究发现,表面灌溉的用水效率介于60%~85%,喷灌为88%~90%,滴灌为70%~90%。如果灌溉技术能精确结合灌溉计划,并将较低价值和耗水量较大的作物转变为更高价值和更节水的作物,那么潜在的收益将更高。

中国在20世纪90年代引进了节水措施和现代化农业灌溉系统。中国有400多个大型灌区(每个灌区面积超过20000hm²),约占总灌溉面积5600万hm²的1/4。现代化灌溉包括新材料和新技术的应用。应用这些新技术可以改善灌溉系统的结构,现代灌溉理念和机制的应用也能提高灌溉管理水平。输水和灌溉的间隔缩短,水损失也减少。实施该计划后,农业产量增加了46%,灌溉用水从1980年占总水量约80%下降到今天的60%,呈现出显著降低。

14.4.2　发展中国家的研究与发展

提升发展中国家需求的研究能力是至关重要的, 特别是对于从事研究和开发并可以促进经济发展的人来说(UNDP，2006)。2005 年关于援助的巴黎宣言，是由超过 100 多位部长及机构首脑和其他高级官员达成的一项国际协议。这份协议强调发展中国家必须变得更加有能力解决自己的问题，包括通过较强的研究能力，使他们能够吸收和利用来自其他来源和国家的知识并能推进这些知识的发展(见专栏 14.21)。

专栏 14.21   发展中国家的研究(Rap，2008；www.eclac.cl/drni/proyectos/
walir/homee.asp；www.iwsd.co.zw/index.cfm)

　　水法和人权计划(2001—2007 年)作为国际行动研究联盟报告中的内容，在安第斯地区农民、土著和传统权利之间的辩论，以及促进地方、国家和国际平台方面发挥了重要作用。一个主要目标就是更好地了解当地的水权和水管理。该战略专注于研究和行动，连通当地、区域和国际网络(无论是土著还是非土著)，同时培训政策制定者、水专业人士和基层领导人。该计划深化水权的认知和水政策辩论，使更好的立法和更多的民主出现在水治理和管理政策。他们还通过培训和用户导向的干预策略，来加强和认识到这样的过程。

　　民主联盟是一个专注于农民权力和地方水资源管理的跨学科研究和能力建设网络，重点关注安第斯地区。成立于 1999 年的非洲南部水研究基金，对非洲南部发展共同体国家的研究人员和机构提供开放资助。同行评议制度能够确保高质量的研究建议获得资助。由不同专业背景和来自不同国家的研究人员组成的董事会制定了基金的研究政策，以及优先支持领域。虽然资金主要来源于外部捐助者，而非最终用水户，该基金正在探索更好地对接社会需求和研究领域，并在推动这种连接过程中扮演重要角色，这样一来受资助的研究才能更好地解决当地的需求。

14.5　数据和信息需求

　　可靠和准确的水资源信息和数据，能减少水资源的不确定性，帮助决策者作出更可靠和具有政治说服力的风险评估。更详细和准确的信息也能引导在所需的基础设施投入方面作出更好选择，并使公共机构对他们行动的影响更好地担责。

14.5.1　水资源数据和信息

　　水资源数据包括水资源的数量和质量的信息，也包括管理信息。这样的数据对于大范围的水资源利益相关者至关重要。

世界银行对埃塞俄比亚的供水系统和卫生部门实施了一个评估,包括千年发展目标的进展情况(Watson等,2005)。用于评估的大量数据来自差异很大的不同地区,这些数据有的甚至相互矛盾。因此,这些数据不能很好地用于审查这些部门支出。研究发现,大多数城镇水务部门没有单独的账户,有关卫生的数据大都缺失或者不完整;而非政府组织在供水和卫生部门的工作不协调,也没有与国家有关职能部门合作行动。评估还发现,这些部门的资金,在总数和人均水平上,都是较低的,从而导致全国各地水服务的普遍低下。

14.5.2 水资源监测

水资源管理科学和技术方面的数据往往来自监测活动,包括对化学、生物和水系水量或质量的相关参数测量。这样的数据可以暴露水资源存在的问题,揭示难以看到的内在联系,也有助于创新水资源问题的解决方法(见专栏 14.22)。

专栏 14.22　监测信息在水资源管理中的应用(ILEC,2005;World Bank,2005)

监测活动获得的信息可以说明水资源存在的问题,揭示内在联系,并有助于创新水资源问题的解决方法。捕捞强度和周期的数据可以用于管理非洲巴林戈湖和奈瓦沙湖的临时休渔期,也可以用来对维多利亚湖捕捞技术进行限制。这些措施有助于这些地区渔业的复苏或显著改善。

水系中的生物物理过程很复杂,往往表现在小的增量变化,这种变化是不容易观察的。在日本的琵琶湖进行的具体措施和调查表明,几十年来,降雪量的减少及湖中淡水剖面变化,导致了湖底溶解氧水平下降,促进了湖泊富营养化,间接揭示了全球变暖过程对湖泊生态系统的潜在影响。

非洲乍得湖的流域现场监测表明,河道降水径流可以通过迪加坝和Challawa坝的泄水进行模拟,这种人造洪流可以与现有基础设施相匹配。

原马其顿南斯拉夫共和国的奥赫里德湖的数年监测数据表明,湖水中浮游植物和浮游动物群落的变化随水体富营养化水平及营养控制情况一致。

来自中国滇池的监测数据表明,外源截污政策相当成功,这些监测可有助于后续的水资源管理计划,并节省不必要的开支。

然而,水资源监测网络仍然是稀缺和薄弱的(见第13章)。虽然模型不能替代精确的现场测量,但基于模型的经验已经先进到一定程度,现存的一些数据可以生成模型。

肯尼亚的内瓦沙大湖沿岸协会利用模型调查,始于20世纪80年代初的取水供应园艺活动的潜在影响。结果显示，园艺活动导致湖的水位下降。园艺利益获得者否认了这一说法，并指出，该湖的水位高于它在 20 世纪 50 年代的水位，而那时他们尚未取水。模型计算时考虑了地表和地下水对湖泊水位的影响，计算结果清楚地表明，湖泊水位下降的时间正好与1982 年开始的园艺活动时间一致。最终，包括园艺家在内的所有利益获得者接受了这个结果，并将他们的工作更加紧密地结合起来，促进内瓦沙大湖的保护(ILEC,2005；World Bank,2005)。

人们的传统知识和经验直接受到水系的影响，无论作为海岸线社区的成员，或作为依赖于它维持生计的经济行为者，其影响都是一样的。传统知识可以来自土著人民的传说和口述历史。在某些领域，这样的记忆可能是一个水系的唯一信息来源。例如乌干达政府，利用当地的知识来识别和保护位于艾伯特湖东部的重要鱼类养殖区，该湖地处乌干达民主共和国刚果边境(ILEC,2003)。

14.6　融资

可持续性融资的需求是水资源决策中最为关注的问题之一。该部门的所有融资都来自关税、国家预算和外部援助。水务部门的决策者并不控制影响这些融资来源的所有因素，但在他们的安排下可以创造一个良好的投资环境，并确保良好的财务管理。过去五年，几个关键举措已经形成了水融资议程，包括水利基础设施融资世界委员会(由米歇尔·康德苏主持)、全民用水融资工作小组(由安杰尔·古里亚主持)和联合国秘书长水与卫生顾问委员会(顾问委员会)。本节提供了一些国家如何解决问题和落实这些报告中确定建议的例子。

14.6.1　供水服务商管理好财政资源，创造良好的投资环境

需要改革已经说明了水务部门在提供足够服务水平和质量方面的失败，这些失败往往是因为治理不善和投资不足。改革还集中在透明度和问责制、低税收、基础设施的老化和服务下降方面。但水务私有化仍然是一个例外，缺乏足够的经验建立其长效机制。虽然私营供水部门的服务人数从 1990 年的约 5000 万增长到 2002 年的约 3 亿，但发展中国家的大多数人享受不到私营或公私合营供水公司的服务(见第 4 章)(UNDP,2006)。

乌干达的全国供水排水公司(NWSC)是一个公共部门，承担了很多正式业务。在很短的时间内，这一表现不佳的公用事业改善了服务质量(扩大覆盖范围，从 1998 年的 12 个城镇到今天的 22 个城镇)，并通过更有效的服务提供来增强财政活力，同时也提高了税收。它的经验说明了正确领导的重要性，表明一旦方向正确，就会出现实质性的变化

(World Bank Institute,2005)。

为了提高效率和财务绩效，乌干达的全国供水排水公司在公用事业引进基于绩效的合同管理，并从效益的监管中分离出运营和维护。这样形成了一个实质上更大的服务基础，和提高工作人员效率的更有活力的财务基础(见专栏 14.23)。

专栏 14.23　　乌干达供水与卫生面临的挑战(Mugisha 和 Sanford,2008)

乌干达在解决水供应和卫生服务方面面临许多挑战，这些服务与城市化和人口增长的压力相关，包括缺乏协调的水政策、监管不力、不同的利益相关者的预设，管理效率低下和有限的投资资本。为了解决这些不足,政府发起了一系列的补充活动：

- 水的生产和供水管网设施的及时、合理扩张。
- 使用方法技术的最佳组合(如院子里的水龙头和预付费电表等)。
- 引进和资助公共供水网络。
- 实施创新融资机制(如关税指数化和保护,贷款融资和债券发行)。
- 利用基于输出的投资方法加强服务目标。
- 采用以社区为基础的方法和主流化的消费者偏好。
- 在不同的层次建立利益相关者的协调论坛,如水议会。
- 公平提供水和卫生设施,重点在卫生方面。

由于这些活动，供水服务效率和盈利能力在 1998—2007 年期间大幅上升。覆盖率提高 50%以上,水连接总数在 2007 年比 1998 年超过 3.5 倍。员工的工作效率也有所提高,收入同比增长超过 300%。

以下几项活动特别有助于改善乌干达的城市供水和卫生服务：

- 使用绩效合同，促进私营部门从长远角度考虑，包括市场导向，客户集中，激励计划和问责制。
- 应用津贴管理决策,保持决策贴合受益者。
- 从监管中分离供水和卫生运营,提高问责制。
- 把卫生改善措施与基于负担能力和社会接受度的适用供水技术同部门计划相结合。
- 协调投资活动、运营管理和用户社区,以确保最大的影响。

突尼斯市水务局 Sonede 是另一个好的运营管理供水机构的例子。如专栏 14.3 所示，有针对性的定价政策，使运营服务的成本全部回收，这种政策是旅游机构支付最高的价格，一般家庭支付最低的价格。因此，突尼斯市用水节约超过了 10%。

14.6.2　官方开发援助

在肯尼亚，基于输出的援助支持由商业性小额信贷机构提供贷款。一旦贷款工作完成，国际援助将偿还投资成本。这种方法不同于贷款人的正常保证，它创造了一个强有力的激励银行，以确保及时和有效地完成该项目。

14.6.3　小规模的当地水供应商

在拉丁美洲和东亚地区，小规模的水供应商服务了大约 25% 的城市人口，在非洲和东南亚这一数字约为 50%（Dardenne，2006；McIntosh，2003）。以企业家为代表的小型水供应商填补正式供水部门市场失灵留下的空白，同时，小企业根据合同给市民或公共机构提供服务。

小规模水供应商扩大规模的主要障碍是缺乏融资。融资一般是来自个人资产、其他业务的利润、社区的贡献和从当地银行贷款或小额贷款机构贷得的短期信贷。小型供应商增加融资的选择包括小额信贷计划、获得当地的发展和基础设施银行贷款、非政府组织或捐赠者的项目资助和投资补贴（例如，在柬埔寨来自国际开发协会资助达到投资成本的 50%~60%）。菲律宾已成功地在市场利率上使用贷款融资，而哥伦比亚采用一条中间道路，通过制定随着时间延长提高关税和出售投资基金收益的方法，保持激励和提高财务的可持续性（Triche，Requena 和 Kariuki，2006）。

缺乏对小规模供应商的法律承认是另一个扩张的障碍。为了加强合法性，毛里塔尼亚和乌干达当地的水务部门与私营运营商签订了管理合同，然后向小城镇供水。

14.6.4　环境商品和服务的支付

环境服务的支付是基于这样的认识：环境，如湿地和水域，提供一系列生活配套商品和服务，包括饮用水供应、灌溉、食品和纤维制品、污水处理、防洪效益和旅游收益（见图 14.1）。环境商品和服务，传统上被认为是"免费"，缺乏一个有效的市场定价。此外，对于许多环境商品和服务，服务供应方与消费者之间没有直接联系，例如，上游供应商（土地所有者或资源管理者）和下游用户（公共供水，农业和工业）。

由于这些服务的市场往往很差或不存在，生态系统管理人员缺乏经济动机来改善他们的管理。支付环境服务的概念试图解决这个问题，通过创建环境服务市场，从用水户这里收集资金并支付资源提供方，从而鼓励高效和可持续发展的流域服务。

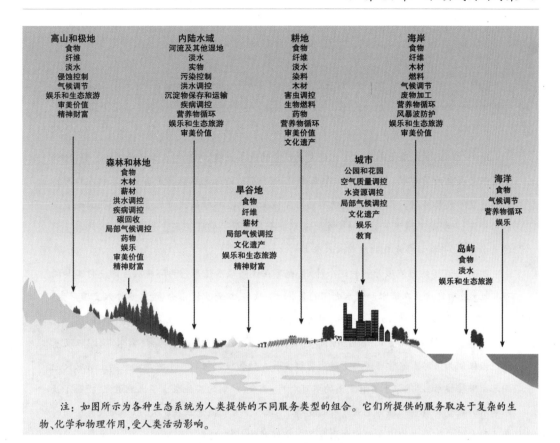

注：如图所示为各种生态系统为人类提供的不同服务类型的组合。它们所提供的服务取决于复杂的生物、化学和物理作用，受人类活动影响。

图14.1　生态系统及其提供的部分服务(MEA,2005)

　　部分国家关于支付环境服务的经验在不断增加。美国纽约市从城市北部的卡茨基尔山流域获得饮用水。水质一直以来是非常好的，很少需要或根本不需要处理。然而，20世纪80年代末，卡茨基尔地区农业和其他产业的发展威胁着该地区的水质。纽约的规划者选择与卡茨基尔流域上游土地所有者一起努力解决潜在的水质问题。由此产生的计划包括减少污染的农业措施的支付，这有助于降低传统水处理成本。这种方法还保护了流域和他们提供的其他环境商品和服务(如娱乐和生物多样性保护)。用于支付水供应商的资金直接来自纽约用水户的税收(Pagiola 和 Platais,2002,2007)。哥斯达黎加的埃雷迪亚也使用了类似方法，要求约5万与流域相关的用水户纳税以改进保护措施。在肯尼亚支付环境服务的另一个例子集中在奖励农村人口的计划，该计划减少了农田表层土的损失(见专栏14.24)。

　　一些实例表明(Muñoz Piña 等,2008)，为支付环境服务系统创造有利环境，进行基础设施建设是必要的，这也将增加实施这样系统的成本 (Pagiola 和 Platais,2007;World Bank,2007)。

专栏 14.24 支付环境服务,肯尼亚的绿色水信贷(Falkenmark,2003;ISRIC,2007;
www.isric.org/UK/About+ISRIC/Projects/Current+Projects/Green+Water+Credits.htm)

过去 25 年,肯尼亚大部分农田已经失去了它的表层土壤。同时,人口增长了约 1 倍,增加了对粮食和电力的需求。国际农业发展基金(IFAD)支持的绿色水信贷是有益于农村人口可持续水管理的创新举措。长期目标是使塔纳河流域上游的农村社区更好地管理他们的土地资源和水资源,以提高流域上下游的粮食生产及水安全和生计。它还将减少潜在的洪水,改善下游的蓝水资源,并提供多元化的农村收入来源。

2006 年在塔纳河流域开始的这个计划,也旨在说明绿水信用作为环境服务的支付工具的可行性。该项目建立在绿水和蓝水之间的差异上。绿水,这是土壤水分、受降水渗入土壤产生,是一个完全消耗性用水,而一些蓝水(河流、湖泊等)是常用的非消耗性和可重复使用的水。

绿水信贷计划包括量化流域当前水量和预期水量、识别潜在的参与者(需求评估)以及基于适当机制为上游土地管理者与下游消费群发展支付和报酬机制。主要活动包括上游农民应用水土保持技术,以保证下游有更多的水可利用。至今,计划的实施减少了土地退化,提高了蓝水供水的数量和质量。在肯尼亚政府的支持下,绿水信贷的概念正在扩大,以帮助改善全国的食品和水供应。而电力安全的增加则是另一个副产物。

实施这个大规模、以市场为基础的计划以改善土地和水的管理的同时,肯尼亚正在改革其整个水务部门。为此,塔纳河流域计划与目前的肯尼亚水务改革战略一致,这些计划包括 2002 年水法和肯尼亚国家水资源管理计划,该计划是分配水资源的经济价值。这些努力反映了通过奖励肯尼亚的土地管理者,来为农村贫困人口和整个国家产生效益。

第 15 章

水行业外的选择

● 对于世界上的跨部门水资源管理者和政策制定者而言，处理风险和不确定因素是一项常规挑战。然而，气候变化和人口流动问题所产生的风险越来越大，任务也越来越复杂。如今为了分析和决策，风险管理变得更加重要。

● 相比水行业内的政策拥护者和执行者，水行业外的推动者和政策制定者对水资源管理的影响更加深远。在水资源和其他政策领域之间进行权衡和协同性的识别，能够增强所有行业政策的影响力，同时避免了对水资源领域的负面影响。

● 因为政府、民间团体、商界领袖每天都会做出影响水资源的决策，所以识别出这些决策十分重要，它有助于水利行业管理、水资源和环境服务的改进。

● 双赢局面的例子比比皆是，无论是政府、团体还是企业，各方都有意愿促进水利和非水利工作者的合作，把水资源问题整合成外部决策。

● 国际组织特别是联合国系统，能够给政府提供支持和专业知识，帮助民间团体在私人部门建立拥有能力并起促进作用的领导阶层。

第 14 章表明水利行业制定的许多规范离不开水行业外的领导者和政策制定者的决策。此外，有关影响整体经济多元化部门的外部驱动和政策，例如农业、贸易、能源、卫生、住房、金融和社会保障，对水资源的管理比水资源相关部委倡导并实施政策的影响更加深远（World Bank，2007）。本报告的前面部分展示了外部驱动和水资源领域的复杂联系。

政府、民间团体和私营部门的领导人每天都会做出影响水资源的决策，所以如何通过经济目标和社会目标来确定积极性决策也可以改善水利行业管理、水务部门和环境服务，这十分重要，本章对这种双赢局面进行了说明。

双赢的方案基本上有两种模式。首先，决策和改革可以使水行业以外的调整为水行业内部的改变创造空间（见本章第 1 篇讨论）。许多情况下，水利行业的成功改革依赖于更广泛的有利条件，如公共机构的透明度和问责制、健全的贸易条件和信息渠道等。因此，应对一些外部驱动可能会间接导致水资源管理的改进。

第二种模式更加直接，它包括通过决策或者有意愿地培养水利和非水利工作者之间的合作来避免非水利部门对水资源干预的不利影响。

　　本章中的案例就实施过程中考虑到水的影响因素,如何规划和决策能实现综合效益提供了有效的借鉴。

15.1　通过创造空间来促进双赢方案的改变

　　有许多途径来改变水资源的管理。直接干预需要更广泛的支撑体系的支持。其他章节指出,需要增加水利行业的投资、涉水信息以及科学的监测系统,并建立持久的财政机制使水利行业产生更好的业绩。

15.1.1　提高施政水平:促进透明度和问责制

　　管理为制定水资源管理决策、建立伙伴关系、调动和分配资源并给予账户提供了契机,关于管理的决定意味着复杂的政治进程,同时受到历史、文化和价值观的严重影响。

　　制定和实施适当政策的能力受决策的包容性、机构的力量和对待腐败的态度所影响,当贪污挪用资源、低效投资、公信力破坏和政府权力下放出现时,遏制腐败具有特殊的意义。

　　在公共决策系统下建立廉政和问责制,也包括强化民间团体、非政府组织和私营部门的作用。这可能在水利行业有特殊的相关性,在水利行业遏制腐败预计能节省 20%~70% 的投资资源(ADB 和 OECD,2001)。专栏 15.1 显示,考虑更多社区公民参与水利开发的话,政府和捐助者如何努力反腐是水资源管理的重要组成部分。

专栏 15.1　　　　　　打击腐败(Martinez,2007;Olken,2005)

　　捐赠者在发展援助规划中的反腐要求越来越高,以提高援助的有效性。政府的透明度、问责制,以及明确的规则和程序,将在很大程度上确保社会和经济的稳定发展。某一领域在促进廉政、透明和问责制的努力,可以用他们得到的成功经验或失败教训为其他行业的类似改革奠定基础。反腐战略的关键应包括公民参与、信息获取、独立制衡和监督机制、公共部门行为准则以及关注公共行政中腐败行为的激励措施。反腐策略可以纳入项目开发和实施的各个层面,从采购、监测到评价。例如,在印度尼西亚,由印尼内政部实施(社区发展办公室)并部分由世界银行资助的 Kecamatan 开发项目,鼓励村社区参与水利基础设施项目。村与村之间的竞争是用来剔除不好的建设提案,并在整个项目周期加强施工质量的社会监控。

各个层次的公民参与决策对促进善政也至关重要——建立一种问责制和透明度的气氛。有组织的利益集团、团体协会组织及其他组织的能力和发表意见的合法性至关重要。总而言之,促进水利行业内部的协商、增强咨询和参与能力将为水资源管理协作创造利益。

15.1.2　通过权力下放增强决策力

权力下放涉及复杂流程,目的是使决策促进各级政府之间的资源分享和责任承担。它有时包括一些民间团体权力和责任的转移。在水利行业中的分权管理使决策更贴近于提及的服务行业领域。

专栏 15.2　乌干达的权力下放——在地方层面为更好的环境治理提供空间(Bazaara,2003)

对自然资源决策的权力下放是为了公开当地政府应负的责任,经常提倡以实现社会发展为目标,加强环境管理。然而,乌干达的经验表明,为了给更好的水治理和服务铺路,权力下放不得不受制于适当的立法和监管权力、执法者、地方政府执法机构以及充足的资源。

根据 1997 年乌干达当地政府出台的法案,行政区和市议会可以制定不与国家宪法和其他法律相冲突的章程,区议会负责疾病控制、环境卫生、昆虫学业务和害虫控制以及森林和湿地。尽管通过这样的权力转移,但是环境问题的行政权力没有得到有效的下放。相反,特别是负责资源的部委内部行政权力下放已尝试。

地方政府被要求协助执行环境相关的法律法规。当规则被打破时县下一级的地方委员会有权决定处罚力度,但对于制裁和仲裁的权力缺乏明确性,渐渐破坏了良好的环保措施。在许多情况下,责任已经转移但资源没有转移,阻碍了地方委员会为推动更好的环境治理做出的努力。

尽管存在这些制约因素,但是已出现积极的成果。在许多地区,从外部援助来的资源已经调集起来用于支持地方委员会的工作。当地政府通过和当地公众协商土地和水资源利用问题,在落实他们保护湿地和河岸的法律责任方面取得了显著的进展。

权力下放通常是治理变革的更广泛计划中的一部分。给予地方政府的自主性和资源会有所不同。在一些国家,地方分权正在进行(例如乌干达),地方政府获得基于业绩的资源,地方官员都基于服务和管理标准承担责任。

分权治理意味着更广泛的一群参与者和利益相关者的合作,包括中央和省级政府机构,有时也包括民间团体、私营部门和资源使用者之间的合作。"当它起的作用很好时,权力下放有很多好处,它可以通过改善利益相关者的包容性、透明度和问责制来实现决策的民主化。它也可以鼓励传统知识和实践通过创新科技相融合来促进水资源和服务的公平和高效管理(WWAP,2006)。水管理权力下放带来的好处取决于分配给当地政府足够的权利和资源。

澳大利亚给出了一种协调模型。其国家资源管理部长理事会制定政策,通过国家战略途径来保护和可持续利用澳大利亚的自然资源,包括土地、植被、生物资源和水。该委员会的作用是督促、审查和监督国家项目及实施方案的执行并评估结果,否则会因为地方、州和国家政府机构之间的宪法权利和职责的划分而出现困境。该委员会的职责是促进公众参与保护自然资源,同时协调其他部门和机构之间的关系(Bayoumi 和 Abumoghli,2007)。

15.1.3　推动宏观经济政策

水资源管理制度的成效取决于宏观经济政策和这些政策创造的环境。从长远来看,宏观经济政策是如此地强大和有结构上的影响力,以至于最强力的部门机构都不能抵消其影响。

许多国家寻求经济领域和部门的多样化,以减少经济风险,促进经济增长的机会(见专栏 15.3)。在大多数最不发达国家,经济活动主要集中在大宗商品,其中农业和渔业贡献值超过了国内生产总值的 36%、出口收入的 80%(CFC,Benevides 和 Pérez–Lucy,2001;Zhang,2003)。这些国家的出口中,少数商品占大头,其中单一商品经常占出口收入的 60%以上。最不发达国家超过 70%的人口从事初级商品的生产工作。

专栏 15.3　毛里求斯的经济多样化有助于促进水的取用(Benevides 和 Pérez–Lucy,2001;FAO–AQUASTAT database;Zhang,2003;Bird,Chenje 和 Medina,2002;Chang,2008;WHO/UNICEF Joint Monitoring Programme for Water Supply and Sanitation,2008)

在 20 世纪 70 年代末 80 年代初推出了一项异于传统的出口模式(糖和服装)而使经济多样化。1988 年政府重新推出了旅游战略,强调低环境影响、高消费旅游。1970 年,农业占全球国内生产总值(GDP)和大多数出口产品(糖)的 16%,而主要面向国内的制造业仅占国内生产总值的 14%,贡献大量 GDP 的服务业在很大程度上是不可交易的。到 1997 年,农业在 GDP 中的份额已经下降到 9%,低于一个季度的出口额度。制造业的份额几乎翻倍(达到 25%)。一个蓬勃发展的占 GDP 的 15.7%和出口总额的 26.8%的旅游产业,已经从服务转化到贸易。到 1999 年,其贸易产品占商品出口的 75%。

如今,作为 20 世纪 70 年代和 80 年代的这些经济多样化努力的一个间接结果,农村和城市里 94%的人可以使用自来水和基本卫生设施。而农业仍然是最大的用水户,占用水总量的 68%,其他行业次之,占 30%。这主要是为了支持旅游行业和毛里求斯其他的经济支柱行业,它的发展是基于供水基础设施方面的重大投资。

由于他们的目标是水资源利用部门,所以一些多样化的方案直接影响到了水资源的使用和需求。其他方案对水资源造成间接影响,例如,改变能源使用模式。多元化经营决策很少考虑到水的影响。相反,他们是对感知到的经济脆弱性或机遇做出反应的(如扩大生物燃料市场),就贸易条件而言,贸易市场有不稳定性和价格波动、矿产或其他自然资源枯竭的趋势。

仅仅是经济多样性不一定对环境和水系统有好处。它的影响取决于做出的权衡和选择,包括正在成长的行业和正在使用的技术。人们越来越认识到,长期的影响因素例如气候改变(见第 5 章和第 10 章)应该纳入到地方和国家层面的多样化计划里,以确保其可持续性和长期经济的可行性。

15.1.4 为教育卫生方面的社会政策创造空间

教育、水资源和环境卫生之间关系紧密、环节众多。规定教学设施应备有足够的特别是为女孩提供的卫生设施,大家共同享有受教育的机会。同样,提高获得基础教育的机会干预措施往往伴随着提供校内外饮用水的付出。另外,关于健康、水和环境卫生、农业用水和环境问题方面的教育能够带来更广泛的可持续的绩效(见专栏 15.4)。

专栏 15.4　　更多的相关学校获取水的收益(Atchoarena 和 Gasperini,2003)

努力把学习环境融入到课程中(例如农村区域的学校园艺活动)以提高基础教育的成效,结果表明,学生不仅提高了出勤率,同时也学会了包括农业、土地和水资源管理在内与环境互动的知识。学校作为服务供应商,能够和他们的社区建立包括农业信息在内的更紧密的联系,使学校成为受益方。

提高学生的出勤率——这基本上是教育目标驱动的决策,也能够为水资源管理的改进创造空间。2000 年斯里兰卡的国家课程开发计划指出"关于饮食习惯和食物种类的信息可以用在引入创新性教育领域。户外活动利用学校和家庭的农业土地也能够使学习更有意义,因此具有吸引力。这些小块土地主要用在引入数学、语言和社会研究等概念。由于农业是僧伽罗语地区父母的主要职业,每次尝试都是用来帮助他们更好地学会实践。好好地维持学校的农业用地也能作为社区示范区域土地"。

在方法和质量上改善教育措施,能够提高水和环境卫生的利用情况。受教育的妇女很少生孩子,这对母亲和孩子的健康产生有利影响,也导致了每个家庭对食物和水有更少的需求。(见第 2 章,尤其是图 2.3)。减免学费可以使空余的家庭资金支付其他业务,包括食物、水或者用来提高水的生产力的农业投入。较高的教育业绩可能通过增加非农就业前景和减少耕作土地来更好地致力于水资源管理,反过来大量的水也可用来灌溉。然而,由于耕地面积的萎缩,非农就业不得不获得充足的收入来减少一个家庭以农业为生的依靠,这种情况仍然不可能在大多数农村地区实现。例如在中国,教育投资回报评估表明,20 世纪 90 年代农村收入的增长主要来源于非农就业。研究表明,在农村地区非农产业增加教育和基础设施投资的政策极大地推动了农村的非农就业,提高了家庭收入 (Fan,Zhang 和 Zhang,2004;de Brauwet 等,2002)。在许多情况下,这可以通过产生收入使农业部门更加高效,而这些收入可以用来提供更好的农产品。

农村劳动力的流失与艾滋病病毒/艾滋病等传染性疾病、土地退化、破坏性的农耕方法之间有间接的联系 (Hlanze,Gama 和 Mondlane,2005;www.fao.org/hivaids/publications/farming_en.htm)。与艾滋病病毒相关的疾病和死亡会导致农业生产力的下降。这将创建和加速一个在贫穷和包括水在内的自然资源的压力之间的反馈。在农业和疟疾之间有类似的联系,采用病虫害综合治理和生态系统方法有助于防止疟疾的传播,同时提高土和水的生产力以及食物的安全性(Poverty-Environment Partnership,2008)。尽管肯尼亚的主要目的是预防疟疾, 但它的农业干预方法为改善包括水在内的自然资源管理铺平了道路(见专栏 15.5)。

专栏 15.5　　　　　生态卫生的方法:肯尼亚通过农业实践来对抗疟疾

(Poverty-Environment Partnership,2008)

肯尼亚国际发展研究中心的一个项目倡议了人类健康的生态系统方法, 该项目集合了来自于国际昆虫生理学和生态学中心、国际水资源治理机构以及当地社区的专家,研究通过一系列的农业实践方法来减少疟疾的发病率。

● 通过限制水稻种植的水用量来减少蚊子的繁殖栖息地。

● 通过改变洪水调度或交替种植水稻和旱地作物如大豆,来缩短稻田淹水的时间。除了限制蚊子的栖息地,种植大豆可以增加收入,提高营养和节约用水。

● 通过引入自然产生的感染幼虫细菌和控制田间积水,杀死繁殖季节高峰时期的蚊子幼虫。

生态系统方法的核心是使大众成员积极参与研究过程, 因此有助于理解人们对该地区的卫生和发展问题的看法。该方法也寻求跨学科的干预措施和解决方案。

卫生部门的其他干预措施也改善了水资源管理和环境卫生。例如,艾滋病病毒/艾滋病教育和宣传方案与教育改革紧密相关,改革包括努力将学生的环境融入到教育计划(见专栏 15.4)。限制公众暴露有毒化学品(包括农药)的倡议包括努力限制化学品在环境(空气、土地和水)中的传播,这些化学品可以对水质产生影响。联合国欧洲经济委员会和世界卫生组织关于水和卫生的欧洲协议于1999 年通过, 确认了水和卫生在政策间的相互促进关系。该协议通过改善水资源管理、全球的安全用水和充足的卫生设施,是第一个旨在减少与水有关的死亡和疾病的国际条约。这个目标是通过一些措施实现的, 比如建立监督和水相关疫情的响应系统, 采用国家标准和确保相互支撑和合格性检查机制(UNECE,1999)。

15.2　清理迈向双赢局面路途的障碍:避免负面影响

许多层面和部门的决策对水有巨大影响,然而水资源的管制可能对私人企业、经济发展、贫困削减和可持续环境服务业产生挑战。避免水带来的负面影响不仅仅是一个社会责任问题,也是公众和私人投资的长期可持续发展问题。

经济决策很少考虑到潜在的环境影响,包括可能对水造成的不利影响。虽然水资源的约束能够影响到经济战略,但水资源管理很少参与经济决策。承认建筑用水将需要更加可持续的实现经济增长的议程,特别是在经济高度依赖水的地区。例如,吉布提严重缺水,2004 年的减贫战略文件中指出,"由于缺乏自然资源基础,薄弱的人力资本、劳动力和生产因素的高成本(能源、电信和水)",不充足的金融中介和各种行政约束是经济增长和私人自发展的主要障碍(Djibouti Government,2004)。

突尼斯,一个水资源非常有限的国家,已经成功地稳定了它的需求并计划实施更活跃的需求管理(参见第 14 章专栏 14.3)。突尼斯在早期阶段为了城市和农业发展需求实施了国家节水型战略,这符合它作为一个"绿洲"的悠久文化传统,虽拥有共同管理机制但缺乏水资源管理的经验。尽管经历了农业的发展、季节性的高峰期用水需求和不利的气候条件(干旱),但其灌溉的用水需求已经稳定了 6 年多。旅游业(外汇的来源)的用水需要和城市(社会稳定的来源)发展都已得到满足。

突尼斯策略背后的几个原则:

- 放弃技术措施而支持综合方法。
- 通过参与给用户授权。
- 在适应当地的条件下逐步推行改革。
- 运用财政激励机制促进节水型设备和技术的使用(设备采购达到 60%的补助)。
- 支持农民创收,让他们来规划农业投资和劳动力投资。
- 提出一种与国家食品安全和平等原则相一致的透明而灵活的定价制度,逐渐回收成本。饮用水的定价制度在低成本的基础上仅提供基本需求服务（Blue Plan，MAP 和 UNEP，2003，2007）。

埃塞俄比亚的例子显示，关于治理水资源使用的所有决策都发生在宏观和微观的政策和决策背景下(见专栏 15.6)。为了吸引公众和私营部门的注意，可持续的水资源管理也必须有经济意义。即使有越来越多的企业强调社会责任感，但经济活力仍然是业务决策的关键驱动。但是可口可乐公司(见专栏 15.7)和蒙迪(见专栏 15.8)给出的例子表明，降低了水生产的不利影响不仅是社会责任的问题，它也能够实现良好的商业意义。专栏 15.9 用几个例子说明了该观点。

专栏 15.6　　　　　测量埃塞俄比亚水增长的极限(Sadoff，2006)

直到最近，埃塞俄比亚大多数政策和宏观经济决策还是基于历史平均降雨量一致分布的增长假定模型。这些模型没有考虑到例如洪水和干旱的极端水事件对经济的冲击。

一家国际银行针对埃塞俄比亚的调查研究，评估了改变高水位对经济增长和贫困的影响程度，以协助政府更好地管理水资源和其他方面的经济(贸易，运输)，以及减少用水冲击的影响。研究发现，每年考虑水位变化的影响，预期将降低38%的经济增长率，在12年的时间里预期增长25%的贫困率。同时也发现，投资水利基础设施，像灌溉系统，可以减少雨量变化带来的损坏，通过农场出售剩余产品给缺粮地区，以及建设交通基础设施帮助困难群体抵御农作物歉收。经分析，结合埃塞俄比亚政府管理，有助于使水资源管理成为国家减贫战略的核心重点。

专栏 15.7　　　　可口可乐在印度卡拉德拉的争议——从错误中学习(TERI，2008)

2000 年可口可乐公司在印度拉贾斯坦邦首府斋普尔外的一个叫卡拉德拉的村庄开始装瓶业务，而灌溉农业是该村生计的主要来源。当地居民每年都发现地下水迅速下降，为此该厂受到村民的指责。最后，社区要求关闭工厂，并得到了国际社会——主要是一些可口可乐的最大市场——加拿大、英国、美国的大学生的支持。

该公司于 2004 年底同意能源和资源研究所对水管理措施开展一项独立调查，这是一个总部设在新德里的非盈利国际研究机构。调查报告受到双方的欢迎，各自都找到了对其立场的支撑点。

反对装瓶厂的报告证实，该工厂是在一个"开发过度"的地下水区域运作，该厂的运营造成了更加日益恶化的水资源形势,也是社区承受水资源压力的来源。评估提出了四项建议:工厂可以从没有水短缺压力的蓄水层取水,在水源充沛的季节储存水,工厂搬迁至一个水源丰富的区域或关闭该工厂。

可口可乐公司的报告指出,该公司是一个用水量非常小的用户,占用该地区可用水量不足1%。然而,报告也指出,在工厂选址和运营时应更多地考虑到社区的用水需求,"评估在装瓶操作的附近水资源的可利用量应该从一个比业务连续性更广泛的角度观察"。印度可口可乐公司承诺到 2009 年底将达到地下水使用净余额为零的平衡, 为地下水的补给安装一个集雨系统,同时为与社区沟通起草指导方针。为了帮助农民更有效地使用水,可口可乐公司与参与的当地农民和政府合作,和 15 个农户开展滴灌项目,约有 15 个项目计划在 2008—2009 年开始实施。

各个厂区的评估表明,印度的州政府没能恰当地重视他们的水资源。审查报告似乎向支持企业对环境影响负责的观点偏移,超出了现有法规的约束。报告建议可口可乐"制定一个策略使它能通过恰当的和相称的干预措施抵消这种负面影响,使得利益流流向社区"。

专栏 15.8　　　　　蒙迪南非实现可持续的扩张(WBCSD,2006)

蒙迪南非是英美资源集团的一家全资子公司,生产纸浆、纸、纸板、瓦楞纸箱和采矿支持系统。经营范围从林业到高精的技术制造和加工工艺。为了增加其在国际纸浆市场上的竞争力,蒙迪实施了 23 亿兰特(约 2400 万美元)扩建工程,工厂的生产能力提高了 25%,接纳来自超过 2800 位小种植者木材供应增加了 40%,他们构成了蒙迪木材种植计划的一部分。

该项目开始于 2001 年的一项工程研究,随后在 2002 年进行详细的环境影响评估。通过对能源供应基础设施的改善以及有针对性的设备和技术升级,公司在完成其扩张目标的同时,实现了以下好处:

- 二氧化硫减少 50%(2177t)。
- 一氧化二氮减少 35%(509t)。
- 二氧化碳减少 50%(297121t)。
- 总硫减少 60%。
- 总能耗和水的成本节约 38678843 兰特(约 490 万美元)。
- 每天减少超过 13000m³ 用水。
- 废水排放减少超过 25%。

专栏 15.9 清洁生产工艺(Benoit 和 Comeau,2005;www.siwi.org/sa/node.asp? node=77)

● 土耳其伊兹米特市地区的轮胎制造工厂减少了近 3/4 的用水量,从 900000L 降至 250000L 水,从而也减少其向社区下水道的污水排放。详细分析发现,投入 5000 美元用循环回路系统代替冷却系统后两年即可回收成本。

● 埃及最大的罐头食品生产商之一(亚历山大附近蒙塔扎宫)进行了一项生态审计,并采取如下措施降低能耗:改进蒸汽管道隔热,更换漏水部位,安装一个杀菌的压力调节器和改善回收系统,提高锅炉效率。耗水比重计显示,安装洒水装置(在需要的时候洒水)、改善水收集和污水回收系统减少了耗水量。节约的水、蒸汽和能源(燃料消耗节约近 40%)使减排和减少投资成为可能。

● 一个克罗地亚最大的奶制品公司(Zagreb-Lurat 的卢拉)采取员工培训措施,减小清洗管道的直径和改变哈瓦特电路后,每年污水产生量减少 286000m³(或 27%),饮用水消耗量减少 280000m³。这些涉及员工的简单和低成本培训措施(投资 31000 欧元,不足一个月的成本),却节约了大量水和能源(相当于每年 328000 欧元),同时减少了废水排放。

● 突尼斯一个汽车电池制造商,确定了 19 种防止污染和污染物(酸、铅渣和废水),节约铅资源和能源消耗的方法。新措施的花费是 522500 美元,而每年节省总额为 1500000 美元。

● 墨西哥通用汽车(2001 年斯德哥尔摩水奖获得者)采用物理、化学、生物污水处理过程来回收再利用 70%的工业废水。通过改善盐水分离,使水资源回用率从 67%提升到 94%,有效减少了 4 万人口仅仅依赖一个小的咸水层的水资源压力。

● 印度格拉西姆实业有限公司(2004 年斯德哥尔摩水奖获得者)的短纤维部门,一家黏液短纤维生产者,自 1980 年已经减少了 85%的耗水量、51%的工业蒸汽和 43%的用电量。该公司首次在生产过程中用铝取代了锌——减少了这一对海洋和水生生物特别有害的污染物的使用。

● 在澳大利亚,世界上最干燥的陆地,悉尼水务局(2006 年斯德哥尔摩水奖获得者)向 420 万人供水。作为其运行许可的一部分,悉尼水务局需要在 2011 年前将人均耗水量减少 35%,自节水计划在 2001 年实施以来,悉尼水务局已经每天节水超过 2000 万 L,310 多个组织已经主动加入该计划。

● 在美国,加利福利亚(2008 年斯德哥尔摩水奖的获得者)的奥兰治县集中了地下水回用补给系统和净化前排入海洋待处理的污水,使清洁的水返回到地下水蓄积层。该系统提供了足够的补给水,可满足 50 万以上人的需求,但又不削减当前用户(230 万)的地下水资源。

可口可乐的例子表明,当他们和传统用水相竞争时,公司丧失了很多公众形象和消费者的信任。在这个例子里,公司形象的潜在受损价值要高于采取预防措施的花费。蒙迪的例子中, 另一家大型公司则是将其扩张和盈利的计划与旨在对环境产生积极影响的措施相结合。

私营部门逐渐意识到可持续水资源管理的中心地位已被联合国全球契约成员里的水之使命执行官当作一个自愿平台所采纳, 目的是为了解决商业操作和供给链的可持续性(United Nations Global Compact,2008)。联合国秘书长已于 2008 年 3 月 5—6 日颁布推行,委托商界领袖帮助企业制定一个全面的水资源管理方法,这种授权覆盖了六个方面: 直接运营、供应链、流域管理、集体行动、国家政策、社会参与和透明度。水之使命首席执行官认可的成员包括工作在全世界从农产品到纺织品和金融机构所有经济部门内的 32 家公司的首席执行官。

潘基文秘书长呼吁商界和国际社会在 2009 年瑞士达沃斯举行论坛会议,将适应气候变化的水安全问题作为关键议题之一, 同时强调水安全委员会全球议程的重要性(www.un.org/apps/sg/sgstats.asp?nid=3682)。

15.3 通过合作和了解促进双赢局面

除了避免负面的影响,双赢的选择需要社会生活中各个方面的合作,来解决世界各地水资源紧缺状况。双赢方案的例子可以在所有的政策领域内找到——从传统的用水行业到安全性政策,在各种范围和领域里实施。

15.3.1 协商合作经营

决策过程中公民参与是促进有效管理、创建问责制和透明度氛围的核心。重视协商文化、增加协商和参与能力的干预措施将有助于在各个领域包括协作水资源管理领域带来好处。

1978 年创建了关于公共环境听证会主席团(BAPE),可以将有环境影响的项目和市民进行协商。专栏 15.10 中 BAPE 的例子表明,一个充分授权的协商过程可以使政策决定合法化,明确围绕水资源管理的多重社会效益、经济效益和环境效益。

创建主要与水相关问题的机构有助于确定在其他经济领域合作计划的可能性。BAPE案例中的切入点需要一个新的水政策来回答各种用户的需求,也可以找到其他的切入点。例如,技术调研可以为科学家和决策者在合作学习的过程中铺平道路,如在美国亚利桑那州圣佩德罗的合作伙伴关系(见专栏 15.11)。

协作管理可以发生在不同类型的参与者中,包括公共和私营部门的合作伙伴关系。支付环境服务费,就是使用基于市场的工具来创建用于维护水资源或者水文服务(见第14章)的鼓励措施的例子。在哥斯达黎加埃雷迪亚地区的供水公司,支付给土地所有者来保护山坡上的森林,使土地所有者和市政水用户同时从水源涵养中获利(Worldwatch Institute,2008)。

专栏 15.10　　　　　　　　　　　BAPE 协商管理水资源

(Cosgrove,2009;BAPE,2000;Québec Ministry of the Environment,2002)

1998 年,环境部长呼吁 BAPE(有关环境的公众听证会办公室)在魁北克就水资源管理举行公众协商会议。该磋商以书面意见、公开听证和讨论进行指导,以期发起更好的水管理建议。

从 1999 年 3 月 15 日到 2000 年 3 月 1 日,在魁北克 17 个行政区举行了 142 次公开会议并听取了 379 条建议。BAPE 将水作为一种需要被保护、分享和增加的资源的报告已于 2000 年 3 月 1 日提交给环境部长。该报告强调三个方面:

- 在流域层面通过水资源管理提高施政水平。
- 采用区域模式满足公众对水管理和水生生态系统的期望。
- 对立法和机构的改革需要实施一项综合水和水生生态系统的政策。

报告涉及 16 个主题,包括流域层面的农业污染治理、水电、水综合治理和水生生态系统,污水排放和圣劳伦斯河的特殊情况。

委员会对近期、中期和远期的条款提出了 13 条主要建议,同时也提出了供政府反思的调查结果和观察结果。2002 年魁北克区政府发布了水政策《水:我们的生活,我们的未来》。该政策旨在把水资源作为一个独特的遗产进行保护,从可持续发展的角度来管理水,更好地保护公众健康和生态系统的健康。政策采用最多的是 BAPE 建议。它重申水是该领域集体遗产的一部分,并结合措施,旨在:

- 实施流域综合管理。
- 通过给予它一个特殊的地位,在圣劳伦斯河实施这种形式的管理。
- 保护水质和水生生态系统。
- 继续改善水质,提高水服务管理。
- 促进与水有关的娱乐和生态旅游活动。

专栏 15.11　　　　　协作学习过程——采用自适应管理框架

(Holly Richter, Udall Center for Studies in Public Policy)

　　美国亚利桑那州的上圣佩德罗合作企业代表了一个多元化的利益集团,包括市政、州和联邦政府机构。其最初的目标是在 1998 年制定一个明确的区域地下水管理计划,后来演变成一个更复杂、但灵活和可持续的自适应管理规划过程,该过程可持续十年之久。

　　自适应的管理方法允许低风险或不确定性在早期发生。成员机构意识到,实施一定的水资源管理战略需要大量监测、研究和建模工作以及政治评估所得的信息,而其他代表的相对低风险战略的项目可以更快地实施。2003 年合伙企业已确定实施 100 多个项目,包括基础设施渗漏维修,洗车水循环利用,废水处理,以及放归海狸。2004 年,水资源管理和保护计划的合作伙伴优先附加项目——发展模式的法规和条例,建立收取过度使用水资源的保护费,探索发展权转移计划和其他措施。项目具有更大的不确定性、更高的政治风险或巨额开支,它的决策支持系统模型,针对额外的可行性研究或评估。伙伴企业使用模型来评估管理方案(场景)的组合方式,如市政威尔斯的搬迁、额外补给设施的建设和各种增水战略。不同于一个简单划定年度“底线”的水预算方法,该模型认为从空间和时间上关注地下水管理,有必要维持圣佩德罗河岸国家保护区的生态价值。

　　圣佩德罗复杂而有争议的措施,比如水资源进口策略、水资源过度开发权及附加费的转移使用都将潜在地分裂社区。早期参与到社区的规划过程中,合作企业进行了一系列的社区会议,为公民提供一个周到地考虑问题和提供合理化建议的机会。

15.3.2　双赢的场景来自于部门干预

　　(1)农业。水和农业的持久双赢往往会来自明确的认识和分析权衡,并将其分解为决策。这样做可能取决于信息的可用性、协同决策和可用的替代方案。在贫困社区,生存是主要关注的焦点,如何使用土地和水,以及替代品的感知风险可能会超过潜在的好处。这就是为什么最成功的综合农村发展计划,其目的是帮助社区减少风险,开发替代能源,并带来最前沿的权衡决策(见专栏 15.12)。

　　水基础设施和卫生设施的投资可以通过刺激生产活动来减少贫困(见第 6 章)。在农村地区,家庭用水和生产用水之间没有明确的界限,这些用水情况是用于粮食和经济作物生产、牲畜、贸易和其他创收活动。为了其他创收用途,给贫困家庭提供大量的水源用于土地是不够的。

水的多重使用方案确认，有利于拥有充足水资源的贫困家庭将水用于不完整的家庭创收活动（见专栏 15.13）。但是，这些举措往往与用水效率不一致。地面灌溉是灌溉中最浪费的水资源使用形式，但多余的水也有其他好处：促进水产养殖（如在中国的稻田），洗掉表土积累的盐分（避免耕地盐碱化）。从而也会减少水输入量，达到节约用水的目的，否则盐分积累变得严重，这将意味着减少收入来源（渔业生产）和潜在耕地资源。

世界范围内通常采用综合水资源利用。多用途的水意味着多个利益集团的水资源管理目标可能并不总是兼容。尽管有大量的证据表明，农业层面（如稻田养鱼系统和灌溉——水产养殖系统）的综合用水有大量的证据，高层次的部门管理阻碍了正确的综合用水和其他部门用水，包括渔业，林业和卫生。此外，多种用途和对水的需求可以产生机会成本和外部效应，即便有些用途是非消耗性的（例如，在灌溉渠道养鱼）。这些问题在季节性的供水，半干旱热带国家有限的可用的灌溉水以及常见的水池等开放自然资源减少的背景下愈演愈烈(Palanisami 和 Easter,2000)。

专栏 15.12　　　　　　印度中央邦贾布瓦县的流域综合发展计划

(National Rural Development Institute n.d.；www.mprlp.in；www.nchse.org/projects.htm)

到了 20 世纪 60 年代，严重的森林砍伐已经严重损害了印度中央邦人民的生态系统和生计，造成了广泛的土壤侵蚀，过度放牧和土地使用不当，贫瘠的土地促使寻求就业的人们季节性迁徙。国家人居中心与印度政府提供资金，在当地社区实施了一个项目，采用多种干预措施试图恢复天然资源，提高小区居民的社会经济条件。该项目根据社区的需要采取了综合管理办法。具体活动包括：

- 社区土地保护与绿化。
- 发放籽苗鼓励在私人土地上播种。
- 水土保持。
- 通过种植牧场草改良牧场。
- 集水。
- 燃料补贴和节能设备的分配。
- 综合土地使用改革，采取措施提高社区生活水平。
- 促进可替代的创收活动来减少贫困和季节性迁移。

除了直接的土地生产力提高外，还有许多积极的生态系统收益，包括地下水补给和水源涵养量明显增加。居民生计也得到改善。该模式后来被邻国采用。

专栏 15.13　　体会尼泊尔的多种用途供水服务(Development Vision-Nepal,2007)

2003 年,温洛克国际开发企业和当地合作伙伴在尼泊尔的 14 个区超过 70 个社区开展合作,开发多重供水系统,服务大约 1600 户(9300 多人)。这种方法结合多种用途的供水服务与辅助的商业服务,让农村贫困人口实现健康以及收入的可持续增长。成熟的低成本技术用于向小型社区(15~50 户)提供高性价比的供水服务。相关企业服务的重点是从生产用水中获得创收机会,主要是高价值的园艺创收。通常情况下,这样的商业服务需要评估农村企业(投入、成本、需求、市场和价格),并确定如何通过产品和服务来增加价值。

尼泊尔试点项目的评估发现,除了接受饮用水和家庭使用水,具有多种用途供水装置的家庭每年通过生产和销售园艺产品,平均毛收入增加了 250 美元,使获得可靠的生产用水成为可能。对于系统 70%的费用,毛利总额一年就可抵消成本。这些计划是由用水户协会负责确保水权、经营和维护系统以及理财管理。家庭的参与有助于运行维护和系统的资本重置。用水户协会大约 75%的成员有储蓄和信贷计划,许多可以为创收活动提供小额信贷。调查用户的 85%非常满意多种用途的供水服务,报告称在附近(平均距离不到 60m)更有大量可利用的水供家庭、灌溉和牲畜使用。

其他重要的好处包括节省搬运水的时间,减少腹泻病的发生,增加营养丰富的蔬菜的消耗量,增加学校女童(65%以上)的比例。超过 60%的家庭已经安装了卫生厕所,更多的水用于卫生设施,扩大了卫生市场。

(2)能源。能源需求和水的使用有着密切联系(见第 7 章)。对能源成本和能源效率的担忧,可以转移到水问题的解决上。南亚局部和农民使用私人水井抽取地下水的其他地区,抽水用电的价格是影响农民抽水行为和控制地下水开采的有力手段。

然而,电力在许多区域价格偏低。反对提高电价的争论并解决这样的实际问题,类似于那些为小农户抑制灌溉用水的价格。然而,燃料和电力公共补贴成本的上升已让许多政府下定决心来解决这个不正当的过度抽水动机。中国北方农民的用电计量结果显示了资源管理中经济定价的有效性(Shah 等,2004)。

在专栏 15.14 的例子中,能源和消费主要由盈利能力和降低成本为动机,但它们也可以为水问题的解决带来好处。

充足的水和能源是打破贫穷恶性循环的先决条件。例如,农村电气化情况下使用可再生能源,在地方区域内是一个双赢局面。电力的更多使用将减少薪材的依赖(在非洲仍然是一种重要的能量来源),减少森林砍伐和对当地的水循环的影响,同时为经济增长提供一个引擎。

专栏15.14　　　竞争优势的驱动带来了水的好处(Worldwatch Institute,2008)

生态效益、微观经济的目标,重点是减少水、能源及单位产出的原材料使用量。生态效率不仅受环境关注的影响,而且受财政节约的影响,通过减少能源和水费,减少原材料消耗和监管障碍,进而来节约财政。

2003年总部位于瑞士的意法半导体公司削减用电量28%、用水量45%,据报道,节省13300万美元。杜邦公司承诺不论扩大多少产能,都采用太阳能板供电,该公司在过去十年,已经累积节省超过20亿美元。超微半导体公司跟踪产品能耗,结果发现,能耗从1999年到2005年,共减少了60%。

刺激创新及提高盈利能力、竞争力和市场份额的积极性,这些措施对减少水资源消耗和污染排放均有好处。

在多米尼加共和国,很多农村人都没有用上电,非政府组织——太阳能开发协会帮助5000多户获得家用太阳能发电系统,以及许多由太阳能供电的其他公共设施。该协会估计,每个500亿W的面板取代煤油灯照明可避免产生与排放3~6t二氧化碳(GEF Small Grants Facility,2003;Smith,2000)。除了使社区能够从事可供选择的创收活动,该计划还帮助开发太阳能供电的饮用水系统。利用太阳能来抽出地下水降低水资源使用成本,同时由于地表水经常被污染,可提供获得更高品质的水。

尽管当地获益有所不同,但健康效益(室内空气污染减少)、环境效益(森林砍伐和排放减少)和经济效益(可再生能源的利用)都是可能实现的。

(3)旅游。2007年全球旅客达到8.98亿人,2020年预测将达到16亿人,旅游业是许多发展中国家重要的经济增长成分(World Tourism Organization;www.unwto.org)。除了直接就业和投资,旅游业在周边社区也创造就业机会和收入,刺激基础设施投资。可持续旅游、生态旅游,也可以为加强水资源管理提供动力。旅游业依赖于自然资源、景观和生态系统服务,其中最主要的是水资源和生物多样性的可用性。但旅游设施和基础设施的建设也会造成污染与破坏,森林砍伐和过度开发会破坏生态系统。旅游业也需要增加水的供应和卫生装置,因此需要增加供水或调水。安提瓜和巴布达的经济依赖于旅游业,因此必须从邻国多米尼加购水以满足需求。

越来越多的证据表明,旅游业和水资源,以及旅游和社区发展双赢的场景是可能的。突尼斯将旅游场所更高的水费交叉补贴提供给突尼斯人(参见第14章专栏14.3)。随着近期兴起的消费意识,旅游企业都在试图展现企业的社会责任感和环境责任感。各国政府也正在努力推动更多的旅游综合投资规划、可持续利用保护区、影响评估和认证方案。当充分的执法和利益分享机制已经到位时,生态旅游可以帮助促进节约、减贫和可持续水资源管理(见专栏 15.15)。

专栏 15.15 土耳其希拉里的可持续旅游业(people and planet.net,2002;www.panda.org/news_facts/newsroom/news/index.cfm?uNewsID=13382&uLangID=1)

经历旅游业激增后,土耳其预计到 2020 年,与希腊和克罗地亚一样,成为地中海的一个主要旅游目的地。土耳其安纳托利亚西南海岸是世界自然基金会确定的地中海最重要的生态系统之一,也是受大众旅游发展影响最严重的生态系统之一。为了避免其脆弱的海岸线遭受破坏,土耳其政府采取了沿海综合管理办法,旨在保护自然遗产以及社会和文化的完整性。

希拉里被选定为试点地区来实施这种方法。希拉里在 20 世纪 80 年代末已经从农业经济转向了旅游业经济。由此产生的旅游设施建设导致了多个问题。农业生产活动中的农药已经污染土壤和水源,这对村子周围的春季旅游饭店增长构成了威胁。由于缺乏执行土地开发法规,违法建筑在蔓延。

希拉里的海滩是濒危蠵龟的主要筑巢地点。土耳其世界自然基金会(前身为土耳其自然保护协会)主动进入现场以帮助保护海龟。1997 年,该项目从海龟的保护扩大到对自然环境负责的社会意识,成为发展希拉里可持续旅游的典范。世界自然基金会在该地区研究土地资源管理并建立多元化、可持续和环境友好型的经济模式以保护生物多样性。

随着对需要成为自然遗产有了新的认识,当地社区守护者对现有沿海执法施加压力,解决该地主管部门与当地居民入股者违法在靠近岸边建造报亭和餐馆的问题。世界自然基金会和该地部门为合理利用土地资源,进一步编写指导方针和建议,包括约定区域内建设基础设施的位置的土地使用计划和土地管理计划,土地利用规划等。生态旅游活动开始为当地社区全年而不仅仅是季节性创造经济机会。将当地企业的一部分人训练成自然向导,规划徒步路径,吸引年轻人在社区活动。此举促进了污染土壤和水源的密集型农业到有机农业推广的转变。由农民合作达成生产和销售有机产品,为希拉里产地农产品创建了品牌。

15.3.3 实现多重目标的区域经济发展

地方一级区域的基础开发工作通常包括多个相互促进部门的一揽子的干预。由于水资源是许多地区经济发展的基石,区域经济发展方案实施要围绕水干预组织 (如专栏 15.16 以土耳其东南部安纳托利亚为例)并协调间接相关的水务部门来进行。美国纳西河流域管理局的例子显示,同时实现多重经济、社会和环境目标不仅是可能的,而且可能比追求一个目标更容易(见专栏 15.17)。

专栏 15.16　　土耳其安那托利亚整合多个部门(Aysegül Kibaroglu, Department of International Relations, Middle East Technical University, Ankara, Turkey; Government of Turkey, 1989)

土耳其东南部安纳托利亚项目(GAP)是一个多部门参与的社会经济发展项目,旨在缩小区域内的收入差距并提高这个欠发达地区的收入,通过改善经济结构,提高农村地区的生产力,增加就业机会,增加区域内较大城市的容纳能力,促进经济持续增长、出口量增加和社会稳定。

GAP 最开始作为一个水利基础设施开发项目,后来演变成一个支持经济和社会可持续发展的计划,通过在城市和农村基础设施建设、农业、交通运输、工业、教育、卫生、住房、旅游、环保、性别平等和减少贫困的额外投资来实现。该方案的总成本中 48% 与水有关,其余 52% 在水利行业外的部门进行投资分担。

项目所在地居中人口达 650 万,约占全国人口的 10%。该项目将产生 274700 亿 kW·h 的电力,增加国家水电 70% 的输出,并新增 170 万~450 万 hm² 的灌溉面积。

项目管理也在逐渐演化。20 世纪 70 年代,该项目由国家水资源管理局主持,20 世纪 80 年代转移到国家规划组织。1989 年,政府授权成立了一个实体——GAP 区域发展管理机构,协调社会服务业的特殊计划和项目(教育、卫生)、性别平等和赋权、城市管理、参与灌溉管理、农业生产、移民安置、环境保护、机构和社区的能力建设。GAP 的高级委员会——最高决策机构,由总理担任主席,成员包括最初的规划部长、能源和自然资源部长、公共工程部长,后来加入了农业和环境部长。项目经营方面,能够协调好各部委、地方政府、产业和贸易的地方商会、农业和地方大学的地方商会。

GAP 计划总费用为 320 亿美元,目前已投入 170 亿美元。灌溉面积的扩大,导致人均农业收入翻了三番。农村电气化和可用性达到了 90%,识字率上升,婴儿死亡率下降,更加公平的土地制度已经到位。具备供水服务的城市住区面积翻了两番。以前为国家最落后地区的经济,现在已处于全国平均水平。

专栏 15.17　田纳西流域管理局:流域经济社会的转型和超越(Gerald Galloway,
Department of Civil and Environmental Engineering,University of Maryland;
www.tva.gov/heritage/hert_history.htm)

20 世纪 30 年代大萧条时期的田纳西河谷，它绵延到美国南部七大州，是一个面积达到
105930km² 却令人绝望的土地。90%以上的河谷居民没有电，将近 40%的人没有厕所或房屋。农业
生产基本靠马，绝大多数居民都是居住在退化土壤区或发生严重和反复发生的洪水区的农民。

富兰克林·罗斯福总统推出许多计划，旨在使经济走出萧条，改善很多人陷于贫困的境地。
由于他对流域规划和开发系统及解决方案有浓厚兴趣，他要求国会"用政府的权力成立一家公
司，让它拥有民营企业的灵活性和创造性"。1933 年国会授名为田纳西流域管理局(TVA)。

鉴于章程要求，TVA 在流域规划的基础上专注于履行使命，同时开展水电生产，在田纳西
河航运、防洪、卫生问题(如疟疾预防)和资源挑战过程中，植树造林、控制水土流失和促进渔业
恢复。因此，它也被赋予了水资源综合管理的职能，这个职能概念在 1933 年被确定。

到 1945 年，TVA 完成了十多个大型水坝建设，建成了 1050km 的航道。它也因此成为美国
最大的水电供应商，成为农村电气化的主要驱动力。评估指出，TVA 是替代偶然的、无计划的，
仅仅是为控制洪水和航运非集成的开发、土地复垦及用于照明和廉价电力的命令式设计。

到了 20 世纪 60 年代，田纳西河流域的居民正在分享前所未有的经济增长和廉价电力与
清洁水，并向大多数家庭提供高标准的卫生设施。

目前，TVA 提供电力、娱乐、水质改善等服务，供应冷却水，满足市政和工业用水。它比任
何其他公用事业能产生更多的电力供应，它在田纳西河及其支流经营着一个拥有 49 座水坝和
水库的系统，管理 118572hm² 的公共土地。它将河流作为一个整体进行运作，提供全年通航，每
年运送货物约 50 万 t。TVA 这种结构性和非结构性的办法减少了每年 23000 万美元的洪水损
失。通过十年的水资源开发，田纳西河流域使自身摆脱了贫困;70 年来它已成为美国强大的经
济和社会力量。

15.3.4　通过安全和危机预防促进双赢方案

水和人的安全在一定程度上有多重联系，国家安全之间有多条回路——从单个食物
安全、健康、卫生和环境及经济安全到用水户之间的地区冲突，从气候变化对水资源的压
力到预计人类安全的恶化——通过破坏发展成果，发生更多极端天气事件，以及生态系统
破坏给人类造成的灾难。

政府越来越担心安全问题,包括能源安全、发展和社会经济安全及人身安全。政治稳定,在许多国家尽管是一个脆弱的成就,还取决于对经济脆弱性和人身安全的认知(如 2008 年初孟加拉国、海地、索马里和也门等国家食品成本上涨导致的骚乱证明)。水稳定性环节也得到加强,以防止水资源匮乏和用户之间的竞争很可能在一个大范围内发生(Trondalen,2008)。

(1)促进人的安全。水正成为支撑许多方面安全的战略资源。在那些旨在解决安全问题的地方,区域和全球范围内的许多干涉措施都与水资源管理有关(见专栏 15.18)。

专栏 15.18　尼泊尔:社区领导的倡议减轻水灾害(Dinesh L. Shrestha,senior water and sanitation officer,United Nations Refugee Agency(UNHCR),Geneva,Switzerland and Tako Ganai,consulting engineer,UNHCR,Jhapa,Nepal)

喜马拉雅山脉是地球上最丰富的淡水水源,发育了九大亚洲河流,居住着约 13 亿人。同时也是最脆弱的生态系统之一,这主要是因为山体滑坡与崩塌(重力作用下土壤和岩石的向坡下运动)、季节性季风降水充满了极端事件和不断增长的人口压力。尼泊尔位于喜马拉雅山中段,一直处在滑坡和洪水所带来的风险之中,国家受灾害有关的死亡人数占一半以上。这种情况随着全球气候变化,带来了更加激烈和频繁的极端气候事件如暴雨,并持续了几十年。

尼泊尔东南部莫朗区的 Madhumalla 社区位于马瓦河,马瓦河是一条上游流域约 20km² 的小江。25km 长的河道分别占上游和下游河道长度的 4% 和 2%,宽度 200~700m。同发源于尼泊尔南部大多数河流一样,马瓦河不可预知的洪水主要是由季风降雨引发,突发大暴雨后,中上游流域产生满载着杂物、石块和沉积物的激流导致河流形态快速变化,随着河床的淤积及退化、削弱、侵蚀,水溢满了河岸以致整个河道移位。当地的居民因此不断遭受被冲走、家园和庄稼经常被损坏的威胁。

在 Madhumalla 社区,在时任董事长喀什纳特 Paudyal 的带领下,大约 14 年前开始从事应对不可预知的灾难性洪水的威胁的使命。为了抵御河岸侵蚀及洪泛平原退化,社区使用原生树木、灌木和草与增强材料相结合的方式沿河岸分层种植绿地的生物工程技术。一些工程措施,如堤坝和马刺制成石笼网箱,在最初几年分别用来保护不受损坏的绿地。该项目充分利用当地本土植物,将河岸修复成可承受河水力量、适宜当地物理环境和河流形态的绿地,备受社会各界欢迎。此外,还准备从种植区域出售林业产品,预计每年可产生成千上万美元的价值——将风险转化为回报。该项目以现金、劳动力和物质援助的形式在内部调动大量资源,并从一些国家和国际捐助者获得共计约 40000 美元的赠款。

正如预期那样,这种方法已经奏效,并将在该地区以外的其他几个社区包括附近的难民营进行推广,项目区已成为了生物工程技术培训中心。

可再生能源的发展促进能源安全，这对水资源能产生显著好处——将它用于其他用途和生态系统完整性的保护。防灾和气候预警系统，越来越多地用作对气候变化的响应防范，这直接关系到水资源管理。在吉布提，其首都于 2004 年受到洪水的严重影响，世界银行支持洪水紧急恢复项目的建设，以及河道、排水基础设施和防洪堤坝的复原。虽然物理安全问题可立即作出反应，但是这些措施通过控制降雨径流与地下水补给等有潜在长期有利的过程，促进了城市居民用水和食物的长期安全。

人口快速向城市迁移造成了人类的安全挑战。许多城市都没有足够的资源应对迅速涌入后建立非正式定居点的农村居民。政府采取多种策略来应对这些迅速增长的定居点；一些投资用于农村发展和基础设施建设，以阻止城市移民的流动。农村发展和农业生产率的提高可以减少移民压力，避免贫民窟的形成。就像贫民窟改造计划，农村发展的举措并非完全是对水资源管理以外的领域，因为它们通常需要某种形式上的水干预措施，以提高基本社会服务和安全网(食品安全和身体健康)。

(2)危机恢复。经济和人道主义危机，往往是长期干旱或其他自然灾害带来的。危机恢复的目标越来越多地是建立更大的恢复力，以避免未来的危机。例如，粮食援助计划可以与可持续生计举措以及环境恢复相结合。大多数情况下，如卢旺达安置方案，危机恢复和战后重建的努力涉及干预恢复受损的供水服务和基础设施(见专栏 15.19)。在这个意义上讲，他们为建立更强大、更可持续、更有弹性的水系统，以及将风险管理和气候变化纳入规划提供了机会。

危机恢复的举措旨在解决人口增长、流动，改变用水的地理分布，并对水的管理方式改变施加影响。目前正在一些国家实施的土地再分配政策，其潜在的争议暂且不谈，最近证据表明，有效的土地再分配(在其对减贫贡献而言)也依赖于足够的后结算支持，包括基础设施开发(Binswanger 等，2008)。在纳米比亚，大多数的农业活动包括畜牧业，许多新分配的农场由于缺乏正常供水仍然生产力不足(Werner 和 Kruger，2007)。

危机复苏也往往包括处理返迁人口和国内流离失所者。卢旺达(见专栏 15.19)和伊拉克(见专栏 15.20)的例子表明，成功重建返迁难民的家园，需要给他们能够满足其基本需求的环境。因此，一个地区恢复到稳定需要考虑生态服务，特别是获得安全饮用水和卫生设施。从危机恢复工作中尽早确定双赢局面，可以为持久和平与安全排除障碍。

除了促进区域内的安全，区域间合作共享周围海域可以促进和平建设和各国间的信任，在尼罗河流域和塞内加尔河(见专栏 15.21)的案例中，虽然水资源短缺与冲突之间的因果途径仍在争论，但毫无疑问，即使存在不相关的水紧张关系问题，共享水道的国际合作正在发生(例如，在中亚)。国际水机构的建立表明，假如规则是透明和协商一致的，合作是可能的并且可以成功的。专栏 15.22 也显示出机构的重要性，包括明确的争端解决机制，以及找到解决水事纠纷的方法，尤其是在水源日益匮乏的情况下。

专栏 15.19　　　重新定居卢旺达(Rwanda Ministry of Infrastructure, 2008; Japan International Cooperation Agency, 2006)

卢旺达伊米杜古杜(集体定居)的政策是在发生内战和种族灭绝之后的 1997 年推出的，目的是重新安置返回的难民。通过团体定居，政府希望能够更轻松地解决土地稀缺问题，并简单有效地提供社会和经济服务。

安置过程的初始阶段，许多家庭不得不离开获得安全饮用水比较困难的高地，然后在安居点给他们提供准备好的饮用水。2002 年，卢旺达基础设施部门指出，尽管卢旺达通过了 22%的集体定居计划，但基础设施发展不足仍然是一个重大挑战，特别是在获得洁净水和足够的卫生设施方面。一些补充措施落实到位可以应对这一挑战，外国援助提供的资金也将投向农村水利基础设施建设和管理。

专栏 15.20　　　恢复伊拉克美索不达米亚沼泽地(http://marshlands.unep.or.jp)

伊拉克美索不达米亚沼泽地是中东和西方欧亚大陆最大湿地生态系统的一部分。它们是候鸟洲际迁徙路线的重要组成部分，是濒危物种的栖息地，是维持淡水渔业和波斯湾的海洋生态系统。除了其生态的重要性，这些沼泽地数千年来也是本土居民的故乡。沼泽地破坏后，本地土著阿拉伯居民蜂拥而至，构成伊拉克面临的主要人道主义和环境挑战。沼泽地作为跨界水资源和石油储备地的竞争性角色，未来将是伊拉克重建议程的优先考虑事项，同时决策者还提出了折中方案。

2003 年和 2004 年的评估报告指出，只有 8.5 万~10 万名沼泽阿拉伯人居住在沼泽地范围内或附近。估计有 10 万~20 万沼泽阿拉伯人仍然流离失所，其中 10 万被认为是为了生活在伊拉克境外的伊朗难民。

随着萨达姆政权在 2003 年中期倒台，当地居民打开水闸和破坏堤防把水引回到沼泽地。联合国环境规划署(UNEP)2003 年的卫星图像分析显示，一些以前干涸的地区被重新淹没，气候条件也比平时湿润很多。2003 年水面面积只有 5%~7%，而 2004 年 4 月沼泽地的水面面积已达到约 20%。

环境规划署发起的伊拉克美索不达米亚沼泽地项目于 2004 年在大阪和滋贺通过,由意大利和日本政府提供资金, 日本的国际环境技术中心与伊拉克沼泽地中心水资源部恢复合作。2007 年开始的三期项目已经产生了多重效益:

● 对饮用水和卫生设施无害的湿地恢复环保技术正在被伊拉克当局引进和实施。

● 6 个试点社区近 22000 人现在获得了安全饮用水。已安装日处理能力为 750m³ 的污水处理设施,配套建设输水管道 23km 和 127 个配套配送阀门。一些流离失所的居民返回试点地区,其中一部分原因是该项目提供了安全饮用水。作为稳定的回报,在沼泽地重建生活的可能性增加。

● 一个环卫系统试点项目已在铝 Chibayish 社区得到落实。环境友好型的技术如人工湿地,目的是将污水处理后排放到附近的运河,避免 170 户居民遭受健康危害。

专栏 15.21 可持续水机构促进区域稳定与合作——以塞内加尔河为例(www.omvs.org)

马里、毛里塔尼亚和塞内加尔这三个沿岸国家于 1972 年签署协议,依托塞内加尔河的发展组织(OMVS),将塞内加尔河作为国际水道,并确定其开发和管理目标。2002 年成员国通过了塞内加尔河利用的宪章,规定了部门之间分配水资源的原则和方式,并明确了项目审批标准、环境规则和更广泛的公众参与方式。

OMVS 是一个关键机构,国家也同意优先考虑该机构的项目,如大坝、水电和农业投资。OMVS 是一个涉水重点机构,在水的多种使用和综合管理方面促进合作。OMVS 也配备了环境监测装备,负责跟踪资源及其相关的生态系统的状态以确保它的可持续性。由于塞内加尔河在三个国家的许多活动中至关重要,因此合作已逐步从水利范围扩大到中央和地方各级其他行业的三方磋商,如农业和工商业,有力促进了区域稳定和一体化。

专栏 15.22 墨西哥和美国就里奥格兰德/布拉沃河进行水资源分配
(Moore,Rast 和 Pulich,2002)

2002 年夏天,德克萨斯农民终于松了一口气,奥格兰德稀缺的水资源(在墨西哥叫布拉沃)再次流向了他们边境。

早在 1944 年,墨西哥和美国签署了一项条约,同意分享里奥格兰德和科罗拉多河的水。墨西哥原则上同意分配到 254880m³ 的水,而实际从友谊和猎鹰水库释放的水量,通过水库流入量和双方国家使用量进行计算,目的是确保两个国家均不会发生干涸。然而,由于干旱,墨西哥近年来陷入拖欠水费的境地。

　　为解决这一争端,2002 年所达成协议的一个关键内容是基础设施现代化, 以提高水的利用效率。这是两国政府第一次同意通过共同向节约用水、可持续性用水和提供用水效率方面投资,分担成本,共享效益。该协议通过节约用水的方案,签署了一项双边金融担保措施。

15.3.5　应对风险和不确定性

　　风险和不确定性的处理, 长期以来一直是行业和世界各地水资源管理者和政策制定者的常规挑战。然而,气候变化和人口动态等问题却在他们的控制之外,并且风险更大,他们的任务也变得更复杂。风险管理现在更重要的——事实上也是必要的——那就是对水进行分析和决策。

　　(1)气候变化。全球气候变化主要表现在冰川融化、洪水、干旱和海平面上升。规划者不能再依靠过去的水文条件来预测未来的风险。气候变化将使困难群体长期处于弱势。发展中国家最容易受到气候变化的侵害,因为他们对气候敏感行业的依赖性很强,贫困而且适应能力很低。目前的气候变化和极端天气已经严重影响了许多发展中国家的经济状况(见第 5 章图 5.2)(AfDB 等,2003;Stern,2006)。

　　应对气候变化不确定性的一种方法是在不确定性条件下采用灵活而强大的管理措施。这种自适应的管理原则,包括一个系统的过程,目的是提高管理策略和从以往策略学习到实践经验, 尤其是与气候变化有关的决策 (Pahl-Wostl,2007;Pahl-Wostl,Kabat 和 Motgen,2007)。

　　正如这份报告自始至终所强调的,水利部门必须超越其传统的边界解决方案。同样,水利部门以外的参与者必须意识到与水利部门的风险相关联。例如,由于自然灾害往往与水相关, 减少灾害风险的机构和那些从事水资源管理的机构之间需要更密切的合作和协调。水务管理者和那些行业外的部门都有助于创新、统一解决方案。比如,一个降低风险的方案,就要规定与降水相关的保险费用(见专栏 15.23)。

　　在处理风险和不确定性时,有几种更广泛的分析工具提供了保证。环境影响评估早已被用来减少建设项目不利于环境的影响。战略环境影响评估也正在成为一个强大的工具以识别潜在的损害,这可能有助于确定双赢的方案。它们的有效使用取决于充分执法和机构的能力。

(2)知识与技术。充分了解国家的资源和决策的影响,也可以减少不确定性。国家的水资源信息,不仅用于水的规划,也可供其他部门决策,还影响到水的用途和可用性。如在埃塞俄比亚,水的可用性信息可以帮助作出明智的经济决策(见专栏 15.6)。

建立强大的水监测网络是水治理的重要组成部分。在澳大利亚,负责水监测的组织依赖来自多个包括个人和企业用水户的信息(见专栏 15.24)。然而,水监测网络往往超出了发展中国家的能力范围,因为涉及的技术手段和融资对他们而言是难以获得的(见第 13 章和第 14 章)。

澳大利亚采用的“分散”合作模式,在其他地方也有类似案例。例如,联合国环境计划在全球构建水环境监测系统,由加拿大政府资助,依赖于其他国家提供数据和水监测开发能力。另一个例子是世界水监测日,国际教育和宣传计划由水环境联合会协调和国际水协会协调,世界水监测日是世界各地参与的公民建立公众意识和参与水资源保护的活动,并推动进行局部水体常规监测。它提供了一个易于使用的测试套装,儿童到成人均可取当地的水样并测试一组水质参数,包括温度、酸度、透明度(浊度)和溶解氧。监测结果通过世界水监测日网站与世界各地的参与团体共享(www.worldwatermonitoringday.org/About/About_Main.html)。

专栏 15.23　农民降雨相关指数保险(Dan Osgood, International Research Institute for Climate and Society(IRI); Molly Hellmuth, IRI, Columbia University)

减少小农户遭遇气候风险需要可以适应气候变化和巩固其他适应战略的工具。与降雨相关的保险制度(指数保险)提供了安全性以及生产力的激励机制。

防止农作物减产的传统保险合同存在缺点。他们创造了不正当的激励措施,通过农作物减产来获得保险。他们也可能会导致某种情况下,生产效率较低的农民购买保险,而生产效率高的农民不买。这产生更多的支出,从而导致更高的保费,最终使得这类保险对贫穷国家的农民而言太贵。

一种新型的保险将降雨指数写进合同。该指数取决于降雨和作物减产之间的关系,从观念上验证了长期历史记录的降雨量和农作物产量。如果降雨量低于约定的触发点,农民得到保险支付。然而,无论保险是否支付,农民仍然有动机做出最佳的生产选择。指数保险的实施也比较便宜,因为保险公司不需要在现场验证该区域的损害程度。这也意味着,当降雨量足够低,导致作物减产,保险公司将在几天或几周内支付给农民费用。因此,农民不需要出售资产来维持生计,这可以使他们有能力等待干旱结束后的援助。

降雨指数保险使农民可能会在承担更大的风险的同时与获得潜在的更高回报,如投资化肥或可持续的土地管理实践。为了应对气候变化及其影响,农民必须充分利用丰收年。通过使用指数保险,以防止重大干旱期间出现巨大损失,农民能够在丰收年把资源转化为生产力,而代替罕见荒年中被限制的低生产率。

降雨指数也有一些缺点。如果作物减产是干旱以外的原因,或如果农户所在地的降雨量不同于中央雨量计测得的数据,农民的补偿就得不到保障。因此,需要将降雨指数保险放在最合适的位置,与其他工具如传统保险、政府的社会安全网和再保险等组成一个保险系统。

在马拉维,农民现在可以购买指数保险,以保证贷款的农业投入不因干旱而不可用。数千农民购买花生包装的产品捆绑指数保险,提供贷款让他们在当地气候下获得高产花生种子进行种植生产。指数保险包和种子品种可以一起设计以适应风险变化。在马拉维,农民自愿小组讨论气候变化,指数保险是他们适应不断变化的气候的主要途径。随着气候变化的风险加剧,农民应抓住改良品种和利用指数保险的新机遇。

专栏 15.24　基于用户贡献获得水资源完整概况——澳大利亚气象局的新任务

(www.bom.gov.au/water/regulations/water–2008.shtml)

澳大利亚气象局的职责已扩大到获取澳大利亚的水资源信息。为了确保给所有澳大利亚人长期供水,政府宣布了未来之水计划,一个投资 129 亿美元的用水计划。该计划包括 4 亿5000 万美元的改善水信息计划,具体由气象局管理,依据《联邦水法案 2007》通过关键利益相关者执行。

在国家水质监测和数据采集网络部门的支持下,该局通过开发国家用水账户系统,有效提高了澳大利亚水资源信息的质量和效用。该计划还开发和维护一个集成的、公众自主访问的国家水信息系统。

气象局的主要职责包括:

● 发布国家水信息标准。

● 收集和发布水信息。

● 定期进行全国水资源评估。

● 公布国家年度用水量。

● 定期预测水的可用性。

● 提出水信息建议。

● 提高对澳大利亚水资源的认识。

一个国家水信息的存储、分析和报告系统,需要一个前所未有与利益相关者合作的平台。根据新的框架,个人、企业和其他组织占有、控制或管理水资源要按法律规定将信息传输到该局进行编译和分析。

15.4 持续的变化:通过宣传改变生活习惯

管理世界水资源所需要面对的挑战与行为的改变密切相关。改变行为的方法之一是使用控制措施。公共机构如学校和医院在授权后,能够提供卫生设施和安全用水,脆弱地区的建筑应禁止排污,需对排放某些污染物进入空气和水的行为进行处罚。政府也可以通过补贴、税收和其他激励机制如支付环境服务费用来鼓励和改善某种行为。

提高认识和社会营销是促进行为改变的其他方式。围绕水资源问题的社会营销活动例子几乎在所有国家都可以找到。多瑙河沿岸国家的教育机构和私营部门创造了多瑙河的教育工具包,被称为"多瑙河箱"。一些沿岸国家就教育工具包的标准问题和需求进行了讨论。至少有五个多瑙河国家(奥地利、德国、匈牙利、罗马尼亚和塞尔维亚)正在推动多瑙河箱的各种项目和活动。这些努力与环境部门、教学机构和学校当局的合作是分不开的。

15.5 确保可持续融资

因为水对社会、经济、政治和环境这些领域的发展都有贡献,所以水利投资不必与其他优先事项的资金竞争。然而,为实现效益最大化,水的贡献应得到政府和商业规划的认可。但是,这可能需要采用新的成本评估方法,也肯定意味着要确保水管理者和利益相关者参与到可能影响水的决策中去。因此,本节探讨结合水资源管理发展规划的方法,以及调动水利行业资源的新方法。

15.5.1 水资源综合管理发展规划

传统筹资机制,包括国家预算分配和发展援助,是水、环境和减缓贫困的主要财政来源(见第4章)。世界各地政策发展情况表明,融资需要更广泛与更综合的平台。减贫战略对国家预算和援助的分配决策提供了协商的基础。有关水(包括数量和质量趋势)的可靠信息也可以被纳入国家预算形成经济目标,并有利于水利投资。赞比亚的经验表明,通过国家发展规划整合水利关注事项,有助于充分利用国内和国际资金,且这是具备广泛基础的改革方法(见专栏 15.25)。

专栏 15.25　赞比亚的经验与国家发展计划联系起来综合管理水资源(Mike Muller,visiting professor,Graduate School of Public and Development Management,Witwatersrand University,based on Nyambe and Feilberg n.d.)

赞比亚尽管水资源充足,但降水减少和水用量的增加,导致水资源压力不断上升。水资源用于家庭和工业生产以及水力发电,水力发电为赞比亚平均每年出口创汇 1000 万美元。农业也是发展的关键部门,依靠水灌溉的,还有牲畜饮水和其他用水。

过去 10 年,赞比亚在应对经济和行政的改革力度较大。随着经济发展,水资源供给压力越来越大,政府不得不承诺开展广泛的水利改革。早在 1994 年,政府出台了国家水政策,紧接着供水和卫生设施、水资源管理的改革也在跟进。2001 年通过的水资源行动计划,其中一个部分为体制、法律框架和水资源的需求、供应以及基础设施。改革还包括成立一个新的水政策立法、开发与管理水资源的新机构。

2006 年 10 月赞比亚政府在第五个国家发展计划中,对确保农村和城市贫民达到一个可持续的经济收益表示担忧。政府认识到水对经济发展的重要性,整合水务部门的改革,制定了包括新的水资源综合管理计划和国家发展计划。这些对减少贫困和实现所有千年发展目标十分重要。

在制订第五个国家发展计划时,涉及 17 个部门的顾问组,其中包括政府主导的有关水的高级别论坛小组,政府参与提高了部门协调,也有利于政府加强水务部门改革的执行、督导和评估。本次论坛包括来自水务部门内外的主要机构和利益相关者代表。这个过程确保了水资源综合管理计划能获得政治支持,该计划也被选为实施水有关发展规划的手段。

1994 年的水政策主要涉及部门内的改革。新的水资源综合管理政策,意图在赞比亚的所有部门整合水资源管理。这种水和国家发展规划的整合,有利于许多捐助者合并水相关的投资,实行对赞比亚进行一揽子援助。

国际援助对水的供应将仍然有必要保留,一些国家的政府也作出水和卫生设施的融资承诺。例如,巴斯克自治区(西班牙)政府最近通过了一项决议,重申其对千年发展目标的承诺,并提出贡献 5%的用水费用,促进实现卫生指标达标(www.lehendakaritza.ejgv.euskadi.net/

r48–11912/en/contenidos/informacion/organismos_multilaterales/en_multilat/presentacion.html)。

国际组织,特别是联合国系统,能够为政府提供支持和专业知识,帮助民间社会在私营部门建立坚强有力的领导。

15.5.2　融资创新

很多国家正在出台创新机制,促进资金流向水务部门。公私伙伴关系、生态系统服务项目的支付以及类似项目正在探索水务融资渠道。这些计划还提供了多层次的合作创新方式(见专栏 15.26)。

管理水资源利用过程中的多重生态服务系统来优化效益并尽量减少负面影响,是另一种有前途的方法。比如,使用城市污水发展农业生产,可避免把污染物直接排放河道和保障国内使用者饮水水质(Ragab and Koo-Oshima,2006)。农民作为环保管家这个角色应该被承认,通过鼓励措施其他部门也可以重复利用水资源。肯尼亚(参见第 14 章专栏 14.24)的绿水信贷计划就是这个目的。跨部门的奖励可以在更广泛的层面应用,如厄瓜多尔,那里的水务部门通过电信税得到资助(见专栏 15.27)。

专栏 15.26　　支付生态系统服务费遏制气候变化和保护水资源与生物多样性

(www.conservation.org/explore/regions/south_america/andes/Pages/andes.aspx)

　　安第斯山脉的高原森林和高寒苔原在南美洲北部为人类和自然群落提供了多重生态服务系统。哥伦比亚安第斯山脉中心的 Chingaza 和 Sumapaz 国家公园覆盖超过225000hm² 的脆弱生态系统,其中包含了各种濒危植物的栖息地和为下游人群供水的重要水源。该地区属于波哥大流域,居住了 700 多万居民。近年来,人类活动如农业和畜牧业等使供水大幅度下降,导致了安第斯高地生态系统的退化。波哥大供水和污水处理公司(EAAB)估计,供水需求到 2020 年将大幅度增长。因此,必须立即采取措施保护流域,以满足预期用水需求。

　　近日,EAAB 与哥伦比亚政府一道在国际保护组织的支持下,为融资和保护这些重要流域实施了一个试点项目。项目提供了多重效益,同时也考虑了为减轻气候变化带来的利益损失。该项目为了供应可靠的淡水和保护流域生态系统,提供资金给 EAAB 和哥伦比亚国家公园。

　　EAAB 的圣安娜小型水力发电站提供清洁能源,不像传统化石燃料电厂,排放温室气体。大坝是作为一个清洁发展机制项目被联合国气候变化纲要公约所公认,每年减排创造的价值达到 450000 美元。EAAB 已承诺将一半的收入给哥伦比亚公园管理处,以巩固和扩大开发欣戈扎国家公园。公园管理资金的增加将有利于减少温室气体排放,同时也可以保护生物多样性,改善供水,减缓森林砍伐和生态系统退化。

项目下一阶段,国际保护组织和合作伙伴正在支持一项巩固连通 Chingaza 和 Sumapaz 国家公园的生态廊道的倡议,该廊道位于东安第斯山坡和圣拉斐尔水盆的东部。各种融资机制通过保障供水和为减缓气候变化获得服务收入。通过休耕和大规模重新造林,该项目将扩大其固碳和供水效益,保障安第斯山生态系统安全及周边居民用水。

专栏 15.27　　　瓜亚基尔公共资金许可供水装置(Yepes,2007)

瓜亚基尔作为厄瓜多尔的金融港口,人口达到 240 万,占全国城市总人口的 1/3。2001 年特许接管供水时,自来水普及率远远落后于全国平均水平:只有 60%的居民家庭有自来水,与 1998 年相比,相当于全国城市平均水平的 81%。污水收集方面差距较小,56%的覆盖率与全国城市平均水平 61%相当。

特许经营通过家庭连接点,使自来水应用范围迅速扩大。2000 年最初有 245000 个连接点,第一个五年运营后,它安装了 16 万个新的连接点——超过 10%的年增长同时是合同中 55000 个的三倍。城市自来水的覆盖率达到 82%,2005 年,惠及约 80 万人,他们大多生活在以前没有管网的贫民区。扩展城市用水在国家层面上的停滞不前方面取得了长足进步。受此影响,下水道的覆盖率从 56%上升至 62%。

这些成效离不开中央政府在 20 世纪 80 年代推出的特殊税收转移机制即补贴新的自来水管接头计划。10%的电话费税收收入转移到公用事业来支持市区自来水管网的扩张。新的水管接头在无管网覆盖的城市地区(大多数为穷人)免费提供。扩大供水网络成本的一部分也得到补贴。而下水道没有获得这些税收转移支付和补贴,这也是其能顺利进步的原因。

政府、私营部门和民间组织在面临并处理水资源问题时提供了很多新思路。本章实例表明,政府政策、商业决策和公民行动有利于水服务,实现多重效益。它们也表明,水资源管理者和其他行业决策者之间的合作有助于可持续发展。因为水问题关乎社会经济的方方面面,水务部门内外的行动者需要加强合作,通过收集和分享信息,集中投资和建设相应机构以创造和促进协作机制。全球应对水问题的政治意愿,以及采取地方、区域和国际一起合作的创新模式的意愿仍然比较关键。

第16章

展 望

● 必须对水和水系加以管理，以达到实现社会和经济发展的目标，并实现持续发展。水资源的妥善管理，对个人生存和福祉至关重要。水资源管理可以确保家庭、企业和社区饮用水及卫生设施的公平、安全。同时，水资源管理也可以保证有足够的水用于食品、能源和环境，以及抵御洪水和干旱。

● 水资源决策需要寻求协同与适当取舍。决策也需要区分短期"应急式"（应对每天的紧急问题）以及长期的战略发展问题。在可行的情况下，对水资源多用途开发，水的再利用可使相同体积稀缺的水资源产生多个结果，从而减少对折中平衡的依赖。

● 捐助可将水利纳入发展援助的更广泛框架，主要集中在对最需要的地区（非洲撒哈拉沙漠以南、亚洲、拉丁美洲的贫民窟，以及从冲突中恢复的国家）提供援助。最近，八国集团朝这个方面做出的努力，让这一切充满希望。

● 以气候变化问题上采取共同商议和应对的方法为例，联合国各机构的首席执行官可以召开会议，研究发展和环境服务中水的作用，并就水系和水管理方面的问题，向各机构、成员国提供指导和建议。

● 世界水资源评估方案及其合作伙伴正在帮助减少不确定性，通过突出社会经济发展与投资在其他行业水资源管理能力和基础设施的联系，促进决策的落实，加快投资。

● 虽然我们面临巨大挑战，但不可持续的管理和不公平地获取水资源的问题不能这样继续下去。在采取行动之前，可能没有我们想要的所有信息，但我们明确地知道，现在应开始采取重要措施。行动必须包括增加对水利基础设施和水量发展的投资。水利行业的领导人可以了解其行业外的进程并管理水资源，以实现社会经济目标的一致性和环境的完整性。政府、民营企业和社会组织的领导人会决定采取行动的方向。认识到这一责任，他们必须现在就采取行动。

16.1　使水利成为所有规划和管理决策的组成部分

良好的水资源管理可以改造社会结构，促使其向更好并且可持续的方向发展。它可以缓解干旱或者洪涝引起的焦虑和恐惧，也可以对人类关注的自然和社会变化做出反应，让我们越来越了解不确定性，从而有助于避免脆弱国家的政治不稳定。无论是对穷人，还是对那些比较富裕的人来说，今天的行动比以往任何时候都显得更重要。

以有限的人力、财力和组织资源实现水资源管理的多重目标，需要更多的协作、更强大的水资源管理机构和管理能力。同时需要更好的监测、更好的数据分析和信息产品以填补当下及未来水资源使用和管理的差距，维持提供水资源的生态系统的健康。还需要安全与可持续的资金，用于现有基础设施运行的成本和新的重要基础设施的投资。

挑战是严峻的，但都是可克服的。水利部门的管理人员和专业人员可以与所有部门的领导者和决策者一道，迎接挑战。他们的行动所需要的框架包括：

- 确保规划和执行过程中实施透明的问责制，特别是对大的利益相关者的参与，采用适当的奖励和惩罚。

- 解决水利问题中性别敏感和公平的方法。

- 为决策者提供水资源之外的选择，通过合理分析水利共同体在广泛的发展议程中的作用，了解到被证实的消息。

- 开发解决方案，通过协商、创新和研究，在目标和替代方案间达成一个有说服力的平衡，并实现方案。

- 提供数据和信息以减少不确定性。

- 利用各种融资工具，确保水利基础设施方面的投资融资。

- 发展提高效率和扩大规模的能力。

- 认识到大自然也需要水，确保维持生命的环境产品和服务的持续供应。

但水利部门领导人的单独行动，在社会和经济发展方面更广泛的决策中会冒被忽视的风险，而非水利部门的领导人会冒制定不知情的、次优的发展决策的风险，水利部门以外的许多因素也制约着用水部门的政策和战略。因此，水资源综合管理的最有价值的发展可能是与用水部门的对话及发展伙伴关系。

第 14 章提供了水行业内解决方案的实例。可能的选项包括：

- 机构和人员能力的发展，以应对当前和未来的水利及其相关挑战。

- 现行的和传统的水法都包括对水资源管理有影响的其他部门的条例。

- 与利益攸关方协商，在规划、实施和管理方面采用问责制来建立信任，正如有效的管理涉及在不同利益方之间采取多元化的治理,增进透明度和互动。

　　● 使用金融期权和经济工具,确保所提供的服务的可靠性和质量。

　　● 运用创新和科研手段,制定适宜的、务实的、可持续的解决方案。

　　● 环境服务支付作为改善水资源管理,维持可持续生态系统和用水安全的一种激励方式。

　　● 水利部门决策者建立一个在合理的水资源管理和问责制的基础上的良好投资环境。

16.1.1　运用实用的伙伴关系

　　几十年来,水文学家和水利专业人士一直在强调、倡导水资源管理在解决社会和经济发展问题中的重要作用,指出有必要平衡财政、人力和制度方面的约束。但水资源开发和管理的目标、人力、财力和环境资源的分配方面的决定,是由政府、民营企业和社会组织的领导人,而不是仅仅由水利专业人士决定的。因此,水利专业人员需要告诉这些非水利领域的领导人有关土地发展规划、人口规划、卫生、教育、农业、工业、能源、经济发展和环境等方面的问题。

　　作为对用水户的需求和举措做出反应的政府、企业和社区领导人,他们在提供这些服务的时候,需要健全的经济和环境相权衡的信息做引导。国际组织可以提供技术指导,收集成功和失败的干预措施的证据,并将此信息纳入国家规划。第 14 章和第 15 章的例子可供决策者学习。

　　本报告作为一个出发点,在最低的制度层面实施决定和行动时最为有效。几个人能够迎接挑战,他们的努力应该得到支持。当个人努力不够时,包括专业人士和商界人士在内的社会成员要经常与地方政府合作来一起迎接挑战。为了促进这种可能性,一个更高层次的政府可能需要介入到授权机构,并提供所需的技术或资金支持。

　　其他行动可能超出个别社区和地方政府的能力。在盆地和含水层范围控制和分配地表水和地下水,并建立污染控制标准,这需要权威的水利部门或部委的参与。对于国家的福祉来说,总统或总理是最终的水利管理者,并受到作为水资源管理团队的内阁的支持。

　　国际组织,特别是联合国机构,可以为成员国提供支持,为民间社会提供援助,为民营企业提供进一步的指导,他们努力使关乎水利领域内外部的决策具体化。

　　联合国部门和政府间组织的领导可以借鉴他们在世界各地的经验,提供法律顾问。正如共同讨论及应对气候变化问题上,联合国机构的首席执行官可以满足社会经济发展过程中对水资源及其管理的需求,实现环境的可持续发展,实现千年发展目标。捐助国政府和慈善组织可以加入这个与其使命和目标兼容的讨论。

　　直辖市、派出机构和地方政府都从事配送服务和水资源管理。这些责任通常被中央政府分散，但往往没有转移必要的财政和人力资源。这些地方政府在管理水系，水资源、水利和水系卫生系统面临着艰难的选择(是否管理控制与私人合作时的优惠和合同，以及如何与非政府组织来往)。他们可以基于通过借鉴世界各地的水资源管理经验的基础上，告知他们的决定。在水资源管理方面的所有团体可以共同努力，以贫困减少、环境战略和国际准则为指导，制定水资源和水资源卫生设施方面的国家发展计划。

16.1.2　获取信息，分享信息

减少现在的环境和社会风险，为未来做好准备。未来气候变化更加急剧，有必要储备与极端气候事件有关的水资源的现在、未来及其需求发展趋势的可用性和可变性的信息。即使在国家进行基础设施建设的情况下，收集这些信息的机制也是必要的。在不确定条件下做出决定的信息和工具将有助于避免短期内做出的决定在长时间内产生不可逆转的有害于环境和社会的影响。

水文已经超出集水区和盆地的范围。虽然地球上的水量在循环过程中保持不变，但是根据人类的使用和滥用情况，气候变化模型在水资源和当地生态系统的变化中表现出一些显著的变化。与水资源(水在哪里，它在哪里流动，它怎么流动)有关的数据对于理解这些全球性的变化至关重要。然而，这些必要的数据没有收集到。即使运用数据采集技术，实现数据访问和数据收集越来越便利，但由于对信息的需求越来越多，对环境数据收集的关注正在减弱。我们必须投资这些技术和有助于提升我们对水系、水资源及其管理的共同理解却经常被忽视的本地数据收集系统。

同样重要的是关于多少水正在被使用的信息，由谁使用，用于什么用途，用水户的支付能力和意愿，成本回收率以及实现社会经济目标所需的投资。

16.1.3　水的协同，平衡和权衡

由于对水的需求是多种多样的，水资源管理需要遵循更广泛的社会和经济发展目标，明确预期的结果。"综合性"的发展计划，如国家发展战略、减贫战略、农村发展战略、区域和地区以及城市发展计划，应让水资源管理人员确定全套的预期结果。

由于对有限资源的驱动、需求和可以合理地实现方面存在异同，所以有必要权衡。在水资源丰富的地方，权衡可能对有关各方或自然环境有没有造成什么不利影响。水资源变得越来越稀缺，权衡会越来越苛刻，这就需要好的领导来做决策。

决策的一个关键领域是涉及经济和环境的权衡，这是一个高度政治化的权衡过程。这对于区分短期"应急式"(应对每天的紧急问题)与战略发展是非常重要的。多用途方案和水的再利用，可以让同体积的稀缺水资源提供多种结果，减少取舍的需要。

在协商取舍中,利益集团努力保护他们自己成员的利益。业内人士普遍游说自律,而不是控制。政府关心的是执行法律法规。来自当地的压力,国际的监管机构有时会鼓励价格管制,这既会带来负面的也会带来积极的影响,包括防止投机者有害的价格操纵。一些国际团体倡导全球公共产品和服务。非政府组织倡导水资源作为一种人权,收费的政府负责提供服务,负责使用者受益,确保社会、经济和环境的长期可持续发展。

16.1.4　用水选择

由于社会、经济和环境条件不同,时间和空间上的差异,干旱和洪水的威胁,这些情况在世界各地都不尽相同。

对水资源匮乏的地方来说,其面临的挑战是选择发展道路,以期让社会、经济和环境达到最好效果。这样的决定将更多的注意力从水资源的权衡转移到环境、经济和社会效益,在这种情况下,有关水资源的决策有时会导致其他开发活动效率低下。例如,进口粮食,而不是在国内生产粮食,这可能会使水资源作为更高价值的产出,而很多农民将需要寻找其他谋生手段。

16.1.5　空间和时间的规模

行动计划也会受到时间尺度的限制(见专栏16.1)。政治家和水资源管理者都能发现长远规划的困难,因为计划和目标往往超过他们任期的时间范围。克服这个问题,需要有支持长期规划的框架和激励机制。

专栏16.1　　　　　　　　长期规划时间表(作者汇编)

规划和应对的时间长度可分类如下:

◉ 应对危机(如干旱,洪水,内乱)(1~2年)。

◉ 人力资源调整(2~3年)。

◉ 政治周期(3~5年)。

◉ 小型基础设施周期(3~5年)。

◉ 产出周期。

◉ 行为改变周期(10年)。

◉ 大型基础设施周期(10~20年)。

◉ 发展周期(15~20年)。

◉ 长期能力建设和代际权益配量(25年及以后,这取决于计划水平)。

16.1.6　经济发展状况

经济发展阶段、财政资源和人力资源都会影响水资源管理方案的实施可行性。例如,当财政资源有限时,可能必须作出选择,将资金分配给经济回报率最高的部门或提供给基本服务部门。缺乏资源可能需要来自预算外的资金和使用他国资源。

高收入国家正在经历与贫穷国家截然不同的水资源管理问题。高收入国家可以给予环境和水系长期可持续性更多的关注,但发展中国家有时是以环境的可持续发展为代价,而优先消除贫困,提高健康和福利的整体水平。

我们面临的挑战是在发达国家和发展中国家之间建立一个新的对话机制,对话涉及水资源管理及其在可持续发展中的作用。发达国家和发展中国家必须共同努力,确定社会经济的优先事项,投资增长引擎,使用水资源推动增长引擎。他们必须打破贫穷循环,同时避免许多发达国家肆无忌惮的发展给环境和健康带来伤害。发达国家和发展中国家可以合作建立减缓、适应、避免和不后悔的决策措施,以避免之后产生因忽视环境管理而带来的后果。

16.2　致力于有更好的发展成果

当一个国家的水资源与更广泛的发展目标相联系时,这时使用水资源和管理水资源最为有效。例如,解决吃饭问题的目标是什么?工业、商业和家庭供电问题的目标是什么?就业和收入问题的目标是什么?儿童教育和健康的目标是什么?这些目标和水资源、水系之间的关系是什么?应该如何管理水资源以实现这些目标?

为了将上述问题和其他水资源问题考虑在内,国家需要有一些战略政策和计划。尽管主管部门变更或关键人物离开时会出现人员方面的变化,这样的计划必须包含连续性,避免迷失方向。发展合作伙伴可以咨询这些计划,以保持对政府意向的了解,响应国家的需求,直接参与有关水资源方面的投资行动。

16.2.1　在变化、风险和不确定性的世界中行动

风险和不确定性是决策的一部分。什么级别的保护是可以承受的(复杂的水坝或简单的避难所)? 什么是提供直接的好处(医院,学校)和那些防止可能发生的极端事件(防洪)的投资之间的权衡?多少钱应该投资于风险很高但结果不明朗的研究中?虽然对风险的感知是不固定的,但却受到社会经济条件、文化和宗教以及环境的现实影响。

风险管理不仅仅包括处理类似洪水和干旱的极端事件。它需要使用结构化的方法来

管理这些事件的不确定性。决策者必须考虑到多种不确定性,包括有限的或低质量的数据和信息、气候的内在不可预测性以及其他环境因素。一个应对气候风险很好的方法是将目前的气候变异和极端事件的管理与适应气候变化结合起来。

世界面临着应对气候变化的挑战及其潜在的环境和社会经济影响的重大选择。公共政策,迄今为止以缓解为主,可以受益于来自减缓和适应更好的平衡。碳是人为原因导致气候变化的一种衡量,水是衡量其影响的一个指标。国际社会对未来可能发生更大的气候变化和全球变暖问题的投资,及现在为防止干旱和洪水带来的损失而对气候变化问题的投资,国际社会必须在这两类投资之间取得平衡。两者都是至关重要的,着重解决今天的问题,也是为处理明天的问题创造更大的弹性。

由于不确定性,当前问题的解决应该给未来的选择留有余地。无遗憾的战略采取的行动会显著减少变化的不利影响,如果变化影响的预测是错误的,也不会造成伤害,这种行动在应对气候变化时非常重要。相反,不采取行动就会有风险,因为如果不采取任何措施,情况可能会恶化。

世界水评估方案和其合作伙伴正在努力减少不确定性,通过确定社会经济发展、环境可持续性、水资源管理能力以及投资在与水资源相关的基础设施及其他部门之间的联系,促进决策,加快投资。与联合国水资源组织相呼应的工作已经展开,确定指标和支持数据库,指导水资源政策以及水资源部门内外领导人行动方面的决定。这将扩大基于很多情况下测试出来的选项提供的信息。世界水评估方案也正致力于与外部驱动程序相关的全球的、区域的、国家的水务部门情况。下一个联合国世界水发展报告将包括这项工作的成果,以及关于如何应对挑战的更多的例子。

16.2.2 以官方发展援助和慈善援助为目标

对于国际社会成员来说,在追求传统的区域金融利益和政治利益方面,专注于最需要的各类援助领域方面,他们有很多选择。撒哈拉以南的非洲、亚洲和拉丁美洲的贫民窟以及从冲突中恢复的国家获得水资源方面的服务,如饮用水供应和卫生设施,其间差距最大。农业生产低效用水也是世界上许多国家的一个一直存在的问题,无论是在发达国家还是发展中国家。

2008年达沃斯世界经济论坛呼吁鼓励最小水资源影响政策以及最低碳足迹政策;2009年的论坛包括呼吁与水资源短缺作斗争。2009年在意大利举行的八国集团会议上,八国集团领导人计划回顾2003年八国集团依云水行动计划,与非洲合作伙伴讨论战略,商讨加强计划执行。

在政治和战略联盟的背景下,国际社会必须寻求新的方式来支持基础设施建设,这些设施需要提供一系列直接和间接的由供水系统提供的服务，包括供水和卫生、食品和能源的生产，以及气候变化的适应和减缓。国家和地方政府可以通过识别会产生最大的社会经济和环境效益的行动来优化投资。如果以牺牲落后国家为代价，支持走上正轨的国家达到千年发展目标，只会树立全球分裂的局面，特别是让撒哈拉以南的非洲地区多种用途水资源基础设施更加匮乏。

16.3　决策和行动

现在明智的决策(基于预期的结果和不作为的后果)极为必要。水资源投资滞后让数亿人面临环境恶化以及与水相关灾害的风险，且容易受到来自政治动荡的影响。世界上数十亿人遭受来自与水有关的疾病和饥饿的折磨。因此，有必要致力于让这些曝光事件减少发生，改善他们的健康，为数百万人提供医疗保健服务。一些国家的实例表明，适当的水资源管理可以增加 5%~14% 的国内生产总值(GDP)，这些作用是通过任何其他干预都无法实现的。

虽然我们面临的挑战十分巨大，但不可持续的管理，不公平地获取水资源不能再继续下去，因为我们不行动的风险会更大。行动前可能不会有我们想要的所有资料，但是我们知道要开始采取重大行动。一些领导人已经采取了行动，并指引着方向。其他人则准备采取行动。水利行业内外领导人扮演着关键性、互补性的作用。水利部门的领导者可以告知非水利部门做事的流程，如何管理水资源，达到实现社会经济和环境的一致目标。但政府领导人、私营部门和民间团体决定行动的方向。认识到这一点，他们必须现在就采取行动！

附录1

《联合国世界水资源发展报告》指标

作者:Mike Müller

尽管我们对当前状态、水资源使用和影响情况以及国际社会在管理水资源方面所面临的问题付出了更多关注,然而用于支持这项工作的信息流正在枯竭而不是增长。

第一份《联合国世界水资源发展报告》于2003年出版,其中包括了从多个来源汇集的大量信息,记录了水资源状态及其使用,众多机构和个人也从他们的信息库公开共享了正式和非正式档案,这些热心的贡献为推进工作奠定了重要的基础。

总体来说,报告中涉及超过160个指标,范围涵盖从全球人类可用水量到符合水质标准的关键污染物,以及支持水资源管理的管理机制等。

报告也明确指出了下一步工作的需求,尤其是收集生物、地球物理和社会经济数据,以及在水环境保护和投资方面的数据。报告突显了数据有效性操纵指标遴选的危险性,导致产生"数据丰富但信息贫乏"的症状,即产生了大量的数据,但并不满足信息需求。

第二份《联合国世界水资源发展报告》讨论了数据有效性差的后果。

与水问题各个方面相关的数据通常是缺乏的、不可靠、不完整或不一致的。我们认识到仅仅收集数据是不够的,必须结合在一起将数据分析和转化为信息和知识,在国家和利益相关者之间广泛共享,从各个尺度关注水资源问题。只有收集和分析数据,我们才可以正确理解多系统对水资源的影响(水文、社会经济、金融、制度和政治等),在水资源管理中需要考虑这些因素。

由于对用于第一份报告中提出指标的数据缺乏系统的更新流程,第二份报告中的数量指标下降至62个。而供水和环境卫生是一个例外:世界卫生组织和联合国儿童基金会的联合监测项目已系统地解决这个问题,项目进行了投资以确保更新的信息在这一领域正常流动。

三年后,第三份《联合国世界水资源发展报告》编写团队面临了与前辈们相同的局面,在报告准备过程中,数据提供者的调查表明,新数据仅适用于第二版报告涉及的部分指标。在出版时,30个指标已经更新。由于第二份报告中的部分指标被数据提供机构认定为没有用处,现在表A1.1中列出了58个指标,这些指标的概述可在世界水评估方案网站查询（www.unesco.org/water/wwap/）。

第一份《联合国世界水资源发展报告》中关于水资源状况的指标，在国内、区域和全球水平上就整体情况为政策制定者提供了重点概述，以及如何在当今快速发展的世界中洞察关键指标的趋势。

大多数情况下，报告中并没有提供这种洞察力，全球没有评估出现新的可用水资源，供主要行业用户使用。因此，尽管第三份报告也包含了很多重要信息，它仍然无法提供关键指标的演变信息（例外的是：出现了一个新指标"21 世纪状态发展"，已更新并包含在本报告内）。

为了解决这一问题，几个项目同时在规划：联合国水资源组织已经成立了指标、监测和报告工作小组，产生重要的全球水资源状态指标，满足各级政策和决策制定者的需求。同时，世界水资源评估方案也成立了指标、监测和数据/元数据专家小组来支持这项工作，重点促进指标使用者和数据提供者之间的对话，使得在可持续和发展的基础上提供关键指标数据。专家组还将提出加强数据收集和解读的策略。

我们寄希望于下一份《联合国世界水资源发展报告》能够有一些实质性进展，并回答以下关键问题，如：能否以及如何改变水资源禀赋影响的国家和地区，水资源使用效率是否可以提高国家社会经济发展，水环境退化是否已经放缓等。新一份的报告至少需要提供可采取的措施，改善建立和监控主要趋势所需的数据和信息流。

表 A1.1　　　　　　　《联合国世界水资源发展报告》指标清单及详细数据位置

主题	指标	因果关系分类	指标类型	位置	
				第二份《联合国世界水资源发展报告》	第三份《联合国世界水资源发展报告》
资源压力水平	不可持续水资源使用指数	驱动力，压力，状态	关键	第 1 篇	/
	城乡人口	压力，状态	基础	第 1 篇	地图 2.1 图 2.1
	相对水资源压力系数	压力，状态	关键	第 2 篇	/
	当代氮负荷来源	压力，状态	关键	第 3 篇	/
	国内和工业用水	压力，状态	基础	第 3 篇	表 7.1 图 7.1
	大坝和水库淹没区影响	压力	关键	第 4 篇	/
	气候湿度指数变异系数	状态	关键	第 4 篇	/
	水资源循环利用指数	压力，状态	关键	第 4 篇	图 8.6
管理	信息获取，参与和司法公正	响应	发展中	表 2.2 表 2.3	/
	综合水资源治理目标完成情况评估	响应	关键	表 2.1	/
居住点	水资源公共事业绩效指数	状态	发展中	/	/
	城市用水和公共卫生管理指数	状态	发展中	/	/
	居住区贫民情况	压力	发展中	/	/

续表

主题	指标	因果关系分类	指标类型	位置	
				第二份《联合国世界水资源发展报告》	第三份《联合国世界水资源发展报告》
资源状况	实际可再生水资源总量	状态	关键	表4.3	*
	降水城市用水和公共卫生管理指数	驱动力	基础	表4.3	表10.1 地图11.1**
	人均实际可再生水资源总量	状态	发展中	表4.3	**
	实际可再生水资源总量地表水份额	状态	发展中	表4.3	/
	实际可再生水资源总量重叠份额	状态	发展中	表4.3	/
	实际可再生水资源总量其他国家流入份额	状态	发展中	表4.3	**
	实际可再生水资源总量其他国家流出份额	状态	发展中	表4.3	/
	实际可再生水资源总量使用份额	状态	发展中	表4.3	**
	实际可再生水资源总量地下水发展份额	状态	关键	表4.3	/
生态系统	河流分割及流量调节	状态,影响	关键	地图5.3 图5.4	图8.2
	可溶氮(硝酸盐+氮氧化物)	状态	关键	地图5.2	*
	淡水栖息地保护趋势	状态,响应	关键	图5.7	/
	淡水生物种群趋势指数	状态	关键	图5.2	图8.1
健康	伤残调整生命年	影响	关键	表6.3	表6.3
	5岁以下儿童发育迟缓率	影响	发展中	/	地图6.2
	5岁以下儿童死亡率	影响	发展中	表6.2	*
	安全饮用水	影响	关键	地图6.1	图7.3
	基础环境卫生	影响	关键	地图6.2	图7.4
食品,农业和农村生活环境	营养不良人口比例	状态	关键	地图7.2 图7.10 图7.11	*
	农村地区贫困人口比例	状态	关键	/	*
	农业GDP占总GDP的比例	状态	关键	/	*
	灌溉地占耕作地的比例	压力,状态	关键	地图7.1	地图7.5
	农业用水占总取水量的比例	压力	关键	/	表7.1
	灌溉土地盐渍化程度	状态	关键	/	/
	地下水占总灌溉用水的比例	压力,状态	关键	/	图7.1

续表

主题	指标	因果关系分类	指标类型	位置	
				第二份《联合国世界水资源发展报告》	第三份《联合国世界水资源发展报告》
工业和能源	工业用水趋势	压力	关键	图 8.1	/
	主要部门用水	状态	关键	图 8.3	表 7.1 图 7.1
	工业部门有机污染排放（生化需氧量）	影响	关键	图 8.4	*
	工业产水率	响应	关键	表 8.4	图 7.8
	ISO 14001 认证趋势	响应	关键	表 8.2	图 8.7
	能源发电	状态	关键	图 9.1	图 7.11
	主要能源供应总量来源	状态	关键	图 9.2	*
	发电碳排放强度	影响	关键	表 9.4	/
	淡水体积	响应	关键	表 9.1	框 9.5
	国内供水和供电	压力	关键	表 9.5	*
	水力发电能力	状态	关键	表 9.6	地图 7.6*
风险评估	自然灾害风险指数	状态	关键	框 10.4	/
	风险和政策评估指标	响应	关键	图 10.7	/
	气候变化脆弱性指数	状态	关键	地图 10.3	
资源和收费评估	水行业占总公共支出的比例	响应	发展中	/	/
	饮用水供应公共投资需求与实际水平的比例	响应	发展中	/	/
	基础环境卫生公共投资需求与实际水平的比例	响应	发展中	/	/
	成本回收率	驱动力，响应	发展中	/	/
	水费占家庭收入的比例	驱动力，响应	发展中	图 12.5	/
知识基础和能力	知识指数	状态	发展中	地图 13.2	*

附录 2

与水相关的重要会议和论坛的目标与宗旨

(1972 年至今)

国际论坛	达成的目标和宗旨
联合国人类环境会议,斯德哥尔摩,瑞典,1972	·主要议题为保护和改善人类环境 ·会议宣布,历史已经发展到一个关键点,人类必须在全世界范围内更加谨慎自己的行为,以防止对环境产生不良后果
联合国水资源会议,马德普拉塔,阿根廷,1977	·全球范围内首次水资源会议,主要目的是提高国家和国际社会对全球水资源问题的认识,通过水资源综合管理办法来评估水资源和用水效率 ·发表 1980 年国际饮水供应和环境卫生十年宣言,设定 1990 年为所有人提供饮用水和卫生设施的目标
1981—1990 年饮用水供应和环境卫生	"十年目标为:到 1990 年底,所有人应该拥有足够的供水,和令人满意的排泄物/污水处理方式。这是一个雄心勃勃的目标,据估计它将在整个十年期间,每天对超过 650000 人口的供水和环境卫生服务产生影响。尽管政府和国际组织为达到这一目标付出了大量努力,但目标并未完成"(C. Choguill, R. Francys, A. Cotton, 1993,水资源和环境卫生规划)
20 世纪 90 年代饮用水安全和环境卫生全球咨询会,新德里,印度,1990	·主要议题为饮用水安全和环境卫生 ·《新德里声明》宣布:"水资源综合治理的核心为饮用水安全和合适的废物处理方式"(环境和健康,新德里声明)
世界儿童峰会,纽约,美国,1990	·主要议题为健康和食品供应 ·《世界儿童生存、保护和发展宣言》声明:"我们会在所有社区推动儿童安全饮用水和环境卫生设施的供应"
国际减灾十年:1990—2000 年	认识到自然灾害导致人类和财产损失增加,特别是在发展中国家,需要协调国际行动寻求减少自然灾害导致的人类生命财产和社会经济损失的办法(联合国大会 44/236 项决议)
联合国水和环境国际会议,都柏林,爱尔兰,1992	最重要的成果为形成了"都柏林基本原则": ·淡水是一种有限的和脆弱的资源,对于维持生存、发展和循环极其重要 ·水资源的开发和管理应建立在各层次的使用者、制定计划者和政策制订者参与的基础之上 ·妇女应该在水的提供、管理和保护方面起着重要的角色作用。水在其所有的用途方面都具有经济价值,应被认为是一种经济商品
联合国环境与发展大会,里约日内卢,巴西,1992	议程 21 第 18 章讨论了行动基础、目标和活动等相关问题,"保护淡水资源的质量和供应:应用集成方法开发、管理和使用水资源" ·综合水资源发展和管理 ·水资源评估 ·保护水资源、水质和水生生态系统 ·饮用水供应和环境卫生 ·水资源和城市可持续发展 ·可持续粮食生产和农村发展用水 ·气候变化对资源的影响

续表

国际论坛	达成的目标和宗旨
联合国环境与发展大会，里约日内卢，巴西，1992	议程 21 第 18 章讨论了行动基础、目标和活动等相关问题，"保护淡水资源的质量和供应：应用集成方法开发、管理和使用水资源" · 综合水资源发展和管理 · 水资源评估 · 保护水资源、水质和水生生态系统 · 饮用水供应和环境卫生 · 水资源和城市可持续发展 · 可持续粮食生产和农村发展用水 · 气候变化对资源的影响
饮用水供应和环境卫生部长会议，诺德韦克，荷兰，1994	· 主要议题为饮用水供应和环境卫生 · 行动计划明确"优先分配为城市和农村地区设计提供基本卫生和排泄物处理系统的项目"
联合国国际人口与发展会议，开罗，埃及，1994	· 行动计划强调"确保人口、环境和消除贫困的多因素整合在可持续发展政策、计划和规划中"（第 3 章：人口、经济持续增长和可持续发展之间的相互关系）
世界社会发展峰会，哥本哈根，丹麦，1995	· 主要议题为减少贫困，供水和卫生设施 · 成果有《哥本哈根社会发展宣言》
联合国第四次世界妇女大会，北京，中国，1995	· 主要议题为男女平等，供水和环境卫生 · 成果有《北京宣言》和《行动纲领》
第二届联合国人居大会，伊斯坦布尔，土耳其，1996	· 主要议题为城市化世界可持续人居发展 · 大会上通过了《人类居住议程》
世界粮食峰会，罗马，意大利，1996	· 主要议题为粮食，健康，水资源和环境卫生 · 会议通过了《世界食品安全罗马宣言》
第一届世界水资源论坛，马拉喀什，摩洛哥，1997	主要议题为水资源与环境卫生，共享水资源管理，生态系统保护，水资源平等和合理使用等，目标为"认识人类对获取安全水资源和环境卫生的基本需求，建立对共享水资源管理的有效机制，支持和保护生态系统，鼓励水资源的高效利用"（马拉喀什宣言）
国际水与可持续发展会议，巴黎，法国，1998	通过了《水与可持续发展巴黎宣言》，旨在"改善联合国各机构和其他国际组织之间的协调配合，确保在联合国系统内定期考察；强调对持续政治承诺和广泛公众支持的需求以保障可持续发展、管理和保护；合理实用淡水资源；公众社会支持这一承诺的重要性"（巴黎宣言）
千年宣言，纽约，美国，2000	千年宣言包括以下与水资源相关的目标： · "到 2015 年，使日收入低于 1 美元、遭受饥饿以及无法使用安全饮用水的世界人口比例减半" · "通过水资源管理战略在区域、国家和地方各级停止水资源不可持续开发，促进公平取水和合理供水"
第二届世界水资源论坛，海牙，荷兰，2000	《海牙宣言》主要包括以下挑战： · 满足基本需要：获得安全和充足的水以及卫生环境 · 保证食物供应，尤其是对贫穷和易受影响人群的供应 · 保护生态系统：通过对水资源的可持续性管理，保证生态系统的完整性。在各级不同的用水户之间促进和平合作，共享水资源 · 控制灾害：提高抗洪、抗旱、治理污染和其他防治与水相关的灾害的安全性 · 赋予水以价值：以能够反映其经济、社会、环境和文化价值的方法管理水资源 · 合理管理水资源：使用好的治理方式以保证水资源的管理有公众参与并且投资者享有利益

续表

国际论坛	达成的目标和宗旨
国际淡水资源会议，波恩，德国，2001	· 主要议题为管理、财政动员、能力建设和知识共享 · 认定水资源是可持续发展的关键 · 会议通过了《行动建议部长宣言》："对抗贫困是实现公平和可持续发展的主要挑战，水资源对人类健康、生活、经济增长以及生态系统维护起着至关重要的作用。会议建议在以下三个方面优先行动：管理、财政动员、能力建设和知识共享"（行动建议部长宣言）
世界可持续发展峰会，约翰尼斯堡，南非，2002	会议讨论了以下与淡水资源相关的议题： · 分散管理 · 社区营造 · 服务条款：农村和城市挑战 · 信息管理 · 综合水资源治理 · 教育与宣传 · 金融与经济机制 · 区域挑战的识别与验证
第三届世界水资源论坛，东京，日本，2003	成果包括： · 水与贫困对话，包括通过的行动 · 水资源基础设施财务最终报告 · 粮食、水和环境对话成果 · 水资源行动的详细文件
G-8 埃维昂峰会，埃维昂，法国，2003	产生 G-8 水资源行动规划： · 促进优秀管理 · 利用所有财政资源 · 加强当地政府和社区的基础设施建设 · 加强监管、评估和调研 · 增加国际组织的参与度
"生命之水"十年：2005—2015 年	由联合国系统发起，其目的是促进履行 2015 年全球水资源和水资源相关问题的承诺，重点强调妇女的参与
世界减灾大会，神户，日本，2005	采用"兵库行动框架 2005—2015"：建立国家和社区灾害恢复能力，认识与减少水相关灾害风险的重要性
第四届世界水资源论坛，墨西哥城，墨西哥，2006	论坛上各部长重申在联合国环境和发展大会、世界可持续发展峰会和 2005 年可持续发展委员会上的承诺，强调： · 加快实现供水、环境卫生和居民安置 · 增强生态系统的可持续性 · 在某些地区应用创新实践，如雨水管理和发展水电项目等 · 将利益相关者，特别是妇女和青年纳入规划和管理 · 他们同样对联合国水资源相关活动表示支持，包括与联合国水资源组织的协调作用
第五届世界水资源论坛，伊斯坦布尔，土耳其，2009	主题为"架起沟通水资源问题的桥梁"

来源：www.un.org/esa/sustdev and www.worldwatercouncil.org.

缩写、数据注释及测量单位

缩　　写

ANA　巴西国家水资源局

AQUAREC　污水回收再利用集成理念

AQUASTAT　联合国粮食与农业组织水利农业数据库

BAPE　加拿大魁北克环境公众听证会办公室

BOD　生化需氧量

CALM　环级活跃层监测观察网络

CNA　墨西哥国家水利委员会

DOC　溶解有机碳

EAAB　波哥大给水排水工程

EIONET　欧洲环境信息和观测网络

FAO　联合国粮食与农业组织

FRIEND　国际实验数据推断水流状态

GAP　安纳托利亚东南部工程

GCM　大气环流模型

GDP　国内生产总值

GEO　全球环境展望

GLAAS　全球卫生和饮用水年度评估

GNI　国民总收入

GOCE　地球重力场和海洋环流探测卫星

GRACE　重力恢复与气候实验卫星

GRAPHIC　人类和气候变化条件下的地下水资源评估

GW-MATE　世界银行地下水资源管理咨询团队

IFAD　国际农业发展基金会

IPCC　政府间气候变化专门委员会

MDG 千禧年发展目标

NAFTA 北美自由贸易协定

NEWS 全球营养输出流域模型

NGO 非政府组织

NWSC 乌干达国家给水排水公司

OAS 美洲国家组织

OECD 经济合作与发展组织

OMVS 塞内加尔河开发组织

PDSI 帕尔默干旱指数

PLUARG 五大湖污染土地利用国际调查小组

POC 颗粒有机碳

R&D 研发

RADWQ 饮用水质量快速评估调查法

SAGUAPAC 圣克鲁斯城市供水和卫生服务合作社

TVA 田纳西河流管理局

UN 联合国

UNEP 联合国环境规划署

UNESCO 联合国教科文组织

UNFCCC 联合国气候变化框架公约

UN–HABITAT 联合国人居署

UNICEF 联合国儿童基金会

UNSGAB 联合国秘书长顾问委员会

WBCSD 世界可持续发展工商理事会

WHO 世界卫生组织

数据注释及测量单位

$ 除特殊说明外,$ 指美元

Billion 十亿

Water 除特殊说明外,指淡水

Btu 英国热量单位(1054.35 焦耳)

exajoule 能量单位,相当于 10^{18} 焦耳

Gt 十亿吨

kcal 千卡

kg 千克

km² 平方千米

km³ 立方千米

m² 平方米

m³ 立方米

mm 毫米

terawatt 能量单位，相当于 10^{12} 瓦特

参考文献

第 1 章

Abott, Chris, Paul Rogers, and John Sloboda.2006. *Global Responses to Global Threats Sustainable Security for the 21st Century.* Oxford, UK: Oxford Research Group.

ADB(Asian Development Bank).2007.*Asian Water Development Outlook 2007: Achieving Water Security for Asia.* Manila: Asian Development Bank.

African Union.2008. Sharm El−Sheikh Commitments for Accelerating the Achievement of Water and Sanitation Goals in Africa. Declaration I. Assembly of the African Union, Eleventh Ordinary Session, 30 June−1 July, Sharmel−Sheikh, Egypt. www.africa−union.org/root/au/Conferences/2008/june/summit/dec/ASSEMBLY%20DECISIONS%20193%20−%20207%20(XI).pdf.

Alam, Dewan S., Geoffrey C. Marks, Abdullah H. Baqui, M. Yunus, and George J. Fuchs.2000. Association between Clinical Type of Diarrhoea and Growth of Children under 5 Years in Rural Bangladesh. *International Journal of Epidemiology* 29(5): 916−21.

Ban Ki−moon.2008. Address by the UN Secretary−General to the session "Time is Running Out on Water," of the Davos World Economic Forum, 24 January 2008, in Davos, Switzerland. www.un.org/apps/news/infocus/sgspeeches/search_full.asp?statID=177.

Bergkamp, G., and C. W. Sadoff.2008.Water in a Sustainable Economy. *In State of the World: Innovations for a Sustainable Economy.* Washington, DC: Worldwatch Institute.

Chen, Shaohua, and Martin Ravallion.2008.*The Developing World Is Poorer than We Thought, but No Less Successful in the Fight against Poverty.* Policy Research Working Paper 4703. World Bank, Washington, DC.

Commission on Growth and Development.2008.*The Growth Report: Strategies for Sustained Growth and Inclusive Development.* Conference Edition. Washington, DC: World Bank.

Comprehensive Assessment of Water Management in Agriculture.2007.*Water for Food, Water for Life: A Comprehensive Assessment of Water Management in Agriculture.* London: Earthscan, and Colombo: International Water Management Institute.

Cosgrove, W. J.2006. Water for Growth and Security. *In Water Crisis: Myth or Reality? : Marcelino Botin*

Water Forum 2004. Peter Rogers, M. Ramon Llamas, and Louis Martinez–Cortina, eds. London: Taylor and Francis.

Delli Priscoli, J., and A. T. Wolf. 2009. *Managing and Transforming Water Conflicts*. International Hydrology Series. Cambridge, UK: Cambridge University Press.

DFID (Department for International Development). 2007. Growth and Infrastructure Policy Paper. Department for International Development, London.

EIA (Energy Information Administration). 2005. *International Energy Annual 2005*. Washington, DC: U.S. Department of Energy. www.eia.doe.gov/iea.

——. 2008a. *Annual Energy Outlook 2008* (DOE/EIA 0383/2008). Washington, DC: U.S. Department of Energy.

——. 2008b. *World Energy Projections Plus*. Washington, DC: U.S. Department of Energy.

European Commission and the Secretary–General/High Representative for Foreign and Security Policy. 2006. Report on Climate Change and International Security to the European Council, 3 March 2006. Council of the European Union, Brussels. www.envirosecurity.org/activities/diplomacy/gfsp/documents/Solana_security_report.pdf.

FAO (Food and Agriculture Organization of the United Nations). 2006. *Rapid Growth of Selected Asian Economies: Lessons and Implications for Agriculture and Food Security. Synthesis Report*. Bangkok: Food and Agriculture Organization of the United Nations.

——. 2008. Declaration of the High–Level Conference on World Food Security: The Challenges of Climate Change and Bioenergy. High–Level Conference on World Food Security, 3–5 June, Rome. www.un.org/issues/food/taskforce/declaration–E.pdf.

G–8. 2003. Water: A G8 Action Plan. G8 Summit, 1–3 June, Evian, France.

——. 2008. Declaration of Leaders Meeting of Major Economies on Energy Security and Climate Change. Hokkaido Toyako Summit, 9 July, Toyako, Hokkaido, Japan. www.mofa.go.jp/policy/economy/summit/2008/doc/doc080709_10_en.html.

Hoffman, Allan R. 2004. The Connection: Water and Energy Security. *Energy Security*, 13 August. Institute for Analysis of Global Security. www.iags.org/n0813043.htm.

House Permanent Select Committee on Intelligence and House Select Committee on Energy Independence and Global Warming. 2008. National Intelligence Assessment on the National Security Implications of Global Climate Change to 2030: Statement for the Record of Dr. Thomas Fingar, Deputy Director of National Intelligence for Analysis and Chairman of the National Intelligence Council, 25 June 2008. U.S. Congress, Washington, DC.

Hussein, M. A. 2008. Costs of Environmental Degradation: An Analysis in the Middle East and North Africa Region. *Management of Environmental Quality* 19(3): 305–17.

Hutton, Guy, and Laurence Haller. 2004. *Evaluation of the Costs and Benefits of Water and Sanitation Improvements at the Global Level*. Geneva: World Health Organization.

Hutton, Guy, Laurence Haller, and Jamie Bartram. 2007. Economic and Health Effects of Increasing Coverage of Low Cost Household Drinking-water Supply and Sanitation Interventions to Countries Off-track to Meet MDG Target 10. Background paper for *Human Development Report 2006*, World Health Organization, Public Health and the Environment, Geneva.

IDA (International Development Association). 2007. List of Fragile States. The International Development Association of the World Bank, Washington, DC. http://web.worldbank.org/.

IMF (International Monetary Fund). 2009. *World Economic Outlook Update. January*. Washington, DC: International Monetary Fund. www.imf.org/external/pubs/ft/weo/2009/update/01/index.htm.

IPCC (Intergovernmental Panel on Climate Change). 2008. Technical Paper on Climate Change and Water. IPCCXXVIII/Doc. 13, Intergovernmental Panel on Climate Change, Geneva. www.ipcc.ch/meetings/session28/doc13.pdf.

Kaberuka, Donald. 2008. Opening Statement. African Development Group First African Water Week: Accelerating Water Security for Socio-Economic Development of Africa, 26–28 March, Tunis

Maidmont, Paul. 2008. Re-thinking Social Responsibility. *Forbes* 25 (January). www.forbes.com/leadership/citizenship/2008/01/25/davos-corporate-responsibility-lead-cx_pm_0125notes.html.

Manning, Nick. 1999. *Strategic Decision-making in Cabinet Government: Institutional Underpinnings and Obstacles*. Washington, DC: World Bank.

MDG Africa Steering Group. 2008. *Achieving the Millennium Development Goals in Africa: Recommendations of the MDG Africa Steering Group*. New York: United Nations.

MEA (Millennium Ecosystem Assessment). 2005. *Ecosystems and Human Well-Being: Wetlands and Water Synthesis*. Washington, DC: World Resources Institute.

NEPAD (New Partnership for Africa's Development). 2002. *Comprehensive Africa Agriculture Development Programme*. New Partnership for Africa's Development, Midrand, South Africa.

OECD (Organisation for Economic Cooperation and Development) and FAO (Food and Agriculture Organization of the United Nations). 2008. *OECD-FAO Agricultural Outlook 2008–2017*. Paris: Organisation for Economic Co-operation and Development.

Phumpiu, P., and J. E. Gustafsson. 2007. Reform or Adjustment? From the Liberal and Neo-liberal Policy Reform Process in Honduras. Paper from 5th International Water History Association Conference: Pasts and Futures of Water, 13–17 June, Tampere, Finland.

Poverty-Environment Partnership. 2006. *Linking Poverty Reduction and Water Management*. Poverty-Environment Partnership.

Prüss-Üstün, A., and C. Corvalán. 2006. *Preventing Disease through Healthy Environments: Towards an*

Estimate of the Environmental Burden of Disease. Geneva：World Health Organization. www.who.int/quantifying_ehimpacts/publications/preventingdisease/en/index.html.

Rajan，Raghuram G.2006. Investment Restraint，the Liquidity Glut and Global Imbalances. Remarks by the Economic Counsellor and Director of Research，International Monetary Fund，at the Conference on Global Imbalances organized by the Bank of Indonesia in Bali，Indonesia，November 16 2006. www.imf.org/external/np/speeches/2006/111506.htm.

Schuster-Wallace，Corinne J.，Velma I. Grover，Zafar Adeel，Ulisses Confalonieri，and Susan Elliott.2008. *Safe Water as the Key to Global Health*. Hamilton，Canada：United Nations University International Network on Water，Environment and Health.

SIWI(Stockholm International Water Institute).2005. *Making Water a Part of Economic Development：The Economic Benefits of Improved Water Management and Services*. Stockholm：Stockholm International Water Institute.

UN Security Council.2007. Security Council Holds First-ever Debate on Impact of Climate Change on Peace，Security，Hearing over 50 Speakers. UN Security Council 5663rd meeting，17 April 2007. United Nations Security Council，Department of Public Information，News and Media Division，New York，17 April. www.un.org/News/Press/docs/2007/ sc9000.doc.htm.

UNDP(United Nations Development Programme).2006.*Human Development Report 2006. Beyond Scarcity. Power，Poverty and the Global Water Crisis*. New York：Palgrave Macmillan.

UNDP (United Nations Development Programme)and World Bank.2007. Somalia Reconstruction and Development Programme：Deepening Peace and Reducing Poverty. Somalia Joint Needs Assessment，United Nations and World Bank Coordination Secretariat，Nairobi. www.somali-jna.org/downloads/ ACF7C9C.pdf.

UNFCCC (United Nations Framework Convention on Climate Change).2005. Five-year Programme of Work on the Subsidiary Body for Scientific and Technological Advice on Impacts，Vulnerability and Adaptation to Climate Change. FCCC/ CP/2005/5/Add.1，Bonn，Germany.

——.2007. Report on the Workshop on Adaptation Planning and Practices. FCCC/SBSTA/2007/15，United Nations Framework Convention on Climate Change.

United Nations.2008. Compilation of Initiatives and Commitments relating to the High-Level Event on the Millennium Development Goals. High-Level Event on the Millennium Development Goals：Committing to Action：Achieving the Millennium Development Goals，25 September，New York.

UN-Water.2007. Outcome of Seminar Coping with Water Scarcity. Outcome of the Seminar on Coping with Water Security，23 August，Stockholm. www.unwater. org/www-seminar2.html.

——.2008. Sanitation Is Vital for Health. Factsheet 1. International Year for Sanitation，New York.

van Hofwegen，Paul，and Task Force on Financing Water for All.2006. *Enhancing Access to Finance for Local Governments. Financing Water for Agriculture*. Chaired by Angel Gurría. Marseille，France：World Water

Council.

WELL.2005. Supporting the Achievement of the MDG Sanitation Target. WELL Briefing Note for CSD−13, WELL, Leicestershire.

WHO (World Health Organization).2006. Economic and Health Effects of Increasing Coverage of Low Cost Water and Sanitation Interventions. UNHDR Occasional Paper, World Health Organization, Geneva.

WHO (World Health Organization)and UNICEF (United Nations Children's Fund)Joint Monitoring Programme.2008. *Progress on Drinking Water and Sanitation : Special Focus on Sanitation*. New York and Geneva : World Health Organization.

Winpenny, James.2003. Financing Water for All. Report of The World Panel on Financing Water Infrastructure, chaired by Michel Camdessus. Kyoto : World Water Council, 3rd World Water Forum, and Global Water Partnership.

World Bank.2003. Water Resources Sector Strategy : Strategic Directions for World Bank Engagement. World Bank, Washington, DC.

——.2005.*Global Monitoring Report. Millennium Development Goals : From Consensus to Momentum*. Washington, DC : World Bank.

——.2008.Environmental Health and Child Survival : Epidemiology, Economics Experiences. Washington, DC : World Bank.

Worldwatch Institute.2008.*State of the World : Innovations for a Sustainable Economy*. New York : Norton Institute.

Zoellnick, Robert B.2008. Speech by President of World Bank at United Nations' High−Level Conference on World Food Security : The Challenges of Climate Change and Bioenergy, 3 June 2008, Rome, Italy.

第 2 章

Bassett, Libby, John T. Brinkman, and Kusumita P. Pedersen.2000.*Earth and Faith. A Book of Reflection for Action*. Nairobi : Interfaith Partnership for the Environment and United Nations Environment Programme.

Commission on Growth and Development.2008. *The Growth Report : Strategies for Sustained Growth and Inclusive Development*. Conference Edition. Washington, DC : World Bank.

EIA(Energy Information Administration).2008.*Annual Energy Review 2007*.Washington, DC : Government Printing Office. www.eia.doe.gov/emeu/aer/pdf/aer.pdf.

FAO (Food and Agriculture Organization of the United Nations).2008. Declaration of the High−Level Conference on World Food Security : The Challenges of Climate Change and Bioenergy. High Level Conference on World Food Security, 3–5 June, Rome.

Gallopín, G. C., and F. Rijsberman.2000. Three Global Water Scenarios. *International Journal of Water* 1

（1）：16–40.

Hinrichsen, D., B. Robey, and U. D. Upadhyay. 1997. *Solutions for a Water-Short World*. Population Reports Series M, no. 14. Baltimore, MD: Population Information Program, Johns Hopkins School of Public Health.

Hoekstra, A. Y., and A. L. Chapagain.2008. *Globalization of Water: Sharing the Planet's Freshwater Resources*. Oxford: Blackwell Publishing.

IEA (International Energy Agency).2006. *World Energy Outlook 2006*. Paris: Organisation for Economic Co-operation and Development, and International Energy Agency.

IMF (International Monetary Fund).2008a. World Economic Outlook Update: Rapidly Weakening Prospects Call for New Policy Stimulus. Washington, DC: International Monetary Fund. www. imf.org/external/pubs/ft/weo/2008/ update/03/.

——.2008b. *World Economic Outlook: Financial Stress, Downturns, and Recoveries*. Washington, DC: International Monetary Fund.

Institute for Statistics.2006.*World Education Indicators Data Centre Literacy Statistics*. Paris: United Nations Educational, Scientific and Cultural Organization.

Lutz, W., W. Sanderson, and S. Scherbov.2008. The Coming Acceleration of Global Population Ageing. *Nature* 451(20):716–19.

Morton, A., P. Boncour, and F. Laczko.2008. Human Security Policy Challenges. *Forced Migration Review: Climate Change and Displacement. Issue 31*. Oxford, United Kingdom: Refugee Studies Centre, University of Oxford.

Mutagamba, Maria Lubega.2008. The Role of Women within the Water Sector and The Importance of Gender Mainstreaming. *The 5th World Water Forum Newsletter 4*.

Pacific Institute.2007.*At the Crest of a Wave: A Proactive Approach to Corporate Water Strategy*. Oakland, CA: Business for Social Responsibility and the Pacific Institute.

Poddar, Tushar, and Eva Yi.2007. *Global Economics Paper Issue no. 152: India's Rising Growth Potential*. Goldman Sachs Global Economic Website, Goldman Sachs. http://usindiafriendship.net/viewpoints1/Indias_Rising_Growth_Potential.pdf.

SIWI(Stockholm International Water Institute).2005. Making Water a Part of Economic Development: The Economic Benefits of Improved Water Management and Services. Stockholm: Stockholm International Water Institute.

United Nations.2006a.*Trends in Total Migrant Stock: The 2005 Revision*. New York: Population Division, Department of Economic and Social Affairs, United Nations.

——.2006b.*World Urbanisation Prospects: The 2005 Revision. Fact Sheet 3*. New York: Population Division, Department of Economic and Social Affairs, United Nations. www.un.org/esa/population/publications/WUP2005/2005WUP_FS3.pdf.

——.2007.*World Population Prospects: The 2006 Revision.* New York: Population Division, Department of Economic and Social Affairs, United Nations.

——.2008. *World Economic and Social Survey 2008: Overcoming Economic Insecurity.* New York: Department of Economic and Social Affairs, United Nations.

UN-HABITAT(United Nations Human Settlements Programme).2006.*State of the World's Cities 2006/7.* London: Earthscan.

UNFPA(United Nations Population Fund).2007. *State of World Population 2007: Unleashing the Potential of Urban Growth.* New York: United Nations Population Fund.

UNICEF (United Nations Children's Fund).2006a. Childinfo: Monitoring the Situation of Children and Women, Child Mortality Info Database. www.childmortality. org/.

——.2006b. *The State of the World's Children 2007: The Double Dividend of Gender Equality.* New York: United Nations Children's Fund.

WBCSD (World Business Council on Sustainable Development).2006. *Business in the World of Water: WBCSD Water Scenarios to 2025.* Washington, DC: World Business Council on Sustainable Development.

Wiggins, Jenny.2008. Feature: Developing Tastes. *Financial Times Magazine*, 27-28 January. www.ft.com/cms/s/0/8e606e1e -cbb2-11dc-97ff-000077b07658.html？nclick_check=1

World Bank.2008. *World Development Indicators* 2008. Washington, DC: World Bank.

World Economic Forum.2008. Managing Our Future Water Needs for Agriculture, Industry, Human Health, and the Environment. Discussion Document for the World Economic Forum Annual Meeting 2008. www.european-waternews.com/ download/whitepaper_uploadfile_2.pdf.

第 3 章

Berger, M. 2008. Nanotechnology and Water Treatment. Nanowerk website. www.nanowerk.com/spotlight/spotid=4662.php.

Bergkamp, G., and C. W. Sadoff.2008. Water in a Sustainable Economy. *In State of the World: Innovations for a Sustainable Economy.* Washington, DC: Worldwatch Institute.

FAO (Food and Agriculture Organization of the United Nations).2000. Agricultural Production and Productivity in Developing Countries. *In The State of Food and Agriculture 2000.* Rome: Food and Agriculture Organization of the United Nations.

——.2008. Soaring Food Prices: Facts, Perspectives, Impacts and Actions Required. HLC/08/INF/1. Background paper for the High-Level Conference on World Food Security: The Challenges of Climate Change and Bioenergy, Rome, 3-5 June 2008.

Hillie, T., M. Munasinghe, M. Hlope, and Y. Deraniyagala.2005. Nanotechnology, Water and Development.

Global Dialogue on Nanotechnology and the Poor：Opportunities and Risks. Meridian Institute，Washington，DC.

——.2007. *World Energy Outlook 2007*. Paris：Organisation for Economic Cooperation and Development and International Energy Agency.

Mitchell，Donald.2008. A Note on Rising Food Prices. Policy Research Working Paper 4682，Development Prospects Group，World Bank，Washington，DC.

OECD（Organisation for Economic Cooperation and Development）.2008.*OECD Environmental Outlook to 2030*. Paris：Organisation for Economic Cooperation and Development.

Pimentel，D.，and T. W. Patzek.2005. Ethanol Production Using Corn，Switchgrass，and Wood；Biodiesel Production Using Soybean and Sunflower. *Natural Resources Research* 14（1，March）：65–76.

US Department of Agriculture.2008. Grain and Oilseeds Outlook for 2008. Prepared for the Agricultural Outlook Forum，February 21–22，Crystal City，VA. www.usda.gov/oce/ forum/2008_Speeches/Commodity/ Grain-sandOilseeds.pdf.

World Bank.2008. *Global Economic Prospects 2008：Technology Diffusion in the Developing World*. Washington，DC：World Bank.

第 4 章

ADB（Asian Development Bank）.2004. *Evaluation Highlights of 2003*. Manila，Philippines：Asian Development Bank.

ASCE（American Society of Civil Engineers）.2008. 2005 Report Card on America's Infrastructure.2008 Update. American Society of Civil Engineers.www.asce.org/reportcard/2005/index.cfm.

Boelens，R.2008. The Rules of the Game and the Game of the Rules：Normalization and Resistance in Andean Water Control. PhD diss.，Wageningen University，The Netherlands.

Bosworth，B.，G. Cornish，C. Perry，and F. van Steenbergen.2002. Water Charging in Irrigated Agriculture：Lessons from the Literature. Report OD 145，HR Wallingford，Ltd.，Wallingford，UK. www. dfid–kar–water.net/ w5outputs/electronic_ outputs/od145.pdf.

CEC（Commission of the European Communities）.2007. Towards Sustainable Water Management in the European Union – First Stage in the Implementation of the Water Framework Directive 2000/60/EC. Communication from the Commission to the European Parliament and the Council [SEC（2007）362] [SEC（2007）363]，Brussels.

Cosgrove，W.，and F. Rijsberman.2000. *World Water Vision：Making Water Everybody's Business*. London：Earthscan.

Dardenne，B.2006.*The Role of the Private Sector in Peri–urban or Rural Water Services in Emerging Countries*. ENV/EPOC/GF/ SD（2006）2. Organisation for Economic Co–operation and Development，Environment Directorate, Paris.

EAP Task Force for the Implementation of the Environmental Action Program for Eastern Europe, Caucasus and Central Asia.2007. *Financing Water Supply and Sanitation in EECCA Countries and Progress in Achieving the Water-Related Millennium Development Goals*. Paris: Organisation for Economic Co-operation and Development.

European Parliament and Council.2000. Directive 2000/60/EC of the European Parliament and of the Council of 23 October 2000: Establishing a Framework for Community Action in the Field of Water Policy. *Official Journal of the European Communities 22 (12)*. http://eur-lex.europa.eu/LexUriServ/LexUriServ. do?uri= OJ: L: 2000: 327: 0001: 0072: EN: PDF.

Garces-Restrepo, C., D. Vermillion, and G. Muñoz.2007.*Irrigation Management Transfer: Worldwide Efforts and Results*. FAO Water Reports No. 32. Rome: Food and Agriculture Organization of the United Nations.

Global Water Intelligence.2004. *Tariffs: Half Way There*. Oxford, UK: Global Water Intelligence.

Government of Australia.2008. Water Act 2007. Act 137. C2007A00137. www. comlaw.gov.au/ComLaw/ Legislation/Act1.nsf/0/80C5168EF63926C2CA25741200026703/$file/1372007.pdf.

Hendry, S.2008. Analytical Framework for National Water Law Reform/Analytical Framework for Reform of Water Services Law. PhD diss., University of Dundee, United Kingdom.

Hutton, Guy, and Laurence Haller.2004.*Evaluation of the Costs and Benefits of Water and Sanitation Improvements at the Global Level*. Geneva: World Health Organization.

Kariuki, M., and J. Schwartz.2005. Small-Scale Private Service Providers of Water Supply and Electricity. World Bank Working Paper 074, World Bank, Washington, DC.

Kraemer, R. A., Z. G. Castro, R. S. da Motta, and C. Russell. 2003.*Economic Instruments for Water Management: Experiences from Europe and Implications for Latin America and the Caribbean*. Washington, DC: Inter-American Development Bank.

Marin, Philippe.2009. Public-Private Partnerships for Urban Water Utilities: A Review of Experiences in Developing Countries. Public-Private Infrastructure Advisory Facility and World Bank, Washington, DC.

McGranahan, G., and D. L. Owen.2006.*Local Water and Sanitation Companies and the Urban Poor*. Human Settlements Discussion Paper (Water 04). London: International Institute for Environment and Development.

McIntosh. A. C.2003. *Asian Water Supplies: Reaching the Urban Poor*. Manila: Asian Development Bank, and London: International Water Association.

Moss, J., G. Wolff, G. Gladden, and E. Guttieriez.2003. Valuing Water for Better Governance: How to Promote Dialogue to Balance Social, Environmental, and Economic Values. White paper for the Business and Industry CEO Panel for Water. Presented at the CEO plenary session of the Third World Water Forum, 10 March, Osaka, Japan. www.wbcsd.org/DocRoot/8d4hpTlQ6FCa4jn7Y5Cl/Valuing_water_report.pdf.

OECD (Organisation for Economic Cooperation and Development). Forthcoming.*Strategic Financial Planning for Water Supply and Sanitation* [provisional title]. Paris：Organisation for Economic Co-operation and Development.

OECD (Organisation for Economic Cooperation and Development)-DAC (Development Assistance Committee).2008. Measuring Aid to Water Supply and Sanitation,Statistics on Aid to the Water Sector. Organisation for Economic Co-operation and Development,Paris. www.oecd.org/ dataoecd/32/37/41750670.pdf.

OECD,DCD/DAC(Organisation for Economic Co-operation and Development,Development Co-operation Directorate,Development Assistance Committee).2007. Development Database on Aid Activities：Creditor Reporting System：Aid Activities in Support of Water Supply and Sanitation. Paris. www.oecd.org/ document/0/ 0,2340,en_2649_34447 _37679488_1_1_1_1,00.html.

Olivier,A.2007. Affordability：Principles and Practice. Presentation to Organisation for Economic Co-operation and Development Expert Meeting on Sustainable Financing for Affordable Water Services：From Theory to Practice,14-15 November,Paris.

Owen,David Lloyd.2006. *Financing Water and Wastewater to 2025：From Necessity to Sustainability*. New York：Thomson Financial.

Queensland Government.2000. Water Act 2000. Act 34. Brisbane,Queensland. www.legislation.qld.gov.au/ LEGISLTN/ ACTS/2000/00AC034.pdf.

Rees,J.,J.Winpenny,and A. Hall.2008. Water Financing and Governance. GWP Technical Committee, Background Paper 12,Global Water Partnership.

Roper,H.,C. Sayers,and A. Smith.2006. Stranded Irrigation Assets. Staff Working Paper,Australian Government Productivity Commission,Melbourne. www. pc.gov.au/research/staffworkingpaper/ strandedirrigation

Stålgren,P.2006. Worlds of Water：Worlds Apart. How Targeted Domestic Actors Transform International Regimes. Göteborg University,Göteborg,Sweden.

Transparency International.2008. *Global Corruption Report 2008：Corruption in the Water Sector*. Cambridge,UK：Cambridge University Press.

UNDP(United Nations Development Programme).2006.*Human Development Report 2006：Beyond Scarcity：Power,Poverty and the Global Water Crisis*. New York：Palgrave Macmillan.

——.2008.Creating Value for All：Strategies for Doing Business with the Poor. New York：United Nations Development Programme.

United Nations. 1945. Statute of the International Court of Justice. Charter of the United Nations. United Nations,New York. www.icj-cij.org/documents/index. php? p1=4&p2=2&p3=0.

——.2008.*World Economic and Social Survey 2008：Overcoming Economic Insecurity*. New York：Department of Economic and Social Affairs,United Nations.

UNSGAB(United Nations Secretary General's Advisory Board on Water and Sanitation).2006. Hashimoto

Action Plan (formerly known as The Compendium of Actions). United Nations Secretary General's Advisory Board on Water and Sanitation, New York.

UN-Water.2008. *UN-Water Global Annual Assessment of Sanitation and Drinking-Water(GLAAS):2008 Pilot-Testing a New Reporting Approach.* Geneva: World Health Organization.

van Hofwegan, Paul, and Task Force on Financing Water for All.2006. *Enhancing Access to Finance for Local Governments: Financing Water for Agriculture.* Chaired by Angel Gurria. Marseille, France: World Water Council.

von Benda-Beckmann, K., F. von Benda-Beckmann, and J. Spiertz. 1998. Equity and Legal Pluralism: Taking Customary Law into Account in Natural Resource Policies. *In Searching for Equity: Conceptions of Justice and Equity in Peasant Irrigation*, ed. R. Boelens and G. Dávila. Assen, The Netherlands: Van Gorcum.

WBCSD (World Business Council for Sustainable Development).2005. Water Facts and Trends. World Business Council on Sustainable Development, Washington, DC.

WCD (World Commission of Dams).2000.*Dams and Development: A New Framework for Decision-Making.* London: Earthscan.

Winpenny, James.2003.*Financing Water For All.* Report of the World Panel on Financing Water Infrastructure, chaired by Michel Camdessus. Kyoto: World Water Council, 3rd World Water Forum, and Global Water Partnership.

——.2005. *Guaranteeing Development? The Impact of Financial Guarantees.* Paris: Organisation for Economic Co-operation and Development, Development Centre Studies, Paris.

——.2008.*Financing Strategies for Water Supply and Sanitation: A Report from the OECD Task Team on Sustainable Financing to Ensure Affordable Access to Water Supply and Sanitation.* COM/ENV/EPOC/ DCD/ DAC(2008)4. Paris: OECD Environment Directorate and OECD Development Co-operation Directorate.

第5章

Campbell-Lendrum, D., C. Corvalán, and M. Neira.2007. Global Climate Change: Implications for International PublicHealth Policy. *Bulletin of the World Health Organization* 85:235-37.

Cosgrove, W., and F. Rijsberman.2000.*World Water Vision: Making Water Everybody's Business.* London: Earthscan.

FAO (Food and Agriculture Organization of the United Nations).2008. *The State of Food and Agriculture 2008: Biofuels: Prospects, Risks, and Opportunities.* Rome: Food and Agriculture Organization.

Giles, J.2006. Methane Quashes Green Credentials of Hydropower. *Nature* 444(7119):524-25.

Haines, A., R. S. Kovats, D. Campbell-Lendrum, and C. Corvalan.2006.Climate Change and Human Health: Impacts, Vulnerability and Public Health.*Public Health* 120(7):585-96.

IEA (International Energy Agency).2006.*World Energy Outlook 2006*. Paris:Organisationfor Economic Co-operation and Development,and International Energy Agency.

IPCC(Intergovernmental Panel on Climate Change).2008. Technical Paper on Climate Change and Water. IPCCXXVIII/Doc.13,Intergovernmental Panel on Climate Change,Geneva. www.ipcc.ch/meetings/session28/doc13.pdf.

Nicholls,R. J.,P. P. Wong,V. R. Burkett,J.O. Codignotto,J. E. Hay,R. F. McLean,S. Ragoonaden,and C. D. Woodroffe.2007. Coastal Systems and Low-lying Areas. *In Climate Change 2007:Impacts,Adaptation, and Vulnerability*,eds. M.L. Parry,O. F. Canziani,J. P. Palutikof,P. J. van der Linden,and C. E. Hanson. Cambridge,UK:Cambridge University Press.

OECD (Organisation for Economic Cooperation and Development).2005.*Bridge over Troubled Waters: Linking Climate Change and Development*. Paris:Organisation for Economic Co-operation and Development.

Oxfam.2007. Adapting to Climate Change-What's Needed in Poor Countries,and Who Should Pay. Oxfam Briefing Paper 104,Oxfam International,Oxford,UK.

Stern,N.2006. *The Stern Review:The Economics of Climate Change*. London:Cabinet Office,HM Treasury.

UNDP (United Nations Development Programme).2007.*Human Development Report 2007/2008:Fighting Climate Change. Human Solidarity in a Divided World*. New York:Palgrave Macmillan.

UNEP (United Nations Environment Programme).2007. *Global Environment Outlook 4(GEO4):Environment for Development*. Nairobi:United Nations Environment Programme.

UNFCCC (United Nations Framework Convention on Climate Change).2006. Application of Environmentally Sound Technologies. Technical Paper FCCC/TP/2006/2,United Nations Framework Convention on Climate Change,New York. http://unfccc.int/resource/docs/2006/tp/tp02.pdf.

——.2007a. *Climate Change:Impacts,Vulnerabilities and Adaptation in Developing Countries*. Bonn, Germany:United NationsFramework Convention on ClimateChange.

——.2007b. Investment and Financial Flows to Address Climate Change. Background paper,United Nations Framework Convention on Climate Change,New York.

van Aalst,M.,M. Hellmuth,and D.Ponzi.2007. Come Rain or Shine:Integrating Climate Risk Management into African Development Bank Operations.African Development Bank Working Paper 89,African Development Bank,Tunis.

WBCSD (World Business Council for Sustainable Development).2006.Business in the World of Water: WBCSD Scenarios to 2025. Washington,DC:World Business Council for Sustainable Development.

World Bank.2004. Towards a Water-Secure Kenya. Water Resources Sector Memorandum,Report 28398-KE. World Bank,Washington,DC.

——.2006. Clean Energy and Development:Towards an Investment Framework. Paper DC2006-0002.

Development Commit, World Bank, Washington, DC.

第6章

APWF (Asia−Pacific Water Forum).2007. *Asian Water Development Outlook 2007: Achieving Water Security for Asia.* Manila, Philippines: Asian Development Bank.

Biemans, Hester, Ton Bresser, Henk van Schaik, and Pavel Kabat.2006. Water and Climate Risks: A Plea for Climate Proofing of Water Development Strategies and Measures. 4th World Water Forum, Cooperative Program on Water and Climate, Wageningen, The Netherlands.

Comprehensive Assessment of Water Management in Agriculture.2007. *Water for Food, Water for Life: A Comprehensive Assessment of Water Management in Agriculture.* London: Earthscan, and Colombo: International Water Management Institute.

DfID(Department for International Development).2005. *Why We Need to Work More Effectively in Fragile States.* London: Department for International Development.

DfID (Department for International Development)Sanitation Reference Group.2008. Water Is Life, Sanitation Is Dignity, Final Draft1. DfID Sanitation Policy Background Paper, Department for International Development, London. www.dfid. gov.uk/consultations/past−consultations/water−sanitation−background.pdf.

Ejemot, R., J. Ehiri, M. Meremikwu, and J. Critchley.2008. Hand Washing for Preventing Diarrhoea. *Cochrane Database of Systematic Reviews*, Issue 3. Art. No: CD004265. DOI: 10.1002/14651858. CD004265. pub2.

Faurès, J.−M., and G. Santini, ed.2008. Water and the Rural Poor – Interventions for Improving Livelihoods in Sub−Saharan Africa. Rome: Food and Agriculture Organization of the United Nations and International Fund for Agricultural Development.

Fewtrell, L., R. B. Kaufmann, D. Kay, W. Enanoria, L. Haller, and J. M. Colford. 2005. Water, Sanitation, and Hygiene Interventions to Reduce Diarrhoea in Less Developed Countries: A Systematic Review and Meta−analysis. *Lancet Infectious Diseases* 5(1): 42−52.

Gichere, Samuel, Richard Davis, and Rafik Hirji.2006. Climate Variability and Water Resources Degradation in Kenya: Improving Water Resources Development and Management. World Bank Working Paper Series 69, World Bank, Washington, DC.

——.2008. Power point presentation at session on Infrastructure Platform for Achieving Water Security 2008. First African Water Week, Tunis.

GWP(Global Water Partnership)Technical Committee.2003. *TEC Background Paper 8: Poverty Reduction and IWRM.* Sweden: Global Water Partnership.

Hussain, I., and M. A. Hanjra.2003. Does Irrigation Water Matter for Rural Poverty Alleviation? Evidence from South and South-East Asia. *Water Policy* 5(5-6)：429-42.

Japan Water Forum and World Bank.2005. A Study on Water Infrastructure Investment and Its Contribution to Socioeconomic Development in Modern Japan. World Bank, Washington, DC.

Keiser, J., B. Singer, and J. Utzinger.2005. Reducing the Burden of Malaria in Different Settings with Environmental Management：A Systematic Review. *The Lancet Infectious Diseases* 5(11)：695-708.

Laxminarayan, R., J. Chow, and S. A. Shahid-Salles. 2006. Intervention Cost-Effectiveness：Overview and Main Messages. *In Disease Control Priorities in Developing Countries*, 2nd edition, ed. D.T. Jamison, J. G. Breman, A. R. Measham, G. Alleyne, M. Claeson, D. B. Evans, P. Jha, A. Mills, and P. Musgrove. Washington, DC：World Bank, and New York：Oxford University Press.

Lipton, M., J. Litchfield, and J.-M. Faurès.2003. The Effects of Irrigation on Poverty：A Framework for Analysis. Water Policy 5(5-6)：413-27.

Lu Jianbo and Xia Li.2006. Review of Rice-Fish Farming Systems in China-One of the Globally Important Ingenious Agricultural Heritage Systems(GIAHS). *Aquaculture* 260(2)：106-13.

Luby, S. P., M. Agboatwalla, D. R. Feikin, J. Painter, W. Billhimer, A. Altaf, and R. M. Hoekstra.2005. Effect of Handwashing on Child Health：A Randomised Controlled Trial. *Lancet* 366(9481)：225-33.

Margat, J., and V. Andréassian.2008. Léau, *les Idées Rescues*. Paris：Editions le Cavalier Bleu.

MEA(Millennium Ecosystem Assessment).2005. *Ecosystems and Human Well-Being：Wetlands and Water Synthesis*. Washington, DC：World Resources Institute.

Narayanan, Ravi.2005. Financial Water Report-Critical Issues to Be Addressed. Letter. Third World Water Forum and Water Aid. www.financingwaterforall. org/fileadmin/Financing_water_for_all/Stakeholders_responses/Narayanan_ Response_to_Camdessus_Report.pdf.

OECD(Organisation for Economic Cooperation and Development).2008. Service Delivery in Fragile Situations：Key Concepts, Findings and Lessons. OECD/ DAC Discussion Paper. Off-print of the *Journal on Development* 9(3). Organisation for Economic Co-operation and Development, Paris. www.oecd.org/dataoecd/11/8/40 581496.pdf.

Poverty-Environment Partnership.2006. *Linking Poverty Reduction and Water Management*. Poverty-Environment Partnership. http://esa.un.org/iys/docs/ san_lib_docs/povety%20reduction%20 and%20water.pdf.

Prüss-üstün, A., and C. Corvalán.2006. *Preventing Disease through Healthy Environments. Towards an Estimate of the Environmental Burden of Disease*. Geneva：World Health Organization. www.who. int/quantifying_ehimpacts/publications/ preventingdisease/en/index.html.

Prüss-Üstün, A., R. Bos, F. Gore, and J. Bartram.2008. *Safer Water, Better Health：Costs, Benefits and Sustainability of Interventions to Protect and Promote Health*. Geneva：World Health Organization.

Renwick, M., D. Joshi, M. Huang, S. Kong, S. Petrova, G. Bennett, R. Bingham, C. Fonseca, et al.2007. Multiple Use Water Services for the Poor：Assessing the State of Knowledge. Final Report, Winrock International, Arlington, VA.

Roll Back Malaria, WHO (World Health Organization), and UNICEF (United Nations Children's Fund). 2005. *World Malaria Report 2005.* Geneva: World Health Organization.

Smakhtin, V. U., C. Revenga, and P. Döll. 2004. *Taking into Account Environmental Water Requirements in Global-Scale Water Resources Assessments Comprehensive Assessment Research Report 2.* Colombo, Sri Lanka: Comprehensive Assessment Secretariat, International Water Management Institute.

Sullivan, C. A. 2002. Calculating a Water Poverty Index. World Development 30(7): 1195–210.

Sullivan C. A., A. Cohen, J.-M. Faurès, and G. Santini. Forthcoming. *The Rural Water Livelihoods Index: A Tool to Prioritize Waterrelated Interventions for Poverty Reduction.* Rome: Food and Agriculture Organization of the United Nations and International Fund for Agricultural Development.

Sullivan, C. A., J. R. Meigh, A. M. Giacomello, T. Fediw, P. Lawrence, M. Samad, S. Mlote, C. Hutton, J. A. Allan, R. E. Schulze, D. J. M. Dlamini, W. Cosgrove, J. Delli Priscoli, P. Gleick, I. Smout, J. Cobbing, R. Calow, C. Hunt, A. Hussain, M. C. Acreman, J. King, S. Malomo, E. L Tate, D. O'Regan, S. Milner, and I. Steyl. 2003. The Water Poverty Index: Development and Application at the Community Scale. *Natural Resources* 27(3): 189–99.

Tacoli, Cecilia. 2007. Links between Rural and Urban Development in Africa and Asia. Paper presented at United Nations Expert Group Meeting on Population Distribution, Urbanization, Internal Migration and Development, United Nations Secretariat, New York, 21–23 January 2008.

Turpie, J., B. Smith, L. Emerton, and J. Barnes. 1999. *Economic Valuation of the Zambezi Basin Wetlands.* Harare: IUCN - The World Conservation Union Regional Office for Southern Africa.

UNDP (United Nations Development Programme). 2006. *Human Development Report 2006. Beyond Scarcity: Power, Poverty and the Global Water Crisis.* New York: Palgrave MacMillan.

UNEP (United Nations Environment Programme). 2007. *Global Environment Outlook GEO 4: Environment for Development.* Nairobi: United Nations Environment Programme.

UN-HABITAT (United Nations Human Settlements Programme). 2006. *State of the World Cities 2006/7.* London: Earthscan.

UNIDO (United Nations Industrial Development Organization). 2007. Symposium Report on Water Productivity in the Industry of the Future for Technology Foresight Summit, 27–29 September 2007, Budapest.

United Nations. 2008. *World Economic and Social Survey 2008: Overcoming Economic Insecurity.* New York: Department of Economic and Social Affairs, United Nations. www.un.org/esa/policy/wess/ wess2008files/ wess08/overview_en.pdf.

WCD (World Commission on Dams). 2000. *Dams and Development. A New Framework for Decision-Making.* London: Earthscan. WHO (World Health Organization). 2007. World Health Statistics 2007. Geneva: World Health Organization.

——.2008. *The Global Burden of Disease*:*2004 Update*. Geneva:World Health Organization.

Winpenny,James.2003. *Financing Water for All. Report of the World Panel on Financing Water Infrastructure*. Chaired by Michel Camdessus. Kyoto:World Water Council,3rd World Water Forum,and Global Water Partnership.

World Bank.2005a. India's Water Economy:Bracing for a Turbulent Future. World Bank,Washington, DC. http:// go.worldbank.org/QPUTPV5530.

——.2005b. Zambezi River Basin,Sustainable Water Resources Development for Irrigated Agriculture. Draft Report,TFESSD Africa Poverty and Environment Program,Environment,Rural and Social Development Department−AFTS1,Finance,Private Sector and Infrastructure Department−AFTU1,Regional Integration and Cooperation Department−AFC16,Africa Region,World Bank,Washington,DC.

——.2007. *World Development Report 2008*:*Agriculture for Development*. Washington,DC:World Bank.

Worldwatch Institute.2007. *State of the World*:*Our Urban Future*. London and New York:Norton Institute.

WWAP (World Water Assessment Programme)Expert Group on Storage.2008. Summary Paper of Online Discussion on Storage. World Water Assessment Programme.

第 7 章

AfricaSan + 5 Conference on Sanitation and Hygiene.2008. *The eThekwini Declaration and AfricaSan Action Plan*. WSP(Water and Sanitation Program)−Africa.

Ahmed,M.,H. Navy,L. Vuthy,and M. Tiongco. 1998. *Socio−Economic Assessment of Freshwater Capture Fisheries in Cambodia. Report 185*. Phnom Penh:Mekong River Commission,Department of Fisheries and Danida.

Aliev,S.,P. Shodmonov,N. Babakhanova,and O. Schmoll.2006. Rapid Assessment of Drinking−Water Quality in the Republic of Tajikistan. Dushanbe,Ministry of Health of the Republic of Tajikistan,United Nations Children's Fund,World Health Organization.

Béné,C.,G. Macfadyen,and E. Allison.2007. Increasing the Contribution of Small−Scale Fisheries to Poverty Alleviation and Food Security. FAO Fisheries Technical Paper 481,Food and Agriculture Organization of the United Nations,Rome.

Bennett K. D.,S. G. Haberle,and S. H. Lumley.2000. The Last Glacial−Holocene Transition in Southern Chile. Science 290(5490):325−28. DOI:10.1126/ science.290.5490.325.

Blue Plan,MAP (Mediterranean Action Plan),and UNEP (United Nations Environment Programme). 2005. *The Blue Plan's Sustainable Development Outlook for the Mediterranean. Sophia Antipolis*,France:Blue Plan. www.planbleu.org/ publications/UPM_EN.pdf.

——.2007. *Water Demand Management,Progress and Policies*:*Proceedings of the 3rd Regional Workshop* on Water and Sustainable Development in the Mediterranean Zaragoza, Spain, 19–21 March. MAP Technical Reports Series 168. Athens: United Nations Environment Programme.

BVB(Bureau Voorlichtin Binnenvaart).2008. *The Power of Inland Navigation: The Future of Inland Navigation on European Scale*. Rotterdam: Bureau Voorlichtin Binnenvaart. www. bureauvoorlichtingbinnenvaart.nl/ images/download/waardevoltransport/ The_power_of_inland_navigation.pdf. www.inlandshipping.com/

Comprehensive Assessment of Water Management in Agriculture.2007. *Water for Food, Water for Life: A Comprehensive Assessment of Water Management in Agriculture*. London: Earthscan, and Colombo: International Water Management Institute.

Cosgrove, W., and F. Rijsberman.2000. *World Water Vision: Making Water Everybody's Business*. London: Earthscan.

De Fraiture, C., M. Giodano, and Yongsong L.2007. Biofuels: Implications for Agricultural Water Use: Blue Impact of Green Energy. Paper presented at the International Conference Linkages between Energy and Water Management for Agriculture in Developing Countries, 28–31 January 2007, Hyderabad, India.

DHI.2008. Linking Water, Energy and Climate Change. A Proposed Water and Energy Policy Initiative for the UN Climate Change Conference, COP15, in Copenhagen 2009, Draft Concept Note, Danish Hydrological Institute, Horsholm, Denmark.

Dornbosch, Richard, and Ronald Steenblik. 2007. Biofuels: Is the Cure Worse than the Disease? Round Table on Sustainable Development, 11–12 September 2007, Paris. SG/SD/RT(2007)3, Organisation for Economic Co-operation and Development.www.foeeurope. org/publications/2007/OECD_Biofuels_Cure_Worse_Than_Disease_Sept07.pdf.

EHP (Environmental Health Project).2003. *The Hygiene Improvement Framework: A Comprehensive Approach for Preventing Childhood Diarrhoea*. Washington, DC: Environmental Health Project.

FAO (Food and Agriculture Organization of the United Nations).2006a. *World Agriculture towards 2030/ 2050. Prospects for Food, Nutrition, Agriculture, and Major Commodity Groups. Interim Report*. Rome: Food and Agriculture Organization of the United Nations.

——:2006b. *The State of Food Insecurity in the World 2006. Eradicating World Hunger–Taking Stock Ten Years after the World Food Summit*. Rome: Food and Agriculture Organization of the United Nations.

——.2008a. Report of the Co-Chairs of the Informal Open-ended Contact Group. Contribution to the High-Level Conference on World Food Security: The Challenges of Climate Change and Bioenergy, 3–5 June 2008, Rome. ftp:// ftp.fao.org/docrep/fao/meeting/013/ k2359e.pdf.

——.2008b. Climate Change, Water and Food Security. Technical background document from the expert consultation held in Rome, 26–28 February 2008. Contribution to the High Level Conference on World Food Security: The Challenges of Climate Change and Bioenergy, 3–5 June 2008, Rome.

——.2008c. Soaring Food Prices: Facts, Perspectives, Impacts and Actions Required. Contribution to the

High Level Conference on World Food Security:The Challenges of Climate Change and Bioenergy,3-5 June 2008,Rome.

——.Forthcoming. *The State of World Fisheries and Aquaculture 2008*. Rome:Food and Agriculture Organization of the United Nations.

Global Water Intelligence.2007. *Global Water Market 2008:Opportunities in Scarcity and Environmental Regulation.* Oxford:Global Water Intelligence.

Government of Indonesia.2007. *Indonesia Country Report. Climate Variability and Climate Changes and Their Implications.* Jakarta:Ministry of Environment,Republic of Indonesia. www.undp.or.id/pubs/ docs/Final% 20Country%20Report%20-%20Climate%20Change.pdf.

Gowing,J.2006. A Review of Experience with Aquaculture Integration in Large- Scale Irrigation Systems. In Integrated Irrigation and Aquaculture in West Africa:Concepts,Practices and Potential,eds.,M. Halwart and A. A. van Dam. Rome:Food and Agriculture Organization of the United Nations.

Hoekstra,A. Y.,and A. K. Chapagain. 2007. Water Footprints of Nations:Water Use by People as a Function of Their Consumption Pattern. *Water Resources Management* 21(1):35-48.

——.2008.*Globalization of Water:Sharing the Planet's Freshwater Resources.*Oxford:Blackwell Publishing.

Hoggarth,D. D.,V. J. Cowan,A. S. Halls,M. Aeron-Thomas,J. A. McGregor,C. A. Garaway,A. I. Payne, and R. Welcomme. 1999. *Management Guidelines for Asian Floodplain River Fisheries. Part 1:A Spatial,Hierarchical and Integrated Strategy for Adaptive Co -management. FAO Fisheries Technical Paper*,384/1. Rome:Food and Agriculture Organization of the United Nations.

Hoogeveen,J.,J.-M. Faurès,and N. van de Giesse. Forthcoming. Increased Biofuel Production in the Coming Decade:to What Extent Will It Affect Global Freshwater Resources? *Irrigation and Drainage Journal.*

ICOLD (International Commission on Large Dams).2007. *Dams and the World's Water. An Educational Book that Explains How Dams Help to Manage the World's Water.* Paris:International Commission on Large Dams.

IEA (International Energy Agency).2006. *World Energy Outlook 2006.* Paris:Organisation for Economic Co-operation and Development and International Energy Agency.

——.2007. *World Energy Outlook 2007.* Paris:Organisation for Economic Co-operation and Development and International Energy Agency.

——.2008. *World Energy Outlook 2008.* Paris:Organisation for Economic Co-operation and Development and International Energy Agency.

IFEN (Institut Français de L'environnement).2006. *L'environnement en France. Les Syntheses.* Octobre 2006 ed. Orléans,France:Institut Français de L'environnement.

IPCC (Intergovernmental Panel on Climate Change).2000. *Emissions Scenarios.* Cambridge,UK:Cambridge University Press.

——.2007a. *Climate Change 2007: Impacts, Adaptation and Vulnerability. Contribution of Working Group II to the Fourth Assessment Report of the IntergovernmentalPanel on Climate Change*, eds., M. L. Parry, O. F. Canziani, J. P. Palutikof, P. J. van der Linden, and C. E. Hanson. Cambridge, UK: Cambridge University Press.

——.2007b. *Climate Change 2007: Mitigation. Contribution of Working Group III to the Fourth Assessment Report of the Intergovernmental Panel on Climate Change*. Cambridge, UK: Cambridge University Press.

——.2007c. *Climate Change 2007: Synthesis Report. Contribution of Working Groups I, II and III to the Fourth Assessment Report of the Intergovernmental Panel on Climate Change*. Geneva: Intergovernmental Panel on Climate Change.

Margat, J.2008. Preparatory Documents to the 5th World Water Forum 2009, 16-22 March, Istanbul. Internal Documents for Blue Plan/MAP/UNEP.

Margat, J., and V. Andréassian.2008. *L'Eau, les Idées Reçes*. Paris: Editions le Cavalier Bleu.

MEA(Millennium Ecosystem Assessment). 2005. *Ecosystems and Human Well-Being: Wetlands and Water Synthesis*. Washington, DC: World Resources Institute.

Müller, A., J. Schmidhuber, J. Hoogeveen, and P. Steduto. 2008. Some Insights in the Effect of Growing Bio-energy Demand on Global Food Security and Natural Resources. *Water Policy* 10(Supp.1): 83-94.

OECD(Organisation for Economic Cooperation and Development)and FAO(Food and Agriculture Organization of the United Nations).2008. *OECD-FAO Agricultural Outlook 2008-2017*. Paris: Organisation for Economic Co-operation and Development/Food and Agriculture Organisation of the United Nations. www.fao.org/es/ESC/common/ecg/550/ en/AgOut2017E.pdf.

PIANC (The World Association for Waterborne Transport Infrastructure).2008. Guidelines for Environmental Impacts of Vessels. InCom working group 27. PIANC.

Pilgrim, N., B. Roche, J. Kalbermatten, C. Revels, and M. Kariuki.2008. *Principles of Town Water Supply and Sanitation. Water Working Note No.13*. Washington, DC: World Bank.

Sana, B. 2000. Systèmes d'Aménagement Traditionnels des Pêches et Leur Impact dans le Cadre de la Lutte contre la Pauvreté sur les Petites Pêcheries Lacustres du Sud-Ouest du Burkina Faso. Report of the Seminar on Livelihoods and Inland Fisheries Management in the Sahelian Zone, Ouagadougou, Burkina Faso.

Shiklomanov, I. A., and John C. Rodda, eds.2003. *World Water Resources at the Beginning of the 21st Century*. Cambridge, UK: Cambridge University Press.

Somlyódy, László, and Olli Varis.2006. Freshwater under Pressure in Groundwater Management and Policy: Its Future Alternatives. *International Review for Environmental Strategies* 6(2): 181-204.

Thompson, P. M., and M. M. Hossain. 1998. Social and Distributional Issues in Open Water Fisheries Management in Bangladesh. *In Inland fishery enhancements: Papers Presented at the FAO/DFID Expert Consultation on Inland Fishery Enhancement, Dhaka, Bangladesh, 7-11 April 1997*, ed., T. Petr. Rome: Food and

Agriculture Organization of the United Nations.

Thorpe,A.,C. Reid,R. van Anrooy,and C. Brugere.2005. When Fisheries Influence National Policy – Making:An Analysis of the National Development Strategies of Major Fish–Producing Nations in the Developing World. *Marine Policy* 29(3):211–22.

UN Millennium Project.2005. *Health,Dignity,and Development:What Will It Take?* Task Force on Water and Sanitation. London:Earthscan.

UNDP (United Nations Development Programme).2006. *Human Development Report 2006:Beyond Scarcity:Power,Poverty and the Global Water Crisis.* New York:Palgrave Macmillan.

UNEP (United Nations Environment Programme).2007. *Global Environment Outlook GEO4:Environment for Development.* Nairobi:United Nations Environment Programme.

UNIDO(United Nations Industrial Development Organization).2007. Symposium Report on Water Productivity in the Industry of the Future for the Technology Foresight Summit,27–29 September 2007,Budapest.

UNSGAB(United Nations Secretary General's Advisory Board on Water and Sanitation).2006. Hashimoto Action Plan (formerly known as The Compendium of Actions). United Nations Secretary General's Advisory Board on Water and Sanitation,New York.

UN–Water.2008. *UN–Water Global Annual Assessment of Sanitation and Drinking– Water (GLAAS): 2008 Pilot Report–Testing a New Reporting Approach.* Geneva:World Health Organization.

US Department of Energy.2006. Energy Demands on Water Resources. Report to Congress on the Independency of Energy and Water,U.S. National Research Council,Washington,DC.

van Ginneken,M.,and B. Kingdom.2008. *Key Topics in Public Water Utility Reform. Water Working Note 17.* Washington,DC:World Bank.

WHO (World Health Organization)and UNICEF (United Nations Children's Fund)Joint Monitoring Programme.2006. *Meeting the MDG Drinking Water and Sanitation Target:The Urban and Rural Challenge of the Decade.* New York:United Nations Children's Fund,and Geneva:World Health Organization.

———.2008a. *Progress on Drinking Water and Sanitation:Special Focus on Sanitation.* New York:United Nations Children's Fund,and Geneva:World Health Organization.

———.2008b. *A Snapshot of Sanitation in Africa.* New York:United Nations Children's Fund,and Geneva:World HealthOrganization.

Wilson,J. D. K.2004. *Fiscal Arrangements in the Tanzanian Fisheries Sector. FAO Fisheries Circular 1000.* Rome:Food and Agriculture Organization.

World Bank.2007. *World Development Report 2008:Agriculture for Development.*Washington,DC:World Bank.

Worldwatch Institute. 2008. State of the World. New York:Norton Institute.

Wright,A. M. 1997. *Toward a Strategic Sanitation Approach:Improving the Sustainability of Urban Sanita-*

tion in Developing Countries. Washington, DC: World Bank.

WWAP (World Water Assessment Programme).2006. *The United Nations World Water Development Report 2. Water: A Shared Responsibility*. Paris: United Nations Educational, Scientific and Cultural Organization, and New York: Berghahn Books.

WWF.2008. Infrastructure Problems: River Navigation Schemes.WWF.www.panda.org/about_wwf/what_we_do/freshwater/ problems/infrastructure/river_navigation/ index.cfm.

Zah, Rainer, Heinz Böi, Marcel Gauch, Roland Hischier, Martin Lehmann, and Patrick Wäer.2007.Life Cycle Assessment of Energy Products: Environmental Assessment of Biofuels–Executive Summary. Empa, Swiss Federal Institute for Materials Science and Technology, Technology and Society Lab, Gallen, Switzerland.

第 8 章

Alley, W. M., ed. 1993. *Regional Groundwater Quality*. New York: Van Nostrand Reinhold.

Anh, V. T., N. T. Tram, L. T. Klank, P. D. Cam, and A. Dalsgaard.2007. Faecal and Protozoan Parasite Contamination of Water Spinach (Ipomoea Aquatica)Cultivated in Urban Wastewater in Phnom Penh, Cambodia. *Tropical Medicine and International Health* 12(S2):73–81.

Anh, V. T., W. van der Hoek, P. D. Cam, and A. Dalsgaard.2007. Perceived Health Problems among Users of Wastewater for Aquaculture in Southeast Asian Cities. *Urban Water Journal* 4:269–74.

Anh, V. T., W. van der Hoek, A. K. Ersbøll, N. V. Thuong, N. D. Tuan, P. D. Cam, and A. Dalsgaard. 2007. Dermatitis among Farmers Engaged in Peri–Urban Aquatic Food Production in Hanoi, Vietnam. *Tropical Medicine and International Health* 12(S2):59–65.

Bagchi, S. 2007. Arsenic Threat Reaching Global Dimensions. *Canadian Medical Association Journal* 177 (11):1344–45.

Benoit, G., and A. Comeau, eds. 2005. *A Sustainable Future for the Mediterranean: The Blue Plan's Environment and Development Outlook*. London: Earthscan.

Bixio, D., C. Thoeye, T. Wintgens, R. Hochstrat, T. Melin, H. Chikurel, A. Aharoni, and B. Durham.2006. Wastewater Reclamation and Reuse in the European Union and Israel: Status Quo and Future Prospects. *International Review for Environmental Strategies* 6(2).

Buechler, S., and G. Devi.2003. Household Food Security and Wastewater Dependent Livelihood Activities along the Musi River in Andhra Pradesh, India. International Water Management Institute, Colombo. www.who.int/ water_sanitation_health/wastewater/ gwwufoodsecurity.pdf.

Burke, J. J.2003. Groundwater for Irrigation: Productivity Gains and the Need to Manage Hydro–Environmental Risk. *In Intensive Use of Groundwater: Challenges and Opportunities*, ed., E. Custodio and M. R. Llamas. Lisse, The Netherlands: A. A. Balkema Publishers.

Burke, J. J., and M. Moench. 2000. *Groundwater and Society-Resources, Tensions and Opportunities*. New York: United Nations, Department of Economic and Social Affairs.

China, Ministry of Water Resources. 2005. Strategic Planning and Management of Water Resources in the Haihe and Huaihe River Basins of China. Beijing: Government of China.

Comprehensive Assessment of Water Management in Agriculture. 2007. *Water for Food, Water for Life: A Comprehensive Assessment of Water Management in Agriculture*. London: Earthscan, and Colombo: International Water Management Institute.

Custodio, E., and M. R. Llamas. 2003. Intensive Use of Groundwater: Introductory Considerations. *In Intensive Use of Groundwater: Challenges and Opportunities*, ed., E. Custodio and M. R. Llamas. Lisse, The Netherlands: A. A. Balkema Publishers.

Darnault, Christophe, ed. 2008. *Overexploitation and Contamination of Shared Groundwater Resources Management, (Bio)Technological, and Political Approaches to Avoid Conflicts*. NATO Science for Peace and Security Series C: Environmental Security. Dordrecht, Netherlands: Springer.

Downing, R. A., M. Price, and G. P. Jones. 1993. *The Hydrogeology of the Chalk of North-West Europe*. Oxford: Clarendon Press.

Dyson, M., G. Bergkamp, and J. Scanlon, ed. 2003. *Flow: The Essentials of Environmental Flows*. Gland, Switzerland: International Union for Conservation of Nature and Natural Resources.

EEA (European Environment Agency). 2003. *Europe's Environment-The Third Assessment*. State of the Environment Report 1/2003. Luxembourg: Office for Official Publications of the European Communities.

Ensink, J. H. J., T. Mahmood, and A. Dalsgaard. 2007. Wastewater-Irrigated Vegetables: Market Handling versus Irrigation Water Quality. *Tropical Medicine & International Health* 12(2): 2-7.

Ensink, J. H. J., T. Mahmood, W. van der Hoek, and L. Raschid-Salty. 2004. A Nationwide Assessment of Wastewater Use in Pakistan: An Obscure Activity or a Vitally Important One? *Water Policy* 6(2004): 197-206.

Ewing B., S. Goldfinger, M. Wackernagel, M. Stechbart, S. Rizk, A. Reed, and J. Kitzes. 2008. *The Ecological Footprint Atlas 2008*. Oakland, CA: Global Footprint Network.

Fewtrell, L., A. Prüss-üstün, R. Bos, F. Gore, and J. Bartram. 2007. *Water, Sanitation and Hygiene: Quantifying the Health Impact at National and Local Levels in Countries with Incomplete Water Supply and Sanitation Coverage*. Geneva: World Health Organization.

Foster, S. S. D., and P. J. Chilton. 2003. Groundwater – the Process and Global Significance of Aquifer Degradation. *Philosophical Transactions of the Royal Society London B* 358(1440): 1957-72.

Foster, S. S. D., and D. P. Loucks. 2006. *Non-Renewable Groundwater Resources. A Guidebook on Socially-Sustainable Management for Water Policy Makers*. Paris: United Nations Educational, Scientific, and Cultural Organization.

France, Ministry of Health. 2007. *L'eau potable en France 2002-2004. Eau et sante, Guide technique*.

Paris:Ministere de la Santé et des Solidarités.

Fry,R. C.,P. Navasumrit,C. Valiathan,J. P. Svensson,B. J. Hogan,M. Luo,S. Bhattacharya,K. Kandjanapa,S. Soontararuks,S. Nookabkaew,C. Mahidol,M. Ruchirawat,and L. D. Samson.2007. Activation of Inflammation/ NF–κB Signaling in Infants Born to Arsenic–Exposed Mothers. *PLoS Genetics* 3(11):e207.

Gunderson,L. H.,and C. S. Holling,ed.2002. *Panarchy:Understanding Transformations in Human and Natural Systems*. Washington,DC:Island Press.

Helsinki Commission.2007. HELCOM Releases Annual Report on 2007 Activities. Press release,24 June, Helsiniki Commission. www. helcom.fi/press_office/news_helcom/ en_GB/2007AnnualReport/.

Holling,C. S.,and G. K. Meffe. 1996. Command and Control and the Pathology of Natural Resource Management. *Conservation Biology* 10(2):328–37.

IFEN (Institut Françis de l'Environnement).2006. *L'environnement en France. Les Syntheses*. October 2006 ed. Orléans,France:Institut Françis del'Environnement.

ILEC (International Lake Environment Committee Foundation).2005. *Managing Lakes and Their Basins for Sustainable Use:A Report for Lake Basin Managers and Stakeholders*. Kusatsu,Japan:International Lake Environment Committee Foundation.

Illaszewicz,J.,R. Tharme,V. Smakhtin,and J. Dore,eds.2005. *Environmental Flows:Rapid Environmental Flow Assessment for the Huong River Basin,Central Vietnam*. Gland Switzerland:International Union for Conservation of Nature.

IPCC(Intergovernmental Panel on Climate Change).2007. *Climate Change 2007:Impacts,Adaptation and Vulnerability. Contribution of Working Group II to the Fourth Assessment Report of the Intergovernmental Panel on Climate Change*,ed.,M. L. Parry,O. F. Canziani,J. P. Palutikof,P. J. van der Linden,and C. E. Hanson. Cambridge,UK:Cambridge University Press.

ISO(International Organization for Standardization).2007. *The ISO Survey of Certifications 2006*. Geneva: International Organization for Standardization.

IWMI (International Water Management Institute).2003. Confronting the Realities of Wastewater Use in Agriculture. Water Policy Briefing Issue 9. International Water Management Institute,Colombo. www.iwmi. cgiar.org/ Publications/Water_Policy_Briefs/PDF/ wpb09.pdf.

——.2005. *Environmental Flows:Environment Perspectives on River Basin Management in Asia* 2(1). www.eflownet.org/ download_documents/EnvFlowsNL_ Vol_2_Issue_1.pdf.

Keraita,B.,F. Konradsen,P. Drechsel,and R. C. Abaidoo.2007a. Effect of Low– Cost Irrigation Methods on Microbial Contamination of Lettuce Irrigated with Untreated Wastewater. *Tropical Medicine and International Health* 12(S2):15–22.

——.2007b. Reducing Microbial Contamination on Wastewater–Irrigated Lettuce by Cessation of Irrigation before Harvesting. Tropical Medicine and International Health 12(S2):8–14.

Koo,Sasha.2003. Preliminary Remedial Investigation of the Potential Impact of an Environmental Accident on Agriculture and Irrigation in the Affected Region. Macedonia Mission Report,27–31 October,Food and Agriculture Organization of the United Nations,Rome.

Kraemer,R. A.,Z. G. Castro,R. Seroa da Motta,and C. Russell.2003. *Economic Instruments for Water Management:Experiences from Europe and Implications for Latin America and the Caribbean.* Regional Policy Dialogue Study Series. Washington,DC:Inter-American Development Bank.

Lääne,A.,Kraav,E. and G. Titova.2005. *Global International Waters Assessment.* Baltic Sea,GIWA Regional Assessment 17. Sweden:University of Kalmar,Global International Water Assessments.

Leschen,W.,D. Little,and S. Bunting.2005. Urban Aquatic Production. *Urban Agriculture Magazine* 14:1–7.

Marcussen,H.,K. Joergensen,P. E. Holm,D. Brocca,R. W. Simmons,and A. Dalsgaard.2008. Element Contents and Food Safety of Water Spinach (Ipomoea aquatica Forssk)Cultivated with Wastewater in Hanoi,Vietnam. *Environmental Monitoring and Assessment* 139(1–3):77–91.

Margat,Jean.2008. *Les eaux souterraines dans le monde.* Orléans,France:Editions BRGM.

MEA(Millennium Ecosystem Assessment).2005. *Ecosystems and Human Well-being:Wetlands and Water Synthesis.* Washington,DC:World Resources Institute.

Molle,F.,and J. Berkoff.2006. *Cities versus Agriculture:Revisiting Intersectoral Water Transfers,Potential Gains and Conflicts.* Comprehensive Assessment of Water Management in Agriculture Research Report 10. Colombo:Comprehensive Assessment Secretariat.

Muir,P. S.2007. Human Impacts on Ecosystems. Online Study Book for Students,Oregon State University,Corvallis,Oregon.

OECD (Organisation for Economic Cooperation and Development).2008a. *OECD Environmental Data Compendium.* Paris:Organisation for Economic Cooperation and Development. www.oecd. org/document/49/0,3343,en_2649_ 34283_39011377_1_1_1_1,00.html.

——.2008b. *Service Delivery in Fragile Situations:Key Concepts,Findings and Lessons.* OECD/DAC Discussion Paper. Offprint of the Journal on Development 9 (3). Organisation for Economic Co-operation and Development,Paris.

——.2008c. *OECD Environment Outlook to 2030.* Paris:Organisation for Economic Co-operation and Development.

Salgot,M.,E. Huertas,S. Weber,W. Dott,and J. Hollender.2006. Waste Water Reuse and Risks Definition of Key Objectives. *Desalination* 187(1–3):29–40.

Scott,C. A.,N. I. Faruqui,and L. Raschid-Sally,ed.2004. *Wastewater Use in Irrigated Agriculture:Confronting the Livelihood and Environmental Realities.* Wallingford,UK:Cabi Publishing.

Shah,T.,O. P. Singh,and A. Mukherji.2006. Some Aspects of South Asia's Groundwater Irrigation Economy: Analyses from a Survey in India, Pakistan, Nepal and Bangladesh. *Hydrogeology Journal* 14(3): 286–309.

Shiklomanov, I. A., ed. 2002. *Comprehensive Assessment of Freshwater Resources of the World: An Assessment of Water Resources and Water Availability in the World*. Stockholm: Stockholm Environment Institute.

Thornton, J. A., W. Rast, M. M. Holland, G. Jolankai, and S.-O. Ryding, ed. 1999. *Assessment and Control of Nonpoint Source Pollution of Aquatic Ecosystems*. Man and the Biosphere Series, Volume 23. Paris: United Nations Educational, Scientific, and Cultural Organization.

UNECE (United Nations Economic Commission for Europe). 2007. *Our Waters: Joining Hands across Orders. First Assessment of Transboundary Rivers, Lakes and Groundwaters*. Geneva and New York: United Nations. www.unece.org/ env/water/publications/assessment/ assessmentweb_full.pdf.

UNEP (United Nations Environment Programme). 2006. Iraq Marshlands Observation System. United Nations Environment Programme, Division of Early Warning and Assessment/GRID –Europe, Geneva. www.grid.unep.ch/activities/ sustainable/tigris/mmos.php.

UNEP(United Nations Environment Programme)/ GIWA(Global International Waters Assessment). 2006. *Challenges to International Waters: Regional Assessments in a Global Perspective*. Global International Waters Assessment Final Report. Nairobi: United Nations Environment Programme. www.giwa.net/ publications/finalreport/.

UNEP(United Nations Environment Programme)/ GPA(Global Programme of Action for the Protection of the Marine Environment from Land– Based Activities). 2006. *The State of the Marine Environment: Trends and Processes*. The Hague: United Nations Environment Programme/Global Programme of Action for the Protection of the Marine Environment from Land– Based Activities.

UNEP (United Nations Environment Programme)/Global Resource Information Database Arendal. 2007. *Balkan Vital Graphics: Environment without Borders*. United Nations Environment Programme/Global Resource Information Database Arendal, Arendal, Norway.

UNEP(United Nations Environment Programme)/OCHA(Office for the Coordination of Humanitarian Affairs). 2000. Cyanide Spill at Baia Mare. Spill of Liquid and Suspended Waste at the Aurul S.A. Retreatment Plant in Baia Mare. Assessment Mission Romania, Hungary, Federal Republic of Yugoslavia, United Nations Environment Programme, Geneva.

——. 1976. *Groundwater in the Western Hemisphere*. Natural Resources/ Water Series No. 4. New York: United Nations Department of Technical Cooperation for Development.

——. 1982. *Groundwater in the Eastern Mediterranean and Western Asia*. Natural Resources/Water Series No. 9. New York: United Nations Department of Technical Cooperation for Development.

——. 1983. *Groundwater in the Pacific Region*. Natural Resources/Water Series No.12. New York: United Nations Department of Technical Cooperation for Development.

——.1986. *Groundwater in Continental Asia.* Natural Resources/Water Series No.15. New York：United Nations Department of Technical Cooperation for Development.

——.1988a. *Groundwater in North and West Africa.* Natural Resources/Water Series No.18. New York：United Nations.

——.1988b. *Groundwater in Eastern, Central, and Southern Africa.* Natural Resources/Water Series No. 19. New York：United Nations Department of Technical Cooperation for Development.

——.1990. *Groundwater in Eastern and Northern Europe.* Natural Resources/ Water Series No.24. New York：United Nations Department of Technical Cooperation for Development.

US Department of Energy.2006. Energy Demands on Water Resources：Report to Congress on the Interdependency of Energy and Water. US Department of Energy, Washington, DC.

US EPA (Environmental Protection Agency).2007. *National Water Quality Inventory Report to Congress： 2002 Reporting Cycle.* Office of Water. Washington, DC：US Environmental Protection Agency. www.epa.gov/ 305b/2002report/ report2002305b.pdf.

van Rooijen, D. J., H. Turral, and T. W. Bigg.2005. Sponge City：Water Balance of Mega−City Water Use and Wastewater Use in Hyderabad, India. *Irrigation and Drainage* 54(S1)：S81−S91.

WBCSD (World Business Council for Sustainable Development).2005. Water Facts and Trends. World Business Council on Sustainable Development, Washington, DC.

WHO (World Health Organization).2006. *WHO Guidelines for the Safe Use of Wastewater, Excreta and Greywater. Geneva：World Health Organization.*

Wintgens T., and R. Hochstrat, eds.2006.AQUAREC Integrated Concepts for Reuse of Upgraded Wastewater：Report on Integrated Water Reuse Concepts. EVK1− CT−2002−00130, Deliverable D19, RWTH Aachen University, Aachen, Germany.

World Bank.2007. *Making the Most of Scarcity：Accountability for Better Water Management Results in the Middle East and North Africa.* MENA Development Report. Washington, DC：World Bank.

WWAP (World Water Assessment Programme).2003. *Water for People, Water for Life. The World Water Development Report 1.* Paris：United Nations Educational, Scientific, and Cultural Organization, and New York：Berghahn Books.

——.2006. *The United Nations World Water Development Report 2. Water：A Shared Responsibility.* Paris：United Nations Educational, Scientific, and Cultural Organization, and New York：Berghahn Books.

WWF.2006. *Living Planet Report* 2006. Gland, Switzerland：WWF.

——.2008. *Living Planet Report* 2008. Gland, Switzerland.

第 9 章

Barbier, E. B., and J. R. Thompson. 1998. The Value of Water: Floodplain versus Large-Scale Irrigation Benefits in Northern Nigeria. *Ambio* 27(6):434–40.

Barreteau O., F. Bousquet, and J.-M. Attonaty.2001. Role-Playing Games for Opening the Black Box of Multi-Agent Systems: Method and Lessons of Its Application to Senegal River Valley Irrigated Systems. *Journal of Artificial Societies and Social Simulation* 4(2).

Benoit, G., and A. Comeau, eds.2005. *A Sustainable Future for the Mediterranean: The Blue Plan's Environment and Development Outlook*. London: Earthscan.

Blue Plan, MAP(Mediterranean Action Plan), and UNEP(United Nations Environment Programme).2007. Water Demand Management, Progress and Policies: Proceedings of the3rd Regional Workshop on Water and Sustainable Development in the Mediterranean Zaragoza, Spain, 19–21 March. MAP Technical Reports Series 168. Athens: United Nations Environment Programme.

Brugère, C., and T. Facon.2007. Doomed Delta? Challenges to Improved Governance, Planning and Mitigation Measures in the Indus Delta. Paper presented at the International Delta 2007 Conference on Managing the Coastal Land-Water Interface in Tropical Delta Systems, 7–9 November, Bang Sean, Thailand.

Comprehensive Assessment of Water Management in Agriculture.2007. *Water for Food, Water for Life: A Comprehensive Assessment of Water Management in Agriculture*. London: Earthscan, and Colombo: International Water Management Institute.

Courcier, R., J. P. Venot, and F. Molle.2005. *Historical Transformations of the Lower Jordan River Basin: Changes in Water Use and Projections(1950–2025). Comprehensive Assessment of Water Management in Agriculture Research Report 9*. Colombo: Comprehensive Assessment Secretariat, International Water Management Institute.

Gleick, P. H.2008. Water Conflict Chronology. Pacific Institute, Oakland, CA. www. worldwater.org/conflictchronology.pdf.

Kalinga Times.2007. Stop Corporate Control over Water: Farmers Warn Govt. www.kalingatimes.com/orissa_news/ news/20070111_farmers_warn_govt.htm.

Kiang, Tay Teck.2008. Singapore's Experience in Water Demand Management. Paper presented at the 13th International Water Resources Association World Water Congress, 1–4 September, Montpellier, France.

Maurel, A.2006. *Dessalement de L'eau de Mer et des Eaux Saumatres: et Autres Procédés Non Conventionneles d'approvisionnement en Eau Douce*. 2eme édition. Cachan, France: Tec & Doc Lavoisier.

Mekong River Commission.2008. *Hydrological, Environmental and Socio-Economic Modelling Tools for the Lower Mekong Basin Impact Assessment. Water Utilisation Programme Final Report Part 2: Research Find-*

ings and Recommendations. Helsinki and Espoo, Finland: Finnish Environment Institute, Environmental Impact Assessment Centre of Finland Ltd., and Helsinki University of Technology.

Molle, F. 2008. Why Enough Is Never Enough: The Societal Determinants of River Basin Closure. *International Journal of Water Resources Development* 24(2): 217–26.

Molle, F., and J. Berkoff. 2005. *Cities versus Agriculture: Revisiting Intersectoral Water Transfers, Potential Gains and Conflicts. Comprehensive Assessment of Water Management in Agriculture Research Report 10.* Colombo: Comprehensive Assessment Secretariat.

——. 2008. *Irrigation Water Pricing: The Gap between Theory and Practice. Comprehensive Assessment of Water Management in Agriculture Series 4.* Wallingford, UK: Centre for Agricultural Bioscience International.

Molle, F., J. Berkoff, and R. Barker. 2005. Irrigation Water Pricing in Context: Exploring the Gap between Theory and Practice. Paper presented at the workshop Comprehensive Assessment of Water Management in Agriculture, International Water Management Institute, Montpelier, France, 6–10 June 2005.

Molle, F., T. Foran, and M. Käköen, eds. Forthcoming. *Contested Waterscapes in the Mekong Region: Hydropower, Livelihoods and Governance.* London: Earthscan.

Molle, F., P. Jayakody, R. Ariyaratne, and H. S. Somatilake. 2008. Irrigation vs. Hydropower: Sectoral Conflicts in Southern Sri Lanka. *Water Policy* 10(S1): 37–50.

Molle, F., P. Wester, and P. Hirsch. 2007. River Basin Development and Management. *In Water for Food, Water for Life: A Comprehensive Assessment of Water Management in Agriculture.* London: Earthscan, and Colombo: International Water Management Institute.

Neiland A. E., J. Weeks, S. P. Madakan, and B. M. B. Ladu. 2000. Inland Fisheries of North East Nigeria Including the Upper River Benue, Lake Chad and the Nguru – Gashua Wetlands II: Fisheries Management at Village Level. *Fisheries Research* 48(3): 245–61.

OECD (Organisation for Economic Cooperation and Development). 2008. *OECD Environment Outlook to 2030.* Paris: Organisation for Economic Co-operation and Development.

Somlyódy, László, and Olli Varis. 2006. Freshwater Under Pressure in Groundwater Mangement and Policy: Its Future Alternatives. *International Review for Environmental Strategies* 6(2): 181–204.

South Asia Network on Dams, Rivers and People. 2006. Protest against Diversion of Hirakud Water. *Dams, Rivers and People* 4(9–10): 8.

UNESCAP (United Nations Economic and Social Commission for Asia and the Pacific). 1997. Guidelines for the Establishment of Pricing Policies and Structure for Urban and Rural Water Supply. ST/ESCAP/1738. Manila: United Nations Economic and Social Commission for Asia and the Pacific.

——. 2004. Guidelines on Strategic Planning and Management of Water Resources. ST/ESCAP/2346. New York: United Nations.

van der Molen, I., and A. Hildering. 2005. Water: *Cause for Conflict or Co-operation? ISYP Journal on*

Science and World Affairs 1(2):133-43.

WBCSD (World Business Council for Sustainable Development). n.d. Global Water Tool. Geneva. www. wbcsd.org/ templates/TemplateWBCSD5/layout.asp? type=p&MenuId=MTUxNQ&doOpen=1 &ClickMenu=Left-Menu.

Winpenny,James. 1994. *Managing Water as an Economic Resource*. London and New York:Routledge.

Wolf A. T.,S. B. Yoffe,and M. Giordano.2003. International Waters:Identifying Basins at Risk. *Water Policy* 5(1):29-60.

World Economic Forum.2008. Water as Critical as Climate Change. Press Release,23 January. Davos, Switzerland. www. weforum.org/en/media/Latest%20 Press%20Releases/WaterCritical.

第 10 章

Alcamo,J.,P. Döll,T. Henrichs,F. Kaspar,B. Lehner,T. Rösche,and S. Siebert.2003. Global Estimates of Water Withdrawals and Availability under Current and Future *"Business-As-Usual"* Conditions. Hydrological Sciences Journal 48(3):339-48.

Alexander,R. B,P. J. Johnes,E. W. Boyer,and R. A. Smith.2002. A Comparison of Models for Estimating the Riverine Export of Nitrogen from Large Watersheds. *Biogeochemistry* 57/58:295-339.

Ball,J.,and S. T. Trudgill. 1995. Overview of Solute Modeling. *In Solute Modelling in Catchment Systems*,ed. S. T. Trudgill. Chichester,UK:John Wiley and Sons.

Battin,T. J.,L. A. Kaplan,S. Findlay,C. S. Hopkinson,E. Marti,A. I. Packman,J. D. Newbold,and F. Sabater.2008. Biophysical Controls on Organic Carbon Fluxes in Fluvial Networks. *Nature Geosciences* 1(2):95-100.

Bouwman,A. F.,G. Van Drecht,J. M. Knoop,A. H. W. Beusen,and C. R. Meinardi.2005. Exploring Changes in River Nitrogen Export to the World's Oceans. *Global Biogeochemical Cycles* 19,GB1002,doi:10.1029/2004GB002314.

Boyer,E. W.,R. W. Howarth,J. N. Galloway,F. J. Dentener,P. A. Green,and C. J. Vörömarty.2006. Riverine Nitrogen Export from the Continents to the Coasts. *Global Biogeochemical Cycles* 20,GB1S91,doi:10.1029/2005GB002537.

Cole,J. J.,Y. T. Prairie,N. F. Caraco,W. H. McDowell,L. J. Tranvik,R. G. Striegl,C. M. Duarte,P. Kortelainen,J. A. Downing,J. J. Middelburg,and J. Melack.2007. Plumbing the Global Caron Cycle:Integrating Inland Waters into the Terrestrial Carbon Budgbet. *Ecosystems* 10(1):171-84.

CRED (Centre for Research on the Epidemiology of Disasters).2002. EM-DAT:Emergency Events Database. www.cred. be/emdat.

Dilley,M.,R. S. Chen,U. Deichmann,A. L. Lerner-Lam,M. Arnold,with J. Agwes,P. Buys,O. Kjekstad,

B. Lyon, and G. Yetman.2005. *Natural Disaster Hotspots：A Global Risk Analysis：Synthesis Report.* New York：Columbia University.

Dirmeyer, P., X. Gao, and T. Oki.2002. *GSWP-2：The Second Global Soil Wetness Project Science and Implementation Plan.* IGPO Publication Series No. 37, International GEWEX (Global Energy and Water Cycle Experiment)Project Office.

Döll, P., and K. Fiedler.2007. Global-Scale Modelling of Groundwater Recharge. *Hydrology and Earth System Sciences* 4(6)：4069‐4124.

Döll, P., F. Kaspar, and B. Lehner.2003. A Global Hydrological Model for Deriving Water Availability Indicators：Model Tuning and Validation. *Journal of Hydrology* 270(1)：105‐134.

Driscoll, C. T., K. M. Driscoll, K. M. Roy, and M. J. Mitchell.2003. Chemical Response of Lakes in the Adirondack Region of New York to Declines in Acidic Deposition. *Environmental Science and Technology* 37：2036-42.

Driscoll, C. T., Y. J. Han, C. Y. Chen, D. C. Evers, K. F. Lambert, T. M. Holsen, N. C. Kamman, and R. K. Munson.2007. Mercury Contamination in Forest and Freshwater Ecosystems in the Northeastern United States. *BioScience* 57(1)：17-28.

Dumont, E., J. A. Harrison, C. Kroeze, E. J. Bakker, and S. P. Seitzinger.2005. Global Distribution and Sources of Dissolved Inorganic Nitrogen Export to the Coastal Zone：Results from a Spatially Explicit, Global Model. *Global Biogeochemical Cycles* 19, GB4S02, doi：10.1029/2005GB002488.

Ericson, J. P., C. J. Vörömarty, S. L. Dingman, L. G. Ward, and M. Meybeck.2006. Effective Sea-Level Rise in Deltas：Causes of Change and Human-Dimension Implications. Global & Planetary Change 50(1)：63-82.

Federer, C. A., C. J. Vörömarty, and B. Fekete.2003. Sensitivity of Annual Evaporation to Soil and Root Properties in Two Models of Contrasting Complexity. *Journal of Hydrometeorology* 4(1)：1276-90.

Fekete, B. M., C. J. Vörömarty, and W. Grabs.2002. High Resolution Fields of Global Runoff Combining Observed River Discharge and Simulated Water Balances. *Global Biogeochemical Cycles* 6(3), doi：10.1029/1999GB001254.

Green, P. A., C. J. Vörömarty, M. Meybeck, J. N. Galloway, B. J. Peterson, and E. W. Boyer.2004. Pre-Industrial and Contemporary Fluxes of Nitrogen through Rivers：A Global Assessment Based on Typology. *Biogeochemistry* 68(1)：71-105.

Haberl, H., K. H. Erb, F. Krausmann, V. Gaube, A. Bondeau, C. Plutzar, S. Gingrich, W. Lucht, and M. Fischer-Kowalski.2007. Quantifying and Mapping the Human Appropriation of Net Primary Production in Earth's Terrestrial Ecosystems. *Proceedings of the National Academy of Sciences of the United States of America* 104：12942-45.

Harrison, J. A., N. Caraco, and S. P. Seitzinger.2005. Global Patterns and Sources of Dissolved Organic

Matter Export to the Coastal Zone: Results from a Spatially Explicit Global Model. *Global Biogeochemical Cycles* 19, doi 10.1029/2005gb002480.

Harrison, J. A., S. P. Seitzinger, A. F. Bouwman, N. F. Caraco, A. H. W. Beusen, and C. J. Vörömarty. 2005. Dissolved Inorganic Phosphorus Export to the Coastal Zone: Results from a Spatially Explicit, Global Model. *Global Biogeochemical Cycles 19*, GB4S03, doi: 10.1029/2004GB002357.

Hinga, K. R., and A. Batchelor. 2005. Waste Detoxification. *In Millennium Ecosystem Assessment, Volume 1: Conditions and Trends Working Group Report*, ed., R. Hassan, R. Scholes, and N. Ash. Washington, DC: Island Press.

Imhoff, M. L., L. Bounoua, T. Ricketts, C. Loucks, R. Harriss, and W. T. Lawrence. 2004. Global Patterns in Human Consumption of Net Primary Production. *Nature* 429(6994): 870–73.

IPCC (Intergovernmental Panel on Climate Change). 2007. *Climate Change 2007: The Physical Science Basis. Summary for Policymakers*. Contribution of Working Group I to the Fourth Assessment Report of the Intergovernmental Panel on Climate Change, ed., S. Solomon, D. Qin, M. Manning, Z. Chen, M. Marquis, K. B. Averyt, M. Tignor, and H. L. Miller. Cambridge, UK: Cambridge University Press.

Lunn, R. J., R. Adams, R. Mackay, and S. M. Dunn. 1996. Development and Application of a Nitrogen Modeling System for Large Catchments. *Journal of Hydrology* 174(1): 285–304.

Margat, J. 2008. *Les Eaux Souterraines: Une Richesse Mondial*. Paris: United Nations Educational, Scientific, and Cultural Organization.

MEA (Millennium Ecosystem Assessment). 2005. *Ecosystems and Human Well-being: Wetlands and Water Synthesis*. Washington, DC: World Resources Institute.

Meybeck, M. 2003. Global Analysis of River Systems: From Earth System Controls to Anthropocene Syndromes. *Philosophical Transactions of the Royal Society of London B* 358: 1, 935–55.

Meybeck, M., P. Green, and C. J. Vörömarty. 2001. A New Typology for Mountains and Other Relief Classes: An Application to Global Continental Water Resources and Population Distribution. *Mountain Research and Development* 21(1): 34–45.

Meybeck, M., and C. J. Vörömarty. 2005. Fluvial Filtering of Land–to–Ocean Fluxes: From Natural Holocene Variations to Anthropocene. *Comptes Rendus Geoscience* 337: 107–23.

Morris, B. L, A. R. Lawrence, P. J. Chilton, B. Adams, R. Calow, and B. A. Klinck. 2003. Groundwater and Its Susceptibility to Degradation: A Global Assessment of the Problem and Options for Management. Early Warning and Assessment Reports Series, RS.03 – 3, United Nations Environment Programme, Nairobi, Kenya.

Mukherjee, A., M. K. Sengupta, M. A. Hossain, S. Ahamed, B. Das, B. Nayak, D. Lodh, M. M. Rahman, and D. Chakraborti. 2006. Arsenic Contamination in Groundwater: A Global Perspective with Emphasis on the Asian Scenario. *Journal of Health, Population and Nutrition* 24(2): 142–63.

Oki, T., Y. Agata, S. Kanae, T. Saruhashi, and T. Musiake. 2003. Global Water Resources Assessment under Climatic Change in 2050 Using TRIP. *IAHS Publication* 280:124 - 33.

Olden, J. D., and N. L. Poff.2003. Redundancy and the Choice of Hydrologic Indices for Characterizing Streamflow Regimes. *River Research and Applications* 19:101–21.

Postel, S. L, G. C. Daily, and P. R. Ehrlich. 1996. Human Appropriation of Renewable Fresh Water. *Science* 271:785–88.

Rabalais, N. N., R. E. Turner, B. K. Sen Gupta, E. Platon, and M. L. Parsons.2007. Sediments Tell the History of Eutrophication and Hypoxia in the Northern Gulf of Mexico. *Ecological Applications* 17:S129–S143.

Seitzinger, S., J. A. Harrison, J. K. Bohlke, A. F. Bouwman, R. Lowrance, B. J. Peterson, C. R. Tobias, and G. van Drecht.2006. Denitrification across Landscapes and Waterscapes: A Synthesis. *Ecological Applications* 6:1051–76.

Seitzinger, S. P., J. A. Harrison, E. Dumont, A. H. W. Beusen, and A. F. Bouwman.2005. Sources and Delivery of Carbon, Nitrogen, and Phosphorus to the Coastal Zone: An Overview of Global Nutrient Export from Watersheds (NEWS)models and their application. *Global Biogeochemical Cycles* 19:GB4S01, doi:10.1029/2005GB002606.

Shiklomanov, I. A., and J. Rodda, eds.2003. *World Water Resources at the Beginning of the 21st Century*. Cambridge, UK: Cambridge University Press.

Smith, S.V., D. Swaney, L. Talaue- McManus, J. Bartley, P. Sandhei, C. McLacghlin, V. Dupra, C. Crossland, R. Buddemeier, B. Maxwell, and F. Wulff.2003. Humans, Hydrology, and the Distribution of Inorganic Nutrient Loading to the Ocean. *BioScience* 53(3):235–45.

Syvitski, J. P. M., C. J. Vörömarty, A. J. Kettner, and P. Green.2005. Impact of Humans on the Flux of Terrestrial Sediment to the Global Coastal Ocean. *Science* 308(5720):376–80.

Townsend, A. R., R. W. Howarth, F. A. Bazzaz, M. S. Booth, C. C. Cleveland, S. K. Collinge, A. P. Dobson, P. R. Epstein, D. R. Keeney, M. A. Mallin, C. A. Rogers, P. Wayne, and A. H. Wolfe.2003. Human Health Effects of a Changing Global Nitrogen Cycle. *Frontiers in Ecology and the Environment* 1:240–46.

Vörömarty, C. J., E. M. Douglas, P. A. Green, and C. Revenga.2005. Geospatial Indicators of Emerging Water Stress: An Application to Africa. *Ambio* 34:230–36.

Vörömarty, C. J., C. A. Federer, and A. Schloss. 1998. Potential Evaporation Functions Compared on U.S. Watersheds: Implications for Global-Scale Water Balance and Terrestrial Ecosystem Modeling. *Journal of Hydrology* 207(3–4):147–69.

Vörömarty, C. J., C. Leveque, and C. Revenga.2005. Fresh Water. *In Millennium Ecosystem Assessment, Volume 1, Conditions and Trends Working Group Report*. Washington, DC: Island Press.

Vörömarty, C. J., M. Meybeck, B. Fekete, K. Sharma, P. Green, and J. Syvitski.2003. Anthropogenic Sediment Retention: Major Global Impact from Registered Impoundments. *Global and Planetary Change* 39 (1–2): 169–190.

Vörömarty,C. J.,and M. Meybeck.2004. Responses of Continental Aquatic Systems at the Global Scale: New Paradigms,New Methods. *In Vegetation,Water,Humans and the Climate*,ed.,P. Kabat,M. Claussen,P. A. Dirmeyer,J. H. C. Gash,L. Bravo de Guenni,M. Meybeck,R. A. Pielke Sr.,C. J. Vörömarty,R. W. A. Hutjes,and S. Lutkemeier. Berlin:Springer.

Wang,B. D.2006. Cultural Eutrophication in the Changjiang(Yangtze River)Plume:History and Perspective. *Estuarine Coastal and Shelf Science* 69:471-77.

Warby,R. A. F.,C. E. Johnson,and C. T. Driscoll.2005. Chemical Recovery of Surface Waters across the Northeastern United States from Reduced Inputs of Acidic Deposition:1984-2001. *Environmental Science & Technology* 39(17):6,548-54.

WHO(World Health Organization)/ UNICEF(United Nations Children's Fund).2004. *Meeting the MDG Drinking Water and Sanitation Target:A Mid-term Assessment of Progress*. Geneva:World Health Organization and New York:United Nations Children's Fund.

WHYMAP.2008. *Groundwater Resources of the World*. Hannover:BRG and Paris:United Nations Educational,Scientific,and Cultural Organization.

Wollheim,W. M.,C. J. Vörömarty,A. F. Bouwman,P. A. Green,J. Harrison,E. Linder,B. J. Peterson,S. Seitzinger,and J. P. M. Syvitski.2008. Global N Removal by Freshwater Aquatic Systems:A Spatially Distributed,within-Basin Approach. *Global Biogeochemical Cycles* 22,GB2026,doi:10.1029/2007GB002963.

Zektser,I.,and J. Margat.2003. *Groundwater Resources of the World and Their Use*. Paris:United Nations Educational,Scientific,and Cultural Organization - International Hydrological Programme.

第11章

Adam,J. C.,and D. P. Lettenmaier.2008. Application of New Precipitation and Reconstructed Streamflow Products to Streamflow Trend Attribution in Northern Eurasia. *Journal of Climate* 21(8):1807-28.

Ageta,Y.,N. Naito,M. Nakawo,K. Fujita,K. Shankar,A. P. Pokhrel,and D. Wangda.2001. Study Project on the Recent Rapid Shrinkage of Summer- Accumulation Type Glaciers in the Himalayas,1997-1999. *Bulletin of Glaciological Research* 18:45-9.

Aizen,V. B.,E. M. Aizen,K. Fujita,S. Nikitin,K. Kreutz,and N. Takeuchi.2005. Stable-Isotope Time Series and Precipitation Origin from Firn Cores and Snow Samples,Altai Glaciers,Siberia. *Journal of Glaciology* 51(175):637-54.

Aizen,V. B.,E. M. Aizen,and V. A. Kuzmichenok.2007. Glaciers and Hydrological Changes in the Tien Shan:Simulation and Prediction. *Environmental Research Letters 2* (October-December):1-10. http://dx.doi.org/10.1088/1748- 9326/2/4/045019.

Aizen,V. B.,E. M. Aizen,A. B. Surazakov,and V. A. Kuzmichenok.2006. Assessment of Glacial Area and Volume Change in Tien Shan (Central Asia)During the Last 150 Years Using Geodetic, Aerial Photo, ASTER and SRTM Data. *Annals of Glaciology* 43：202-13.

Allen, M. R., and W. J. Ingram.2002. Constraints on Future Changes in Climate and the Hydrologic Cycle. *Nature* 418(6903)：224-32.

Andreadis, K., and D. Lettenmaier.2006. Trends on 20th Century Drought over the Continental United States. *Geophysical Research Letters* 33：L10403. doi：10.1029/2006GL025711.

Arnell, N. W., and Liu C.2001. Hydrology and Water Resources. *In Climate Change 2001：Impacts, Adaptation and Vulnerability*, eds. J. J. McCarthy, O. F. Canziani, N. A. Leary, D. J. Dokken, and K. S. White. Cambridge, UK：Cambridge University Press.

Askoy, B. 1997. Variations and Trends in Global Solar Radiation for Turkey. *Theoretical and Applied Climatology* 58(3-4)：71-7.

Backlund, P., A. Janetos, and D. Schimel, eds.2008. *The Effects of Climate Change on Agriculture, Land Resources, Water Resources, and Biodiversity in the United States*. Washington, DC：U.S. Climate Change Science Program.

Baldocchi, D., E. Falge, Gu L., R. Olson, D. Hollinger, S. Running, P. Anthoni, C. Bernhofer, K. Davis, R. Evans, J. Fuentes, A. Goldstein, G. Katul, B. Law, Lee X., Y. Malhi, T. Meyers, W. Munger, W. Oechel, K.T. Paw U, K. Pilegaard, H.P. Schmid, R. Valentini, S.Verma, T.Vesala, K. Wilson, and S. Wofsy.2001. FLUXNET：A New Tool to Study the Temporal and Spatial Variability of Ecosystem-Scale Carbon Dioxide, Water Vapour, and Energy Flux Densities. *Bulletin of the American Meteorological Society* 82(11)：2415-34.

Barnett T. P., J. C. Adam, and D. P. Lettenmaier.2005. Potential Impacts of a Warming Climate on Water Availability in Snow-Dominated Regions. *Nature* 438(7066)：303-9.

Berbery, E. G., and V. R. Barros.2002. The Hydrologic Cycle of the La Plata Basin in South America. *Journal of Hydrometeorology* 3(6)：630-45.

Birsan, M.-V., P. Molnar, P. Burlando, and M. Pfaundler.2005. Streamflow Trends in Switzerland. *Journal of Hydrology* 314：312-29.

Bouchet, R. J. 1963. Evapotranspiration Reele, Evapotranspiration Potentielle, et Production Agricole. *Annals of Agronomy* 14：543-824.

Brown, J., O. J. J. Ferrians, J. A. Heginbottom, and E. S. Melnikov. 1997. International Permafrost Association Circum-Arctic Map of Permafrost and Ground Ice Conditions. US Geological Survey Circum-Pacific Map Series Map CP-45. Boulder, CO：National Snow and Ice Data Center and World Data Center for Glaciology.

Brown, R. D.2000. Northern Hemisphere Snow Cover Variability and Change, 1915-97. *Journal of Climate* 13：2339-55.

Brown, R. D., and B. E. Goodison. 1996. Interannual Variability in Reconstructed Canadian Snow Cover, 1915-1992. *Journal of Climate* 9(6)：1299-1318.

Brown,J. K.,M. Hinkel,and F. E. Nelson.2000. The Circumpolar Active Layer Monitoring(CALM)Program:Research Design and Initial Results. *Polar Geography* 24(3):166–258.

Brutsaert,W.,and M. P. Parlange. 1998. Hydrological Cycle Explains the Evaporation Paradox. *Nature* 396(5):284–5.

Burns,D. A.,J. Klaus,and M. R. McHale.2007. Recent Climate Trends and Implications for Water Resources in the Catskill Mountain Region,New York,USA. *Journal of Hydrology* 336(1–2):155–170.

Chao B. F.,Wu Y. H.,and Li Y. S.2008. Impact of Artificial Reservoir Water Impoundment on Global Sea Level. *Science* 320(5873):212–14.

Chattopadhyay,N.,and M. Hume. 1997. Evaporation and Potential Evaporation in India under Conditions of Recent and Future Climate Change. *Agricultural and Forest Meteorology* 87:55–73.

Cohen,S.,A. Ianetz,and G. Stanhill.2002. Evaporative Climate Changes at Bet Dagan,Israel,1964–1998. *Agricultural and Forest Meteorology* 111:83–91.

Dai,A.2006. Recent Climatology,Variability,and Trends in Global Surface Humidity. *Journal of Climate* 19(15):3589–606

Dai,A.,I. Y. Fung,and A. D. Del Genio. 1997. Surface Observed Global Land Precipitation Variations during 1900–88. *Journal of Climate* 10:2943–62.

Dai,A.,K. Trenberth,and T. Qian.2004. A Global Dataset of Palmer Drought Severity Index for 1870–2002:Relationship with Soil Moisture and Effects of Surface Warming. *Journal of Hydrometeorology* 5(6):1117–30.

De Bruin,H. A. R. 1983. A Model of the Priestley–Taylor Parameter,α. *Journal of Applied Meteorology* 22:572–8.

——.1989. Physical Aspects of the Planetary Boundary Layer. *In Estimation of Areal Evaporation*,eds. T. A. Black,D. L. Spittlehouse,M. D. Novak,and D. T. Price. Wallingford,UK:International Association of Hydrological Sciences .

Del Genio,A. D.,A. A. Lacis,and R. A. Ruedy. 1991. Simulations of the Effect of a Warmer Climate on Atmospheric Humidity. *Nature* 351:382–5.

Déry,S. J.,and R. D. Brown.2007. Recent Northern Hemisphere Snow Cover Extent Trends and Implications for the Snow–Albedo Feedback. *Geophysical Research Letters* 34:L22504. doi:10.1029/2007GL031474.

Dirmeyer,P. A.,and K. L. Brubaker.2006. Evidence for Trends in the Northern Hemisphere Water Cycle. *Geophysical Research Letters* 33:L14712. doi:14710.11029/12006GL026359.

Dise,N. B.,E. Gorham,and E. S. Verry. 1993. Environmental Factors Controlling Methane Emissions from Peatands in Northern Minnesota. *Journal of Geophysical Research–Atmospheres* 98(D6):10583–94.

Dye,D. G.2002. Variability and Trends in the Annual Snow–Cover Cycle in Northern Hemisphere Land Areas,1972 - 2000. *Hydrological Processes* 16:3065–77.

Dyurgerov, M.2003. Mountain and Subpolar Glaciers Show an Increase in Sensitivity to Climate Warming and Intensification of the Water Cycle. *Journal of Hydrology* 282：164–76.

Fang J. Y., Piao S., C. B Field, Pan Y., Guo Q., Zhou L., Peng C., and Tao S.2003. Increasing Net Primary Production in China from 1982 to 1999. *Frontiers in Ecology and the Environment* 1(6)：293–97.

Farahani, H. J., T. A. Howell, W. J. Shuttleworth, and W. C. Bausch.2007. Evapotranspiration：Progress in Measurement and Modeling in Agriculture. *Transactions of the American Society of Agricultural and Biological Engineers* 50(5)：1627–38.

Fernandes, R., V. Korolevych, and S. Wang.2007. Trends in Land Evapotranspiration over Canada for the Period 1960–2000 Based on in Situ Climate Observations and a Land Surface Model. *Journal of Hydrometeorology* 8：1016–30.

Finaev, A. F.2007. Impact of Climate and Water Resources Changes on Land Degradation in Tajikistan. Proceedings of the NASA LCLUC Workshop, 16–21 September 2007, Urumqi, China.

Foster, S., and D. P. Loucks, eds.2006. *Non-Renewable Groundwater Resources. A Guidebook on Socially-Sustainable Management for Water-Policy Makers. IHPVI, Series on Groundwater No.10*. Paris：United Nations Children's Fund.

Francou, B., M. Vuille, P. Wagnon, J. Mendoza, and J.-E. Sicart.2003. Tropical Climate Change Recorded by a Glacier in the Central Andes during the Last Decades of the Twentieth Century：Chacaltaya, Bolivia, 16S. *Journal of Geophysical Research* 108(D5)：4154. doi：10.1029/2002JD002959.

Frauenfeld, O., Zhang T., Roger G. Barry, and David G. Gilichinsky.2004. Interdecadal Changes in Seasonal Freeze and Thaw Depths in Russia. *Journal of Geophysical Research* 109：D05101. doi：10.1029/2003JD004245.

Frei, A., D. A. Robinson, and M. G. Hughes. 1999. North American Snow Extent：1900–1994, *International Journal of Climatology* 19：1517–34.

Frey, K. E., and L. C. Smith.2005. Amplified Carbon Release from Vast West Siberian Peatlands by 2100. *Geophysical Research Letters* 32(9).

Garcia, N. O., and C. R. Mechoso.2005. Variability in the Discharge of South American Rivers and in Climate. *Hydrological Sciences Journal* 50：459–78.

Gedney, N., P. M. Cox, R. A. Betts, O. Boucher, C. Huntingford, and P. A. Stott.2006. Detection of a Direct Carbon Dioxide Effect in Continental River Runoff Records. *Nature* 439(16)：835–7. doi：10.1038.

Giorgi, F.2002. Dependence of Surface Climate Interannual Variability on Spatial Scale. *Geophysical Research Letters* 29：2101.

Golubev, V. S., J. H. Lawrimore, P. Y. Groisman, N. A. Speranskaya, S. A. Zhuravin, M. J. Menne, T. C. Peterson, and R. W. Malone.2001. Evaporation Changes over the Contiguous United States and the Former USSR：a Reassessment. *Geophysical Research Letters* 28(13)：2665–68.

Green, T. R., B. C. Bates, S. P. Charles, and P. M. Fleming.2007. Physically Based Simulation of Potential Effects of Carbon Dioxide – Altered Climates on Groundwater Recharge. *Vadose Zone Journal* 6:597–609. doi: 10.2136/vzj2006.0099.

Groisman, P. Y., and D. R. Easterling. 1994. Variability and Trends in Total Precipitation and Snowfall over the United States and Canada. *Journal of Climate* 7:184–205.

Groisman, P., R. Knight, T. Karl, D. Easterling, B. Sun, and J. Lawrimore.2004. Contemporary Changes of the Hydrological Cycle over the Contiguous United States: Trends Derived from In-Situ Observations. *Journal of Hydrometeorology* 5:64–85.

GWSP (Global Water System Project).2005. The Global Water System Project Science Framework and Implementation Activities. Earth System Science Partnership Report No. 3. www.gwsp. org/fileadmin/downloads/ GWSP_Report_No_1_Internetversion_01.pdf.

Hannaford, J., and T. J. Marsh.2007. High-Flow and Flood Trends in a Network of Undisturbed Catchments in the U.K. *International Journal of Climatology* 27. doi: 10.10002.joc.1643.

Harris, C., D. Vonder Muhll, K. Isaksen, W. Haeberli, J. L. Sollide, L. King, P. Holmlund, F. Dramis, M. Guglielmin, and D. Palacios.2003. Warming Permafrost in European Mountains. *Global Planet Change* 39: 215–25.

Held, I. M., and B. J. Soden.2000. Water Vapour Feedback and Global Warming. *Annual Review of Energy and the Environment* 25:441–75.

——.2006. Robust Responses of the Hydrological Cycle to Global Warming. *Journal of Climate* 19:5686–99.

Hicke, J. A., G. P. Asner, J. T. Randerson, C. Tucker, S. Los R. Birdsey, J. C. Jenkins, and C. Field.2002. Trends in North American Net Primary Productivity Derived from Satellite Observations, 1982–1998. *Global Biogeochemical Cycles* 16(2).

Hisdal, H., K. Stahl, L. M. Tallaksen, and S. Demuth.2001. Have Streamflow Droughts in Europe Become More Severe or Frequent? *International Journal of Climatology* 21(1):317–33.

Hobbins, M. T., and J. A. Ramirez.2004. Trends in Pan Evaporation and Actual Evapotranspiration across the Conterminous U.S.: Paradoxical or Complementary? *Geophysical Research Letters* 31:L3503. doi: 10, 1029/ 2004GL019846.

Hodgkins, G. A., and R. W. Dudley.2006a. Changes in Late-Winter Snowpack Depth, Water Equivalent, and Density in Maine, 1926–2004. *Hydrological Processes* 20:741–51.

——.2006b. Changes in the Timing of Winter-Spring Streamflows in Eastern North America, 1913–2002. *Geophysical Research Letters* 33:L06402. doi: 10.1029/2005GL025593.

Hodgkins, G. A., R. W. Dudley, and T. G. Huntington.2003. Changes in the Timing of High River Flows in New England over the 20th Century. *Journal of Hydrology* 278:244–52.

Holden,Z. A.,P. Morgan,M. A. Crimmins,R. K. Steinhorst,and A. M. S. Smith.2007. Fire Season Precipitation Variability Influences Fire Extent and Severity in a Large Southwestern Wilderness Area,United States. *Geophysical Research Letters* 34(16).

Holland,M. M.,J. Finnis,A. P. Barrett,and M. C. Serreze.2007. Projected Changes in Arctic Ocean Freshwater Budgets. Journal of Geophysical Research 112：G04S55. doi：10.1029/2006JG000354.

Holmes,R. M.,J. W. McClelland,P. A. Raymond,B. B. Frazer,B. J. Peterson,and M. Stieglitz.2008. Lability of DOC Transported by Alaskan Rivers to the Arctic Ocean. *Geophysical Research Letters* 35(3). doi：10.1029/2007GL032837.

Hu C.,Liu C.,Zhou Z.,and R. Jayakumar.2008. Changes in Water and Sediment Loads of Rivers in China. International Research and Training Center on Erosion and Sedimentation,Beijing.

Huntington,T. G.2006. Evidence for Intensification of the Global Water Cycle：Review and Synthesis. *Journal of Hydrology* 319：83–95.

Huntington,T. G.,G. A. Hodgkins,B. D. Keim,and R. W. Dudley.2004. Changes in the Proportion of Precipitation Occurring as Snow in New England(1949 to 2000). *Journal of Climate* 17：2626–36.

ICOLD(International Commission of Large Dams).2003. *World Register of Dams* 2003. Paris：International Commission of Large Dams.

IPCC (Intergovernmental Panel on Climate Change).2007. *Climate Change 2007：The Physical Science Basis. Summary for Policymakers*. Contribution of Working Group 1 to the Fourth Assessment Report of the Intergovernmental Panel on Climate Change. Cambridge,UK：Cambridge University Press. http://ipccwg1. ucar. edu/wg1/wg1–report.html.

Juen,I.,G. Kaser,and C. Georges.2007. Modelling Observed and Future Runoff from a Glacierized Tropical Catchment(Cordillera Blanca,Perú). *Global and Planetary Change* 59：37–48.

Kahya,E.,and S. Kalayci.2004. Trend Analysis of Streamflow in Turkey. *Journal of Hydrology* 289：128–44.

Kang E.-S.,Shen Y.-P.,Li X.,Liu C.-H.,Xie Z.-C.,Li P.-J.,Wang J.,Che T.,and Wu L.-Z.2004. Assessment of the Glacier and Snow Water Resources in China,a Report to the Ministry of Water Resources of China. CAREERI/CAS,Lanzhou.

Kirschbaum,M. U. F.2006. The Temperature Dependence of Organic–Matter Decomposition–Still a Topic of Debate. *Soil Biology and Biochemistry* 38：2510–18.

Knapp,P. A.,and P. T. Soule.2007. Trends in Midlatitude Cyclone Frequency and Occurrence during Fire Season in the Northern Rockies：1900–2004. *Geophysical Research Letters* 34：L20707.doi：10.1029/2007GL031216.

Kundzewicz,Z. W.,D. Graczyk,T. Maurer,I. Pinskwar,M. Radziejewski,C. Svensson,and M. Szwed.2004. *Detection of Change in World–Wide Hydrological Time Series of Maximum Annual Flow. GRDC Report Series*

Report 32. Koblenz,Germany:Global Runoff Data Centre.

——.2005. Trend Detection in River Flow Series:1. Annual maximum flow. *Hydrological Science Journal* 50(5):797–810.

Kulkarni,A. V.,I. M Bahuguna,B. P. Rathore,S. K. Singh,S. S. Randhawa,R. K. Sood,and S. Dhar. 2007. Glacial Retreat in Himalaya Using Indian Remote Sensing Satellite Data. *Current Science* 92(1):1–10.

Lachenbruch,A. H.,and B. V. Marshall. 1986. Changing Climate:Geothermal Evidence from Permafrost in the Alaskan Arctic. *Science* 234:689–96.

Lal,R.,M. Griffin,J. Apt,L. Lave,and N. Granger Morgan.2004. Managing Soil Carbon. *Science* 304 (5669):393.

Laternser,M.,and M. Schneebeli.2003. Long–Term Snow Climate Trends of the Swiss Alps (1931–99). *International Journal of Climatology* 23:733–50.

Lawrence,D. M.,and A. G. Slater.2005. A Projection of Severe Near–Surface Permafrost Degradation during the 21st Century. *Geophysical Research Letters* 32:L24401. doi:10.1029/2005GL025080.

Lawrimore,J. H.,and T. C. Peterson.2000. Pan Evaporation Trends in Dry and Humid Regions of the United States. *Journal of Hydrometeorology* 1(6):543–46.

Lehner,B.,and P. Döll.2004. Development and Validation of a Global Database of Lakes,Reservoirs and Wetlands. *Journal of Hydrology* 296:1–22.

Lempérière,F.2006. The Role of Dams in the XXI Century:Achieving a Sustainable Development Target. *International Journal on Hydropower & Dams* 13(3):99–108.

Lhote,Y.,G. Mahe,B. Some,and J. P. Triboulet.2002. Analysis of a Sahelian Annual Rainfall Index Updated from 1896 to 2000. The Drought Still Goes on. *Hydrological Sciences Journal* 47:121–36.

Li H.,A. Robock,Liu S.,Mo X.,and P. Viterbo.2005. Evaluation of Reanalysis Soil Moisture Simulations Using Updated Chinese Soil Moisture Observations. *Journal of Hydrometeorology* 6:180–93.

Li H.,A. Robock,and M. Wild.2007. Evaluation of IPPC Fourth Assessment Soil Moisture Simulations for the Second Half of the Twentieth Century. *Journal of Geophysical Research* 112:D06106. doi:10.1029/ 2006JD007455.

Lindstrom,G.,and S. Bergstrom.2004. Runoff Trends in Sweden 1807–2002. *Hydrological Sciences Journal* 49:69–83.

Lins,H. F.2008. Challenges to Hydrological Observations. *WMO Bulletin* 57(1):55–8.

Lins,H. F.,and J. R. Slack. 1999. Streamflow Trends in the United States. *Geophysical Research Letters* 26:227–30.

——.2005. Seasonal and Regional Characteristics of U.S. Streamflow Trends in the United States from 1940 to 1999. *Physical Geography* 26:489–501.

Liu Shiyin,Ding Yongjian,Shangguan Donghui,Zhang Yong,Li Jing,Han Haidong,Wang Jian,and Xie

Changwei.2006. Glacier Retreat as a Result of Climate Change Due to Warming and Increased Precipitation in the Tarim River Basin, Northwest China. Annals of Glaciology 43(1):91–6.

Loaiciga, H. A., J. B. Valdes, R. Vogel, J. Garvey, and H. Schwarz. 1996. Global Warming and the Hydrologic Cycle. *Journal of Hydrology* 174:83–127.

Lu C., M. Kanamitsum, J. Roads, W. Ebisuzaki, K. Mitchell, and D. Lohmann.2005. Evaluation of Soil Moisture in the NCEP–NCAR and NCEP–DOE Global Reanalyses. *Journal of Hydrometeorology* 6:391–408.

Maurer, E. P., A. W. Wood, J. C. Adam, D. P. Lettenmaier, and B. Nijssen.2002. A Long–Term Hydrologically–Based Data Set of Land Surface Fluxes and States for the Conterminous United States. *Journal of Climate* 15(22):3237–51.

Mayewski, P. A., and P. A. Jeschke. 1979. Himalayan and Trans–Himalayan Glacier Fluctuations since AD 1812. *Arctic and Alpine Research* 119(3):267–87.

McCabe, G. J., and D. M. Wolock.2002. A Step Increase in Streamflow in the Conterminous United States. *Geophysical Research Letters* 29. doi:10.1029/2002GL015999.

McDonald, K. C., J. S. Kimball, E. Njoku, R. Zimmermann, and M. Zhao.2004. Variability in Springtime Thaw in the Terrestrial High Latitudes: Monitoring a Major Control on the Biospheric Assimilation of Atmospheric CO2 with Spaceborne Microwave Remote Sensing. *Earth Interactions* 8(Paper No.20):1–23.

McNaughton, K. G., and T. W. Spriggs. 1986. A Mixed–Layer Model of Regional Evaporation. *Boundary Layer Meteorology* 34:243–62.

——.1989. An Evaluation of the Priestley– Taylor Equation. In Estimation of Areal Evaporation, eds. T. A. Black, D. L. Spittlehouse, M. D. Novak, and D. T. Price. Wallingford, UK: International Association of Hydrological Sciences.

Meybeck, M. 1995. Global Distribution of Lakes. *In Physics and Chemistry of Lakes*, eds. A. Lerman, D. M. Imboden, and J. R. Gat. Berlin: Springer.

Milly, P. C. D., J. Betancourt, M. Falkenmark, R. M. Hirsch, Z. W. Kundzewicz, D. P. Lettenmaier, and R. J. Stouffer.2008. Stationarity Is Dead: Whither Water Management? *Science* 319:573–74.

Milly, P. C. D., and K. A. Dunne.2001. Trends in Evaporation and Surface Cooling in the Mississippi River Basin. *Geophysical Research Letters* 28:1219–22.

Milly, P. C. D., K. A. Dunne, and A. V. Vecchia.2005. Global Pattern of Trends in Streamflow and Water Availability in a Changing Climate. *Nature* 438:347–50.

Mitsch, W. J., and J. G. Gosselink.2000. *Wetlands*. New York: John Wiley and Sons.

Montgomery, D. R.2007. Soil Erosion and Agricultural Sustainability. *Proceedings of the National Academy of Sciences* 104(33):13268–72.

Mote, P. W.2003. Trends in Snow Water Equivalent in the Pacific Northwest and Their Climatic Causes. *Geophysical Research Letters* 30. doi:10.1029/2003GL017258.

Mote, P. W., A. F. Hamlet, M. P. Clark, and D. P. Lettenmaier. 2005. Declining Mountain Snowpack in Western North America. *Bulletin of American Meteorological Society* 86:39–49.

Mudelsee, M., M. Börgen, G. Tetzlaff, and U. Grünewald. 2003. No Upward Trends in the Occurrence of Extreme Floods in Central Europe. *Nature* 425:166–9.

Nemani, R. R., C. D. Keeling, Hashimoto H., W. M. Jolly, S. C. Piper, C. J. Tucker, R. B. Myneni, and S. W. Running. 2003. Climate-Driven Increases in Global Terrestrial Net Primary Production from 1982 to 1999. *Science* 300(5625):1560–3.

New, M., M. Todd, M. Hulme, and P. D. Jones. 2001. Precipitation Measurements and Trends in the Twentieth Century. *International Journal of Climatology* 21:1899–1922.

Nijssen, B. N., R. Schnur, and D. P. Lettenmaier. 2001. Global Retrospective Estimation of Soil Moisture Using the VIC Land Surface Model, 1980–1993. *Journal of Climate* 14(8):1790–1808.

Oberman, N. G., and G. G. Mazhitova. 2001. Permafrost Dynamics in the Northeast of European Russia at the End of the 20th Century. *Norwegian Journal of Geography* 55:241–4.

Ohmura, A., and M. Wild. 2002. Is the Hydrological Cycle Accelerating? *Science* 298(5597):1345–6.

Omran, M. A. 1998. Analysis of Solar Radiation over Egypt. *Theoretical and Applied Climatology* 67:225–40.

Osterkamp, T. E. 2005. The Recent Warming of Permafrost in Alaska. *Global Planet Change* 49:187–202. doi:10.1016/j. gloplacha.2005.09.001.

Paul, F., A. Kaab, M. Maisch, T. Kellenberger, and W. Haeberli. 2004. Rapid Disintegration of Alpine Glaciers Observed with Satellite Data. *Geophysical Research Letters* 31:L21402. doi:10.1029/2004GL020816.

Pavlov, A. V. 1996. Permafrost-Climate Monitoring of Russia: Analysis of Field Data and Forecast. *Polar Geography* 20(1):44–64.

Peterson, B. J., R. M. Holmes, J. W. McClelland, C. J. Vörösmarty, R. B. Lammers, A. I. Shiklomanov, and S. Rahmstorf. 2002. Increasing River Discharge to the Arctic Ocean. Science 298:2171–3.

Raymond, P. A., J. W. McClelland, R. M. Holmes, A. V. Zhulidov, K. Mull, B. J. Peterson, R. G. Striegl, G. R. Aiken, and T. Y. Gurtovaya. 2007. Flux and Age of Dissolved Organic Carbon Exported to the Arctic Ocean: A Carbon Isotopic Study of the Five Largest Arctic Rivers. *Global Biogeochemical Cycles* 21(4). doi:10. 1029/2007GB002934.

Robock, A., M. Mu, K. Vinnikov, I. Trofimova, and T. Adamenko. 2005. Forty-Five Years of Observed Soil Moisture in the Ukraine: No Summer Desiccation (Yet). *Geophysical Research Letters* 32:L03401. doi: 10.1029/2004GL021914.

Rodell, M., Chen J., H. Kato, J. Famiglietti, J. Nigro, and C. Wilson. 2006. Estimating Groundwater Storage Changes in the Mississippi River Basin (USA)Using GRACE. *Hydrogeology Journal*. doi:10.1007/s10040-006-0103-7. ftp:// ftp.csr.utexas.edu/pub/ggfc/papers/ Rodell2006_HJ.pdf.

Roderick, M. L., and G. D. Farquhar. 2002. The Cause of Decreased Pan Evaporation over the Past 50 Years. *Science* 298:1410–11.

——. 2004. Changes in Australian Pan Evaporation from 1970 to 2002. *International Journal of Climatology* 24:1077–90.

——. 2005. Changes in New Zealand Pan Evaporation from the 1970s. *International Journal of Climatology* 25:2013–39.

Roderick, M. L., L. D. Rotstayn, G. D. Farquhar, and M. T. Hobbins. 2007. On the Attribution of Changing Pan Evaporation. *Geophysical Research Letters* 34:L17403. doi:10.1029/2007GL031166.

Scherrer, S. C., and C. Appenzeller. 2004. Trends in Swiss Alpine Snow Days:The Role of Local– and Large–Scale Climate Variability. *Geophysical Research Letters* 31. doi:10.1029/2004GL020255.

Scibek, J., and D. M. Allen. 2006. Comparing Modeled Responses to Two High– Permeability, Unconfined Aquifers to Predicted Climate Change. *Global and Planetary Change* 50:50–62.

Sharkhuu, N. 2003. Recent Changes in the Permafrost of Mongolia. *In Proceedings of the 8th International Conference on Permafrost, 21–25 July 2003, Zurich, Switzerland*, eds. M. Phillips, S. M. Springman, and L. U. Arenson. Lesse, The Netherlands:A.A. Balkema.

Sheffield, J., and E. Wood. 2008. Global Trends and Variability in Soil Moisture and Drought Characteristics, 1950–2000, from Observation Driven Simulations of the Terrestrial Hydrologic Cycle. *Journal of Climate* 21:432–58.

Shenbin, C., L. Yunfeng, and A. Thomas. 2006. Climatic Change on the Tibetan Plateau:Potential Evapotranspiration Trends from 1961–2000. *Climate Change* 76:291–319.

Shi Y. F. 2005. *Glacial Inventory of China(Synthesis volume)*. Shanghai:Science Popularization Press.

Shiklomanov, I. A., and J. Rodda. 2003. *World Water Resources at the Beginning of the 21st Century*. Cambridge, UK:Cambridge University Press.

Shuttleworth, W. J. 2008. Evapotranspiration Measurement Methods 2008. *Southwest Hydrology* 7(1):22–3. www.swhydro.arizona.edu/archive/ V7_N1/.

Shuttleworth, W. J, A. S. Capdevila, M. L. Roderick, and R. Scott. Forthcoming. On the Theory Relating Changes in Area–Average and Pan Evaporation. *Quarterly Journal of the Royal Meteorological Society*.

Smith, S. L., M. M. Burgess, D. Riseborough, and F. M. Nixon. 2005. Recent Trends from Canadian Permafrost Moni–toring Network Sites. *Permafrost and Periglacial Processes* 16:19–30.

Smith, L. C., T. M. Pavelsky, G. M. Mac–Donald, A. I. Shiklomanov, and R. B. Lammers. 2007. Rising Minimum Flows in Northern Eurasian Rivers:A Growing Influence of Groundwater in the High–Latitude Hydrologic Cycle. *Journal Geophysical Research* 112:G04S47. doi:10.1029/2006JG000327.

Smith, N. V., S. S. Saatchi, and T. Randerson. 2004. Trends in High Latitude Soil Freeze and Thaw Cycles from 1988 to 2002. *Journal of Geophysical Research* 109:D12101. doi:10.1029/2003JD004472.

Smith,L. C.,Sheng Y.,G. M. MacDonald,and L. D. Hinzman.2005. Disappearing Arctic Lakes. *Science* 308:1429.

Srivastava,D.,K. R. Gupta,and S. Mukerji,eds.2003. *Proceedings:Workshop on Gangotri Glacier:Lucknow 26–28 March 2003:Special Publication No. 80. Geological Survey of India.* New Delhi:Vedams eBooks.

Stallard,R. F. 1998. Terrestrial Sedimentation and the Carbon Cycle:Coupling Weathering and Erosion to Carbon Burial. *Global Biogeochemical Cycles* 12:231–57.

Stanhill,G.,and S. Cohen.2001. Global Dimming:A Review of the Evidence for A Widespread and Significant Reduction in Global Radiation with Discussion of its Probable Causes and Possible Agricultural Consequences. *Agriculture and Forest Meteorology* 107:255–78.

Stewart,I. T.,D.R. Cayan,and M. D. Dettinger.2005. Changes toward Earlier Streamflow Timing across Western North America. *Journal of Climatology* 18:1136–55.

Surazakov,A. B.,V. B. Aizen,and S. A. Nikitin.2007. Glacier Changes in the Siberian Altai Mountains, Ob River Basin (1952–2006)Estimated with High–Resolution Imagery. *Environmental Research Letters* 2 04 5017. doi:10.1088 /1748–9326/214/045017. http://dx.doi. org/10.1088/1748–9326/2/4/045017.

Svensson,C.,Z. W. Kundzewicz,and T. Maurer.2005. Trend Detection in River Flow Series:2. Flood and low–flow index series. *Hydrological Science Journal* 50:811–24.

Swenson,S.,and J. Wahr.2006. Post – Processing Removal of Correlated Errors in GRACE data. *Geophysical Research Letters* 33:L08402. doi:10.1029/ 2005GL025285.

Syed,T. H.,J. S. Famiglietti,Chen J.,M. Rodell,S. I. Seneviratne,P. Viterbo,and C. R. Wilson.2005. Total Basin Discharge for the Amazon and Mississippi River Basins from GRACE and a Land–Atmosphere Water Balance. *Geophysical Research Letters* 32:L24404. doi:10.1029/2005GL024851.

Szilagyi,J.,G. G. Katul,and M. B. Parlange.2002. Evapotranspiration Intensifies over the Conterminous United States. *Journal of Water Resources Planning and Management* 127:354–62.

Tapley B. D.,S. V. Bettadpur,M. Watkins,and C. Reigber.2004. The Gravity Recovery and Climate Experiment:Mission Overview and Early Results. *Geophysical Research Letters* 31:L09607.doi:10.1029/ 2004GL019920.

Thomas,A.2000. Spatial and Temporal Characteristics of Potential Evapotranspiration Trends over China. *International Journal of Climatololgy* 20:381–96.

Trenberth,K. E. 1999. Conceptual Framework for Changes of Extremes of the Hydrological Cycle with Climate Change. *Climatic Change* 42:327–39.

Trenberth,K. E.,L. Smith,T. Qian,A. Dai,and J. Fasullo.2007. Estimates of the Global Water Budget and Its Annual Cycle Using Observational and Model Data. *Journal of Hydrometeorology* 8(4):758.

Vaccaro,J. 1992. Sensitivity of Groundwater Recharge Estimates to Climate Variability and Change, Columbia Plateau,Washington. *Journal of Geophysical Research* 97:2821–33.

van Roosmalen, L., B. S. B. Christensen, and T. O. Sonnenborg. 2007. Regional Differences in Climate Change Impacts on Groundwater and Stream Discharge in Denmark. *Vadose Zone Journal* 6:554–71. doi: 10.2136/vzj2006.0093.

Vonder Muhll, D., J. Notzli, K. Makowski, and R. Delaloye. 2004. Permafrost in Switzerland in 2000/2001 and 2001/2002. Glaciological Report (Permafrost) No. 2/3, Glaciological Commission of the Swiss Academy of Sciences, Zurich.

Vörösmarty, C. J., M. Meybeck, B. Fekete, and K. Sharma. 1997. The Potential Impact of Neo-Cartorization on Sediment Transport by the Global Network of Rivers. *In Proceedings of the Fifth IAHS Scientific Assembly at Rabat, Morocco, April–May 1997*, eds. D. E. Walling and J.-L. Probst. Wallingford, UK: International Association of Hydrological Sciences.

Walter, M. T., D. S. Wilks, J.-Y. Parlange, and R. L. Schneider. 2004. Increasing Evapotranspiration from the Conterminous United States. *Journal of Hydrometeorology* 5:405–08.

Walter, K. M., S. A. Zimov, J. P. Chanton, D. Verbyla, and F. S. Chapin. 2006. Methane Bubbling from Siberian Thaw Lakes as a Positive Feedback to Climate Warming. Nature 443. doi: 10.1038/ nature05040.

Wentz, F. J., L. Ricciardulli, K. Hilburn, and C. Mears. 2007. How Much More Rain Will Global Warming Bring? *Science* 317:233–5.

Westerling, A. L., H. G. Hidalgo, D. R. Cayan, and T.W. Swetnam. 2006. Warming and Earlier Spring Increase Western U.S. Forest Wildfire Activity. *Science* 313. doi: 10.1126/science.1128834.

Willett, K. M., N. P. Gillett, P. D. Jones, and P. W. Thorne. 2007. Attribution of Observed Surface Humidity Changes to Human Influence. *Nature* 449:710–13.

Wood, A. W., L. R. Leung, V. Sridhar, and D. P. Lettenmaier. 2004. Hydrologic Implications of Dynamical and Statistical Approaches to Downscaling Climate Model Outputs. *Climatic Change* 62:189–216.

Worrall, F., and T. P. Burt. 2007. Trends in DOC Concentration in Great Britain. *Journal of Hydrology* 346:81–92.

Wu Q. B., and Zhang T. 2008. Recent Permafrost on the Qinghai–Tibetan Plateau. *Journal of Geophysical Research* 113:D13108. doi: 10.1029/2007JD009539.

Xu C. -Y., G. Lebing, Jiang T., Chen D., and V. P. Singh. 2006. Analysis of the Spatial Distribution and Temporal Trend of Reference Evaporation and Pan Evaporation in Changjiang (Yangtze River) Catchment. *Journal of Hydrology* 327:81–93.

Yao T. D., Pu J. C., Tian L. D., Yang W., Duan K. Q., Ye Q. H., and L. G. Thompson. 2007. Recent Rapid Retreat of the Naimona'nyi Glacier in Southwestern Tibetan Plateau (in Chinese with English Abstract). *Journal of Glaciology and Geocryology* 29(4):503–8.

Yao T. D., Wang Y. Q., Liu S. Y., Pu J. C., Shen Y. P., and Lu A. X. 2004. Glacial Retreat High Asia and Its Influence on Water Resource in Northwest China. *Science in China* 47(12):1065–75.

Ye H.2000. Decadal Variability of Russian Winter Snow Accumulation and Its Associations with Atlantic Sea Surface Temperature Anomalies. *International Journal of Climatology* 20:1709–28.

Yeh P. J. –F.,S. C. Swenson,J. S. Famiglietti,and M. Rodell.2006. Groundwater Storage Changes Inferred from the Gravity Recovery and Climate Experiment (GRACE). *Water Resources Research* 42:W12203. doi: 10.1029/2006WR005374.

Yiou P.,P. Ribereau,P. Naveau,M. Nogaj,and R. Brazdil.2006. Statistical Analysis of Floods in Bohemia (Czech Republic)since 1825. *Hydrological Sciences Journal* 51:930–45.

Zhang T.2005. Influence of the Seasonal Snow Cover on the Ground Thermal Regime:An Overview. *Reviews of Geophysics* 43:RG4002. doi:10.1029/2004RG000157.

Zhang T.,R. G. Barry,K. Knowles,F. Ling,and R. L. Armstrong.2003. Distribution of Seasonally and Perennially Frozen Ground in the Northern Hemisphere. *In Proceedings of the 8th International Conference on Permafrost,Zurich,Switzerland,21–25 July 2003*,eds. M. Phillips,S. M. Springman,and L. U. Arenson. Lesse, The Netherlands:A. A. Balkema.

Zhang T.,O. W. Frauenfeld,M. C. Serreze,A. Etringer,C. Oelke,J. Mc–Creight,R. G. Barry,D. Gilichinsky,Yang D.,Ye H.,Ling F.,and S. Chudinova.2005. Spatial and Temporal Variability of Active Layer Thickness over the Russian Arctic Drainage Basin. *Journal of Geophysical Research* 110:D16101. doi:10.1029/2004JD005642.

Zhang X.,K. D. Harvey,W. D. Hogg,and T. R. Yuzyk.2001. Trends in Canadian Streamflow. *Water Resources Research* 37:987–98.

Zhang T.,Roger G. Barry,K. Knowles,J. A. Heginbottom,and J. Brown. 1999. Statistics and Characteristics of Permafrost and Ground Ice Distribution in the Northern Hemisphere. *Polar Geography* 23(2):147–69.

Zhang X.,L. A. Vincent,W. D. Hogg,and A. Niitsoo.2000. Temperature and Precipitation Trends in Canada during the 20th Century. *Atmosphere–Ocean* 38:395–429.

Zhao L.,Ping C. –L.,Yang D.,Cheng G.,Ding Y.,and Liu S.2004. Changes of Climate and Seasonally Frozen Ground over the Past 30 Years in Qinghai–Xizang (Tibetan)Plateau,China,Global Planet. *Change* 43: 19–31.

第 12 章

Almássy,E.,and Z. Buzás. 1999. *Inventory of Transboundary Groundwaters*. Lelystad,Netherlands:United Nations Economic Commission for Europe.

Atkinson,J. F.,J. V. DePinto,and D. Lam. 1999. Water Quality. *In Potential Climate Change Effects on the Great Lakes Hydrodynamics and Water Quality*,eds. D. Lam and W. Schertzer. Reston,VA:American Society of Civil Engineers.

Bates, B., Z. W. Kundzewicz, S. Wu, and J. Palutik, eds.2008. *Climate Change and Water. Technical Paper of the Intergovernmental Panel on Climate Change*. Geneva：Intergovernmental Panel on Climate Change.

Bell, J. W., F. Amelung, A. Ferretti, M. Bianchi, and F. Novali.2008. Permanent Scatterer in SAR Reveals Seasonal and Long-Term Aquifer-System Response to Groundwater Pumping and Artificial Recharge. *Water Resources Research* 44(2)：W02407.

Carbognin L., P. Teatini, and L. Tosi.2005. Land Subsidence in the Venetian Area：Known and Recent Aspects. *Giornale di Geologia Applicata* 1(1)：5-11.

Carmon, N., and U. Shamir. 1997. Water- Sensitive Urban Planning：Concept and Preliminary Analysis. *In Groundwater in the Urban Environment：Problems, Processes and Management*, eds. J. Chilton, K. Hiscock, P. Younger, B. Morris, S. Puri, S. W. Kirkpatrick, H. Nash, W. Armstrong, P. Aldous, T. Water, J. Tellman, R. Kimblin, and S. Hennings. London：Balkema, Rotterdam, Brookfield.

Chai J. C., Shen S. L., Zhu H. H, and Zhang X. L.2004. Land Subsidence Due to Groundwater Drawdown in Shanghai. *Géotechnique* 54(2)：43-147.

Cruden, D. M. 1991. A Simple Definition of a Landslide. *Bulletin of Engineering Geology and the Environment* 43(1)：27-9.

Dai, A., K. E. Trenberth, and T. Qian.2004. A Global Data Set of Palmer Drought Severity Index for 1870-2002：Relationship with Soil Moisture and Effects of Surface Warming. *Journal of Hydrometeorology* 5(6)：1117-30.

Easterling, W. E., P. K. Aggarwal, P. Batima, K. M. Brander, L. Erda, S. M. Howden, A. Kirilenko, J. Morton, J. F. Soussana, J. Schmidhuber, and F. N. Tubiello.2007. Food, Fibre and Forest Products. *In Climate Change 2007：Impacts, Adaptation and Vulnerability. Contribution of Working Group II to the Fourth Assessment Report of the Intergovernmental Panel on Climate Change*, eds. M. L. Parry, O. F. Canziani, J. P. Palutikof, P. J. van der Linden, and C. E. Hanson. Cambridge, UK：Cambridge University Press.

Fang, X., and H. G. Stefan. 1997. Simulated Climate Change Effects on Dissolved Oxygen Characteristics in Ice-covered Lakes. *Ecological Modelling* 103(2-3)：209-29.

Foster, S., and D. P. Loucks, eds.2006. *Non-Renewable Groundwater Resources：A Guidebook on Socially-Sustainable Management for Water-Policy Makers*. Paris：United Nations Educational, Scientific, and Cultural Organization.

Fox, P., ed.2007. *Management of Aquifer Recharge for Sustainability*. Phoenix, AZ：Acacia Publications.

Gale, I., ed.2005. *Strategies for Managed Aquifer Recharge(MAR)in Semi-Arid Areas*. Paris：United Nations Educational, Scientific, and Cultural Organization.

Giordano, M., and K. Villholth, eds.2007. *The Agricultural Groundwater Revolution：Opportunities and Threats to Development. Comprehensive Assessments of Water Management in Agriculture No 3*. Colombo：International Water Management Institute and CABI.

Guaraní Aquifer System Project.2003. Preliminary Map of the Guaraní Aquifer System. General Secretariat, Guaraní Aquifer System Project, Montevideo. www.sg-guarani.org/index/site/ sistema_acuifero/sa001.php.

Hillbricht-Ilkowska, A. 1993. Lake Ecosystems and Climate Changes. *Kosmos* 42(1):107-21.

Hisdal, H., K. Stahl, L. M. Tallaksen, and S. Demuth.2001. Have Streamflow Droughts in Europe Become More Severe or Frequent? *International Journal of Climatology* 21(1):317-33.

Hostetler, S. W., and E. E. Small. 1999. Response of North American Freshwater Lakes to Simulated Future Climates. *Journal of the American Water Resource Association* 35(6):1625-38.

Hu C., Liu C., Zhou Z., and R. Jayakumar.2008. Changes in Water and Sediment Loads of Rivers in China. Working Paper prepared as a contribution to UNESCO's *World Water Development Report 3*, International Research and Training Center on Erosion and Sedimentation, Beijing.

Hu R. L., Yue Z. Q., Wang L. C., and Wang S. J.2004. Review on Current Status and Challenging Issues of Land Subsidence in China. *Engineering Geology* 76(1-2):65-77.

Huntington, T. G.2006. Evidence for Intensification of the Global Water Cycle: Review and Synthesis. *Journal of Hydrology* 319(1-4):83-95.

International Crisis Group.2007. Nigeria: Ending Unrest in the Niger Delta. Africa Report 135, International Crisis Group, Brussels.

IPCC(Intergovernmental Panel on Climate Change).2001. *Climate Change 2001: Impacts, Adaptation and Vulnerability Contribution of the Working Group II to the Third Assessment Report of the Intergovernmental Panel on Climate Change*, eds. J. J. McCarthy, O. F. Canziani, N. A. Leary, D. J. Dokken, and K. S. White. Cambridge, UK: Cambridge University Press.

——.2007. *Climate Change 2007: The Physical Science Basis. Summary for Policymakers. Contribution of the Working Group I to the Fourth Assessment Report of the Intergovernmental Panel on Climate Change*. Cambridge, UK: Cambridge University Press.

IPL(International Programme on Landslides). n.d. IPL Leaflet. International Consortorium on Landslides, Kyoto University, Disaster Prevention Research Institute, Uji, Kyoto, Japan. http://iclhq. org/IPL-Leaflet-2004. pdf.

Kundzewicz, Z. W., D. Graczyk, T. Maurer, I. Pińskwar, M. Radziejewski, C. Svensson, and M. Szwed.2005. Trend Detection in River Flow Series: 1. Annual Maximum Flow. *Hydrological Sciences Journal* 50 (5):797-810.

Lal, R., M. Griffin, J. Apt, L. Lave, and M. N. Granger.2004. Managing Soil Carbon. *Science* 304(5669):393.

Meyer, J. L., M. J. Sale, P. J. Mulholland, and N. L. Poff. 1999. Impacts of Climate Change on Aquatic Ecosystem Functioning and Health. *Journal of the American Water Resources Association* 35(6):1373-86.

Milly, P. C. D., R. T. Wetherald, K. A. Dunne, and T. L. Delworth.2002. Increasing Risk of Great Floods in a Changing Climate. *Nature* 415(6871):514–17.

Mimikou, M. A., E. Malta, E. Varanou, and K. Pantazis.2000. Regional Impacts of Climate Change on Water Resources Quantity and Quality Indicators. *Journal of Hydrology* 234(1–2):95–109.

Montgomery, D. R.2007. Soil Erosion and Agricultural Sustainability. *Proceedings of the National Academy of Sciences* 104(33):13268–72.

Neilson, R. P., and D. Marks. 1994. A Global Perspective of Regional Vegetation and Hydrologic Sensitivities from Climatic Change. *Journal of Vegetation Science* 5(5):715–30.

Neilson, R. P., I. C. Prentice, B. Smith, T. G. F. Kittel, and D. Viner. 1998. Simulated Changes in Vegetation Distribution under Global Warming. *In The Regional Impacts of Climate Change:An Assessment of Vulnerability*, eds., R. T. Watson, M. C. Zinyowera, R. H. Moss, and D. J. Dokken. Cambridge, UK:Cambridge University Press.

Poland, J. F., ed. 1984. *Guidebook to Studies of Land Subsidence Due to Ground–Water Withdrawal.* Paris:United Nations Educational, Scientific, and Cultural Organization.

Romm, J.2007. *Hell and High Water:Global Warming–the Solution and the Politics–and What We Should Do.* New York:William Morrow.

Schindler, D. W., and M. P. Stainton. 1996. The Effects of Climatic Warming on the Properties of Boreal Lakes and Streams at the Experimental Lakes Area, Northwestern Ontario. *Limnology and Oceanography* 41 (5):1004–17.

Scholze, M., W. Knorr, N. W. Arnell, and I. C. Prentice.2006. A Climate–Change Risk Analysis for World Ecosystems. *Proceedings of the National Academy of Science* 103:13116–120.

Tallaksen, L. M., S. Demuth, and H. A. J. van Lanen.2007. Low Flow and Drought Studies–the Northern European(NE)FRIEND Experience(keynote paper). *In Climatic and Anthropogenic Impacts on the Variability of Water Resources International Seminar, 22–24 November 2005. Montpellier, France*, ed. G. Mahé. Paris:United Nations Educational, Scientific, and Cultural Organization, International Hydrological Programme.

UNECE(United Nations Economic Commission for Europe).2007. *Our Waters:Joining Hands across Borders. First Assessment of Transboundary Rivers, Lakes and Groundwaters.* Geneva and New York:United Nations. www.unece.org/env/ water/publications/ assessment/assessmentweb_ full.pdf.

UNESCO (United Nations Educational, Scientific, and Cultural Organization).2005. *Recharge Systems for Protecting and Enhancing Groundwater Resources. Proceedings of the Fifth International Symposium on Management of Aquifer Recharge, Berlin, Germany, 11–16 June 2005.* Paris:United Nations Educational, Scientific, and Cultural Organization.

UNESCO(United Nations Educational, Social, and Cultural Organization)/OAS(Organization of American States)ISARM (International Shared Aquifer Resource Management).2007. Transboundary Aquifers of the Americas. Final Report of 4th Coordination Workshop 20–22 November 2006, San Salvador. United Nations

Educational, Social, and Cultural Organization/Organization of American States, International Shared Aquifer Resource Management Americas Program, Washington, DC.

Uri, N. D., and J. A. Lewis. 1999. Agriculture and the Dynamics of Soil Erosion in the United States. *Journal of Sustainable Agriculture* 14(2–3):63–82.

van der Gun, J. A. M. Forthcoming. Climate Change and Alluvial Aquifers in Arid Regions –Examples from Yemen. *In Climate Change Adaptation in the Water Sector*. London: Earthscan.

van Lanen, H. A. J., L. M. Tallaksen, and G. Rees.2007. Droughts and Climate Change. *In Commission Staff Working Document Impact Assessment: Accompanying Document to Communication Addressing the Challenge of Water Scarcity and Droughts in the European Union*. Brussels: Commission of the European Communities.

Vörösmarty, C. J., M. Meybeck, B. Fekete, K. Sharma, P. Green, and J. P. M. Syvitski.2003. Anthropogenic Sediment Retention: Major Global Impact from Registered River Impoundments. *Global and Planetary Change* 39(1–2):169–90.

Walling, D. E.2006. Human Impact on Land –Ocean Sediment Transfer by the World's Rivers. *Geomorphology* 79(3–4):192–216.

Walling, D. E., and D. Fang.2003. Recent Trends in the Suspended Sediment Loads of the World's Rivers. *Global and Planetary Change* 39(1):111–26.

Wang P.2007. The Dragon Head's Story: Water/Land Conflict in Shanghai. *Geophysical Research Abstracts* 9:11655.

Wilkinson, B. H., and B. J. McElroy.2007. The Impact of Humans on Continental Erosion and Sedimentation. *Geological Society of America Bulletin* 119(1–2):140–56.

Williams, John W., Stephen T. Jackson, and John E. Kutzbach.2007. Projected Distributions of Novel and Disappearing Climates by 2100 AD. *Proceedings of the National Academy of Sciences of the United States of America* 104(14):5738–42.

World Bank.2005. A Safer Lake Sarez. World Bank, Washington, DC. http:// go.worldbank.org/NLINTLWL00.

——.2007. Actual Crop Water Use in Project Countries: A Synthesis at the Regional Level. Policy Research Working Paper 4288, Sustainable Rural and Urban Development Team, World Bank, Washington, DC.

Zhang X., F. W. Zwiers, G. C. Hegerl, F. H. Lambert, N. P. Gillett, S. Solomon, P. A. Stott, and T. Nozawa. 2007. Detection of Human Influence on Twentieth–Century Precipitation Trends. *Nature* 448:461–65.

第 13 章

GCOS (Global Climate Observing System).2003a. *Report of the GCOS/GTOS/ HWRP Expert Meeting on*

Hydrological Data for Global Studies. WMO/TD-No. 1156. Geneva:World Meteorological Organization.

——.2003b. *The Second Report on the Adequacy of the Global Observing Systems for Climate in Support of the UNFCCC*. WMO/ TD No. 1143. Geneva:World Meteorological Organization.

GEMS-Water (Global Environment Monitoring System - Water Programme).2008. *Water Quality for Ecosystem and Human Health*. 2nd ed. Nairobi:United Nations Environment Programme.

Grabs,W.2007a. The State of Hydrological Observation Networks:Technical and Operational Aspects. Overview of Global and Regional Programmes. Presentation for the Third International Conference on Water and Climate,3–6 September,Helsinki.

——.2007b. Status of Hydrological In-Situ Networks and Future Developments Including Space-Based Observations. Presentation for the Second Space for Hydrology Workshop,12–14 November,Geneva.

UNECE(United Nations Economic Commission for Europe).2007. *Our Waters:Joining Hands across Borders. First Assessment of Transboundary Rivers,Lakes,and Groundwaters*. Geneva and New York:United Nations. www.unece. org/env/water/publications/assessment/ assessmentweb_full.pdf.

US Geological Survey. n.d. Trends in the Size of the USGS Streamgaging Network. National Streamflow Information Program,Washington,DC. http://water. usgs.gov/nsip/streamgaging_note.html.

WRI (World Resources Institute).2004. *World Resources 2002–2004:Decisions for the Earth:Balance, Voice,and Power*. Washington,DC:World Resources Institute.

第 14 章

ANA(Brazil National Water Agency),GEF(Global Environment Facility),UNEP(United Nations Environment Programme),and OAS (Organizationof American States).2004. StrategicAction Program for the Integrated Management of the São Francisco RiverBasin and Its Coastal Zone-SAP. Brazil National Water Agency, Global Environment Facility,United Nations Environment Programme,and Organization of American States. www.gefweb.org/interior_right.aspx? id=238.

Balcazar,R. A.2005. The Establishment of an Anti-Corruption Agreement with Pipe Manufacturing Companies:A Colombian Experience. Presentation at Seminar on Meeting International Targets without Fighting Corruption,World Water Week 20–26 August 2005,Stockholm.

Bandaragoda,D. J.2006. Status of Institutional Reforms for Integrated Water Resources Management in Asia:Indications from Policy Reviews in Five Countries.Working Paper 108. International Water Management Institute,Colombo.

Bayoumi,M.,and I. Abumoghli.2007.National Water Councils:Comparative Experiences. United Nations Development Programme-Iraq,Amman.

Beccar,L.,R. Boelens,and P. Hoogendam.2002. Water Rights and Collective Action in Community Irrigation. *In WaterRights and Empowerment*, eds. R. Boelensand P. Hoogendam. The Netherlands: Gorcum Publishers.

Blue Plan, MAP(Mediterranean ActionPlan), and UNEP(United Nations EnvironmentProgramme). 1999. *Participatory Irrigation Management Activities and Water User Organizations Involvementin Turkey*. Sophia Antipolis, France: BluePlan.

——.2002. Plan Bleu, CMDD(2002) Études de cas. Forum avancées de la gestion de la demande en eau en Méditerranée, Fiuggi, Italie, 3–5 October 2002.

Boelens, R.2008. The Rules of the Gameand the Game of the Rules: Normalizationand Resistance in Andean Water Control. Ph.D. diss., Wageningen University, The Netherlands.

Burchi, S.2005. The Interface between Customary and Statutory Water Rights –A Statutory Perspective. Legal Papers Online No.45, Food and Agriculture Organizationof the United Nations, Rome.

Butterworth, J. A., A. Sutherland, N.Manning, B. Darteh, M. Dziegielewska–Geitz, J. Eckart, C. Batchelor, T.Moriarty, C. Schouten, J. Da Silva, J.Verhagen, and P. J. Bury.2008. Building More Effective Partnerships for Innovationin Urban Water Management.SWITCH Learning Alliance, Loughborough, UK. http://switchurbanwater.lboro.ac.uk/outputs/pdfs/WP6–2_PAP_Effective_partnerships_in_UWM_abridged.pdf.

Caplan, D.2003. Investment in Water Infrastructure Benefits Orillia. Canada–Ontario Infrastructure Program, Infrastructure Canada, Toronto, Ontario.

Cap–Net.2008. Performance and Capacityof River Basin Management Organizations: Cross–Case Comparison of Four RBOs. Cap–Net, Pretoria.

COHRE(Centre on Housing Rights and Evictions), AAAS(American Associationfor the Advancement of Science), SDC (Swiss Agency for Developmentand Cooperation), and UN–HABITAT (United Nations Human Settlements Programme).2007. *Manual on theRight to Water and Sanitation*. Geneva: Centre on Housing Rights and Evictions.www.cohre.org/store/attachments/RWP – Manual_final_full_final.pdf.

Conceição, P., and M. V. Heitor.2003.Techno–Economic Paradigms and Latecomer Industrialization. *United Nations Educational, Social, and CulturalOrganization Encyclopedia, Paris*.

Cooley, H., J. Christian –Smith, and P. H.Gleick.2008. *More with Less: Agricultural Water Conservation and Efficiency in California*. Oakland, CA: Pacific Institute.www.pacinst.org/reports/more_with_less _delta.

Dávila, G., and H. Olazával.2006. *De la Mediación a la Movilización Social: Análisisde Algunos Conflictor por el Aqua en Chimborazo*. Quito: Abya–Yala.

Döker, E., D. Er, F. Cenap, H. Özlü, and E.Eminoglu.2003. Decentralization and Participatory Irrigation Management in Turkey. Water Demand Management Forum: Decentralization and Participatory Irrigation Management, 2–4 February 2003, Cairo, Egypt.

Earle, A., and A. Turton.2005. No Duck No Dinner: How Sole Sourcing Triggered Lesotho's Struggle against Corruption.Presentation at seminar on Can We Meet International Targets without Fighting Corruption?

World Water Week 20–26 August 2005，Stockholm.

Eawag(Swiss Federal Institute of Aquatic Science and Technology)–Sandec(Departmentof Water and Sanitation inDeveloping Countries)–SuSanA(Sustainable Sanitation Alliance).2007.Towards More Sustainable Sanitation Solutions.Swiss Federal Institute of Aquatic Science and Technology，Dübendorf，Switzerland. http：//esa.un.org/iys/docs/Susana_backgrounder.pdf.

Falkenmark，M.2003. Water Management and Ecosystems：Living with Change.TEC Background Paper No. 9，GlobalWater Partnership，Stockholm.

Garces–Restrepo，C.，D. Vermillion，andG. Muñoz.2007. *Irrigation Management Transfer. Worldwide Efforts and Results.Water Reports No. 32*. Rome：Food andAgriculture Organization of the United Nations.

Gyawali，D.，J. A. Allan，P. Antunes，A. Dudeen，P. Laureano，C. L. Fernández，P.Monteiro，H. Nguyen，P. Novácek，andC. Pahl–Wostl.2006. *EU–INCO WaterResearch from FP4 to FP6（1994–2006）–A Critical Review.* Luxembourg：Officefor Official Publications of the EuropeanCommunities.

ICID（International Commission on Irrigationand Drainage).2008. China Reduces Irrigation Water Withdrawals by 25 Percent. ICID Newsletter，International Commission on Irrigation and Drainage，New Delhi.

IJC（International Joint Commission).1978. Great Lakes Water Quality Agreement，with Annexes and Terms of Reference，Between the United States of America and Canada，Signed at Ottawa，November 22，1978. International Joint Commission，Washington，DC.

ILEC(International Lake Environment Committee Foundation).2003. *World Lake Vision：A Call to Action.* Kusatsu，Shiga，Japan：World Lake Vision CommitteeFoundation.

——.2005. *Managing Lakes and Their Basins for Sustainable Use：A Report for Lake Basin Managers and Stakeholders*.Kusatsu，Shiga，Japan：International LakeEnvironment Committee Foundation.

ISRIC（International Soil Research andInformation Centre).2007. Political，Institutional and Financial Framework for Green Water Credits in Kenya. Green Water Credits （GWC)Proof–of–Concept Report No.6，International Soil Researchand Information Centre，Wageningen，The Netherlands.

IWA（International Water Association).2008. Sanitation Challenges and Solutions.Sanitation 21 Task Force. International Water Association，London.

Jairath，J.2000. Participatory Irrigation Management in Andhra Pradesh–Contradictions of a Supply Side Approach.Paper delivered at workshop on SouthAsia Regional Poverty Monitoring andEvaluation，8–10 June 2000，New Delhi.

Johnson，S. H. 1997. *Irrigation Management Transfer in Mexico：A Strategy to Achieve Irrigation District Sustainability*. Research Report 16. Colombo：International Irrigation Management Institute.

Juma，C.，and H. Agwara.2006. Africain the Global Knowledge Economy：Strategic Options. *International Journalof Technology and Globalisation* 2(3/4)218–31.

Kingdom，B.，R. Liemberger，and P.Marin.2006. The Challenge of Reducing Non–revenue Water(NRW)in

Developing Countries. How the Private SectorCan Help:A Look at Performance-Based Service Contracting. Water Supply and Sanitation Board Discussion Paper Series8,World Bank,Washington,DC.

Lange,J.2008. A Guide to Public Participation,According to Article 14 of the EC Water Framework Directive. RhineNet Project Report,Freiburg,Germany.

McIntosh,A.2003. *Asian Water Supplies.Reaching the Poor.* Manila:Asian Development Bank and London:International Water Association. www.adb.org/documents/books/asian_water_supplies/asian_water_supplies.pdf.

MEA (Millennium Ecosystem Assessment).2005. *Living Beyond Our Means:Natural Assets and Human Well-Being*,Statement from the Board. Washington,DC:World Resources Institute.

Moench,M.,A. Dixit,S. Janakarajan,M.S. Rathore,and S. Mudrakartha.2003.*The Fluid Mosaic:Water Governance in the Context of Variability,Uncertainty and Change.* Ottawa:Ottawa International Development Research Centre.

Moore,J. G.,W. Rast,and W. M. Pulich.2002. Proposal for an Integrated Management Plan for the Rio Grande/Rio Bravo. *In 1st International Symposiumon Transboundary Waters Management*,eds. A. Aldama,F. J. Aparicio,and R.Equihua. Avances en Hidraulica 10,XVII Mexican Hydraulics Congress,Monterrey,Mexico, Nov. 18-22,2002.

Mugisha,S.,and B. Sanford.2008. State-Owned Enterprises:NWSC's Turnaround in Uganda. *African Development Review* 20(2):305-34.

Muñoz-Piña,C.,A. Guevara,J. M. Torres,J. and Braña,J.2008. Paying for the Hydrological Services of Mexico's Forests:Analysis,Negotiations and Results.*Ecological Economics* 65(4):725-36.

Palacios,E. V. 1999. Benefits and Second Generation Problems of Irrigation Management Transfer in Mexico. Water Conservation and Use in Agriculture Discussion Paper,Food and Agriculture Organization of the United Nations,Rome.

Phumpiu,P.,and J. E. Gustafsson.2009.When Are Partnerships a Viable Tool for Development? Institutions and Partnerships for Water and Sanitation Service in Latin Americ *Water Resources Management* 23(1): 19-38.

PLUARG(Pollution from Land UseActivities Reference Group). 1978.Environmental Management Strategy for the Great Lakes System. Great Lakes Regional Office,International Joint Commission,Windsor,Ontario.

Raju,K. V.2001. Participatory Irrigation Management in India(Andhra Pradesh)- IMT Case Study. International E-mail Conference on Irrigation Management Transfer,International Network on Partcipatory Irrigation Management,June-October 2001.

Rap,E.2008. Interdisciplinary Researchand Capacity Building Program on Water Policy and Water Management in Andean Countries. Background Paper forKnowledge on the Move Conference,27-28 February 2008,The Hague.

Rast, W. 1999. Overview of the Statusof Implementation of the Freshwater Objectives of Agenda 21 on a Regional Basis. *Sustainable Development International Journal* 1:53–6.

Rogers, P., and A. W. Hall.2002. Effective Water Governance. TEC Background Paper No. 7, Global Water Partnership, Stockholm.

Ruiz−Mier, F., and M. van Ginneken.2006.Consumer Cooperative: An Alternative Institutional Model for Delivery of Urban Water Supply and Sanitation Services.Note No. 5, Water Supply & Sanitation Working Notes, World Bank, Washington, DC.

Stålgren, P.2006. Corruption in the Water Sector: Causes, Consequences and Potential Reform. Policy Brief No. 4, Stockholm International Water Institute, Stockholm.

Thampi, G. K.2005. Community Voice as an Aid to Accountability: Experienceswith Citizen Report Cards in Bangalore.Presentation at seminar on Can We Meet International Targets without Fighting Corruption? World Water Week, Stockholm, August 2005.

Transparency International.2008. *Global Corruption Report 2008: Corruption in theWater Sector.* Cambridge, UK: CambridgeUniversity Press.

Triche, T., S. Requena, and M. Kariuki.2006. Engaging Local Private Operatorsin Water Supply and Sanitation Services.Initial Lessons from Emerging Experiencein Cambodia, Colombia, Paraguay, thePhilippines and Uganda. Water Supplyand Sanitation Working Notes No 12, World Bank, Washington, DC.

Treyer, Sébastien.2004. Introducing Political Issues in the Debate on Water Resources Planning in Tunisia: A Necessity for the Implementation of Water Demand Management Policies. *In Proceedings of the Workshop on Waterand Politics: Understanding the Role of Politics in Water Management, Marseille, France, 26−27 February* 2004. Marseille, France: World Water Council. www.worldwatercouncil.org/fileadmin/wwc/Library/Publications_and_reports/Proceedings_Water_Politics/proceedings_waterpol_full_document.pdf.

UNDP(United Nations DevelopmentProgramme). 1997. *Capacity Building for Sustainable Management of Water Resources.* New York: United NationsDevelopment Programme, SustainableEnergy and Environment Division.

——:2006. *Human Development Report 2006: Beyond Scarcity: Power, Poverty and the Global Water Crisis.* New York: Palgrave Macmillan.

UNDP(United Nations Development Programme)and WGF−SIWI(Water Governance Facility, Stockholm International Water Institute).2008.*Water Adaptation: Freshwater in National Adaptation Programs of Action, NAPAs, and Climate Adaptation in Freshwater Planning.* Stockholm: United Nations DevelopmentProgramme and StockholmInternational Water Institute.

UNEP(United Nations EnvironmentProgramme).2008. *Africa: Atlas ofour Changing Environment.* Division of Early Warning and Assessment. Nairobi: United Nations Environment Programme.www.unep.org/dewa/africa/AfricaAtlas.

UN Millennium Project.2005. *Investing in Development:A Practical Plan to Achievethe Millennium Development Goals*. NewYork:United Nations.

UN-Water.2008. Status Report on IWRM and Water Efficiency Plans for CSD 16.Paper prepared for 16th session of the Commission on Sustainable Development in May 2008,UN-Water.

US EPA (Environmental ProtectionAgency).2005. Handbook for Developing Watershed Plans to Restore and Protect Our Waters. Washington,DC:U.S. Environmental Protection Agency.

Velasco,H. G.2003. *Water Rights Administration-Experiences,Issues and Guidelines*. Rome:Food and Agriculture Organization of the United Nations.

Watson,P. L.,J. Gadek,E. Defere,and C.Revels.2005. Assessment of Resource Flows in the Water Supply and Sanitation Sector. Ethiopia Case Study. World Bank,Washington,DC.

WCD(World Commission on Dams).2000. *Dams and Development. A New Framework for Decision-Making*. London:Earthscan.

World Bank.2005. Lessons for Managing Lake Basins for Sustainable Use.Environment Department,World Bank,Washington,DC.

——.2007. Promoting Market-Oriented Ecological Compensation Mechanisms:Payment for Ecosystem services in China. Policy Report,World Bank Analytical and Advisory Assistance Program,East Asia and Pacific Region,World Bank,Washington,DC.

——.2008. Climate Resilient Cities.2008 Primer:Reducing Vulnerabilities to Climate Change Impacts and Strengthening Disaster Relief Management in East Asian Cities. Washington,DC:World Bank.

World Bank Institute.2005. When Passionate Leadership Stimulates Enduring Change:A Transformational Capacity Development Anecdote from Uganda.Capacity Development Brief No. 13.World Bank Institute, Washington,DC.

WSP-AF (Water and Sanitation Programme-Africa).2002. Rural Water Sector Reform in Ghana:A Major Change in Policy and Structure. Blue Gold Series,Field Note 2,Water and Sanitation Programme,Nairobi.

WSP(Water and Sanitation Programme)-UNICEF(United Nations Children's Fund).2007. Use of Ceramic Water Filters in Cambodia. Field Note,Combating Waterborne Disease at the Household Level. Water and Sanitation Programme,Cambodia Field Office,Phnom Penh. www.wsp.org/UserFiles/file/926200724252_eap_cambodia_filter.pdf.

WWAP (World Water Assessment Programme).2006. *The United Nations World Water Development Report 2.Water:A Shared Responsibility*. Paris:United Nations Educational,Scientificand Cultural Organization, and NewYork:Berghahn Books.

WWF.2008. Kafue Flats,Zambia:Preserving Biodiversity through Water Management. *Innovation for Sustainable Development:Case Studies from Africa*. World Wildlife Fund,Gland,Switzerland.

第 15 章

ADB（Asian Development Bank）and OECD（Organisation for Economic Cooperationand Development）. 2001.*Progress in the Fight against Corruptionin Asia and the Pacific*. Manila：Asian Development Bank；and Paris：Organisation for Economic Co-operation andDevelopment.

AfDB（African Development Bank）,ADB（Asian Development Bank）,DfID（Department for International Development）,DGD-EC（Directorate-General for Development,European Commission）,BMZ（German Federal Ministryfor Economic Cooperation and Development）,BuZa（Dutch Ministry of Foreign Affairs）,OECD（Organization for Economic Cooperation and Development）,UNDP （United Nations Development Programme）,and theWorld Bank.2003. Poverty and Climate Change：Reducing the Vulnerability of the Poor through Adaptation. Consultative draft presented at the Eighth Conference of Parties to the United Nations Framework Convention on Climate Change in New Delhi,23 October-1November 2002.www.unpei.org/PDF/Poverty -and -Climate - Change.pdf.

Atchoarena,David and Lavinia Gasperini,eds.2003.*Education for Rural Development：Towards New Policy Responses*.Rome：Food and Agriculture Organization of the United Nations,and Paris：United Nations Educational,Scientific,and Cultural Organization.

BAPE （Bureau d'audiences publiques sur l'environnement）.2000. *Water：A Resource to Be Protected, Shared and Enhanced*. Québec City：Government of Québec.

Bayoumi,Mohammed,and Iyad Abumoghli.2007. National Water Councils：Comparative Experiences；Report submittedto UNDP,February 2007.

Bazaara,Nyangabyaki.2003. Decentralization,Politics and Environment in Uganda. Environmental Governance in Africa.Working Paper 7,World Resources Institute,Washington,DC.

Benavides,D. D.,and E. Pérez-Ducy.2001.*Tourism in the Least Developed Countries*.Madrid：United Nations Conference on Trade and Development,World Tourism Organization.

Benoit,G.,and A. Comeau,eds.2005.*A Sustainable Future for the Mediterranean：The Blue Plan's Environment and Development Outlook*. London：Earthscan.

Binswanger,Hans P.,Roland Henderson,Zweli Mbhele,and Kay Muir-Leresche.2008. Accelerating Sustainable,Efficient,and Equitable Land Reform：Case Study of the Qedusizi/Besters Cluster Project,Africa Region Working Paper Series 109. World Bank,KwaZulu Natal,SouthAfrica.www.worldbank.org/afr/wps/wp109. pdf.

Bird,Geoffrey,Jacquie Chenje,and SarahMedina.2002. *Africa Environment Outlook：Past,Present and Future Perspectives*.Hertfordshire,UK：EarthPrint. www.unep.org/ dewa/Africa/publications/aeo-1/159.htm.

Blue Plan,MAP（Mediterranean ActionPlan）,and UNEP（United Nations EnvironmentProgramme）.2003.

Results of the Fiuggi Forum on Advances of Water Demand Management in the Mediterranean:Findings and Recommendations.Document prepared for the Next Mediterranean Commission for Sustainable Development Meeting,Sophia Antipolis,France,United Nations Environment Programme/Mediterranean Action Plan,Athens.

——.2007. Water Demand Management,Progress and Policies:Proceedings of the 3rd Regional Workshop on Water and Sustainable Development in the Mediterranean.Zaragoza,Spain,19－21 March.MAP Technical Reports Series 168.Athens:United Nations Environment Programme.

CFC (Common Fund for Commodities)and UNCTAD (United Nations Conferenceon Trade and Development).2001. Enhancing Productive Capacitiesand Diversification of Commodities in LDCs and South－South Co-operation.Workshop.21－23 March.Common Fund for Commodities and United Nations Conference on Trade and Development,Geneva.

Chang,Philip.2008. Armenia. *In Asian Development Outlook 2008.* Manila:AsianDevelopment Bank.

Cosgrove,William.2009. Public Participationto Promote Water Ethics and Transparency.In Water Ethics: Marcelino Botin Water Forum 2007,eds. M. Ramon Llamas,L. Martinez Cortina,Aditi Mukherji.London:Taylor and Francis Group.

De Brauw,A.,Huang J.,S. Rozelle,ZhangL.,and Zhang Y.2002.The Evolution of China's Rural Labor Markets duringthe Reforms. Department of Agricultural and Resource Economics,University ofCalifornia Davis Working paper 02-003.University of California,Davis.

Development Vision-Nepal.2007.Final Report on Evaluation of UJYALO Program. Volume 1,Main Text. Development Vision-Nepal(P.)Ltd.,Kathmandu.http://pdf.usaid.gov/pdf_docs/PDACK585.pdf.

Fan,S.,Zhang L.,and Zhang X.2004."Reforms,Investment,and Poverty in Rural China."*Economic Development and Cultural Change* 52(2):395-421

FAO (Food and Agriculture Organization of the United Nations).2005. Toward Multi-Sectoral Responses to HIV/AIDS:Implications for Education for Rural People(ERP). Paper presented as Ministerial Seminar on Education for Rural People in Africa:Policy Lessons,Options and Priorities,7-9 September 2002,Addis Ababa.

GAP (Southeastern Anatolia Project).1989. Southeastern Anatolia Project GAP Master Plan Study. Nippon-Koei and Yüksel Joint Venture,Ankara,Turkey.

GEF Small Grants Programme.2003.Solar Rural Electrification via Micro-Enterprises,Dominican Republic. Latin America & Caribbean:Dominican Republic -3. Global Environment Facility,Washington,DC,and United Nations Development Programme,New York.http://sgp.undp.org/download/SGP_DominicanRepublic3.pdf.

Government of Djibouti.2004. Poverty Reduction Strategy Paper,Djibouti.

Hlanze,Zakhe,Thanky Gama,and Sibusiso Mondlane.2005. The Impact of HIV/AIDS and Drought on Local Knowledge Systems for Agrobiodiversity and Food Security. LinKS Project on Gender,Biodiversity and Local Knowledge Systems for Food Security Report 50.FAO-LinKSSwaziland,Mbabane.

IMF(International Monetary Fund).2004. *Djibouti：Poverty Reduction Strategy Paper*. IMF Country Report No. 04/152.Washington,DC：International Monetary Fund. www.imf.org/external/.

ISRIC(International Soil Research and Information Centre).2008. Green Water Credits. World Soil Information,Wageningen,The Netherlands. www.isric.org/UK/About+ISRIC/Projects/ Current+Projects/Green+Water+Credits.htm.

Japan International Cooperation Agency.2006. Project on Improvement of Water Supply and Sanitation in the Southern Part of the Eastern Province (Pura-Sani Project). 1-1 Details of the Project.Japan International Cooperation Agency,Tokyo. http：//project.jica.go.jp/rwanda/0605427/english/01/01.html.

Martinez,Grit.2007. The Role of Donors in Tackling Sector Development Corruption.Power Point presentation 26 September 2007,Water Integrity Network,Accra.www.waterintegritynetwork.net/content/download/2038/34265/file/3_The%20Role%20 of%20donors.pdf.

Moore,J. G.,W. Rast,and W. M. Pulich.2002. Proposal for an Integrated Management Plan for the Rio Grande/RioBravo. *In 1st International Symposium on Transboundary Waters Management*,eds.A. Aldama,F. J. Aparicio,and R. Equihua.Avances en Hidraulica 10,XVII Mexican Hydraulics Congress,Monterrey,Mexico, Nov. 18-22 2002.

National Rural Development Institute.n.d. Integrated Watershed DevelopmentProject in Madhya Pradesh. National Rural Development Institute,Hyderabad,India. http：//nird.ap.nic.in/clic/water_madhya.html.

Nyambe,Imasiku A.,and Miriam Feilberg.n.d. Zambia-National Water Resources Report for WWDR3. Ministry of Energyand Water Development,Lusaka.

Olken,Benjamin.2005. *Monitoring Corruption：Evidence from a Field Experiment in Indonesia*. NBER Working Paper 11753.Cambridge,MA：National Bureau of Economic Research.

Palanisami,K.,and K.W. Easter.2000.*Tank Irrigation in the 21st Century-WhatNext*? New Delhi：Discovery Publishing House.

Pahl-Wostl,C.2007.Transition towards Adaptive Management of Water Facing Climate and Global Change. *Water Resources Management* 21(1)：49-62.

Pahl-Wostl,C.,P. Kabat,J. Motgen,eds.2007 *Adaptive and Integrated Water Management：Coping with Complexity and Uncertainty*. New York：SpringerPublishing.

Peopleandplanet.net.2002.A Showcase for Sustainable Tourism in Turkey.Planet 21,London. www.peopleandplanet.net/doc.php? id=1723.

Poverty-Environment Partnership.2008. *Poverty,Health and Environment：Placing Environmental Health on Countries' Development Agenda*. Joint Agency Paper. www.unpei.org/PDF/Pov-Health-Env-CRA.pdf.

Québec Ministry of the Environment.2002. *Water. Our Life,Our Future：Québec Water Policy*. Québec： Bibliothèque Nationaledu Québec.

Ragab,Ragab,and Sasha Koo-Oshima.2006. *Proceedings of the International Workshop on Environmental*

*Consequences of Irrigation with Poor Quality Waters：Sustainability，Management and Institutional，Water Resources，Health and Social Issues.*12 September 2006，Kuala Lumpur，Malaysia.New Delhi：International Commissionon Irrigation and Drainage.

Rwanda，Ministry of Infrastructure.2008.Habitat and Urbanism Status in Rwanda.Kigali. www.mininfra.gov.rw/docs/HABITAT%20AND%20URBANISM%20IN%20RWANDA.pdf.

Sadoff，Claudia.2006. Can Water Undermine Growth？ Evidence from Ethiopia.*In Agriculture and Rural Development Notes.*Issue 18.World Bank，Washington，DC.http：//siteresources.worldbank.org/INTARD/Resources/Note18_Ethiopia_web.pdf.

Shah，Tushaar，Christopher Scott，Avinash Kishore，and Abhishek Sharma.2004.*The Energy–Irrigation Nexus in South Asia：Groundwater Conservation and Power Sector Viability.* Colombo：InternationalWater Management Institute.

Smith，Julie，A.2000. Solar–Based Rural Electrification and Microenterprise Development in Latin America：A GenderAnalysis. NREL/SR–550–28955. National Renewable Energy Laboratory，Golden，CO. www.nrel.gov/docs/fy01osti/28995.pdf.

Stern，Nicholas.2006. Stern Review：The Economics of Climate Change. Cambridge，UK：Cambridge University Press.

TERI （The Energy and Resources Institute）.2008. Third Party Assessment of Coca–Cola Facilities in India. New Delhi：The Energy and Resources Institute.www.teriin.org/cocacola_report_toc.php.

Trondalen，Jon–Martin，Simon Mason，and Adrian Muller.2008. Water and Security：Entangled and Emerging Issues.Working paper. Compass Foundation，Geneva.

UNECE （United Nations Economic Commissionfor Europe）. 1999. Protocol on Water and Health to the 1992 Conventionon the Protection and Use of Transboundary Watercourses and International Lakes. United Nations Economic Commission for Europe，London. www.unece.org/env/documents/2000/ wat/mp.wat.2000.1.e.pdf.

United Nations Global Compact.2008.*CEO Water Mandate：An Initiative by Business Leaders in Partnership with the International Community.* New York：UNSecretary–General.

WBCSD （World Business Council for Sustainable Development）.2006.Anglo American/Mondi：Improved Energy and Efficiency. Case Study.World Business Council for Sustainable Development，Geneva. www.wbcsd.org/DocRoot/6NDZbCwuNlJpaFU9g0i6/mondi_energy_efficiency_full_case_web.pdf.

Werner，Wolfgang，and Bertus Kruger.2007. Redistributive Land Reform and Poverty Reduction in Namibia：Livelihoods after Land Reform. Country Paper.Desert Research Foundation of Namibia，Windhoek.

WHO（World Health Organization）/UNICEF（United Nations Children'sFund）Joint Monitoring Programmefor Water Supply and Sanitation.2008.Progress on Drinking Water and Sanitation：Special Focus on Sanitation. NewYork：United Nations Children's Fund，and Geneva：World Health Organization.

World Bank.2007. Making the Most of Scarcity：Accountability for Better Water Management Results in the Middle Eastand North Africa. MENA Development Report. Washington，DC：World Bank.

Worldwatch Institute.2008. *State of the World：Innovations for a Sustainable Economy.* New York：Norton Institute.

WWAP (World Water Assessment Programme).2006. *The United Nations World Water Development Report 2：Water：A Shared Responsibility.* Paris：United Nations Educational，Scientific，and Cultural Organization，and New York：Berghahn Books.

Yepes，G.2007. *Los subsidios cruzados en losservicios de agua potable y saneamiento.*IFM Publications. Washington，DC：Inter-American Development Bank，Infrastructureand Financial Markets Division.

Zhang Le-Yin.2003. Economic Diversification in the Context of Climate Change.Background Paper for UNFCCC Workshop on Economic Diversification，18-19 October 2003，Teheran.United Nations Framework Convention on Climate Change，Tehran. http://unfccc.int/files/meetings/workshops/other_meetings/application/pdf/bgpaper.pdf.